河流生态系统健康评价

——理论·方法·应用——

徐宗学　刘麟菲　武　玮　著

科学出版社

北京

内 容 简 介

本书分为四部分内容。第一部分介绍水生态系统和河流生态系统健康的概念与内涵，总结国内外水生态系统和河流生态系统健康评价方法及其研究进展。第二部分以济南市为研究区，构建不同生物指标的水生态系统健康评价指标体系。第三部分以北京市北运河流域为研究区，构建北京市北运河综合健康指数。第四部分以渭河流域为研究区，构建鱼类生物完整性健康评价指数，对渭河流域河流生态系统健康进行评价。三个研究区均具有较强的代表性，为全国范围内推广水生态系统和河流生态系统健康评价提供了参考和技术支撑。

本书既可作为研究水生态系统和河流生态系统健康评价的重要参考资料，也可以作为环境科学、生态学、水文学、水生生物学等相关领域的高年级本科生和研究生以及从事相关专业研究的科研工作者的重要参考书。

图书在版编目（CIP）数据

河流生态系统健康评价：理论·方法·应用/徐宗学，刘麟菲，武玮著. —北京：科学出版社，2022.8

ISBN 978-7-03-072036-8

Ⅰ.①河… Ⅱ.①徐… ②刘… ③武… Ⅲ. ①河流–生态系统–评价 Ⅳ. ①X321

中国版本图书馆 CIP 数据核字(2022)第 054743 号

责任编辑：杨帅英 张力群 / 责任校对：王萌萌

责任印制：赵 博 / 封面设计：蓝正设计

科学出版社 出版

北京东黄城根北街 16 号

邮政编码：100717

http://www.sciencep.com

北京中科印刷有限公司印刷

科学出版社发行 各地新华书店经销

*

2022 年 8 月第 一 版 开本：787 × 1092 1/16

2024 年 4 月第二次印刷 印张：19 1/2

字数：450 000

定价：200.00 元

(如有印装质量问题，我社负责调换)

序

水是万物生存之本，是人类社会文明发展的重要载体。随着经济社会的快速发展，水资源面临巨大的压力，水环境水生态问题日益凸显，严重制约我国经济社会的可持续发展。党的十九大报告指出，我国经济已经由高速增长阶段转向高质量发展阶段，我国社会主要矛盾已经转化为人民日益增长的美好生活需要和不平衡不充分的发展之间的矛盾。维护健康水生态、保障国家水安全，以水资源可持续利用保障经济社会可持续发展，是关系到国计民生的头等大事。

河流是人类社会文明的发源地，河流健康与人类文明相伴相生，兴水利、除水害，事关人类生存和社会进步。习近平总书记强调，治水对中华民族生存发展和国家统一兴盛至关重要，明确提出水资源、水生态、水环境、水灾害统筹治理的治水新思路。水生态系统是河流生态系统的重要组成部分，包括水生生物群落和环境因子，水生生物包括底栖动物、着生藻类、浮游生物、鱼类等，环境因子包括水文条件、水环境因子等，水生生物与环境因子通过物质循环和能量转换相互作用，相互制约，形成一个具有一定结构和功能的动态平衡系统。近年来，以一种或多种生物类群评价水生态系统健康成为国际生态学、水文学领域研究的热点问题之一。但河流生态系统是河岸生态系统和水生态系统的有机整体，该方法难以反映河流生态系统的完整性，为此学者们在生态系统健康评价方面进行了广泛深入的研究。

2008 年以来，北京师范大学徐宗学教授先后承担完成了国家水体污染控制与治理科技重大专项（水专项）课题“渭河关中段生态基础流量保障技术研究”，科技部国际合作项目“渭河流域生态基流及其保障措施研究”，国家自然科学基金面上项目“渭河流域水生态系统对水文过程和环境要素的响应关系研究”，山东省水生态文明试点科技支撑计划项目“济南市水生态现状调查与健康评价”和北京市科技计划项目“北京市水生态监测调查与研究”等。上述项目的目标之一是在河流水生态监测与调查的基础上，分析大型底栖动物、着生藻类、浮游生物和鱼类等生物群落的结构特征，识别影响水生生物群落结构的驱动因子，并从水生生物与环境因子等方面综合评价河流生态系统健康状况，进而为流域管理和生态环境保护提供依据和支撑。这些项目涉及水利工程、环境科学、生态学等多学科交叉研究，其研究成果将为我国现阶段乃至今后相当长一段时间内的河流生态水文工作和水资源利用与管理提供重要的理论依据和实践参考。

徐宗学教授团队在完成上述项目成果的基础上先后出版了两本图谱《渭河流域常见水生生物图谱》和《济南市水域常见水生生物图谱》，并为北京市相关部门编写了《北京地区水生动植物图册》，上述图谱图册的出版为渭河流域、济南市与北京市的水生态管理与研究工作提供了十分宝贵的第一手资料。在此基础上，徐宗学教授及其团队进一步凝练相关研究成果，编写完成了专著《河流生态系统健康评价：理论·方法·应用》。

该专著在总结现有水生态系统和河流生态系统健康评价成果的基础上，从大型底栖动物、着生藻类、鱼类、水环境等方面构建评价指标体系，结合水生态功能分区系统评价了济南市水生态系统健康状况，并进一步整合栖息地和河岸带指标对渭河和北京市北运河流域的河流生态系统健康进行了定量评价。根据河湖特点分别建立了水生态系统和河流生态系统健康评价模型，确定了不同水生生物对环境因子的适宜值，揭示了不同水生生物对环境因子的响应关系，为河流生态系统健康与保护提供了理论依据。

1988 年徐宗学教授博士毕业后到清华大学水利系任教，当时我正在清华大学攻读博士学位，自那时起我与徐教授相识已有 30 余年之久。1993 年，徐宗学教授获得日本九州大学研究奖励基金资助，以“奖励访问研究员”身份到日本进修学习，期间获得德国“洪堡”奖学金到德国工作，先后在日本、德国工作生活十余年，2003 年作为北京师范大学首批“京师学者”特聘教授回国工作。徐宗学教授无论是在国内工作还是国外工作期间，一直秉承高调做事、低调做人的原则，对事业兢兢业业，围绕着水文模型及其应用，在生态水文、城市水文、气候变化对水循环的影响、风险率与不确定性分析等相关领域，开展了深入系统的研究工作，在水生态系统健康和河流健康评价以及生态基流估算等领域进行了积极的探索，取得了较为丰富的研究成果，为我国水文事业发展做出了突出贡献。据我所知，徐宗学教授系新中国成立以来国内水文水资源领域第二位“洪堡”学者，尤其是在日本工作期间获得该项荣誉，充分说明了徐宗学教授的学术水平和学术影响。2019 年，徐宗学教授当选国际水文科学协会（IAHS）副主席，彰显他在国际水文学界的学术地位和影响。相信凝聚了徐宗学教授及其团队科研成果的该专著的出版，对我国河湖健康评价工作乃至水文事业的发展必将起到重要的推动作用。

近年来，随着广大科技工作者的不懈努力，我国河流生态系统健康评价工作取得了显著成效，但也应看到，水资源可持续利用和经济社会发展的不协调，导致河流生态保护与社会发展矛盾依旧比较突出，将河流社会功能纳入河流生态系统健康评价中已成为未来河流管理的重要方向，其研究涉及水利、环境、生态等多学科交叉，如何整合多时空尺度信息是未来河流生态系统健康评价要解决的难题。希望该专著的出版，能为我国当前乃至今后相当长一段时间内的河湖健康评价与保护提供参考，为维护健康水生态、保障国家水安全以及实现流域高质量发展做出积极贡献。

中国工程院院士

2021 年 2 月

前　言

改革开放 40 多年来，我国经济社会迅猛发展，人民生活水平得到了显著提高。然而，在这辉煌成就的背后，我国的生态环境也面临着前所未有的威胁和挑战。其中，水环境问题作为我国十大环境问题之一，其主要问题在于水资源短缺、水污染严重、水生态系统退化等。党的十八大报告指出，构建水生态文明，其核心是“和谐”，水资源节约是重中之重，水环境保护是关键所在，水生态文明建设是实现可持续发展的重要保障。开展水生态调查，是掌握水生态系统现状最有效的手段。构建水生态系统健康评价指标体系，对水生态系统进行健康评价，是开展水生态文明建设工作的重要依据，它为水生态系统的修复和保护指明了方向。河流生态系统是水生态系统的延展，它不仅包含河流水体部分，还包含河岸陆地生境。因此，开展水生态系统和河流生态系统健康研究工作具有重要意义。

济南市作为我国第一个水生态文明建设试点城市，对济南市展开水生态现状监测与调查具有重要的现实意义。济南市地势较为复杂，南部为山区、中部为经济发展中心区、北部为耕地平原区，三个区域分别展现了城市发展的不同阶段所面临的人与自然和谐发展的矛盾与挑战。因此，以济南市为范例开展水生态监测与调查具有一定的代表性。北京市作为首都，其主要特点是人口密集、经济繁荣、城市化建设发达，河流生态系统与经济社会可持续发展矛盾更为突出。以北京市为研究区，构建河流生态系统健康评价体系，不仅为北京市水生态文明建设提供技术支撑，同时也有利于在我国其他一线城市推广河流生态系统健康调查与评价研究。在水生态文明建设过程中，不仅要考虑城市发展与河流水体和谐相处的可持续发展道路，同时要兼具整体战略思维，在空间大尺度范围内进行总体把控和战略部署。因此，对流域自然水体开展水生态监测与调查就显得尤为重要。渭河流域地处我国西北部地区，其水生态系统健康不仅关乎关中地区经济社会发展的兴衰，同时也是下游黄河平原地区可持续发展的重要保障。因此，对渭河流域开展河流生态系统健康评价，具有十分重要的现实意义和较为广阔的推广应用前景。

基于此，作者及其研究团队依托国家重大水专项、科技部国际合作项目、国家自然科学基金面上项目及济南市、北京市地方科技计划项目，对上述三个研究区进行了数年多次的水生态和河流生态调查工作。基于上述项目的研究成果，培养了多名博士研究生和硕士研究生，基于上述博士研究生和硕士研究生论文以及相关研究成果，形成了本专著的初稿。专著第一部分包括第 1～3 章，主要介绍了水生态系统和河流生态系统健康的概念和内涵，对国内外水生态系统和河流生态系统健康评价方法进行了归纳梳理，明确了指示物种法和指标体系法分别作为水生态系统和河流生态系统健康评价常规有效的评价方法。第二部分包括第 4～7 章，分析了济南市水生态系统的整体特征，对济南市进行了水生态功能分区，在此基础上，分析了各功能区水生生物与水环境因子的响应关系，辨识了影响水生生物群落结构的主要水环境因子适宜浓度阈值，采用 8 种不同的水质和指示物种评价方法对济南市不同水生态功能分区进行了水生态系统健康评价，针对不同功能区特殊的发展规划目标，提出了适宜的健康评价方法。第三部分为第 8～10 章，以北京市北运河流域为例，分析了北京市北运河河流生态系统特征，从水文、水质、生物、栖息地和河岸带特征五个准则层出发，构建了北京市北运河水系河流生态系统综合健康指数。并与水生生物评价和水环境质量评价结果进行比较，明确了综合健康指数评价结果的可信度。第四部分包括第 11～13 章，分析了渭河流域河流生态系统特征，以鱼类为主要研究对象，并结合空间位置因子（经纬度）、自然环境因子（气候、地形、河流水系）和人类干扰因子（栖息地、水文、水环境质量、土地利用、土壤类型），分析不同环境要素对鱼类群落结构的影响，明确人类干扰因子对鱼类群落结构影响最大，构建了鱼类完整性指数与人类干扰梯度的线性关系模型，对渭河流域河流生态系统健康进行了定量评价。本专著相关研究成果为全国水生态系统和河流生态系统健康评价的推广提供了理论依据和技术支撑。

本专著得到国家自然科学基金“渭河流域水生态系统对水文过程和环境要素的响应关系研究”（51279005）项目、山东省水生态文明试点科技支撑计划“济南市水生态现状调查与健康评价”（SSTWMZCJH-SD02）项目、北京市科技计划“北京市水生态监测调查与研究”项目的支持。依托上述项目，培养了武玮和刘麟菲两名博士研究生，张欣、顾晓昀两名硕士研究生。本专著是集体智慧的结晶，是课题组相关成员八余年的研究成果。

上述研究项目在进行野外采样调查过程中，得到大连海洋大学、济南市水文局、北京市水文总站等相关专家和领导的大力支持和鼎力相助，尤其是大连海洋大学殷旭旺教授和王汨博士，作为本团队的重要成员，多年来承担和完成了团队的大量野外采样工作，为上述项目的顺利完成奠定了坚实的基础，在此一并表示衷心的感谢！由于专著涉及的研究区域较广，加之水生态系统和河流生态系统的复杂性，评价方法和评价结果的精准性和普适性还有待进一步研究。因此疏漏之处在所难免，敬请各位专家读者给予批评指正。

作　者
2021 年 2 月

目　　录

第三篇　北京市河流生态系统健康评价

第一篇

理论基础

第1章 绪 论

河流生态系统是指河流中的生物群落和非生物环境相互作用相互影响形成的一个较为稳定的生态系统。河流是生物地球化学循环的主要通道之一，河流中水分的转移就包含了生物圈中最大的物质循环。由此可见，水不仅是河流生态系统中重要的组成成分，同时也是河流生态系统中的重要载体。水维系着河流生态系统的命脉，是河流生态系统中生物赖以生存的物质。水作为自然界最活跃的自然要素，在河流生态系统物质循环和能量流动中扮演着十分重要角色。由于水的存在，河流生态系统中的各项生命活动才得以有序进行（许文杰，2009）。因此，水生态系统既是河流生态系统重要的物质基础，又是河流生态系统能够有序进行生命活动的功能保障。

河流是人类文明的起源，纵观历史，世界诸多文明均起源于大江大河，河流对人类社会的发展起到至关重要的作用。为什么河流能孕育出人类文明，这不仅源于河流生态系统自身的功能属性，更主要的原因来自河流生态系统的服务功能。首先，河流能为生物的生长、生存、繁衍、生活提供重要的栖息场所。栖息地为生物群落提供必要的生命元素和避难场所，而河道为很多物种提供了适宜的生存条件和物质基础，生物通过河道进行日常的生命活动逐步形成了较为稳定的生物群落。其次，河道具有过滤和屏障的功能。河道能阻止或有选择性地允许一些物质和能量通过河道进行转移，过滤掉一些污染物，降低沉积物的迁移，形成一个相对稳定的生态系统。再次，河道以水为载体，形成了物质、能量和生物流动的重要通道。有机物质、营养元素、无机盐离子等物质既可以通过渗透进入到河道，为河道中的生物提供食物，又可以通过河道传送至更远地区，为其他地区的生物提供物质保障。一些洄游性鱼类在产卵季节，通过河道逆流而上，进行必要的繁衍等生命活动。植物的种子或遇洪水直接连根拔起的植被通过河道传送至其他地区，形成新的植物群落。最后，河流还具备源与汇的功能。河流可作为源头，为相邻的生态系统提供物质、能量和生物；汇与之相反，可以从周围吸收新的物质、能量和生物。河流的源与汇是一个相对稳定的动态平衡，河流生态系统是一个不断自我更新的动态系统。正是基于河流自身的生态功能特点，河流生态系统为人类提供了诸多的服务功能，其中供水是河流生态系统所提供的最基本的功能，人类生活用水、工业用水、农业用水多数来自河流（马秀娟，2015）。河流还提供了水产品、内陆航运、水力发电、休闲娱乐、美学文化等其他附属产品。此外，河流生态系统提供的服务还体现在调蓄洪水、河流输送、蓄积水分、土壤保持、净化环境、固定二氧化碳、养分循环、提供生境、维持生物多样性等方面。因此，河流健康稳定的发展与人类社会的可持续发展息息相关。

随着人类社会经济的快速发展，对河流资源的开发力度不断加大，河流生态系统不断受到人类活动的干扰和损害。以第一次工业革命为时间节点，人类社会逐渐走向了由工业技术取代传统农业耕作的新时代。生产效率的大幅度提升，使人类对水资源的需求量逐年加大，造成很多河流水体的断流或枯竭。而工业革命的副产物工业污染物肆意排放到河流中，成为影响河流生态系统中水环境质量的重要因素（唐克旺，2013）。此外，随着人口的增长，对森林及河岸缓冲带林木的乱砍滥伐现象日趋严重，极大地破坏了河流生态系统原有的结构，使诸多生态功能逐渐丧失。以环境污染、生态系统退化为代价的经济发展必将反噬回人类社会，不仅人们的生活质量受到影响，社会经济的可持续发展也必将受到威胁（庞治国等，2006）。

我国近代受西方列强压迫，政治、经济、军事等综合国力均处于世界较低水平。因此，改革开放初期，国家的战略方针是以经济发展为基础，忽视了对河流生态系统的保护，造成废污水排放量不断增加。由于对废污水排放管控不力，使我国河流生态系统中的污染物含量逐年累积。据统计，全国约有 1/3 的河流水功能区的 COD 或氨氮含量超出了水体本身的纳污能力，甚至超出纳污能力的 4～5 倍，造成水环境质量不断恶化，水体富营养化程度加剧，使得一些水体的使用功能部分或全部丧失（郦建强等，2011）。与 20 世纪 80 年代相比，我国地表水污染的范围明显扩大，污染程度不断加剧，部分地区污染严重。根据全国 846 个水质监测站的资料显示，约 1/4 监测站的水体在 10 年间水质出现明显恶化趋势，水体富营养化程度升高，已不符合国家规定的饮用水水质标准。此外，由于我国特殊的地理地貌和气候特征，使得我国降水时空分布极不均匀（耿雷华和卞锦宇，2008），而降水是维持河流生态系统稳定运行的重要保障，降水量不均就会使得河流中水资源的分配极为不均。例如，我国北方降水量少（张利平等，2009；张萍等，2016），而耕地面积占全国耕地面积的 60%，人口数量占全国总人口的 46%（王腊春和史运良，2007），因此就会造成降水量与经济社会用水量严重不匹配，河流水资源出现严重短缺，就会加大对水资源的开采力度，而过度的水资源开发利用，对河流生态系统造成不可逆的破坏，导致水资源衰退和水环境恶化，进一步加剧了河流水资源的短缺现状（刘燕华和李秀彬，2007）。降水量的不均不仅造成我国水资源分布不均，还会间接导致河流生态系统的稳定性存在明显差异。对于降水量少的北方和西部地区，河道长期处于干旱时期（水利部，2012），河流生态系统中的土壤类型、植被类型单一，生态系统结构简单，河流生态系统较为脆弱，当受到外界一定程度的干扰时，很难实现自我调节，造成生态系统的不断退化。因此，我国河流生态系统所面临的挑战和威胁不仅来自天然环境的局限性，同时更受迫于人类社会的干扰和破坏，对河流生态系统进行保护和修复已迫在眉睫（梁静静，2011）。

日趋严重的河流生态系统健康问题（戴纪翠和倪晋仁，2008），迫使人们不得不重新审视人类社会与河流生态系统健康发展的相关关系。将保护和修复河流生态系统作为人类社会可持续发展的重要工作，重新制定河流生态管理策略和模式，已成为当今国内外科学工作者、行政管理者普遍关注的热门问题（Silow and In-Hye，2004；马克明等，2001）。了解和掌握河流生态系统健康现状，对河流生态系统进行评价，不仅为管理者提供更为科学和有效的管理措施，制定管理方案，同时也有助于科学研究工作者分析比较不同的管理模式对河流生态系统健康造成的影响（Lehman，2000；Xu et al.，2001）。

目前，关于河流生态健康内涵的认识仍然比较多元化，尚未在科学领域达成共识（Norris and Hawkins，2000；董哲仁，2005a；吴阿娜，2008）。一般认为一个健康的河流生态系统首要的是其生态结构较为合理、能维持正常的物质循环和能量流动，当受到外界干扰时，具备一定的抵抗力和自我修复能力，以保证自身生态系统结构和功能的稳定性，并且能为人类提供生产生活所需要的生态服务功能（吴阿娜，2005）。随着对河流生态系统结构和功能研究的不断深入，许多国家在河流生态管理与保护方面都做出了新的举措，将如何维持和修复河流生态系统健康制定为生态管理工作的重要内容和发展方向（杨文慧等，2005），使得河流生态系统健康问题越来越受到国际社会的广泛关注。而连接着河流生态健康内涵与生态管理的重要纽带就是对河流生态健康进行评价，通过科学、合理、准确地评价河流生态健康现状，深化对河流生态健康内涵的理解，可为河流生态管理者提供科学依据（吴阿娜等，2006）。河流生态系统健康评价是指通过选取和生态系统相关的评价指标，经科学的统计分析等方法，构建健康评价体系，对河流生态系统现状进行健康诊断，进而为河流生态管理者在制定管理方案时提供参考（张光生等，2010）。河流生态健康评价技术不仅可以了解和掌握河流生态系统健康现状，同时对退化河流生态系统的保护和修复起到很好的指导作用，是河流生态管理和监控的基础（吴阿娜等，2005）。

自20世纪90年代以来，我国逐步加大了对河流生态系统修复和保护的力度。将生态系统健康理论作为生态修复的重要依据，相继开展了不同河流生态系统健康状况评价指标体系和评价方法的研究工作（张楠等，2009）。国家先后颁布了《国家环境保护"十二五"科技发展规划》《国家环境保护"十二五"规划》《重点流域水污染防治规划（2011—2015年）》《水污染防治行动计划》（"水十条"）《城市黑臭水体整治工作指南》等方针政策以指导我国的河流水生态治理工作。2010年水利部印发了《全国重要河湖健康评估（试点）工作大纲》与《河流健康评估指标、标准与方法（试点工作用）》指导文件，在全国范围内开展了河湖健康评价工作。这一举措改变了原有河流生态保护策略，使从单纯的水质评价逐步发展为水生态和河流生态系统健康评价。其中，水生生物在评价体系中逐渐成为主要评价指标（刘进琪，2012）。当前，我国的河流生态治理工作已不仅只关注水体各项物理化学指标的数值大小，更加入了对生态系统整体状况的考察，我国正在从单一的水文水质评价逐步过渡到将水文水质评价与生物生境评价相结合（霍堂斌，2013）。评价的相关指标主要包括悬浮物、溶解氧、化学需氧量、河流形态结构、岸坡稳定性与渗透性、河床基质、河岸植被宽度、乡土种覆盖比例、乡土种再生性状况等。相关指示生物主要包括藻类、大型无脊椎底栖动物、鱼类等，评价方法也出现了指示物种法、指标体系法等（曹光兰，2012）。随着河流生态系统健康概念的出现和成熟，当前的方针政策和评价方法更加趋向于多样化、综合化、整体化。

要想快速高效地改善我国当前的河流生态系统环境现状，就必须建立一套适合我国国情的评价方法和治理方案。然而，由于我国的河流生态评价与治理工作起步较晚，历史资料极度匮乏，基础研究薄弱，总体上健康评价技术方法还处于探索阶段，实践经验比较匮乏。多数的评价方法和治理措施都是沿用国外已经成熟的体系，缺乏结合国内实际情况的评价方法的研究。这种不做修改的直接套用显然无法匹配我国特有的河流生态现状，有些地貌独特的地区甚至很难找到能与之适配的评价方法。目前，我国并未制定出既可表征全国河流生态基本特征，又能反映不同流域特点的生态系统健康评价体系

（张萍等，2016），且国内评价指标多以水质数据和部分生物数据为基础评价河流生态健康状况，缺乏系统性和整体性。对在全国范围内进行河流生态监测和评价的推广造成了一定的困难（王业耀等，2014）。

为准确客观地评价国内河流生态系统健康状况，不仅要建立一系列标准化体系来规定采样的方法和鉴定标准等，还需要建立适合我国各地区河流生态特点的评价方法和评价体系。本专著通过对国内外河流生态评价技术研究进展进行文献调研，归纳总结当前主要的水生态和河流评价方法与评价体系，并结合我国河流生态现状和水文工作实际，根据水生生物类型（浮游植物、浮游动物、底栖动物、着生藻类、鱼类）、不同地域（济南市、北京市、渭河流域）和水体类型（河流、湖泊和水库），研究提出简便可行的评价指标体系和评价方法，以期为我国的水生态系统和河流生态系统健康评价建立统一的规范要求，为有效改善我国的水环境现状、因地制宜提出河流生态保护和修复措施提供基础理论指导，从而实现对河流生态状况进行系统准确地监测和评价。

第2章　水生态系统健康评价

2.1　水生态系统健康内涵

水生态系统是河流生态系统的重要组成部分，河流生态系统所具备的一切功能属性均需要以水生态系统为依托，因此，水生态系统是河流生态系统的基础，对河流生态系统进行健康评价时，要了解和掌握水生态系统健康现状。随着经济社会的发展，人类对水生态环境的破坏和对流域资源的过度开发利用，致使流域水体被污染，植被被破坏，水土流失加重，泥石流和洪水频度加大，已严重威胁到河流水生态系统的健康（廖静秋等，2014）。近年来，全世界范围内出现的水生态健康危机引发了保护水生态健康的社会思潮。如何评价水生态系统现状，提出合理的修复和保护措施，使受损的水生态系统发挥其应有的生态服务功能，已经成为人类社会可持续发展的全球性问题（庞治国等，2006）。开展水生态健康评价、积极恢复水生态状况，对于促进经济发展、维护社会和谐稳定、传承人类历史文明具有重要意义（马涛等，2016）。

对于水生态系统健康概念并没有形成科学统一的明确定义，但随着对水生态健康研究的不断深入，水生态健康概念逐步发展为两个方向。一类是以水生态系统自然属性为基准，主要表现在早期对水生态系统的研究中。水生态健康的概念最早起源于 1972 年美国《水污染防治修正法》，该法案将水生态健康定义为能够恢复和保护其水体的化学、物理和生物完整性等特征（赵彦伟和杨志峰，2005），即维持生态系统原有的自然结构和功能。以自然属性为基准的水生态健康概念是以生态学理论为基础，从物种组成多样性、生态过程的完整性、生态系统的稳定性和恢复能力来判定水生态系统是否健康。另一类是以水生态系统自然属性和社会属性为基准，将人类的需求和水生态系统所能提供的社会服务考虑进去。即健康的水生态系统既能维持自身结构和功能的稳定性，又能满足人类社会发展所需要的生态服务功能，使人类社会能维持可持续的健康发展（高晓琴等，2008）。这一概念正被更多的科学研究者和水生态管理者所接受和采纳。因为离开了人类社会发展需求的生态系统健康失去了其现实意义。人类对水生态系统进行修复和保护的最终目的是使其能更好地为人类提供服务，是为了满足人类社会可持续发展需要，达到人与自然和谐相处的目的。此外，水生态系统的健康与否与人类活动密切相关。因此在进行水生态系统健康定义，必然要考虑人为因素对水生态系统造成的影响（冯文娟等，2015）。

关于水生态系统健康评价方法、评价指标的研究较多，主要分为两类。一类是以水质评价为代表（宋兰兰等，2004），这类评价方法主要出现在水生态系统健康评价研究的早期。认为当水体中的理化因子超过一定浓度范围时，水生态系统难以完成自我调节，表征水生态系统遭受迫害，水生态系统功能丧失。因此以水质状况来表征水生态系统健康状况，而理化因子成为健康评价主要评价指标（Bozzetti and Schulz，2004；蔡庆华，2007）。另一类是以水生生物评价为代表。随着研究的深入，人们逐渐意识到只用化学指标来进行生态系统的健康评价是片面的，具有局限性（Commins and Klug，1979）。而水生生物是水生态系统重要组成成分，在物质循环和能量流动中发挥着重要作用。此外，水生生物对外界干扰高度敏感，通过其群落结构的变化能较好地反映人类活动对其造成的影响，因此生物评价逐渐成为水生态系统健康评价的主流（廖静秋等，2014）。

2.2 水生态系统健康评价方法

2.2.1 水质评价法

水生态系统修复与保护的最初目标是以恢复水质健康为核心，通过水质评价法，判定水生态系统健康状况。而水质评价核心原理是基于水体理化指标，通过统计分析等模型的建立，对水环境质量进行定性或定量的描述，对水体的耐污能力和水质级别进行综合评判，找出主要污染的环境因子，为水生态的科学管理和污染防治提供决策依据（王国新，2003）。

水质评价的一般步骤包括：①确定评价目标和评价对象系统；②确立评价标准，构建评价指标体系，建立层次结构模型，使评价指标定量化；③评价指标的无量纲化；④建立评价模型，把多个评价指标综合成单指标的形式；⑤将评价指标值代入评价模型，得综合评价指标值，与国家规定的水质标准类别进行比较，确定水体健康等级。其中，水质评价的多数研究都集中在对评价模型的建立方向上，模型建立的科学性代表着水质评价的准确性，因此模型构建是水质评价的核心内容（谭永明，2009）。

依据评价指标数量，可将水质评价法划分为单因子评价法和多因子评价法。此外，由于单因子评价方法简单，评价结果由最差因子指标而决定，通常用于生活用水的水质评价中。单因子评价方法简单，操作简便，是多因子评价法的基础，因此，对于污染物较为单一或某种污染物含量较高的水体，常用单因子评价法评价（刘彩虹等，2010）。多因子评价法通过赋予各水质评价指标权重值，计算出一个综合的水质评价指数，通过该指数确定水质等级。常用的水质综合评价模型有综合水质标识指数法、灰色关联评价法、模糊综合评价法、层次分析法、物元分析法等。

1. 综合水质标识指数法

综合水质标识指数法是由我国学者徐祖信于2005年首次提出，其特点是以一组有机污染指标和富营养化指标综合评价水生态系统水质健康状况。综合水质标识指数法是以单因子评价为基础，以国家地表水水质类别分类为标准，将水质污染程度考虑进去，对水质健康状况进行定性和定量评价。此外，综合水质标识指数法对劣V类水生态系统进行了细化，以水体是否黑臭为评价标准。评价结果不仅可以反映出水生态的健康现状，还可以反映水环境整治取得的成效（徐祖信，2005）。

综合水质标识指数由整数位和四位小数位组成，其结构为

$$I_{wq}=X_1X_2X_3X_4 \tag{2-1}$$

式中，X_1 为国家地表水水质类别分类；X_2 为综合水质在 X_1 类水质变化区间内所处位置；X_3 为参与综合水质评价的水质指标中，劣于水环境功能区目标的单项指标个数；X_4 为综合水质类别与水体功能区类别的比较结果，视综合水质的污染程度，其为一位或两位有效数字。

综合水质标识指数法计算方法简单，分析结果直观，评价结论合理，特别适用于城市水生态系统水质综合评价（郭明明，2006；曲直等，2012；石平超等，2014；余定坤等，2013；张龙玲等，2014；左云霞等，2014；李奇和张生，2015）。此外，也有学者应用综合水质标识指数法对我国湖泊（谷建强等，2016；赖建平等，2013；祁玥等，2015；徐祖信和姜雅萍，2009；张欢和纪桂霞，2012）、水库（汪红军等，2007；周真明等，2010；李大伟等，2011；潘文，2011；尤宾，2011；左云霞等，2012；杨大杰，2014）、自然水生态系统进行水质综合评价（胡成和苏丹，2011；于天晓和吕勤，2011），均取得了较为合理的评价结果。

2. 灰色关联评价法

1982 年我国学者邓聚龙提出了灰色系统理论。该理论主要包含的数学方法有灰色决策、灰色预测、灰色聚类和灰色关联。其中，灰色关联度模型是一种多指标分析方法，是以各指标的样本数据为依据，用灰色关联度来描述样本与评价标准间的相似程度。关联度越大，说明样本越接近所表征的健康状态，反之亦然（张楠等，2009）。灰色关联分析法在水质评价中得到广泛应用。灰色关联分析法的核心思想是将实测的水质指标浓度与国家规定的地表水水质类别标准进行关联，即将实测的水质指标各因子浓度设定为实际序列，将国家规定的不同水质类别的标准浓度设定为不同的理想浓度，通过数学计算，计算出实际序列与理想序列的关联程度，依据关联程度推测水体的水质类别。关联度越高，表明理想序列与实际序列越接近。

在灰色关联分析中，将水质状态看作灰色变量、水质级别作为 1 个灰类，充分考虑了水质分级界限的不确定性，避免分级临界值附近的实测浓度值或综合污染指数的微小变化可能导致的评价结果级别归属的改变，使得水质评价结果更为直观、准确（崔芳和袁博，2012）。在水生态健康评价中，采样数据具有一定的局限性，数据所提供的生态信息并不全面，因此可以认为水生态系统其实是一个灰色系统，既有已知的生态信息，又存在一定未知的生态信息，因此采用灰色关联分析法对水生态系统进行评价具有一定的可行性。

3. 模糊综合评价法

在水生态系统评价中由于存在许多不确定的模糊因素，如水质标准的确定、水质等级的划分等，会影响评价结果最终的准确性。而模糊综合评价法将水生态系统中不易定量的模糊因素定量化，形成综合评价指数，使评价结果与实际情况更相符（隋文斌，2012）。因此模糊评价法在水质评价中得到广泛应用。应用模糊综合评价法进行水生态系统评价时，首先确立由实测样本组成的 P 相因子指标数据集，由实测值建立各因子指标对各级标准的隶属度集。若将标准级别定义为 Q 级，则构成 $P \times Q$ 的隶属度矩阵，将因子的权重集与隶属度矩阵进行模糊积，形成一个综合判集，该集可以表明实测水体对各级标准水体的隶属程度，从而反映水生态健康状况的模糊性。主要分析步骤为：①建立对象集、对象的因素集和评判集，确定评价参数集合和评价标准集合；②建立评价参数对于评价等级的隶属函数，进行单因素评价，建立模糊关系矩阵 R；③建立评价参数的权重值，确定评价因素的模糊权向量；④模糊矩阵的复合运算；⑤结果分析，进行综合评判。

4. 层次分析法

20 世纪 70 年代中期美国运筹学家 Saaty 等，针对模糊复杂的决策问题，提出一种定性与定量相结合，系统性、层次化的多目标决策分析方法，称之为层次分析法（analytic hierarchy process，AHP）。该法先将各评价指标按照支配关系分组，形成有序的递阶层次结构，再引入多因素相对重要性以两两比较的方式确定层次中各因素的相对重要性，并利用判断矩阵特征向量计算确定下层指标对上层指标的贡献程度确定指标权重，最后对各指标量化赋分，加权组合得到综合健康值，从而科学全面地评价水生态健康状况（张娟和鞠伟，2016）。

5. 物元分析法

我国数学家蔡文于 20 世纪 80 年代提出了物元分析法，逐步发展至可拓学理论，形成了一个较为全面的理论体系。物元分析法以物元模型、可拓集合、关联函数理论为基础，解决不相容问题，是一种多元数据量化评价方法（刘哲民，2005）。通过物元分析法，构建水生态系统多指标性能参数的数学模型，使评价指标定量化，评价结果更加科学、客观，可以较好地反映水生态系统综合水平。并且由于其方法简便，易于用计算机编程，使该方法得到了广泛的应用（周梦和肖琳，2014；何敏和张建强，2013）。物元分析法的具体步骤如下：①构建待评物元；②创建经典域和节域；③计算指标权重；④计算待评指标关于类别等级的关联度；⑤确定等级评定。

2.2.2　生物评价法

保护水生态系统的生物多样性是进行水生态系统健康修复的主要内容。因此，生物学家研究出一种新的水生态系统健康评价法，即指示物种法。指示物种法的核心内容是基于水生态系统中水生生物的种类和数量，计算生物的丰富度、多样性指数、完整性程度，从而表征水生态系统健康状况。因为当水生态系统受到外界干扰时，生物群落结构和生物指数均会发生明显的改变。因此，指示物种法不仅可以表征水生态系统健康程度，还可以表征水生态系统的恢复力（孔红梅等，2002）。具体来说，指示物种法主要依据水生态系统中的关键物种、指示物种、特有物种、敏感物种、濒危物种和长寿命物种等对环境胁迫的反应，如物种数、数量、生物量、结构功能、毒理反应、年龄结构以及生理生态指标来描述水生态系统的健康状况。依据评价指标数量，指示物种法可分为单指标评价法和多指标评价法，其中，多指标评价法是指依据指示物种在水生态系统中结构和功能的不同构建评价体系，从而表征水生态系统不同特征的健康程度。多指标评价法能较为全面地反映水生态不同特征的负荷能力和恢复能力，是评价水生态健康较好的方法。目前常用的指示物种主要有鱼类、底栖动物、着生藻类、浮游生物以及不同组织水平生物等（尹连庆和谢莉，2007）。常用的单指标评价法主要有香农-维纳多样性指数、BMWP 指数、底栖动物 BI 指数。多指标评价法主要为生物完整性指数。

1. 香农-维纳多样性指数

在水生态系统健康状况评价中，常用香农-维纳多样性指数表征水体生物群落结构的多样性以及水生态系统环境状况。香农-维纳多样性指数可以定量地反映生物群落内物种多样性程度、生境的复杂程度、群落的稳定性和动态变化以及不同自然条件与群落的相互关系，常用来判断生物群落结构变化或生态系统稳定性，对于掌握群落动态变化以及合理利用生物资源具有重要的意义（Keylock，2005；王晶等，2015）。此外，香农-维纳多样性指数因其计算简便，成为水生态健康评价中应用较为广泛的指数，其计算公式为

$$H=-\sum_{i=1}^{n}p_i\times\log_2 p_i \tag{2-2}$$

式中，H 是香农-维纳多样性指数；p_i 是第 i 个物种的个体数占所有物种总个体数的比例。

香农-维纳多样性指数以生物的物种数量为基础，对于不同的水体类型均可采用香农-维纳多样性指数进行健康评价，因此其适用范围最广。其评价标准是：指数值越大，生物的种类多样性越高，群落结构越复杂，群落所包含的信息量也越大，稳定性越大，水质越好；指数值越小，生物的多样性越低，群落结构越简单，稳定性越差，水质越差。与香农-维纳多样性指数相关的还有 Pielou 均匀度指数和 Margalef 丰富度指数等。

2. BMWP 指数

Hellawell 于 1978 年基于英国河流中大型底栖动物的敏感值构建了 BMWP 指数，被广泛应用于水生态系统健康评价。BMWP 指数的核心原理是基于底栖动物不同物种对环境响应的敏感值不同而计算出的一种单因子评价指数。BMWP 的分值与敏感物种出现与否息息相关。分值越高，表明敏感物种越多，水生态系统受外界干扰强度越小，水体越健康。BMWP 指数是以底栖动物科级分类单元为基础，可以较好地反映水体的清洁程度，在有机污染监管方面得到了广泛应用，并在不同国家和地区得到推广（Mustow，2002；Wyzga et al.，2013；Zeybek et al.，2014）。BMWP 指数的计算公式为

$$\mathrm{BMWP}=\sum_{i=1}^{n}t_i \tag{2-3}$$

式中，t_i 为采样点出现的 i 科物种的敏感值；n 为科级分类单元总数（个）。

BMWP 指数的显著优点主要表现为 BMWP 指数与化学评价法相结合，可以较好地反映水生态系统的有机污染程度；BMWP 指数是基于底栖动物科级水平分类单元，使鉴定工作更为快捷准确，省时省力，不需要特别专业的鉴定专家即可达到鉴定准确的结

果。其主要缺点是不同地区需要对 BMWP 分值进行重新修订（刘玉等，2004），因为不同地区底栖动物对环境的敏感程度不一样，因此要结合当地的实情，对每个底栖动物的敏感值进行重新计算，使 BMWP 指数在全球范围内的推广受到一定阻碍。

BMWP 指数最早应用于英国的河流有机物污染监测，目前在全球多个国家，如巴西（Cota et al.，2003）、西班牙（Alba-Tercedor and Sanchez-Ortega，1988）、土耳其（Zeybek et al.，2014）等进行了修订并广泛应用。美国 EPA 建立了适合西北部、东南部、中西部、上中西部和沿大西洋中部海岸区等 5 个地区的底栖动物耐污值数据库。我国对底栖动物敏感值和耐污值研究体系相对滞后，多数研究中底栖动物的耐污值直接采用美国、欧洲的耐污值，20 世纪 90 年代末才建立了我国东部底栖无脊椎动物主要分类单元耐污值数据库（黄旭蕾等，2015），而 BMWP 指数仅见刘玉等（2003）的修正。

3. 底栖动物 BI 指数

底栖动物 BI（biotic index）指数是由南非学者 Chutter（1972）首次提出，并应用于河流的水生态系统健康评价中。美国学者 Hilsenhoff（1982）对威斯康星州 1000 多条河流进行水生态调查，更新了州内大型底栖动物耐污值的数据，建立了数据库，对提高 BI 指数在北美地区应用起到了积极的推动作用。BI 指数的计算公式为

$$\mathrm{BI}=\sum_{i=1}^{n} N_i t_i / N \tag{2-4}$$

式中，N_i 是物种 i 的个体数；t_i 是物种 i 的耐污值；N 是总个体数。

底栖动物 BI 指数是基于底栖动物数量和耐污值。既可以较好地反映水生态系统耐污群落的丰富度，又可以反映系统的耐污水平（耿世伟等，2012）。底栖动物 BI 指数在美国得到了广泛的应用，其主要原因在于该指数中不同分类单元的耐污值可以较好地反映出水生生物对污染水体的敏感程度。和多样性指数评价法相比，BI 指数能较好地区分清洁水体、轻度污染水体或中度污染水体类型，评价结果比多样性指数评价结果更加准确，能得到普遍认可。因此在美国有 44 个州均采用 BI 指数对水生态系统进行评价。我国应用底栖动物 BI 指数进行水生态健康评价始于 20 世纪 90 年代，由于研究起步较晚，在我国并没有建立统一的、完整的、全面的底栖动物耐污值数据库，因此使 BI 指数在我国的水生态健康评价中受到限制（王备新和杨莲芳，2003）。

4. 生物完整性指数

所谓完整性是指一个物体其各部分的组成成分均发挥正常的功效，没有缺失和损坏（王备新等，2006）。生物完整性是指一个生物群落在一个特定区域内，经过长期的进化和自然选择，形成了一个相对稳定的群落结构，可以较好地适应外界环境的扰动（王为木和蔡旺炜，2016）。当受到轻微的干扰时，群落中的物种组成、丰富度、种群数量、多样性等均保持不变，或是在较短时间内可以恢复到干扰前的群落结构状态。生物完整性指数是以生物完整性概念为基础，从物种组成成分、生物个体数量、营养类型、敏感程度等属性计算物种的物种数目百分比和个体数量的百分比，将这些指标综合成一个指

数参数即为生物完整性指数（Gara and Stapanian，2015；Hartzell，2007；Qadir and Malik，2009；Zhang et al.，2014）。生物完整性指数包含了生物群落的各个属性功能，可以较好地反应生物群落的稳定程度和健康状况，因此常被人类用来评价水生态系统的健康状况（Aazami et al.，2015；Huang et al.，2015；Kaboré et al.，2016；Serrano Balderas et al.，2016）。生物完整性指数是由美国学者 Karr（1981）提出，主要针对美国山涧溪流鱼类生物群落的完整性展开调查，构建了鱼类完整性指数，对河流的水生态系统进行了健康评价，评价结果较为合理，因此受到了国际众多学者的关注和推广，结合各地方区域特点，分别应用鱼类完整性指数对水生态系统进行健康评价（de Carvalho et al.，2017；Petesse et al.，2016；Ramos-Merchante and Prenda，2018）。随着生物完整性指数的不断优化，逐渐形成了其他水生生物的完整性指数，如底栖动物完整性指数（Camargo，2017；Ntislidou et al.，2018；Shull et al.，2019；Silva et al.，2017）、硅藻完整性指数（Liu and Stevenson，2017；Riato et al.，2018；Tang et al.，2016）、浮游植物完整性指数等（Baek et al.，2014；Johnson and Buchanan，2014；Kane et al.，2009；Lacouture et al.，2006；Teng et al.，2014）。其中，鱼类和底栖动物完整性指数的应用最为广泛。

生物完整性指数包含多个生物参数，每个生物参数所表征的生态信息各不相同（王为木和蔡旺炜，2016）。第一，生物参数对外界干扰所表现的正负趋势不同，有的生物参数随着外界干扰强度的增大而增大，如鲤科鱼类数量百分比、寡毛类个体数量百分比等。有些生物参数随着外界干扰强度的增大而降低，如敏感鱼类个体数量百分比、蜉蝣目个体数量百分比等。第二，同一趋势的不同生物参数对干扰反应的承受能力范围不同。举例来说，如果给外界干扰强度定级，10 级表示干扰强度最大，0 级表示无干扰，生物参数 A 和 B 均随外界干扰强度的增大而增大，但参数 A 在干扰强度为 3 级时，数值波动开始加大，而参数 B 在干扰强度为 5 级时，数值才开始升高。第三，生物参数对外界干扰的反应波动幅度不同，即不同参数随干扰变动的斜率不同。因此，如果仅用一种生物参数来表征水体的健康状态会使评价结果与实际状况偏差较大，而生物完整性指数综合了多个生物参数，包含的生态信息较为全面，评价的结果更为准确。数值较高的生物完整性指数应是表征所有生物参数在外界干扰达到一定程度前均未发生剧烈的波动，而较小的波动可认为是自然状态下生物群落的自身演替的结果，生态系统处于稳定状态。

1）鱼类完整性指数的应用

鱼类是水生态系统中最高等级的生物，其特点是：第一，运动器官发达，活动能力较强，在较大尺度范围内均可自由活动。此外鱼类在水体上层、中层、底层均可分布，可以较好地反应水体垂直分布状况。基于此，鱼类群落结构信息可以反映流域大尺度空间范围内水生态系统状况（de Juan and Demestre，2012；Malherbe et al.，2016）。第二，鱼类的生活史较长，不同鱼类平均寿命不同，可以反映较长时间尺度范围内水体的生态状况。第三，鱼类的营养级别较高，是处在水生态系统中食物链的顶端，对水体中的化学物质具备一定的累积效应。第四，鱼类物种种群多样性较高，不同物种间营养水平、敏感程度等差别较大，在水体中形成较为复杂的群落结构特征。因此，鱼类群落结构所携带的信息可以较为全面地反映水体的健康状况，在国际应用中最为广泛（dos Santos and Esteves，2015；Krause et al.，2013；van Oosterhout and van der Velde，2015）。根据Web of Science（WEB）核心数据库的检索数据（图 2-1），有关鱼类完整性指数的研究共检索到 761 篇，自 1981 年 Karr 学者首次提出鱼类生物完整性指数起，该方法在国际上的认可度越来越高。2000 年以后，应用鱼类完整性指数进行健康评价的研究越来越多，其中，美国应用鱼类完整性指数发表的文章最多，为 447 篇，我国在国际上发表的论文仅为 35 篇。

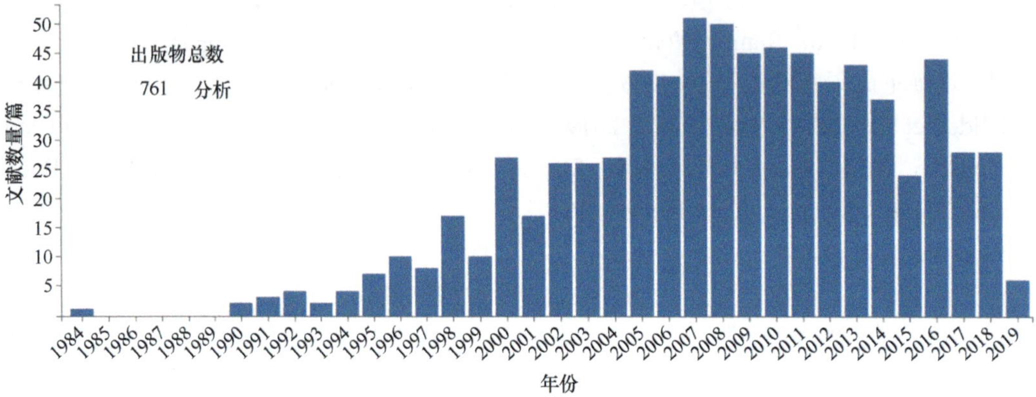

图 2-1 鱼类完整性指数相关文献数量在不同年份间的变化趋势

在国际应用中，有学者对比分析了鱼类生物完整性指数与水质营养指数在城市水生态系统健康评价中的适用性，发现两种评价方法评价结果基本一致，可以较好地对城市水生态系统进行健康评价（Mamun and An，2019）。鱼类完整性指数可以表征土地利用对水生态系统造成的影响。有学者对新西兰水生态系统中的鱼类种类与土地利用方式的相关性展开分析，选取了 1970～2017 年新西兰鱼类数据库的数据，发现新西兰 74%的鱼类物种受到了威胁。在牧场面积较大的区域，鱼类生物完整性指数值是最差的，而在自然植被覆盖面较大的区域，鱼类完整性指数较高，表明牧场对鱼类群落结构的影响十分严重，应立刻采取相关的保护和修复措施，以免造成鱼类物种的流失（Deziel et al.，2019）。在众多研究中，大部分学者都关注于鱼类完整性指数与水环境质量的响应关系，但也有学者发现，鱼类生物完整性指数与水文参数同样具有显著的相关性。如与最小月流量呈显著正相关，相关系数在 0.7 以上（Belmar et al.，2018）。表明鱼类完整性指数不仅可以较好地反映河流的水质状况、流域的土地利用情况，还可以较好反映河流的水文状况。Cooper 等（2018）收集美国五大湖 2011～2015 年的鱼类数据构建了鱼类完整性指数，为五大湖的修复和治理提供了优先级别的次序，并可以作为一种有效的生物监测方法在美国和加拿大等地区可以推广使用。Prudente 等（2018）指出，鱼类生物完整性指数可以较好地指示亚马孙河的生态完整性。在巴西，Bozzetti 和 Schulz（2004a）应用鱼类生物完整性指数（F-IBI）评价南部亚热带地区河流健康状况；在日本，Schmitter-Soto 等（2011）利用基于鱼类建立的生物完整性指数评价外来物种、富营养化及农药毒害对本州河流健康状况的影响。

我国应用鱼类生物完整性指数对水生态系统进行健康评价的研究较多。Li 等（2018）应用 2008 年鱼类数据，在黄河水系构建了鱼类完整性指数。通过与 19 世纪 80 年代黄河水系鱼类群落进行对比，在黄河中游和下游地段，鱼类物种数下降最大。上游耐污种增加了 15 倍，而中下游的耐污种类下降明显。Zhang 等（2014）应用鱼类生物完整性指数评价了三门峡湿地生态健康状况，并结合水质评价指数和沉积物污染指数，分析生物退化的原因。其结果表明，水质的恶化和底泥的污染都是导致鱼类生物退化的主要原因。Wu 等（2014；2015；2016）调查研究了我国渭河水生态系统鱼类群落结构特征，筛选了 40 个鱼类生物学参数，应用鱼类生物完整性指数分析了渭河水生态系统健康状况，并进一步分析了人类活动对渭河流域鱼类生物完整性造成的影响。张浩等（2015）采用鱼类完整性指数评估了西辽河水生态系统环境质量，利用相关分析筛选了影响鱼类生物完整性指数的环境因子。根据加权回归散点修匀法，预判了电导率、氨氮等水环境因子和泥沙比例和草地比例等土地土壤类型的保护阈值。刘明典等（2010）利用鱼类完整性指数，对长江中上游流域进行了水生态健康评价，发现长江中上游的水生态健康状况自 2003～2008 年呈现下降趋势，多数点位为一般水平。

2）底栖动物完整性指数的应用

底栖动物是水生态系统中常见的水生生物，其特点是：第一，个体十分微小，运动器官并不发达，运动能力较差，因此底栖动物通常反应小范围空间尺度的水生态状况。第二，底栖动物栖居在河流的底层，对河流底质质量要求较高，可以反映河流底质生境的健康状况。第三，底栖动物物种丰富，各类别之间对环境响应的差异性、敏感度均有所不同，如蜉蝣目底栖动物只能生存在水质较高的水体，水质较差的水体几乎很难发现蜉蝣目的存在（Aazami et al.，2015a，2015b；Ashton et al.，2014）。因此底栖动物生物完整性指数所包含的生态信息较为丰富，代表性较好，在国际中应用较为广泛（Bird et al.，2013；Helson and Williams，2013；Mehari et al.，2014；Mereta et al.，2013；Munyika et al.，2014）。根据 WEB 核心数据库检索结果（图 2-2），共检索到 360 篇有关底栖动物完整性指数的文献。自 2006 年起，应用底栖动物完整性指数进行研究的文章越来越多，其中美国共发表相关论文最多为 216 篇，我国国际上发表论文 25 篇。

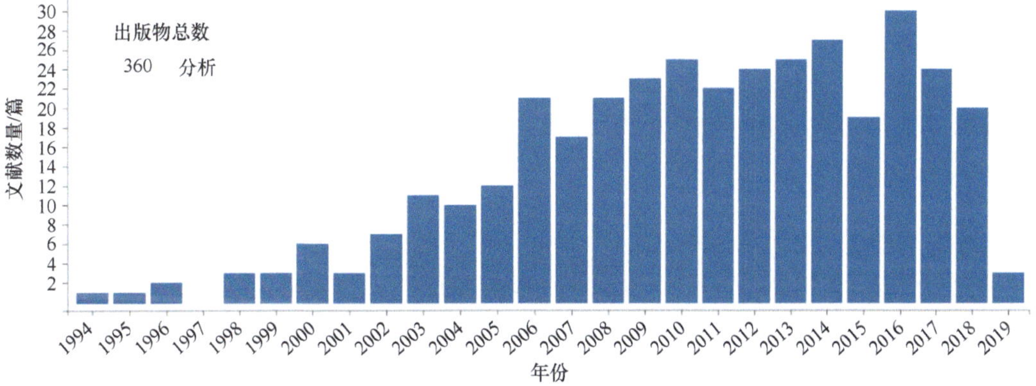

图 2-2　底栖动物完整性指数相关文献数量在不同年份间的变化趋势

在国际应用中，Fierro 等（2018）通过比较底栖动物完整性指数和流域干扰指数、完整性干扰指数的相关关系，评价了地中海流域智利地区水生态的健康状况。发现底栖动物完整性指数和干扰指数呈现显著的负相关关系，为地中海流域水生态健康状况提供了一个快速有效的评价方法。Smith 等（2018）收集了纽约州 1978～2012 年的底栖动物数据和水环境数据，通过计算底栖动物完整性指数，有 33%的点位在这三十多年间，水质质量有所提高，而 13%的点位水质质量变差。其主要的污染源来自非点源污染。van Dolah 等（1999）依据底栖动物丰富度、多度、优势种和敏感物种百分比，计算 40 个底栖动物生物参数，评价了美国东南河口地区水生态健康状况。Couceiro 等（2012）共计算了 21 个底栖动物生物参数，通过参照点位与受损点位底栖动物生物参数的差异性，最终确定 7 个评价参数来构建底栖动物生物完整性评价指数。Lee 和 An（2014）通过构建底栖动物生物完整性指数，结合化学监测和物理栖息质量模型，评价了韩国流域恢复后的城市水生态系统健康状况，结果表明，尽管对城市水生态系统已进行了生态修复，但健康状况没有得到显著提高。Serrano 等（2016）通过计算 35 个底栖动物生物参数，探讨底栖动物完整性指数在墨西哥流域水生态系统健康评价的适用性及敏感性，其目的是构建一个适用于墨西哥流域水生态系统健康评价的底栖动物生物参数数据库。在德国，Hering 等（2004）等探讨了 B-IBI 在当地溪流中的适用性；

我国学者（Lu et al.，2019）在研究乌苏里江湿地生态系统时选取了底栖动物完整性指数，分析防洪堤对冲击平原水生态系统带来的影响。选取了 18 个采样点，包含河流上、中、下游。结果表明，因防洪堤的影响而形成孤立的湿地生态系统的健康状况较差，占 88.9%。王备新等（2005）优化了核心参数量纲的方法，用比值法替代了打分制法，构建了底栖动物完整性指数，并对安徽黄山地区溪流水生态系统健康状况进行了评价。李强等（2007）筛选了 6 个底栖动物核心参数对浙江省西苕溪水生态系统进行了健康评价，并给各核心参数赋予了权重，发现熵权法在构建底栖动物完整性指数时可以提高评价结果的准确度。渠晓东等（2012）优化了参照点选取的方法，采用客观计算的方法筛选参照点，并构建了太子河流域的底栖动物完整性指数。其评价结果与主观判定构建的底栖动物完整性指数评价结果基本一致。殷旭旺等（2015）比较分析了渭河流域不同水文期底栖动物生物参数和完整性指数评价结果的异同，发现丰水期底栖动物物种数要多于枯水期，而不同水文期底栖动物完整性指数评价结果具有显著的正相关关系。应用底栖动物生物完整性指数对我国湖泊、水库以及城市水生态系统健康评价的研究也较多（蔡琨等，2014；池仕运等，2012a，2012b；汪星等，2012；吴涛等，2016；熊春晖等，2015）。以上结果均表明，底栖动物生物完整性指数在我国具有较好的适用性。

3）浮游植物完整性指数的应用

浮游植物是水生态系统中的初级生产者，属于较低等级的水生生物类群。其特点为运动能力极差，仅限于垂直尺度小面积范围内波动，因此浮游植物群落受水体流速流量影响较大，多应用于湖泊、水库等静水水体的水生态健康评价（Han et al.，2011；Katsiapi et al.，2016）。对于河道坡度较小，流速流量较慢的水体，也可以应用浮游植物生物完整性指数进行健康评价。由于浮游植物运动能力差，抗干扰能力较弱，当水体中的水环境质量发生剧烈变动时，不能采取躲避措施，群落结构会发生较大的变化。因此，浮游植物可以快速反应水体的变化情况，在国际中也有少许应用（Baek et al.，2014a; Johnson and Buchanan，2014）。在 WEB 核心库中，共检索出 45 篇相关文献（图 2-3），自 2006 年起发表相关论文的数量较多，其中美国发表论文最多为 16 篇，我国 9 篇。

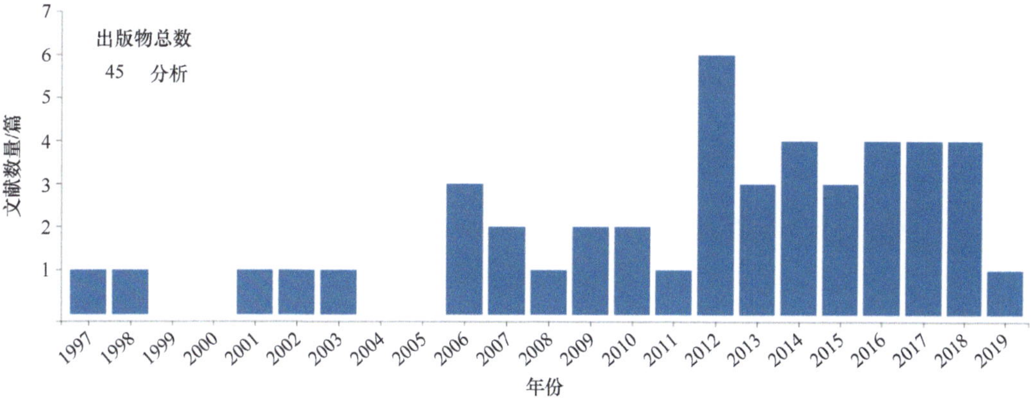

图 2-3　浮游植物完整性指数相关文献数量在不同年份间的变化趋势

在国际应用中，Ren 等（2017）在美国切萨皮克湾应用浮游植物完整性指数评价了河流水质的健康状况。结果表明，受损点位和未受损点位总氮和总磷含量存在明显的差异性，如果成倍地减少切萨皮克湾氮磷的含量，可以有效防止水体的富营养化。美国学者对伊利湖的富营养化展开调查，发现在湖的西部和中部，浮游植物完整性指数较高。在 2003～2013 年间，西部的浮游植物完整性指数下降的幅度比中部的大（Kane et al.，2015）。韩国学者在韩国光阳市和镇海市分别构建了浮游植物完整性指数。通过 2010～2012 年的采样调查，发现光阳市的水生态系统优于镇海市，并且春秋雨季的水生态健康状况相对于秋冬季要差（Baek et al.，2014）。Wu 等（2012）通过计算 36 个浮游植物生物参数，构建了浮游植物完整性指数，分析了德国低地水生态系统健康状况。结果表明，受点源、面源、人工排污系统的影响，该流域总体健康状态呈现一般水平，低于欧洲水框架指令的标准。Kane 等（2009）结合历史数据（1970 年）和近代数据（1996 年）构建了浮游植物生物完整性指数，对加拿大湖泊生态系统的变化进行了评价。其结果显示，浮游植物生物完整性指数与水质质量呈显著正相关。Lacouture（2006）利用美国切萨皮克湾 1985～2002 年的水质监测数据，构建了浮游植物生物完整性指数。经验证表明，浮游植物生物完整性指数可以较好地评估浮游植物群落健康状况，并可以通过该指数反映水体营养状态和光照条件。

我国学者依据太湖 29 个采样点分析了浮游植物群落结构特征，构建了冬季太湖浮游植物生物完整性指数，评价冬季太湖水生态健康状况。其结果表明，东太湖生态健康状况最好，南部最差，浮游植物生物完整性指数与氨氮和总磷显著相关（蔡琨等，2016）。而 Wu 等（2019）调查了太湖流域 96 个采样点，对比分析浮游植物完整性指数和水质评价指数的相关性，发现浮游植物完整性指数和水质评价指数具有较强的正相关关系。浮游植物完整性指数可以有效地表征总氮、氨氮、总磷和化学需氧量在不同健康等级的差异性。此外，在分析水电大坝对生态系统造成的影响时，我国学者利用 1988～2011 年浮游植物数据，构建了浮游植物完整性指数。发现串联的水电大坝比单独的水电大坝对生态系统造成的影响严重（Li et al.，2013）。有学者对上海河流水生态系统展开了调查，发现在 24 个点位中，仅有 1 个点位浮游植物完整性指数值最低，水生态健康状况较差（Xu et al.，2016）。马亮（2012）分析了潭江流域枯水期、平水期和丰水期浮游植物群落结构特征，分析了浮游植物多样性变化规律，构建了三个水文期浮游植物生物完整性指数。其结果显示潭江流域浮游植物完整性较高，多数点位较好。

第 3 章　河流生态系统健康评价

3.1　河流生态系统健康内涵

河流生态系统是指以河流为主体的自然生态系统，涵盖了水体、陆地、河岸带以及周边湿地与沼泽等，是一个复合生态系统（Joanna and Paulina，2015；Palmer et al.，2014）。河流生态系统主要由生物和非生物环境组成，生物属于生命系统，非生物环境属于生命支撑系统，两者相互作用、相互制约，使河流生态系统成为具备物质循环、能量流动和信息传递等多种生态功能的动态非线性系统。对河流健康问题的关注可追溯20世纪70年代初。在 1972 年，美国《水污染控制修正法》指出，维持河流自然结构及生态功能的关键是恢复其物理、化学和生物完整性，应将完整性作为衡量河流是否健康的标准。Simpson 等（1999）认为当河流处于原始状态时，其自然结构、生物完整性、生态过程以及生态功能均未受到外界干扰，此时河流生态系统处于健康状态。综合来看，国外早期河流健康研究的切入点主要是河流本身及水体内的生物，衡量标准是河流受到人类活动干扰前的原始状态。随着现代社会的不断发展，人类开始主动改造河流，人类活动干扰成为河流无法避免的重要影响因素。首先在河流健康研究中考虑到这一事实的是 Karr（1991），他认为结构齐全、功能完整的河流生态系统固然是健康的，但即便人类活动干扰到河流的原始状态，使得河流生态系统产生了一定改变，只要不影响河流本身及其对人类所具有的使用价值，河流生态系统就仍处于健康状态。随后，Meyer（1997）提出，健康的河流生态系统应不仅能维持自身的结构和功能稳定，具有一定的自我恢复能力，还应满足人类生存和发展过程中的主要社会需求。因此，当前国外河流健康研究的切入点已转变为河流及其周边相关的自然生态系统，衡量标准也相应地转变为河流在服务于人类的基础上尽量维持生态系统的稳定状态。我国的河流健康研究起步较晚，唐涛等（2002）率先对河流生态系统健康的含义展开了初步探讨。近年来，我国的水问题层出不穷，水资源短缺、水污染严重和水生态退化已逐步成为制约社会经济可持续发展的瓶颈之一。在此背景下，国内学者大多将人类活动干扰纳入到河流生态系统范畴，认为健康的河流生态系统不仅要发挥其自身的自然价值，更要挖掘潜在的社会价值和经济价值，并将人类对河流的主观感受以及河流对人类的服务质量作为河流生态系统健康的重要衡量标准（刘焱序等，2015；张萍等，2016）。这就对如何正确处理人水关系、满足沿河发展需求、平衡流域内利益冲突提出了更高的要求，有助于实现人类对河流生态系统的合理开发利用和有效管理保护。

3.2　河流生态系统健康评价方法

指示物种法作为常用的评价方法在水生态健康评价中得到了广泛应用，而对于复杂的河流生态系统，仅凭某一类物种很难表征生态系统发生变化的因果关系。例如，指示物种的筛选标准不明确，难以定量表述不同物种在生态系统中所处的地位与作用，难以确定指示物种对水生态健康指示作用的强弱；难以保证不同生物类群取样尺度与频度相一致；在筛选生物参数时，不同生物参数的选择会使评价结果存在偏差；目前的指示物种法并未考虑生物间的相互作用；最主要的是指示物种法未考虑人为因素对生态系统造成的影响。所以，指示物种法难以全面反映河流生态的健康状况（戴全厚等，2006；杨斌等，2010；张光生等，2010）。因此，综合物理、化学、生物，及社会经济指标的指标体系法随之产生（王勤花等，2015）。指标体系法是指根据河流生态系统的特征和其服务功能，应用数学方法构建的评价体系（廖静秋和黄艺，2013）。指标体系法评价结果不仅可以较好地反映水体的总体健康水平，同时也能反映生态系统健康变化趋势。指标体系建立的一般步骤包括：①确立评价参数，可以表征生态系统主要特征；②参数归类，分析每个参数的生态健康意义；③计算权重，给每类特征因子赋予权重；④对这些特征因子进行度量；⑤确定评价方法，建立河流生态健康的评价体系（孙燕等，2011）。

当前的指标体系法大多数基于压力-状态-响应（Pressure-State-Response，PSR）模型对生态系统进行评价。压力-状态-响应模型 1979 年由加拿大统计学家 Tony Friend 和 David Rapport 提出，在生态系统健康评价中受到广泛认可。该模型将作用于生态系统外部的压力及生态系统的状态、响应结合成一个有机的整体，其中，"压力"包括直接或间接人类活动对生态环境的改变，如人口压力、土地压力、水资源压力等；"状态"主要指生态系统的物理、化学和生物条件所呈现出的自然状态，它所表征的是系统自身的活力、组织力、恢复力及服务功能等；"响应"是指政府部门或个人行为对环境改变所采取的政策和行动，三要素彼此间相互作用。该评价模型不仅可以对河流生态系统现状和变化趋势进行评价，而且在水体管理中可针对生态环境的变化趋势给出相应的治理对策。通常压力类型可划分为物理压力、化学压力和生物压力等。其中，物理压力主要包括栖息地质量、水文情势等。化学压力包括营养物浓度、有机污染物浓度、有毒物质，及盐度、酸度等。生物压力包括外来物种、过度捕捞等。

指标体系法的评价指标通常可分为物理化学指标、生态指标和社会经济指标三大类。物理化学指标主要包含水体的理化因子。生态指标主要反映生态系统特征和状态，根据生态系统、种群、群落与个体不同划分出不同的层次的指标；社会经济指标主要表征生态系统对人类社会可持续发展的支持作用，采用经济参数和社会发展的环境压力指标等来衡量生态服务的质量与可持续性（李瑾等，2001）。在构建评价指标体系时，需遵循六大原则：目的性原则、可行性原则、兼顾性原则、易操作性原则、科学性原则、系统和整体性原则。

运用指标体系法进行河流生态评价的研究在国外较指示物种法更为常见，典型的方法有美国快速生物监测协议（Rapid Bioassessment Protocols，RBPs）、瑞典岸边与河道环境细则（Riparian，Channel and Environmental Inventory，RCE）、南非河流健康计划（River Health Programme，RHP）、英国河流生态环境调查（River Habitat Survey，RHS）、澳大利亚溪流状态指数（Index of Stream Condition，ISC）、欧盟水框架指令（Water Framework Directive，WFD）等。我国常用的指标体系法为综合健康指数评价法。

3.2.1　快速生物监测协议

1989 年，美国环境保护署（EPA）提出了快速生物监测协议（RBPs）。该协议旨在为全国水质管理提供基础水生生物数据。经过近 10 年的不断完善，EPA 于 1999 年推出了新版的 RBPs，主要包括鱼类、底栖动物、着生藻类、栖息地生境调查的监测评价方法和标准（董哲仁，2005b；唐涛等，2002）。RBPs 对栖息地生境的评估主要包括影响水生生物结构和功能的河水质量及沿岸栖息环境，包含了 11 项生境指标。RBPs 对生物方面的评估是基于生物完整性指数（IBI）来进行监测和评价的，主要包含了 45 项候选生物指标和多项化学指标（王业耀等，2014）。

RBPs 的生境评估部分由 10 个栖息地指标组成，每个指标按照很好（16～20 分）、好（11～15 分）、一般（6～10 分）和差（0～5 分）打分，除此以外还有 8 项辅助指标。该方法可以进行快速观测，现场的每一个观测点平均评估时间只需 15min（董哲仁，2005b）。RBPs 将反映河流状态的栖息环境因子和生物因子较好地融合在一起，在河流生态系统健康评价中具有较好的代表性和可操作性（曹敏等，2012），但评价指标的打分主观性较强，设定的参照状态也比较难以确定。

在 RBPs 出现之前，国际上的河流生态评价方法多以底栖无脊椎动物为指示生物建立生态健康状况评价模型。因为底栖动物群落结构多样，生物指数类型丰富，对不同类型污染和干扰响应敏感，可以综合反映长期人为活动对生态系统的扰动程度。但由于底栖动物的种类鉴定较为复杂，且采样成本较高，这些均不利于底栖动物在河流生态评价中的推广（Santos et al.，2011）。为解决底栖动物评价指数的应用难点，美国环境保护署开始探索建立快速生物评价技术方法，并选择鱼类、底栖动物和硅藻作为主要类群（Barbour et al.，1999，1992）。在底栖动物快速评价指数构建过程中，简化了野外采样方法，通常采用半定量的采集方法处理野外监测的底栖动物标本（Qu et al.，2013），缩短了采样时间，提高了采样效率。逐渐形成一套较为完善的野外采样、样本处理、指数计算和健康评估等一整套方法体系（Barbour et al.，1992），但由于在构建生物参数时依然选用生物完整性指数，使其在参照点与核心参数指标的筛选中依然较为耗费时间，限制了该指数的快速计算过程（冷龙龙等，2016）。

3.2.2　岸边与河道环境细则

1992 年，Petersen（1992）开发出岸边与河道环境细则（RCE）用于评价瑞典河流健康状况。RCE 主要针对河宽小于 3m 的乡村小溪流河流生态系统，对其物理、生物状况进行健康评价，尤其适用于欧洲农村地区的溪流健康评价，是评估农业景观下小型河流物理和生物状况的典型方法。

RCE 假设河流生态系统结构和功能退化的主要由物理结构的干扰引起的，评价指标主要包括河流形态、河岸带状况、水生生物参数的 16 个二级指标。以无干扰的自然河流作为参照，对各指标进行评分累加，进而表征乡村河流的健康状况，测量范围从景观到底栖动物。由于该方法主要通过现场观测进行评估，极大地提高了评价效率，便于进行常规的水生态监测。

RCE 对二级指标划分了 4 个健康等级，通过各项指标的评分累加后的最终得分来判定河溪的健康状况，为政府对河流的治理和管理工作提供建议。RCE 能够在短时间内快速评价河流的健康状况，但该方法主要适用于农业地区，对于其他类型地区的河流健康评价有一定的局限性（刘瑛等，2009）。

3.2.3 河流健康计划

1994 年南非科学家 Rowntree 等提出了河流健康计划（RHP），该方法评价指标主要包括水文、水质、鱼类、底栖动物、河道形态、河岸指标及河流生境等，形成一个较为全面的综合评价指数，为南非管理者提供了一个可以广泛应用的河流水生态监测的框架体系。

同年，南非水事务及森林部（Department of Water Affairs and Forests，DWAF）在 Rowntree 研究的基础上发起了南非河流健康计划，其中将栖息地完整性指数（IHI）作为评价指标，并将河流形态指标纳入到河流健康评价体系中。此外，该评价体系还包含了河流的饮水安全、河床与河道物理形态变化、河道水流调节、河岸带岸边原生植被的保留率和外来植被入侵等内容（Kleynhans，1996）。

对于河口地区，在 RHP 基础上，提出了水质健康指数、生物健康指数和美学健康指数用来评价河口生态健康状况。河流健康计划通过栖息地环境、生物群落的变化情况较好地表征了河流生态系统受到各种外界干扰时的反应，但在实际应用中，部分指标数据的获取较难，成为该评价方法的难点（王鹏，2007）。

3.2.4 河流生态环境调查

1997 年，英国环境署基于 Ravena（1998）的研究制定了河流生态环境调查（RHS），通过调查背景信息、河道数据、河岸带特征、河岸侵蚀、植被类型、沉积物特征以及土地利用等指标来评价水体生境的自然特征和支流，判断水体生境现状与纯自然状态之间的差距（Kolb et al.，1994）。RHS 评价生境状况的理论基础为假设生境多样性与生物多样性直接相关，采用已知的对野生生物有价值的生境特征的出现（率）为基础来评价生境质量。

RHS 是一种快速评估栖息地的调查方法，对河流形态、横断面形态、地貌特征等调查测量，对河道及河岸资料进行分类统计，并根据统计结果制定详细的调查报告（Ravena et al.，1998）。RHS 认为河流生态系统改变是不可逆转的，该方法适用于经过人工大规模改造的河流。RHS 对调查尺度和调查方法给出明确的标准，能用于描述与对比流域、区域以及国家尺度上的物理结构和生境质量，是较为成功的河流生境评价方法之一，为英国河流分类和评价未来栖息地提供了统一标准，是一种国家形式的标准化系统。目前，RHS 已经被广泛应用于流域规划管理、环境影响评价、河流恢复规划和野生动物保护等领域（Fox et al.，1998）。

1998 年，英国在 RHS 的基础上提出英国河流保护评价系统（System for Evaluating Rivers for Conversation，SERCON），该评价系统选择了 35 个河流评价指标数据，从河流的天然型、自然多样性、稀有性、代表性、物种丰富度及特殊特征结构六方面评估英国河流的保护价值，该评价体系已被广泛应用于英国河流健康状况的评价中（Norris and Thoms，1999）。

3.2.5　溪流状态指数

溪流状态指数（ISC）是澳大利亚维多利亚州的自然资源和环境部 Ladson（1999）制定的分类系统，其理论基础是通过生态系统现状与原始状况比较进行健康评估。以河流每 10～30km 为河段单位，对能表征河流特征的主要环境因子进行长期监测和评估，每 5 年向政府和公众提交一次评估报告。其中，评估的主要内容包括水文要素、水质要素、生物要素、河流物理形态、岸边带等 22 个评价指标，每类要素的最高分为 10 分，代表理想状态，ISC 指数总积分为 50 分，将河流健康状况划分为健康、较好、一般、较差、极差 5 个等级（刘瑛等，2009）。

ISC 将河流状况的主要表征因子融合在一起，能够对河流进行长期的评价，评估长期河流管理和恢复中管理干预的有效性。ISC 指数的优点在于根据健康评价结果，可以及时调整河流修复方案，修改河流保护目标，可以更加科学管理河流水生态系统，使其能够可持续发展（Ladson et al.，1999）。ISC 的缺点在于评价的河段范围较小，以原始自然状态的河道为参照，评价结果较为主观。

近年来，ISC 被广泛应用于澳大利亚的河流健康状况评价，指导河流管理，评价现行水管理政策及实践的有效性，并为管理决策提供更全面的生态学及水文学数据。

3.2.6　水框架指令

2000 年，欧盟理事会颁布了水框架指令（WFD），该方法以河流的水文要素、化学要素和生物要素为基准点，并以流域综合管理为核心，以维持生态系统良好状态、实现水资源可持续利用为目标的综合评价方法，并以生态监测结果作为水资源管理策略是否有效的评价标准（董哲仁，2005b）。

WFD 的优点在于评价指标的多元化，并以评价要素最低水平为标准，加强流域尺度的综合管理。其定位是“在成员国开展河流生态状况评估的方法框架”，这个标准提出了较为完整的准则和方法（Kallis and Butler，2001）。欧盟水框架指令以更严格的标准强化了理化评价和生物评价的相互关系，在支持流域综合管理和发展多要素综合评价方面都非常有意义。

WFD 发布后，多个欧洲国家根据框架的应用研究表明多要素评价的重要价值。丹麦 Schaumburg 等（2004）的研究发现，Odense 流域大多数河流生物要素基本可以达到良好的状态，水质较为清洁，但由于部分河流的栖息生境较差，使得评价结果未能达到优良水平，因此提升 Odense 流域河道的物理生境成为管理者下一步主要的工作方向。

3.2.7 河流无脊椎动物预测和分类计划

河流无脊椎动物预测和分类计划（RIVPACS）是 1984 年由英国淡水生态研究所 Wright 提出和建立的（Faustini et al.，2009）。RIVPACS 根据河流生态系统特征预测自然状况下无脊椎动物的群落结构特征，通过实际调查，对比分析预测值与实际值的差异性，从而对河流生态系统进行健康评价。其中实际值用 O 表示，预测值用 E 表示，则 RIVPACS 指数值为 O/E。RIVPACS 表征生态系统现状与原始状态之间的差距。即受干扰样点偏离“正常位置”的“距离”，也可以表示受干扰样点生物多样性丧失的程度（张杰等，2011）。O/E 值取值范围在 0～1 之间，比值越接近 1，表明该样点生态系统越健康。

RIVPACS 能较为精确地预测某地理论上应该存在的生物量，已经越来越多地被应用到生物监测中。英国、澳大利亚及美国的一些州都开展了相关应用，研究涉及河段、子流域等不同河流尺度（Flotemersch et al.，2006），但仍存在一定的局限性。RIVPACS 基于河流任何变化都会影响底栖动物这一假设，利用单一物种对河流健康状况进行评价，具有片面性（吴阿娜，2008）。因此，一旦出现河流健康状况受到干扰，但生物群落结构并未发生明显变化，则评价结果会与实际情况出现偏差。

3.2.8 河流评价计划

1992 年，澳大利亚政府颁布了国家河流健康计划（National River Health Program，NRHP），对澳大利亚河流生态健康状况进行监测，对现行水管理政策及实践的有效性进行评估，并为管理者提供更为全面的水生态系统相关数据，方便管理者制定更为准确的政策和方针。其中由 Simpson 和 Norris 提出的河流评价计划（AUSRIVAS）成为澳大利亚河流生态系统健康评价的主要工具。评价指标主要包含水文要素、河流形态特征、水质要素、河岸带状况及水生生物 5 个方面。

AUSRIVAS 以 RIVPACS 为基础，结合澳大利亚河流自身特点构建的评价方法。在评价指标的筛选、数据的采集和分析等方面进行了针对性修改，引入了硅藻的污染敏感性指数（IPS）、藻类丰富度（AAI）、底栖动物生物完整性指数（B-IBI）等多种指标评价因子（张泽聪，2013）。AUSRIVAS 模型的预测值不是根据生态系统特征进行推断，而是选择未受人类活动干扰的样点数据为参照，构建模型的预测值，通过实测点位数据与预测值的比较，判别河流生态健康状况。比值越大，表明河流干扰程度越低，河流越健康（肖琳，2012）。

对澳大利亚威廉姆斯河及阿莱恩河的评价研究显示，AUSRIVAS 能较为精准地判别河流干扰情况，有利于管理者制定河流管理目标，在河流健康评价研究中是一种较为有效的定量评价方法。AUSRIVAS 可以对特定环境类型进行准确评价，评价结果易于被管理者理解，也可以用于长期监测评价，但是需要长期全面的生物监测数据作基础。AUSRIVAS 主要缺点在于评价尺度范围较窄，对于大尺度范围内的预测缺少基础数据和背景信息，因此阻碍了 AUSRIVAS 的推广（Turak and Koop，2003）。

3.2.9　综合健康指数评价法

我国河流生态系统健康评价研究起步较晚。2002年，唐涛等（2002）率先对河流生态系统健康进行了初步探讨；2005年长江水利委员会主办的长江论坛围绕“保护与发展”主题进行了广泛的交流与讨论。近年来，随着我国生态保护以及综合整治力度的不断加强，基于指标体系法的河流生态健康评价研究也逐步发展起来。总体来看，国内应用指标体系法进行河流生态评价的研究主要集中在以下三方面。

首先，评价指标的选择与评价体系的构建。我国幅员辽阔，河流开发程度与受人类活动影响大小存在较大差异，因此河流生态系统健康的评价指标也因地而异。在河流生态评价研究发展初期，国内的评价指标选择主要着眼于生态系统的环境价值，构建的指标体系大多包含水文参数、水质参数以及少量的水生生物参数，具有一定的片面性。随着人们生活水平的大幅提高和环境问题的日益突出，国内学者逐步认识到对河流生态评价研究工作还应关注其潜在的社会价值，满足人们的生产生活需要。目前的多指标评价体系中新融入了通航、防洪、景观欣赏等社会服务功能，如对长江和黄河的健康评价指标体系中包含了水景观舒适度、生活用水率、城市化率等指标。因此，基于指标体系法的河流生态健康评价研究开始关注生态系统所发挥的功能。总体来看，国内河流生态健康评价指标主要包括水文参数、水质特征、生物指标、河岸带状况、河流形态和经济发展六方面（冯文娟等，2015），具体常用指标如表3-1所示。

表3-1　国内河流健康评价常用指标体系

评价体系	一级指标	二级指标
生态环境价值评价指标体系	水文参数	水量、流速、水系连通性、年断流天数、生态需水保证率、河流流动性、河口径流指标、河流脉动指标
	水质特征	pH、总磷、化学需氧量、生化需氧量、氨氮、溶解氧、底泥污染指数
	生物指标	鱼类、底栖动物、藻类、浮游生物、鸟类
	河岸带状况	河岸带宽度、景观多样性、纵向连续性、结构完整性
	河流形态	河道改变、弯曲程度、河床稳定性、河岸稳定性、河岸护岸形式、鱼道状况
河流社会价值评价指标体系	经济发展指标	河道防洪标准、河岸人口密度、抗旱指数、国民经济取水率、景观娱乐功能指数、水质安全指标、航运、岸线利用程度

其次，综合评价方法的选择。目前常用的河流生态系统健康评价方法有层次分析法、灰色关联分析法、物元分析法、模糊数学法等。第三是指标权重的计算方法。权重作为评价指标体系的组成成分，显得尤为重要。权重的确定方法有很多，主要可以划分为主观赋权法和客观赋权法两类。其中，主观赋权法主要是依据专家经验人为主观确定指标权重，具体包括专家咨询赋权法、古林法、Delphi法、层次分析法等；客观赋权法则是根据原始数据运用统计方法计算而得，由于不依赖于人的主观判断，故客观性较强，具体包括主成分分析法、熵权法、基于博弈论的组合权重法、因子分析法、均方差法等。在众多的权重计算方法中，层次分析法和熵权法最为常见。基于以上指标体系法的构建原则，我国应用较为成熟的指标体系法为综合健康指数（EHI）评价法。

综合健康指数评价法常见的评价指标如表 3-2 所示。EHI 评价法的一般步骤可分为四步：①一级指标评分；②二级指标评分；③计算指标权重；④计算 EHI，并对河流生态系统的健康状况作出评价。EHI 评价法能定量地评价生态系统的健康状态，一般在 0～1 之间取值。为了更清楚地描述健康状态，将 EHI 值划分为 5 个区间：0～0.2、0.2～0.4、0.4～0.6、0.6～0.8、0.8～1.0，分别表示病态、一般病态、亚健康、健康和很健康 5 个等级。计算公式如下：

$$\mathrm{EHI}=\sum_{i=1}^{n}\omega_i\times I_i \tag{3-1}$$

式中，n 为评价指标的个数；ω_i 为指标 i 的权重值；I_i 为指标 i 的归一化值。

表 3-2 常见河流生态健康评价指标

指标类型		具体指标
水文指标		流速、水量、水利工程干扰
形态指标		河道内底质、河道改变程度、河岸结构、河岸稳定性、河床稳定性
河岸带指标		河岸带缓冲区宽度、缓冲区植被覆盖度、缓冲区生境类型
水体理化指标		总磷、总氮、高锰酸盐指数、透明度、电导率、氟化物、溶解氧、化学需氧量、氨氮
生态学指标	浮游植物	密度、生物量、叶绿素 a、香农-维纳多样性指数
	浮游动物	密度、生物量、香农-维纳多样性指数
	底栖动物	密度、香农-维纳多样性指数、BI 指数
	着生藻类	藻类自养指数
	鱼类	生物完整性指数
社会经济指标		污水处理率、化肥施用强度、农药施用强度、环境保护意识、人口密度

在确定评价指标的权重时，可以采用多种方法，如层次分析法、熵权法、专家咨询赋权法、均方差法等，不同的赋权方法具有不同的特点，得到的权重也各不相同，直接影响着最终的评价结果。在诸多的赋权方法中，熵权法的应用最为广泛，可以有效避免人为因素的干扰，尽量消除各指标权重的主观性，使评价结果更符合实际。

李国英（2005）从流量、滩地横比降、河道排洪能力、河道游荡范围、水生生态、水质类别等 9 个层面对黄河流域进行健康评价。汪兴中等（2010）将依据水文指标、水体理化指标、形态指标、水生生物指标、河岸带指标构建河流健康评价体系，对溪流生态系统进行健康评价。冯彦等（2012）分析了近 40 年国内外相关研究中对评价体系指标的使用率，基于 45 个河流健康评价指标体系 902 项指标进行归纳，从中筛选 8 个具有代表性的评价指标，分别为水质达标率、鱼类生物完整性指数、水资源利用率、径流量变化率、河流连通性、河岸指标覆盖率、湿地保留率和流域天然植被覆盖率，为我国建立评价体系提供了有价值的参考。陈璞（2014）构建了包括系统层、准则层、目标层以及 29 项具体指标在内的水生态文明评价指标体系。其中，准则层包含水生态、水安全、水景观、水管理和水文化这五类一级指标，在结合专家咨询法的同时，采用层次分析法确定指标权重，并对安徽省六安市进行了水生态文明城市评价。

多指标综合评价法依据生态系统中各个组成成分的特征不同、空间尺度范围的不同所建立起来的一个较为综合的评价指数，是对河流生态系统各个组织水平进行综合评价的方法（祁帆等，2007）。评价指标涵盖了物理化学、生态学、生理毒理学，通过计算机辅助手段，以其全面性、综合性、易量化为特点，成为河流生态系统健康评价中较为常用的方法。其优点在于不仅考虑了生态系统自身的结构和功能特点，还考虑了生态系统所能提供的生态服务和产品输出功能作为河流健康的评价标准。既强调了生态系统与人类社会相互影响、相互制约的演变关系，又能反映出生态系统的负荷能力及其受损后的恢复能力。而其缺点在于评价指标常因地区的差异性、资料的可获取性、评价目的的差异性而有所不同，权重的确定也不能充分体现指标对健康程度的影响（李冰等，2014）。此外，由于评价指标参数较多，所提供的生态信息错综复杂，如何将这些复杂的信息进行综合，评价系统能否切实定量反映河流生态系统的自然和社会属性的健康状况，以及综合指标是否合理等问题（Norris and Hawkins，2000；Norris and Thoms，1999），目前仍未得到很好地解决。

指示物种法与指标体系法是水生态系统和河流生态系统常用的两类评价方法。随着科学研究的不断深入，各学科间相互交叉、相互融合的趋势日渐明显。两种方法之间明确的区分界限已逐步淡化。为能较好地反映水生态系统特征，指示物种法所采用的评价指标通常以指标体系的形式进行组合；为扩展指标的合理性，指标体系法中的指标子集离不开生物要素。指示物种法定量精度较高，但缺乏人类要素对生态系统造成的影响；指标体系法虽包含了社会经济要素，但评价结果的精确度有待进一步加强。因此，将指示物种法与指标体系法相融合，不仅可以提高评价结果的精确度，还能反映生态系统的综合状况。随着生态系统健康评价的研究不断深入，评价指标的多度将会进一步加大，评价体系的复杂程度会进一步加强，评价结果的精度和广度会进一步提升，指示物种法和指标体系法的结合会成为新的发展趋势（刘焱序等，2015）。

第二篇

济南市水生态系统健康评价

第 4 章　济南市水生态系统特征分析

水生生物和水环境因子是水生态系统的重要组成成分，了解和掌握水生态系统现状是对水生态系统进行保护和修复的前提。基于此本章内容对济南市进行了多次野外采样调查，采集了鱼类、底栖动物和浮游植物并测定水体的理化因子。分析了济南市水生态系统特征，为水生态系统健康评价提供基础数据。

4.1　研究区概况

4.1.1　地形地貌特征

济南地形可分为三带：北部临黄带，中部山前平原带，南部丘陵山区带。境内主要山峰有长城岭、跑马岭、梯子山、黑牛寨等等。山地丘陵 3000 余平方千米，平原 $5000km^2$。最高海拔 1108.4m，最低海拔 5m，南北高差 1100 余米。济南位处山东省中心地带，在鲁中南低山丘陵与鲁西北冲积平原之间，为一平缓的单斜构造，高差达 500 余米，地势呈现南高北低，利于地表水和地下水向城区汇集（图 4-1）。济南地下是可溶性灰岩，经

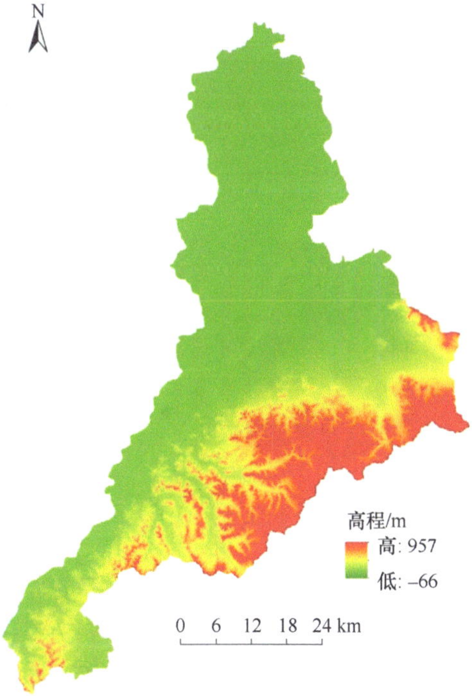

图 4-1　济南市高程图

过多次构造运动和长期溶蚀，形成了大量溶沟、溶孔、溶洞和地下暗河，以及能够储存和输送地下水的地下管网。

4.1.2 水文气象特征

济南地处中纬度地带，由于受太阳辐射、大气环流和地理环境的影响，属于暖温带半湿润季风型气候。其特点是季风明显，四季分明，春季干旱少雨，夏季温热多雨，秋季凉爽干燥，冬季寒冷少雪。年平均气温 13.8℃，无霜期 178 天，气温最高 42.5℃，最低气温–19.7℃。最高月均温 27.2℃，最低月均温–3.2℃。年日照时数 1870.9 小时。冬季，济南被极地大陆气团所控制，常受来自北方冷空气侵袭，寒冷晴朗，雨雪较少，多偏北风。夏季受热带、副热带海洋气团影响，盛行来自海洋的暖湿气流，天气炎热，雨量充沛，光照充足，多偏南风。春季和秋季风向多变。济南四季变化分明，因三面环山的地形，令水汽和热空气回流聚集不宜扩散，夏季降水多于一般北方城市。济南市区多年平均降水量为 618mm，时空分布不均（图 4-2）。市区多年平均水资源量为 5.87 亿 m^3，其中地表水资源量为 2.67 亿 m^3，地下水资源量为 3.20 亿 m^3。

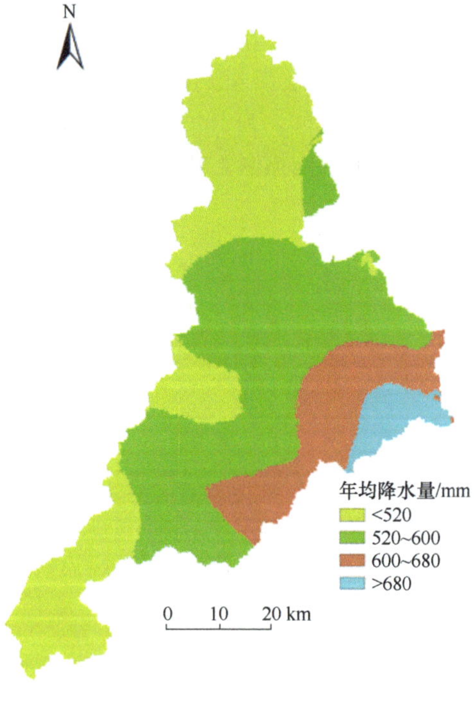

图 4-2 济南市年均降水量

4.1.3 土 壤 特 征

济南市土壤类型依地形、水文、气候、植被、母岩等自然条件的差异及人为生产活动的影响，在全市范围内由南到北、从高到低，依次分布着碱性土壤，分别为棕壤土、褐土、黄垆土和砂姜黑（潮）土。

棕壤又称棕色森林土，是在暖温带湿润半湿润落叶阔叶林下形成的地带性土壤。占全市总土壤面积的 9.1%。主要集中分布于长清、历城区南部砂石低山丘陵区。土壤的主要特点是层薄质粗，一般厚度仅 10～30cm，下部为半风化的母岩。土壤呈微酸性，无石灰反应，颜色随岩性不同而异，质粗砾多，孔隙大，疏松，不抗旱，养分贫瘠，是山地丘陵区最瘠薄的土壤。

褐土又名褐色森林土。这类土壤是在暖温带、半干旱及高温高湿同时发生的生物气候条件下，发育在石灰岩山地和丘陵地区的地带性土壤。济南市是山东典型褐土集中的分布区。土壤通体有较强的石灰反应，呈微碱性。该土壤土层深厚，质地中壤，下部稍紧实，保水保肥，无障碍因素。

黄垆土其成土母质多为黄土性物质及黄土性洪积冲积物，在长期耕种的影响下，土壤熟化程度较高，表土为疏松的褐色土层，心土为稍黏实的棕褐色土层，土层深厚，排水良好，大多是所在地区肥力较高的土壤。黄垆土适合作物范围很广，目前多种植棉花、小麦、玉米、谷子等。

砂姜黑（潮）土为黄河冲积母质所形成的。主要分布于黄泛平原靠近黄河的封闭洼地上，地下水埋深仅 0.5m 左右，是在较长期积水或较高位潜水条件下形成的土壤。土色较暗，土质黏重，潜育化明显。通体石灰反应强烈，土壤呈碱性，是障碍因素较大的低产土壤。由于实行稻改、灌排设施的改进和增施有机肥料，加强耕作管理，盐化现象有减弱趋势。

4.1.4　土 地 利 用

近些年来，随着城市人口的不断增加，城市建设的加快，自然环境条件对济南市的发展产生明显的制约作用。城市空间扩展的限制、黄河的影响、周围低山的制约等因素对济南市城市土地集约利用存在着一定的影响。

1. 土地利用现状

济南市共划分为 6 个土地利用类型，分别为耕地、林地、草地、水域、乡镇居民用地和未利用地。根据 2006 年济南市土地利用现状变更调查结果，全市土地总面积为 799848.76hm^2。农用地是济南市土地利用构成的主体，面积为 554482.99hm^2，占土地面积的 69.32%，其中耕地、林地、未利用地和其他农用地，分别占土地面积的 45.23%、0.1%、3.54%、10.89%。建设用地面积为 146118.78hm^2，占土地总面积的 18.27%。其中城市用地 24650.57hm^2，建制镇用地 8410.83hm^2，农村居民点用地 68529.71hm^2，独立工矿用地 21663.50hm^2，特殊用地 3949.26hm^2，交通用地 10495.92hm^2，水利设施用地 8418.99hm^2。未利用地面积 99247hm^2，占土地总面积的 12.41%（图 4-3）。济南市镇建设用地总量较大，城市建设发展较快，工业企业发展迅速，用地量较大。2006 年济南市土地利用现状如表 4-1 所示。

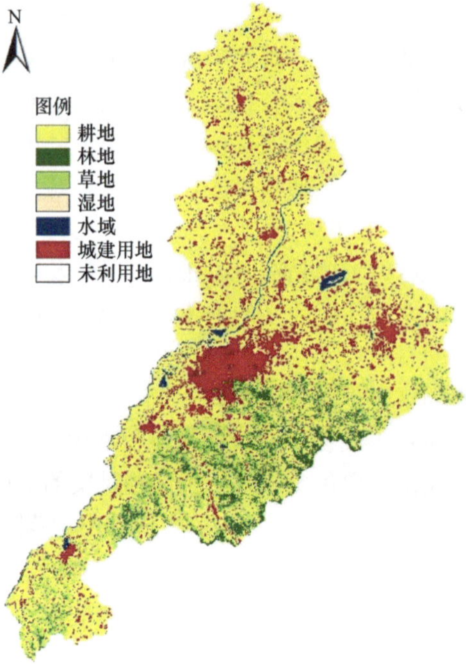

图 4-3 济南市土地利用类型

表 4-1 2006 年济南市土地利用状况

一级类	农用地				建设用地			
二级类	耕地	园地	林地	其他农用地	居民点用地	交通用地	水利用地	未利用地
比例/%	45.23	3.54	0.1	10.89	15.9	1.3	1.0	12.4

2. 土地利用演变

1996～2003 年土地利用数量变化的特征：耕地是现阶段土地资源利用最基本形式，从总的耕地变化趋势来讲，耕地是逐渐减少的。耕地的减少与人口的增长和经济的发展是分不开的。从表 4-2 中可见：耕地减少的大部分都是被居民点及工矿用地利用，此外还有一部分耕地转为交通用地和林地。

表 4-2 济南市 1996～2003 年土地利用数量变化

土地利用类型	土地面积/km^2			土地增减量/km^2		
	1996 年	2000 年	2003 年	1996～2000 年	2000～2003 年	1996～2003 年
耕地	3742.70	3731.19	3733.5	−11.51	2.31	−9.20
园地	329.33	329.56	321.39	0.23	−8.17	−7.94
林地	734.21	744.69	740.66	10.48	−4.03	6.45
居民工矿用地	1002.47	1014.53	1037.66	12.06	23.13	35.19
交通用地	63.86	71.04	81.93	7.18	10.89	18.07
水域	265.72	281.66	293.52	15.94	11.86	27.80
未利用地	1105.47	1070.72	1025.05	−34.75	−45.67	−80.42

济南市的未利用土地减少最快，1996～2003 年总共减少了 80.42km^2，这部分未利用土地大部分转变为建设用地。这是由于济南市的未利用地质量不高，除去极少部分可被开发为耕地之外，大部分只能用作建设用地。济南市的水域包括河流水面、湖泊水面、水库水面、滩涂、苇地和沟渠等。自 1996 年以来，济南市的水域面积增加了 27.80km^2，这一方面是在经济增长的带动下，济南市水利设施条件加强，带动了水域的扩展；另一方面是注重生态建设的结果，反映出济南市在经济发展和生态建设双赢方面已经初见成效。对土地利用动态空间格局的理解与划分是区域尺度土地利用变化监测、驱动分析乃至预测的基础。

济南市土地利用结构变化的总体特征：①耕地、园地和未利用地所占比例下降，降幅最大的是未利用地，由 1996 年的 13.82%降到了 2003 年的 12.82%，下降了 1.00%，其次为耕地、园地，分别下降了 0.11%、0.10%；②交通用地、居民点及工矿用地、林地、水域所占比例上升，上升最大的是居民点及工矿用地为 0.44%。研究时段内土地利用结构变化的细部特征分 1996～2000 年和 2000～2003 年两个时间段，林地、耕地所占比例前降后升，耕地降速大于升速；未利用地下降幅度后段大于前段；居民点及工矿用地、交通用地、水域面积在两个时段均呈上升趋势（表 4-3）。

表 4-3　土地利用格局变化

土地利用类	占总面积比例/%			占比变化量/%		
	1996 年	2000 年	2003 年	1996～2000 年	2000～2003 年	1996～2003 年
耕地	46.79	46.65	46.68	−0.14	0.03	−0.11
园地	4.12	4.12	4.02	0.00	−0.10	−0.10
林地	9.18	9.13	9.26	−0.05	0.13	0.08
居民点及工矿用地	12.53	12.68	12.97	0.15	0.29	0.44
交通用地	0.80	0.89	1.02	0.09	0.13	0.22
水域	3.32	3.52	3.67	0.20	0.15	0.35
未利用地	13.82	13.39	12.82	−0.43	−0.57	−1.00

3. 土地利用存在问题

（1）耕地面积逐年减少，人地关系日趋紧张尖锐，济南市在工业化和城市化过程中，农用地与非农用地之间的矛盾日益突出。

（2）土地利用结构和布局不尽合理：首先是工业化、城市化过程中的非农建设用地占用耕地的比例较高，导致工农业用地结构有失衡的态势。其次是城市用地结构中，工业用地和生产性用地偏高，也间接导致济南生态环境遭到迫害。

（3）土地后备资源日益匮乏，开发整理复垦难度加大：通过开发增加农用地尤其是耕地的潜力比较有限，且后备资源多分布在水资源相对短缺，生态环境比较脆弱，限制因素较多的地区。

4.1.5　生态环境状况

济南以泉水闻名于世，然而，由于降水量的减少及泉域地下水无限制地开采，导致地下水采补失衡，地下水位不断下降，泉群喷涌量逐渐减少，最终导致断流。泉群断流不但造成泉水景观严重萎缩，使泉城特色大打折扣，护城河及大明湖缺少新鲜水补充，水体污染严重，湖体及水体自然景观功能严重下降，而且还造成泉水文化的缺失，破坏了泉城历史文化的继承和系统性。同时，市区内河河道由于缺乏综合治理，无水源补充，已经成为工业废水及生活污水的排污沟，河流的景观功能完全丧失。玉符河、大沙河等黄河支流，由于过度开发利用、河道干涸、围垦开荒等已完全丧失水景观功能。

作为全国首个水生态文明建设试点城市，济南市提出了“加快科学发展、建设美丽泉城”，实现“泉涌、湖清、河畅、水净、景美”的水生态文明城市建设目标。《济南市水生态文明建设试点实施方案（2013—2015年）》明确提出了水生态保护与修复的目标：区域水生态保护格局得到确立，河湖湿地水生态系统质量状况得到改善，水功能区达标率明显提高，泉水持续喷涌，城乡水景观靓丽和亲水指数得到提升，重点区域生物多样性和栖息环境得到改善，水土流失状况得到治理。今后一段时期，随着《济南市城市总体规划（2005—2020）》《济南市现代水网建设规划》《济南市水生态文明市创建规划》《济南市水生态文明建设试点实施方案（2013—2015年）》的实施，济南市经济、社会、城市化发展等将对全市水生态保护、维持河流水系生态健康方面提出了更高的要求。泉水是济南的灵魂和灵气，河流水系是城市的重要基础设施和生态环境的控制性要素，改善河流水系健康生态环境，维持水系生态系统良性循环，是维持济南灵魂和灵气的根本所在，也是济南市长期可持续发展的基础。

4.1.6　水系及水利工程

济南市域内有三大水系（图4-4），即黄河水系、小清河水系以及徒骇马颊河水系。黄河水系集水面积2778km^2，从平阴县旧县乡清河门流入济南市境，流经平阴县、长清区、济南市郊区、历城区及章丘市，于章丘市黄河乡的常家庄出境，流经市境长度172.9km。其支脉河流均从右岸汇入，主要有浪溪河、龙柳河、玉带河、平阴河、安栾河、孝里铺河、南大沙河、北大沙河、玉符河等10条；小清河水系集水面积2792km^2，其中山地丘陵汇流面积占该河流域面积的54.7%。主干河道源于济南市西郊，流经惠民、淄博等地市，全长232km，在济南市境内长度为70.3km。是省内唯一河海通航、水陆联运的河道。小清河是山东省泄洪、排涝、通航、灌溉、排污等综合性大型人工河道。小清河主要支流多在右（南）岸，为山洪及泉水河道；北岸支流很少，且较小，均为平原坡水排涝河道。小清河济南市境内主要支流有14条，分别为腊山河、兴济河、西太平河、东太平河、西泺河、东泺河、全福河、大辛河、张马河、港沟河、赵王河、巨野河、绣江河和漯河；徒骇马颊河水系集水面积2400km^2，属海河水系，是山东省一条大型排水河道，河型蜿蜒曲折，坡度平缓，全长427km，流域面积13902km^2，承担着山东西北地区的排涝及灌溉任务。徒骇河济南段长88.5km。

图 4-4　济南市各水系分布图

据统计，截至 2008 年年底，济南市有大型水库 1 座，中型水库 12 座（含 2 座引黄水库），小型水库 175 座，塘坝 1044 座，总库容 5.78 亿 m^3；建成引黄灌区 36 处，其中邢家渡、田山、陈孟圈、胡家岸等大中型引黄灌区 10 处，引黄控制面积 14 万 hm^2，总引黄河水能力 278m^3/s；建成配套机井 5.92 万眼，排灌机械 11.2 万台。全市有效灌溉面积达 24.35 万 hm^2，占耕地面积的 68%；发展微灌、滴灌、喷灌等节水灌溉面积 7.5 万 hm^2，占耕地面积的 21%；建成高产稳产田 18.4 万 hm^2。这些水利工程不仅大大减轻了洪涝灾害的威胁，而且对水资源的开发利用创造了良好的条件。

4.1.7　经济社会概况

2012 年济南市生产总值 4812.68 亿元，比上年增长 9.5%。人均生产总值 69574 元，增长 8.4%，2013 年，济南市生产总值达到 5230.19 亿元。2012 年末常住人口 695.0 万人，年人口增长率 4.24‰。全年人口自然增长率 3.67‰，下降 0.67 个千分点；人口出生率 11.75‰，提高 0.75 个千分点；人口死亡率 8.08‰，提高 1.42 个千分点。人口机械增长率 1.99‰，提高 1.56 个千分点。城市化率达到 65.71%，比上年提高 0.66 个百分点。

4.2　数 据 来 源

4.2.1　采样点布设

在济南市共布设 40 个采样点（图 4-5），其中南部黄河水系共设置 15 个采样点，有 9 个采样点为水库点位（R1～R9），其余点位为河流型点位（Y1～Y6）；小清河水系共设 13 个采样点（C1～C5 和 X1～X8）；北部徒骇马颊河水系共设 12 个采样点（T1～T12）。分别于 2014 年和 2015 年的 5 月、8 月、10 月进行了 6 次野外采样调查，各采样点信息见表 4-4。

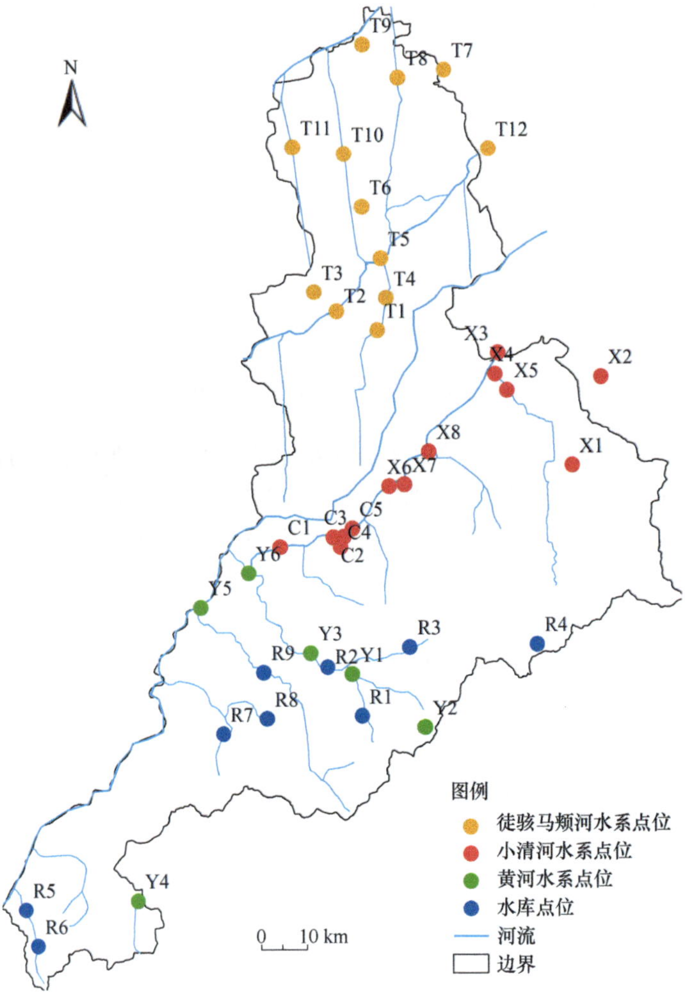

图 4-5　采样点布设图

表 4-4　采样点信息表

编号	点位名称	河流名称	土地利用方式	非点源污染	底质类型
Y1	井渡口	玉符河	林地、住宅	不明显	石块、砂砾、沙
Y2	黄巢水库下游	锦阳川	林地	不明显	石块、卵石、砂砾
Y3	宅科	玉符河	公路	不明显	碎石、细沙
Y4	陈屯桥	汇河	耕地	有潜在污染源	淤泥
Y5	北大沙河	北大沙河	林地	不明显	淤泥
Y6	睦里庄	玉符河	耕地	有潜在污染源	淤泥、沙
C1	吴家铺	小清河	公园	不明显	淤泥
C2	梁府庄	小清河	住宅	有潜在污染源	石床
C3	板桥	小清河	住宅	有潜在污染源	石床
C4	菜市新村	小清河	住宅	明显	石床
C5	黄台桥	小清河	住宅	有潜在污染源	石床
X1	相公庄	漯河	商业、住宅	明显	淤泥

续表

编号	点位名称	河流名称	土地利用方式	非点源污染	底质类型
X2	浒山闸	杏花河	林地	不明显	淤泥
X3	五龙堂	小清河	林地、耕地	有潜在污染源	淤泥、沙、砂砾
X4	张家林	绣江河	耕地、住宅	有潜在污染源	石块、淤泥
X5	白云湖	绣江河	耕地	有潜在污染源	黏土、淤泥
X6	龙脊河	龙脊河	耕地、住宅、工业	有潜在污染源	淤泥
X7	石河	石河	耕地、住宅、工业	明显	淤泥、砂砾、石块
X8	巨野河	巨野河	林地、耕地	有潜在污染源	淤泥
T1	北田家	大寺河	林地、耕地、工业	有潜在污染源	淤泥
T2	垛石街	垛石河	林地、耕地、住宅	有潜在污染源	淤泥
T3	新市董家	临商河	耕地、林地	有潜在污染源	淤泥
T4	大贺家铺	大寺河	林地、耕地	明显	淤泥
T5	营子闸	徒骇河	林地、耕地	明显	淤泥
T6	张公南临	土马河	林地、耕地	明显	石块、淤泥、黏土
T7	刘家堡桥	沙河	林地、耕地、住宅	有潜在污染源	淤泥
T8	周永闸	商东河	林地、耕地	有潜在污染源	淤泥
T9	杆子行闸	改碱河	耕地	明显	淤泥
T10	明辉路桥	商中河	住宅	有潜在污染源	淤泥、黏土
T11	潘庙闸	临商河	林地、住宅	不明显	淤泥
T12	刘成桥	徒骇河	林地、耕地	明显	石块、淤泥、黏土
R1	八达岭水库	锦阳川	林地	不明显	
R2	卧虎山水库	玉符河	林地、耕地、住宅	不明显	
R3	锦绣川水库	玉符河	林地、耕地	不明显	
R4	垛庄水库	西巴漏河	林地、耕地	有潜在污染源	
R5	东阿水库	浪溪河	牧场	不明显	
R6	汇泉水库	浪溪河	林地	不明显	
R7	崮头水库	南大沙河	林地	不明显	
R8	钓鱼台水库	南大沙河	林地	不明显	
R9	崮云湖水库	北大沙河	林地、商业	不明显	

4.2.2　水生生物样品采集

1. 鱼类

在采样点1km范围内进行鱼类样品的采集。鱼类样品的采集位于底栖动物和浮游植物样品采集的上游，其目的是排除采样过程中对鱼类群落的干扰。采样方法为电鱼法，采样时间一般为30min。现场对鱼类样品进行种类的鉴定，并称其重量，鱼类样品一般鉴定到种级水平。对于难鉴定的鱼类物种，用10%的甲醛溶液保存，运回实验室后进行二次鉴定。

2. 大型底栖动物

在采样点100m范围之内，使用索伯网（可涉水）和彼得圣采泥器（不可涉水）随机采集 2 个平行样本。将网内所采集之物经过 60 目的网筛过滤，去除石块、泥沙、垃圾等杂质。用自来水将网上底栖动物冲刷到白瓷瓶中，现场挑捡到广口瓶中。并用浓度为 95%的酒精保存，运回实验室，在显微镜和解剖镜下进行种类鉴定和计数，样品尽量鉴定到属或种。

3. 浮游植物

用采水器在河流中层取水样 2L，加入 20～30mL 鲁哥氏液进行固定。运回实验室后，静置 48 小时以上，去除上清液，将底层样品收集到 100mL 细口瓶中，定容至 50mL。用浮游植物计数框在光学显微镜 40×10 倍镜下鉴定计数，样品鉴定到种。根据相关公式，计算每个采样点浮游植物密度。

4.2.3 水环境因子测定

共测定 22 个水环境因子，其中电导率（EC）、溶解氧（DO）、透明度（Trans）、pH、水深（Depth）、河宽（Wide）和流速（Velo）进行现场测定，流量通过河宽、水深、流速计算所得。用取水器取 2L 水样，运回实验室后，根据国家规定的标准测定方法，测定浊度（SS）、氯化物（Cl^-）、硫酸盐（SO_4^{2-}）、重碳酸盐（HCO_3^-）、总碱度（Alk）、总硬度（TD）、总磷（TP）、总氮（TN）、铵盐（NH_4^+）、硝酸盐（NO_3^-）、亚硝酸盐（NO_2^-）、化学需氧量（COD）、高锰酸盐指数（COD_{Mn}）和生化需氧量（BOD_5）。

4.3 水生生物群落结构特征

4.3.1 鱼 类

济南市水体共采集到鱼类 49 种，隶属于 6 目、13 科。鲤形目物种数最多为 33 种，占总物种数的 67%，鲈形目 9 种，占总物种数的 18%，鲶形目 4 种，占总物种数的 8%，鳉形目、合鳃鱼目和鲑形目均采集到 1 种，占总物种数的 6%（图 4-6）。在 6 次采样中，

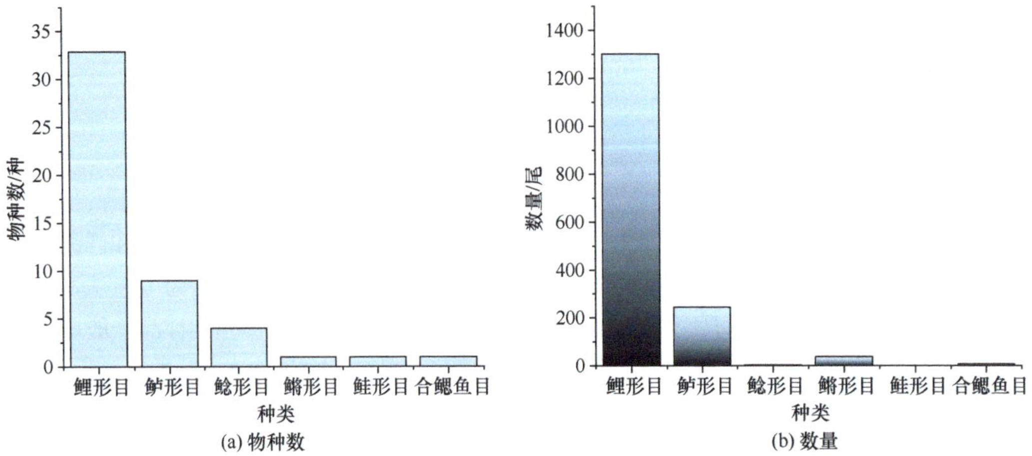

图 4-6 济南市鱼类群落结构特征图

仅出现一次的物种有 8 种，分别为寡鳞飘、纵纹北鳅、大银鱼、翘嘴鲌、棒花鮈、长蛇鮈、埃及胡子鲶和凹尾拟鲿，其中翘嘴鲌、棒花鮈、长蛇鮈、埃及胡子鲶和凹尾拟鲿仅捕捞上 1 条。6 次采样平均每次采集到鱼类 1595 尾。其中鲫鱼数量最多为 342 尾，占总数的 21%。其余优势种鱼类分别为䱗、麦穗鱼、褐吻虾虎鱼、棒花鱼和泥鳅，优势度指数值均大于 2，在所有采样点出现的频次均大于 30 次（表 4-5）。

表 4-5　济南市鱼类优势度和出现频次

科名	种名	频次	数量	优势度
鲤形目	鲫	40	342	8.58
鲤形目	䱗	33	228	4.72
鲤形目	麦穗鱼	35	152	3.34
鲈形目	褐吻虾虎鱼	33	126	2.61
鲤形目	棒花鱼	30	136	2.56
鲤形目	泥鳅	39	103	2.53
鲤形目	寡鳞飘	1	13	0.00
鲤形目	纵纹北鳅	1	4	0.00
鲑形目	大银鱼	1	2	0.00
鲤形目	翘嘴鲌	1	1	0.00
鲤形目	棒花鮈	1	1	0.00
鲤形目	长蛇鮈	1	1	0.00
鲶形目	埃及胡子鲶	1	1	0.00
鲶形目	凹尾拟鲿	1	1	0.00

4.3.2　底 栖 动 物

济南市水生态系统中共鉴定出底栖动物 68 种，隶属于 6 纲，10 目，26 科。其中，昆虫纲物种数最多为 39 种，占全部物种数的 57%；腹足纲 16 种，占全部物种数的 24%；软甲纲 4 种，占全部物种数的 6%；寡毛纲、蛭纲、瓣鳃纲均为 3 种，占全部物种数的 13%（图 4-7）。每个采样点底栖动物的平均密度值为 954 个/m^2。昆虫

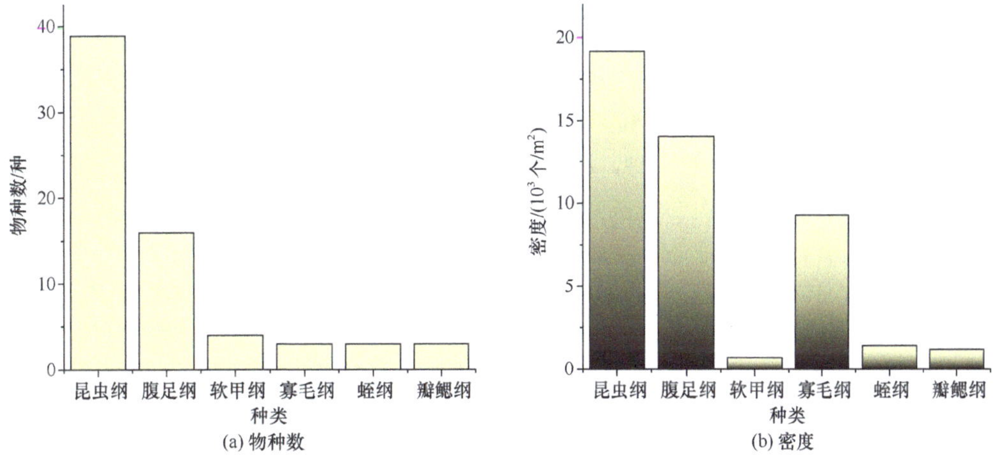

图 4-7　济南市底栖动物群落结构特征图

纲和腹足纲在密度分布特征中均表现为较高水平，占总物种个体数量的 72%，寡毛纲虽然物种数仅占 4%，但其个体数量较大，占总数量的 20%。蛭纲、瓣鳃纲和软甲纲个体数量相差不大，分别占 3%、2%和 2%。6 次采样中，豆螺、霍甫水丝蚓、溪流摇蚊、喜盐摇蚊出现的频次、采集到的数量均较高，优势度指数均大于 2。拟沼螺科、卵萝卜螺、铜锈环棱螺和秀丽白虾虽然优势度指数不高，但是出现的频次较大，超过 50%的采样点均有出现。扁蜉、猛摇蚊、弯铗摇蚊、柔嫩雕翅摇蚊、塔马拟环足摇蚊、俊才齿斑摇蚊、日本星齿蛉、圆顶珠蚌和华溪蟹在 6 次采样中仅出现一次，优势度指数小于 0.001（表 4-6）。

表 4-6　济南市底栖动物优势度和出现频次

科名	种名	频次	数量	优势度
腹足纲	豆螺	36	7600.99	5.98
寡毛纲	霍甫水丝蚓	22	7647.43	3.68
昆虫纲	溪流摇蚊	21	4873.45	2.24
昆虫纲	喜盐摇蚊	18	5509.27	2.17
腹足纲	拟沼螺科	32	1062.66	0.74
腹足纲	卵萝卜螺	29	711.43	0.45
腹足纲	铜锈环棱螺	27	932.43	0.55
软甲纲	秀丽白虾	26	524.05	0.30
昆虫纲	扁蜉	1	4.17	0.00
昆虫纲	猛摇蚊	1	8.33	0.00
昆虫纲	弯铗摇蚊	1	87.50	0.00
昆虫纲	柔嫩雕翅摇蚊	1	21.33	0.00
昆虫纲	塔马拟环足摇蚊	1	158.67	0.00
昆虫纲	俊才齿斑摇蚊	1	156.94	0.00
昆虫纲	日本星齿蛉	1	2.78	0.00
瓣鳃纲	圆顶珠蚌	1	3.13	0.00
软甲纲	华溪蟹	1	2.67	0.00

4.3.3　浮 游 植 物

济南市共采集到浮游植物 171 种，隶属于 8 门，10 纲，17 目，33 科，72 属。其中，硅藻门 80 种，占总分类数的 47%；绿藻门 48 种，占总分类数的 28%；蓝藻门 23 种，占总分类数的 13%；裸藻门 11 种，占总分类数的 6%；隐藻门 3 种、甲藻门 3 种、金藻门 2 种、黄藻门 1 种，共占总分类数的 5%（图 4-8）。其中，蓝藻门的个体数量远远超过其他浮游植物门类，总个体密度达 8.1×10^8 个/L。小席藻数量最多为 4.9×10^8 个/L。硅藻门和绿藻门个体数量相差不大，占总个体数量的 20%。黄藻门密度最低，为 5 万个/L。小席藻、小颤藻、铜绿微囊藻、中华尖头藻、四尾栅藻、肘状针杆藻、梅尼小环藻优势度指数最高，指数值均大于 0.7。舟形藻、尖针杆藻、卵形隐藻、蓖形短缝藻、谷皮菱形藻、二形栅藻、针形菱形藻和小片菱形藻虽然优势度指数值不高，但出现的频率较大，在超过 80%的点位中均有出现。仅出现一次的浮游植物共有 21 种，分别为螺旋颗粒直链藻、冠盘藻、四环藻、美丽星杆藻、披针曲壳藻、赫尔斯特美壁藻、较大羽纹藻、小桥弯藻、多变菱形藻、细端菱形藻、弯棒杆藻、团藻、极生顶棘藻、扁盘栅藻、具瘤陀螺藻、不定腔球藻、粘球藻、巨颤藻、普通念珠藻、锥囊藻、黄丝藻，这些藻类占总物种数的 12%（表 4-7）。

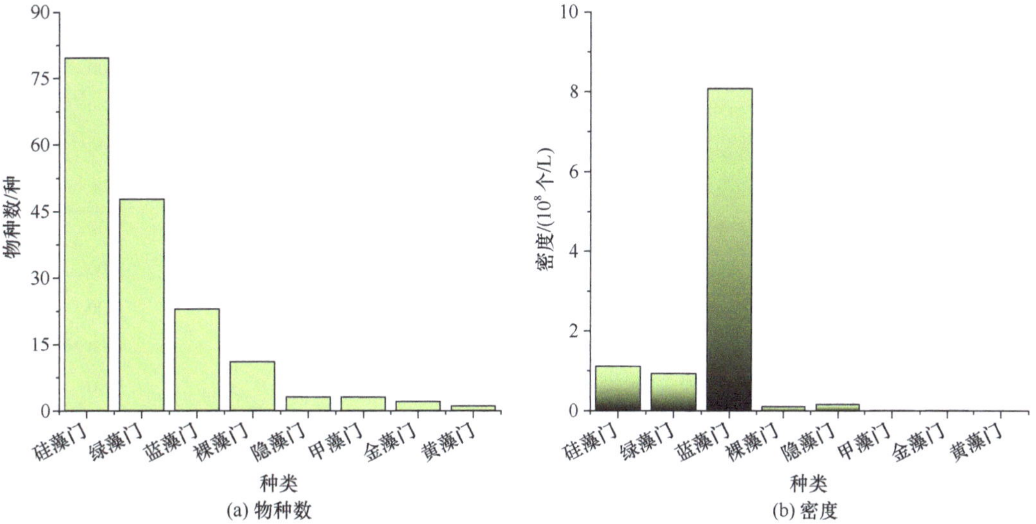

(a) 物种数　(b) 密度

图 4-8　济南市浮游植物群落结构特征图

表 4-7　济南市浮游植物优势度和出现频次

科名	种名	频次	数量	优势度
蓝藻门	小席藻	42	48632.89	19.61
蓝藻门	小颤藻	33	10646.63	3.37
蓝藻门	铜绿微囊藻	25	7047.13	1.69
蓝藻门	中华尖头藻	33	4135.34	1.31
绿藻门	四尾栅藻	47	2196.07	0.99
硅藻门	肘状针杆藻	40	2230.35	0.86
硅藻门	梅尼小环藻	43	1862.15	0.77
硅藻门	小环藻	45	1649.28	0.71
硅藻门	舟形藻	45	425.84	0.18
硅藻门	尖针杆藻	43	1155.11	0.48
隐藻门	卵形隐藻	41	1214.54	0.48
硅藻门	蓖形短缝藻	39	100.85	0.04
硅藻门	谷皮菱形藻	39	292.74	0.11
绿藻门	二形栅藻	38	496.46	0.18
硅藻门	针形菱形藻	38	352.03	0.13
硅藻门	小片菱形藻	38	214.05	0.08
硅藻门	螺旋颗粒直链藻	1	1.75	0.00
硅藻门	冠盘藻	1	0.22	0.00

续表

科名	种名	频次	数量	优势度
硅藻门	四环藻	1	0.11	0.00
硅藻门	美丽星杆藻	1	3.95	0.00
硅藻门	披针曲壳藻	1	0.44	0.00
硅藻门	赫尔斯特美壁藻	1	0.33	0.00
硅藻门	较大羽纹藻	1	0.66	0.00
硅藻门	小桥弯藻	1	0.22	0.00
硅藻门	多变菱形藻	1	0.55	0.00
硅藻门	细端菱形藻	1	0.77	0.00
硅藻门	弯棒杆藻	1	0.22	0.00
绿藻门	团藻	1	0.22	0.00
绿藻门	极生顶棘藻	1	0.58	0.00
绿藻门	扁盘栅藻	1	1.75	0.00
裸藻门	具瘤陀螺藻	1	0.44	0.00
蓝藻门	不定腔球藻	1	13.16	0.00
蓝藻门	粘球藻	1	6.58	0.00
蓝藻门	巨颤藻	1	17.53	0.00
蓝藻门	普通念珠藻	1	18.42	0.00
金藻门	锥囊藻	1	2.19	0.00
黄藻门	黄丝藻	1	5.15	0.00

根据史料记载（邹鹏等，1959），在济南市小清河、菜市河以及北园一带的水稻田地区共收集到鱼类 49 种，分属于 7 目 13 科。本研究采集到鱼类 49 种，分属于 6 目，12 科。本研究虽然在物种种类数量上与历史的调查结果一致，但实质上还存在着很大差别。其一，采样频率存在较大差别。鄒鹏等学者在 1959 年 5 月份进行了一次采样调查，而本研究分别在 2014～2015 年的 5 月、8 月和 10 月进行了 6 次采样调查，调查的频率和时间跨度远远高于历史调查。其二，采样范围存在较大差别。邹鹏等学者仅对济南近郊小清河、菜市河、北园一带区域展开调查，调查范围应属于城区边缘。本研究是对济南市全部水体展开调查，调查面积远远大于历史调查。其三，鱼类种类差别较大，虽然鱼类种类数量与历史调查均为 49 种，但仅有 17 种鱼类是与历史调查一致的。常见的青鱼在济南市已很少出现，而耐污能力较强的虾虎鱼科在历史调查中没有出现，却是济南市目前常见物种。因此，与历史调查相比，济南市鱼类物种数是呈下降趋势，耐污种类所占比例增加。

底栖动物和浮游植物数量在空间分布极不均匀，少数点位底栖动物和浮游植物数量出现极大值，而这些生物主要为豆螺、霍甫水丝蚓、溪流摇蚊、喜盐摇蚊、小席藻和小颤藻。豆螺、霍甫水丝蚓、摇蚊均为耐污能力极强的物种，在水环境条件恶劣下也能较好生存，且繁殖力极强。小席藻和小颤藻为多细胞单列丝状体，常集聚成群，条件适宜时，会使数量急剧增多，因而造成济南市少数点位底栖动物和浮游植物数量出现极高值现象。

4.4　水环境因子特征

本研究共测定济南市水环境因子 22 个，其中水文因子 2 个，物理因子 6 个，化学因子 14 个，各因子均值和标准差如表 4-8 所示。

表 4-8　济南市水环境理化因子特征

	编号	因子	单位	平均值	最大值	最小值	标准差
水文因子	E3	流速	m/s	0.11	0.53	0.00	0.14
	E4	流量	m^3/s	1.52	26.72	0.00	4.38
物理因子	E1	河宽	m	19.86	130.75	0.00	25.60
	E2	水深	m	0.67	2.08	0.00	0.65
	E8	溶解氧	mg/L	7.59	10.12	2.54	1.89
	E5	透明度	cm	166.87	1008.29	21.18	172.61
	E6	浑浊度	度	20.90	61.60	2.29	16.12
	E9	电导率	mS/m	1185.46	3737.37	322.16	744.01
化学因子	E7	pH		8.08	8.62	7.27	0.31
	E10	硫酸盐	mg/L	219.32	798.83	43.48	164.74
	E11	氯离子	mg/L	142.16	583.14	16.59	127.97
	E12	重碳酸盐	mg/L	239.39	576.64	105.05	99.33
	E13	总碱度	mg/L	197.86	476.65	90.14	81.33
	E14	总硬度	mg/L	346.90	833.42	130.39	152.00
	E15	总磷	mg/L	0.40	2.45	0.03	0.55
	E16	总氮	mg/L	4.72	20.28	0.70	3.78
	E17	铵盐	mg/L	1.50	9.12	0.07	1.99
	E18	亚硝酸盐	mg/L	0.19	0.80	0.01	0.21
	E19	硝酸盐	mg/L	2.27	15.97	0.00	2.65
	E20	化学需氧量	mg/L	29.42	69.62	6.33	12.52
	E21	高锰酸盐指数	mg/L	5.99	13.12	1.87	2.61
	E22	生化需氧量	mg/L	5.26	22.00	0.00	4.16

4.4.1　水 文 因 子

济南市所有采样点平均流速值为 0.11m/s，变化范围为 0～0.53m/s。基本呈现南北两端流速较低，中部地区流速较高。其中并渡口点位流速最高为 0.53m/s。并渡口位于南部山区上游，地势较高，山体坡度较大，因而流速较大。而北部以平原地区为主，地势较为平缓，因此流速较低。济南多数水体流量较低，平均流量为 $1.52m^3/s$。由于南部地区水库较多，流量为 0。此外南部地势高，河道较窄，因此南部地区流量普遍较低。北部地区虽然河道较宽，但流速较低，因此流量较低。小清河水系受地势影响，河道相较于南部山区较宽，有一定的地势差，因此流量较大（图 4-9）。

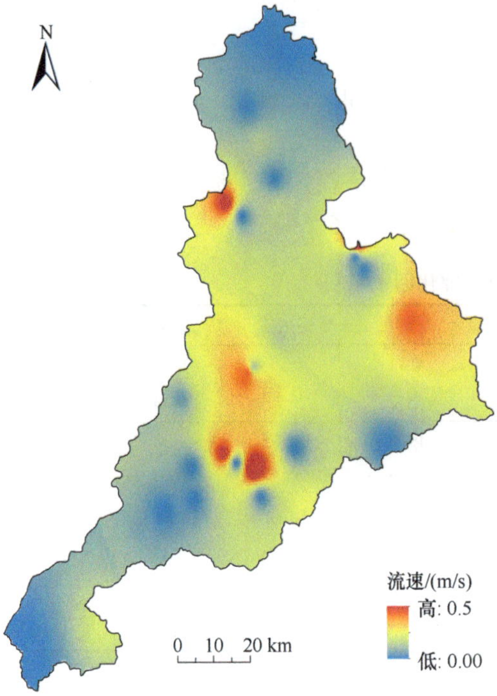

(a) 流速　　(b) 流量

图 4-9　济南市水体水文因子空间分布特征图

4.4.2 物 理 因 子

济南市南部黄河水系和中部小清河水系水体河宽与水深的空间分布特征较为一致，均低于北部徒骇马颊河水系（图 4-10）。河宽平均值为 19.86m，水深为 0.67m，其中，黄台桥（C5）和营子闸（T5）河道较宽，为 100m 左右。明辉路桥（T10）、黄台桥（C5）和张家林（X4）水深均超过 2m。

济南市水体溶解氧数值较高，均值在 7.59mg/L，超过国家规定的 I 类水标准，其标准差为 1.89，表明各采样点溶解氧数值离散程度较低。从空间分布特征图看出，溶解氧含量在整个流域普遍较高，板桥（C3）溶解氧含量值最低，为 2.54mg/L，相公庄（X1）、梁府庄（C2）、大贺家铺（T4）、陈屯桥（Y4）和北田家（T1）溶解氧含量低于 5mg/L，为国家规定的 IV 类水标准，其余点位溶解氧含量均在 III 类水标准以上。济南市水体透明度均值为 166.87cm，但是标准差相差较大，南部黄河水系和北部徒骇马颊河区透明度较低，明辉路桥（T10）、崮头水库（R7）、汇泉水库（R6）、五龙堂（X3）、刘成桥（T12）、北大沙河入黄河口（Y5）和营子闸（T5）点位透明度不足半米，并渡口（Y1）和新市董家（T3）透明度值较高，均超过 5m。

电导率空间分布差异性较大，均值在 1185.46mS/m，南部电导率低，主要因为水库点位较多。北部地区电导率较高，刘家堡桥（T7）、大贺家铺（T4）、杆子行闸（T9）、北田家（T1）和石河（X7）电导率最高，均超过 2000mS/m。浑浊度均值为 20.90 度，睦里庄（T6）、崮云湖水库（R9）、营子闸（T5）和崮头水库（R7）浑浊度较大，均超过 50 度。

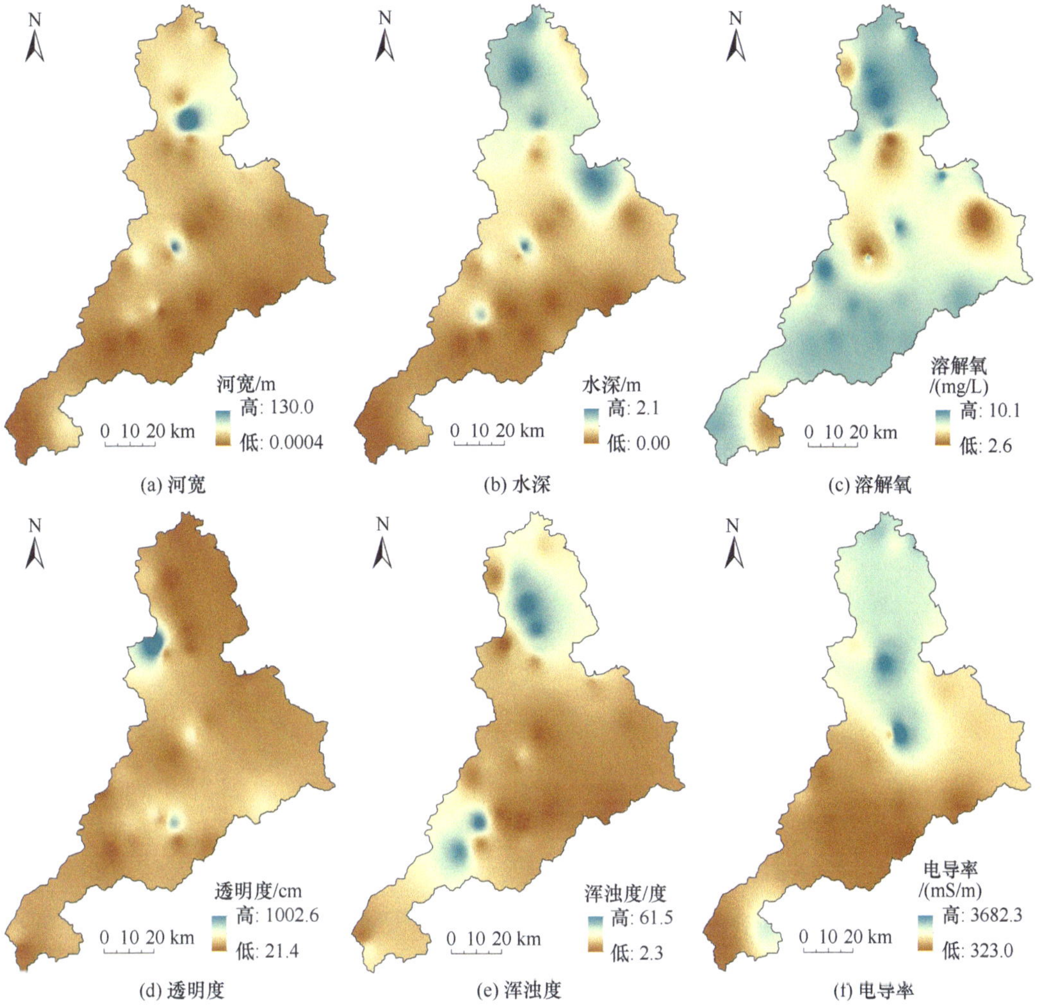

图 4-10　济南市水体物理因子空间分布特征图

4.4.3　化 学 因 子

济南市水体 pH 7.27～8.62，均值为 8.08，呈略碱性水体，东部小清河区 pH 偏低，南部山区 pH 偏高（图 4-11）。

表征无机盐含量的总硬度、硫酸盐、氯离子、重碳酸盐、总碱度指标在空间分布趋势上大致相同，均呈现南部山区含量低、东部和北部平原丘陵区含量偏高的趋势。其中总硬度是表征水体钙离子和镁离子含量的一种指标，在济南市的石河（X7）、巨野河（X8）、北田家（T1）和陈屯桥（Y4）总硬度含量最高，均超过 550mg/L。南部水库点位，如垛庄水库（R4）、卧云湖水库（R9）、汇泉水库（R6）和东阿水库（R5），以及南部的睦里庄（Y6）、黄巢水库下游（Y2）点位总硬度含量最低，含量值在 200mg/L 以下。总碱度是表征水体中碳酸盐、重碳酸盐以及氢氧化物总含量的指标，而在天然水体中，总碱度主要表征重碳酸盐含量，从空间分布特征图中可以看出（图 4-11），重碳酸盐和

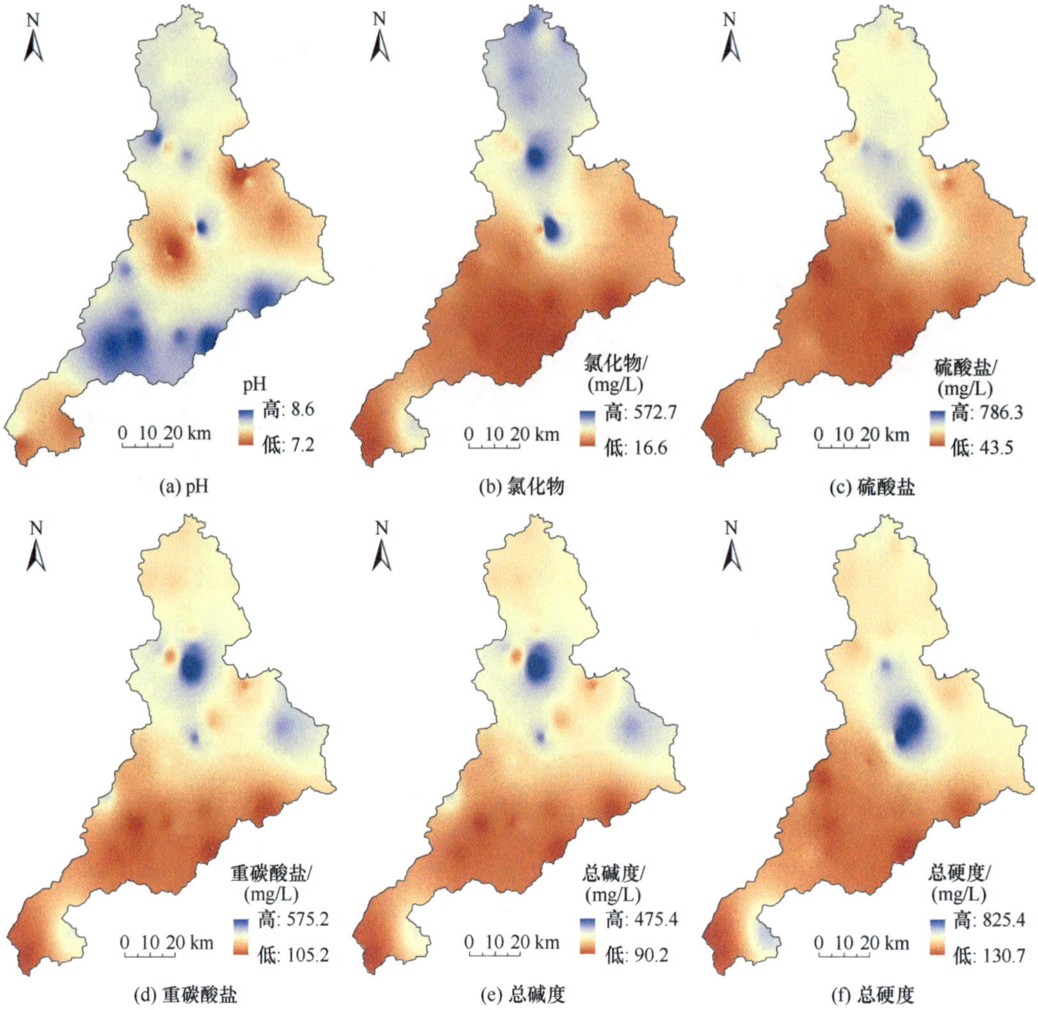

图 4-11 济南市水体无机盐离子空间分布特征图

总碱度的空间分布基本完全一致，北田家（T1）、大贺家铺（T4）和龙脊河（X6）总碱度和重碳酸盐含量最高，崮云湖水库（R9）、汇泉水库（R6）、黄巢水库下游（Y2）总碱度和重碳酸盐含量最低。硫酸盐浓度是指水体中硫酸根离子的含量，水体中硫酸盐含量过高，容易对环境产生危害，例如，硫酸根可以与许多金属离子形成稳定的化合物，毒害生物。在氧气含量较低时，易形成硫化物，与汞离子结合，形成硫化汞等（胡明成，2012）。在济南市石河（X7）、巨野河（X8）点位硫酸盐含量值最高，超过 600mg/L，黄巢水库下游（Y2）和睦里庄（Y6）硫酸盐含量值最低，不足 50mg/L。氯化物是工业中常用化工原料，水体中氯离子浓度过高，会威胁人类的健康和植物的生长（肖欣和申湘忠，2014）。济南区域石河（X7）氯离子含量最高，锦绣川水库（R3）、垛庄水库（R4）和黄巢水库下游（Y2）氯离子含量最低。

总磷、总氮、铵盐、硝酸盐和亚硝酸盐是表征水体富营养化的主要指标。济南市总磷含量的均值为 0.40mg/L，有 62%的点位，总磷的含量值低于 0.2mg/L，属于国家规定的Ⅲ类水标准以上。陈屯桥（Y4）、北田家（T1）和相公庄（X1）总磷含量最高，均超过 1.8mg/L，使得济南总磷含量的平均值升高。铵盐的空间分布与总磷较为相近（图 4-12），均值为 1.50mg/L。其中 73%点位的铵盐含量低于 1mg/L，属国家规定的Ⅲ标准以上。北大沙河入黄河口（Y5）和板桥（C3）铵盐含量值最高，均大于 6mg/L。济南市整个流域总氮含量偏高，超过 80%的点位总氮含量大于 2mg/L，超过国家规定的Ⅴ类水标准，仅东阿水库（R5）和睦里庄（Y6）的总氮含量低于 1mg/L，属于Ⅲ类水标准。睦里庄（Y6）和东阿水库（R5）硝酸盐含量最低，均低于 0.3mg/L，石河（X7）硝酸盐含量最高为 15.97mg/L，北部地区硝酸盐含量普遍偏低。济南南部水体亚硝酸盐含量普遍偏低，有研究表明，当水体中亚硝酸盐含量超过 0.1mg/L 时，会对水体中的鱼、虾、蟹类等水生生物产生毒害，使自身免疫力下降，易感染病毒等（彭小云，2015）。济南市 60%点位的亚硝酸盐含量低于 0.1mg/L，东阿水库（R5）亚硝酸盐含量最低为 0.01mg/L，陈屯桥（Y4）、黄台桥（C5）和石河（X7）硝酸盐含量较高，均在 0.7mg/L 以上。

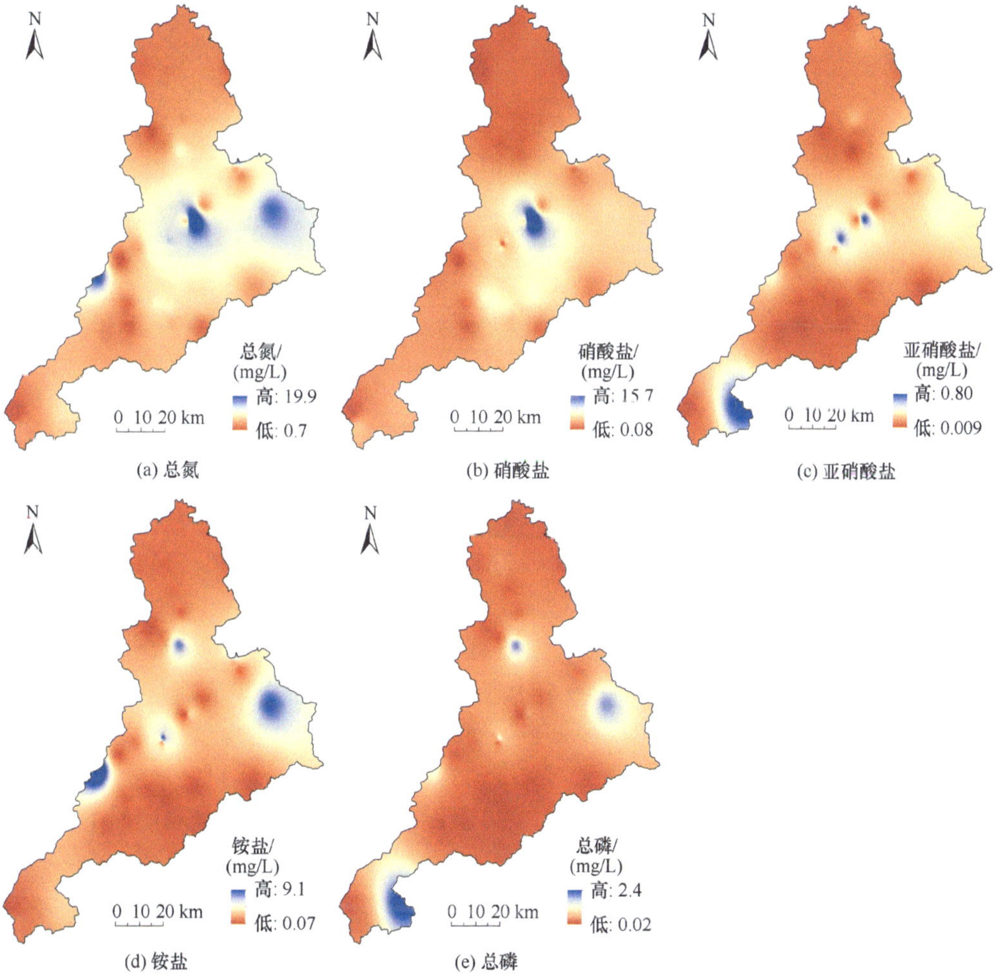

图 4-12　济南市水体营养盐因子空间分布特征图

生化需氧量、化学需氧量和高锰酸盐指数是表征水体有机污染的重要指标。在济南，超过60%的点位生化需氧量低于4mg/L，达到国家规定的III类水标准。浒山闸（X2）、东阿水库（R5）、相公庄（X1）和张公南临（T6）生化需氧量较高，均超过10mg/L，八达岭水库（R1）、黄巢水库下游（Y2）、并渡口（Y1）、和锦绣川水库（R3）生化需氧量较低，低于1.5mg/L。济南市水体化学需氧量普遍较高（图4-13），仅27%点位的化学需氧量低于20mg/L，属国家规定的III类水标准，10%点位的化学需氧量高于40mg/L，超出国家规定的V类水标准。高锰酸盐指数空间分布特征与化学需氧量分布特征基本一致，但高锰酸盐指数值均在国家规定的V类水标准以上，58%点位的高锰酸盐指数均在III类水标准以上，张家林（X4）、北田家（T1）和板桥（C3）高锰酸盐指数值属于V类水标准。

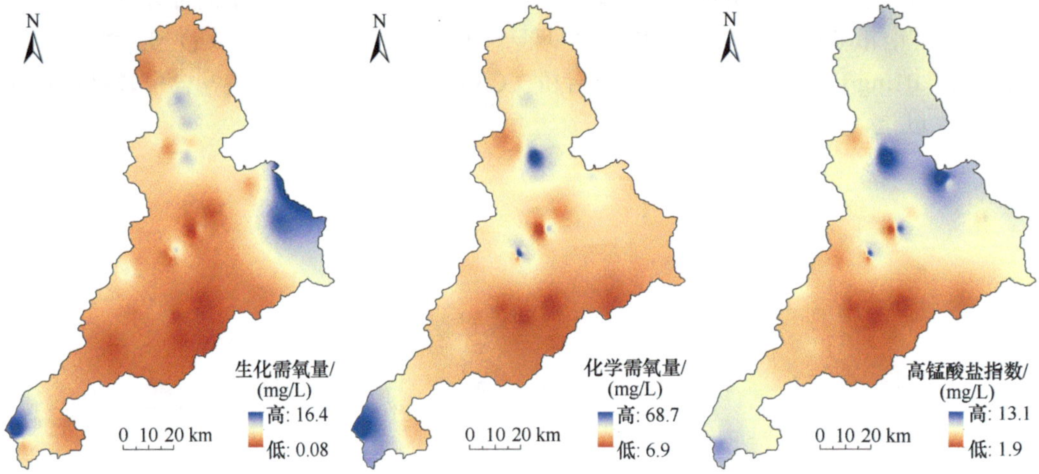

(a) 生化需氧量　　(b) 化学需氧量　　(c) 高锰酸盐指数

图4-13　济南市水体有机物指标空间分布特征图

根据本研究调查结果显示，济南市南部黄河区水质状况较好，北部徒骇马颊河区营养盐浓度较低，有机污染和无机盐离子浓度较高，小清河区水质状况较差，各类污染物浓度均较高。据史料记载，20世纪80年代末90年代初，经济发展是社会的首要任务，小清河是济南市污水排放的唯一河道（孙玉琳等，1984），其中以兴济河、工商河、西洛河、柳行头、七里河、王舍人庄6大排污系统为主，重点污染源工厂有钢铁厂、制革厂、造纸厂、化工厂、印染厂、化纤厂等（孙玉琳，1990），这些污染对小清河水体造成的危害在短时间内难以恢复。自90年代至今，山东省、济南市分别制定了一系列针对小清河水体保护和修复的政策，如《小清河流域污染综合治理总体规划方案》《山东省小清河流域水污染防治条例》等（刘文杰，2017），建设了一大批污水处理工厂，至2014年，流域内多数断面有机污染浓度与20世纪90年代相比，均呈现明显下降趋势，满足国家规定的V类水标准。

4.5 小　　结

（1）济南市共采集到鱼类49种，分属于6目，即鲤形目、鲈形目、鲶形目、鳉形目、鲑形目、合鳃鱼目。其中鲤形目种类最多，为 33 种，鲫鱼出现的频次和数量最多。底栖动物共鉴定出 68 种，分属于 6 纲，分别为昆虫纲、腹足纲、软甲纲、寡毛纲、蛭纲、瓣鳃纲。其中，昆虫纲物种数最多为 39 种，豆螺出现的频次和数量最多。浮游植物共鉴定出 171 种，分属于 8 门，分别为硅藻门、绿藻门、蓝藻门、裸藻门、隐藻门、甲藻门、金藻门、黄藻门。其中，硅藻门物种数最多为 80 种，而蓝藻门浮游植物密度远远大于其他门类，小席藻出现的频次和密度最多。

（2）济南水体略呈碱性，溶解氧含量平均水平满足国家规定的Ⅰ类水标准。营养盐元素平均水平值较高，属于Ⅳ、Ⅴ类水标准。有机污染平均状况属于Ⅲ、Ⅳ类水标准。

第5章　济南市水生态功能分区

流域分区管理对流域生态环境保护具有重要意义，而水生态功能分区就是依据水域生物区系、水生生物群落结构、水体理化性质、水生态服务功能及水生态敏感性的异同，划分出不同的水生态功能区，以便管理者根据不同功能区的服务内容，对水生态系统实行不同的保护和修复政策。济南市境内分布着三大水系，即黄河水系、小清河水系和徒骇马颊河水系。水系之间互不相通，形成相对独立的流域。此外，由于济南市特殊的地形地貌特征，经济发展、人口密度分布等均存在区域性差异，因此对济南市进行水生态功能分区具有重要的意义。本章内容根据国内外水生态分区技术，对济南市进行了三级水生态功能分区。为济南市水生态管理、监测、评价、保护和修复提供了更好的技术指导。

5.1　分区指标的筛选

5.1.1　分区指标筛选的理论基础

指标体系是水生态功能分区的关键。由于水生态分区需要体现水陆的一致性，既要反映水生态特点，又要反映相关的陆地区域特征，在指标的选取、定量表达方面存在极大的复杂性，分区指标需具有以下特征（孙然好等，2013）。

（1）时间上的稳定性特征：生态系统各个组成要素都有各自的形成过程和变化周期，由于上级区划要作为下级区划的基础，所以选取区划指标的总体框架应遵循如下原则：高级（如一级）区划指标应选择变动周期比较长、比较稳定的因子。

（2）空间上的异质性：区域景观及生态系统要素具有空间异质性，造成水生态功能的空间差异。区划指标选取前，应先对研究区的生态环境要素进行空间异质性分析，选取空间异质性较大的因子作为分区指标。

（3）水陆耦合原则：流域水生态功能分区强调水陆一体化，不是把水体孤立于陆地之外。

（4）因果关联性特征：生态系统各要素之间互相作用，具有复杂的因果关联性。区划指标选取应遵循生态要素之间的因果关系，区划指标体系之间要层次分明，体现因果关系。如气候和地貌决定水资源量及其空间分布格局，因此地貌和气候应该为高级区划指标。

因此，在识别影响水生态系统功能的重要因子时，采用因果关联分析和空间异质性分析。因果关联分析主要是依据已有的研究结论和公认的自然规律，通过逻辑推理，从机理上分析环境因子与水生态功能因果关系。空间异质分析是在因果关联分析基础上进行的，通过软件空间分析功能，做出分类图，直观地展示指标因子在空间上的异质性，再通过实地调查得出环境因子与水生态功能相关程度是否有很大差异性。

水生态功能分区实质是分区尺度由大到小的等级嵌套的分区体系，一、二级分区是大、中尺度的分区，应采用“自上而下”演绎思路，即区域性的环境因子决定景观区域性特征，从而决定水生态群落结构差异，如图 5-1 所示。但由于环境要素之间存在相互关联性，不同区域这些因素相互作用不同。因此，需要对其进行具体分析，选出主导性指标进行分区。

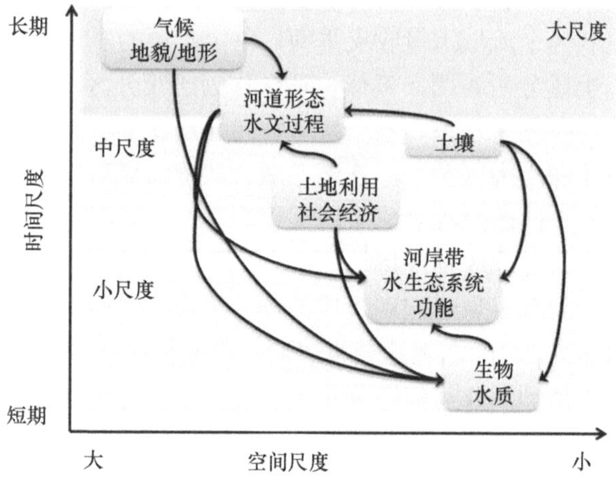

图 5-1　水生态系统影响因子及其时空尺度

根据指标筛选理论原则，结合济南市区域特点确定分区指标体系。按照济南市 3 级水生态功能分区总体设计，一级、二级分区强调水生态系统自然环境背景及人类活动压力的双重影响，三级分区则考虑在环境驱动压力下，对水生态因子的状态及影响，如水质状况、水生物多样性、栖息地环境等。表 5-1 为济南三级分区体系。

表 5-1　根据水生态功能分区原则，确定济南三级分区体系

等级	水生态差异驱动类型	水生态功能区划系统
一级分区	自然因素	水生态功能区域
二级分区	人类活动	水生态功能亚区
三级分区	水生态系统状态（水质、水生物等）	水生态功能小区

5.1.2　分区因子的选择依据

根据指标筛选原则，结合济南市特点，并参考前人研究成果，首先利用逻辑推理方法确定分区指标体系。按照济南市 3 级水生态功能分区总体设计，一级分区强调自然环境背景，二级分区选择侧重人类活动对水生态系统影响，三级分区则侧重于水生态因子对干扰的反应。首先根据前人研究成果，利用推理方法选出影响水生态功能重要因子，包括水文、气候、地貌、土地利用、人口密度、水质、水生物等。然后根据指标筛选理论和济南市自然特点，确定具体指标。

地貌因子：从时间稳定性上看，地貌是最稳定环境因子，短时间内不会发生改变（吴忱等，1999）。从空间异质性上看，济南市南部为山区，北部为平原，具有明显空间异质性。从因果关联性上看，地貌影响水资源空间分配、流量、流速等，从而影响供水功能、物质转运功能等其他生态功能的发挥（Sawyer et al.，2012）。以上表明，地貌可作为一级分区因子。

气候因子：从时间稳定性上看，虽气候具有年际波动性，但是从长期来看空间格局基本不变。从空间异质性上看，济南市降水量东南部多，西北部少特点。从因果关联性上看，降水和蒸发控制一个流域水量收支平衡，决定水量的多寡，而水量则是水生态功能发挥的物质基础。上述分析表明，气候也适合作为一级分区。

水文因子：济南市有三大水系，各水系从时间稳定性上看，三大流域水文宏观分异格局比较稳定，如径流深由山区至平原逐渐递减。从空间异质性上看，各流域特征差异明显，各河流水系来自不同的河源且流域内支流众多，不同河流水系间由于存在较少水力联系，其水体理化、河道地貌物理特征及水生生物群落结构均存在显著差异。从空间尺度上看，这种水文空间分异属于宏观尺度的分异规律。这种空间异质性直接决定水生态功能发挥（Neal et al.，2010）。上述分析表明，水文也适合作为一级分区因子。

土地利用因子：土地利用作为河流周边的环境要素，对水生态系统结构和功能上有重要作用。地表土地利用是地圈和生物圈物质和能量交换的基本界面，因此土地利用状况能反映地表生物物理状况好坏的基本参量，其改变不仅会影响区域生物多样性的基础，且会对区域实际和潜在的初级生产、土壤质量、径流和沉积率等产生重要影响（Hu et al.，2016），进而对水生态系统产生各种影响。按照空间异质性大小作为分区指标的原则，由于土地利用类型耕地与乡镇居民用地这两种土地利用类型的空间异质性较低，济南市仅仅有很少部分不属于这两种土地利用类型，因此，剔除耕地和城镇居民用地。另外，林地和草地两种类型的分布格局较为相似，均表现“南部多，北部少”特征，因此筛选其一即可。土地利用为中尺度分区指标，上述表明适合作为二级分区因子。

人口密度因子：作为行政区域，人口密度的大小直接对水质调节功能的空间差异也产生影响。在人类活动及社会经济压力下的水资源短缺及水体污染受到严重威胁。由于位于济南市主城区人口密度大（图 5-2），受人类干扰强烈，使之城区内河流直接承受城市生活污水的排放，河道两岸和河床底部人工干扰程度较高，河流水生态系统受城市化影响较为显著，呈现出与郊区或山区河流水生态系统差异明显的特征。结合上述及分区原则，人口密度适合作为二级分区因子。

5.1.3 分区指标体系的构建

1. 一级分区指标

根据水陆耦合的原则，可以确定高程、气候、水文等因子的备选指标，但是还需要结合济南市尺度特点进一步筛选出具体的指标。

利用 ArcGIS 软件的地统计功能，分析得到各指标的地统计特征，由此研究各环境要素指标的空间自相关距离，根据空间自相关距离的大小，判断指标的适宜分区尺度。

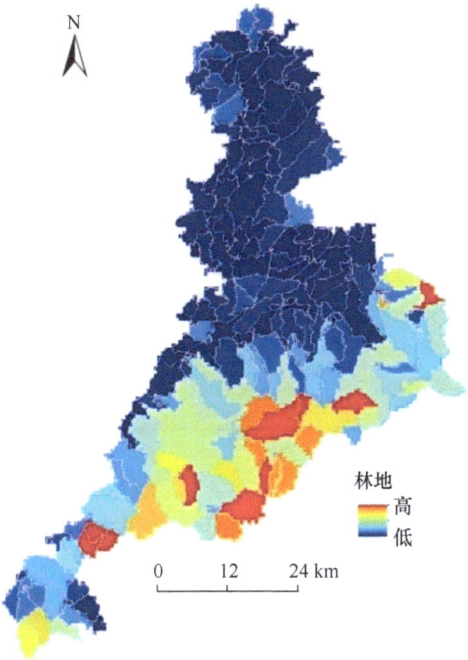

(a) 林地

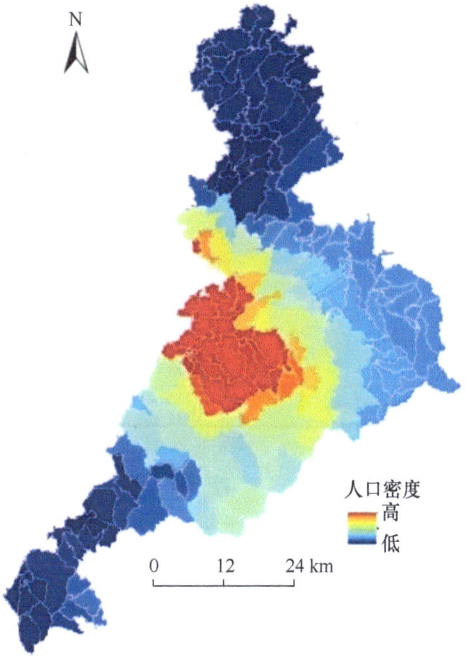

(b) 人口密度

图 5-2　济南市林地及人口密度分布图

其中，由于土地利用各类型之间存在一定相关性，计算得到的不同地类的空间自相关距离有较大程度相似，本次研究只选择了林地和未利用土地两个地类计算空间异质性。各环境要素指标的空间自相关距离如表 5-2 所示。

表 5-2　济南市各环境要素指标的空间自相关距离

指标	高程	年平均降水量	年平均蒸发量
空间自相关距离/km	53	434	448

利用 ArcGIS 软件的地统计功能，分析得到各指标的地统计特征，由此研究各环境要素指标的空间自相关距离，根据空间自相关距离的大小，判断指标的适宜分区尺度。其中年平均降水量和年平均蒸发量的空间自相关距离均在 430km 以上，相对于济南市行政面积，分区尺度过大，不适用于济南水生态分区。高程的空间自相关距离为 53km，是济南市水生态分区大尺度分区的适宜指标。因此，一级分区指标适合以高程为基础，对济南市三大水系集水面积识别和划分，以流域要素作为一级分区指标。

2. 二级分区指标

结合水生态实地采样数据，水生态因子主要包括水化学因子和水生生物因子。其中水质因子采用检测的原始数据，然后进行标准化及指标的处理，最后得出一个加权后的化学完整性指数指标。水生生物因子则采用鱼类、浮游动物、浮游植物、底栖动物的群落结构特征。建立驱动因子与水生态因子的相关分析，相关结果如表 5-3 所示。

表 5-3　济南市驱动因子与水生态因子的相关关系

项目		林地	人口密度
鱼类	鱼类多样性	−0.071	−0.459*
	鱼类密度	0.112	−0.125
底栖动物	底栖动物多样性	−0.428*	−0.324
	底栖动物密度	−0.049	0.589**
浮游动物	浮游动物多样性	0.242	−0.148
	浮游动物密度	0.546**	−0.259
浮游植物	浮游植物多样性	−0.027	−0.412*
	浮游植物密度	0.129	0.256
化学指标	化学完整性指数	0.339*	−0.566**

*为显著相关，$P<0.05$；**为极显著相关，$P<0.01$

由表 5-3 可知，林地和人口密度均与水化学指标和水生物因子的部分指标存在显著相关关系，表明林地和人口密度是与济南市水生态关系密切的两类指标，作为河流驱动因素，能够对水生态系统的发展起到重要影响。因此，人口密度和土地利用适宜入济南市水生态二级分区指标体系。另外，利用 ArcGIS 地统计功能，计算得到林地自相关距离为 16km，尺度大小也适合作为本次济南市二级水生态功能分区指标。

3. 三级分区指标

水生态功能分区是一种分区尺度由大到小的等级嵌套的分区体系。一级分区是大尺度上的分区，本章是基于高程基础上进行的流域的划分为依据作为一级区，二级是中尺度的分区，是以土地利用、人口密度的人类胁迫为指标进行的分区。三级分区是小尺度分区，根据生态系统原理，区域生态服务功能与生态环境问题形成机制与区域分异规律，尽可能体现区域水体生态特征。与一级、二级指标以驱动指标为主不同，三级分区主要以功能表征指标进行区划。区划依据则是水体生态过程特征，如水生生物物种群落结构、水生生境特征、水质等。

水质反应了区域的水环境维持功能，是为河流水生生物提供良好生境质量的基本功能，水质状态越差，水环境支持功能越低。化学指数较高，水质相对较好。其中总氮（TN）、总磷（TP）、氨氮（NH_3-N）、电导率（EC）、化学需氧量（COD）、溶解氧（DO）6 个指标表征化学指标。其意义如表 5-4 所示。

表 5-4　化学参数指标意义

指标	类别	指标	意义
化学	营养盐	总氮	水中总氮含量是衡量水质重要指标之一，其有助于评价水体污染和自净状况
		总磷	总磷污染物易引发水体富营养化，使水质变差，水生生物死亡
		氨氮	主要来源于生活污水含氮有机物的初始污染，有助于评价水体污染和自净状况
	水质	电导率	衡量水质状况的指标，电导率越大，水的溶解总固体越高
		化学需氧量	其值越高就表示水的有机物污染越严重，处理不当可对水生生物造成毒害作用
		溶解氧	空气中分子态氧溶解到水中为溶解氧，是衡量水体自净能力的指标

化学完整性指数构建：由于不同指标的量纲不同，首先需对其进行标准化处理，目前最常用的方法是比值法。主要分为两种情况。标准化公式如表 5-5 所示。

表 5-5　化学指标标准化

评价指标	类别	指标	参考值（min）	临界值（max）	标准化公式
化学	营养盐	总氮	0.2	1.5	标准化值= $\frac{V_{max}-M}{V_{max}-V_{min}}$
		总磷	0.02	0.3	
		氨氮	0.15	1.5	
	水质	电导率	400	1500	
		化学需氧量	15	30	
		溶解氧	3	7.5	标准化值= $\frac{M-V_{min}}{V_{max}-V_{min}}$

注：M 为原始观测值；V_{max}、V_{min} 分别为《地表水环境质量标准》（GB 3838—2002）中Ⅰ～Ⅳ类水的最大临界值和最小临界值

对化学因子进行度量，确定每个特征因子在城市河流生态系统权重系数，考虑到其应用性和推广性，及化学指数在水生态系统中同等重要，经专家评价各指标因子采用等权重（0.5）。各层次指标计算如下：

$$Q_{wq}=\frac{COD+DO+EC}{3} \tag{5-1}$$

$$Q_{n}=\frac{NH_3\text{-}N+TN+TP}{3} \tag{5-2}$$

$$I_C=（Q_{wq}+Q_n）/2 \tag{5-3}$$

式中，Q_{wq} 为水质指标得分；Q_n 为营养盐指标得分；I_C 为化学完整性指数。

通过对河道尺度上的环境因子和物种因子的 CCA 分析进行指标筛选，构建水生态功能三级分区指标体系（图 5-3）。选择河段尺度的水文指标水深（deep）、流速（velocity）、河宽（width）、流量（flow）和化学指数（Ch）、环境栖息地得分（environment）与底栖动物群落组成进行 CCA 分析，可知环境栖息地得分、化学完整性、流量与之相关性强大。因此，选择以上三个指标作为三级水生态功能分区指标。

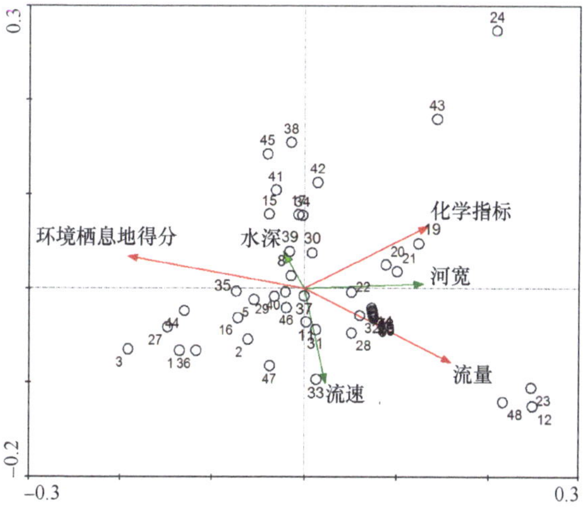

图 5-3　环境要素与底栖动物群落 CCA 相关性分析

环境栖息地得分（Barbour et al.，1996）：环境栖息地得分反映了生境的维持功能，如表 5-6 所示。环境栖息地得分主要由（河流底质、栖境复杂性、速度和深度结合、堤岸稳定性、河道变化、河水水量状况、植被多样性、水质状况、人类活动强度、河岸边土壤类型）10 个参数的评价，进行的现场打分。分值越高，生境维持功能越好。从图 5-4 可看出南部及北部环境栖息地相对较好。南部和北部正是人口密度较小区域。

表 5-6　济南市水生态生境栖息地质量评价表

栖境质量参数	好	较好	一般	差
1.底质 分值：	75%以上是碎石、鹅卵石、大石，余为细沙等沉积物	50%～75%是碎石、鹅卵石、大石，余为细沙等沉积物	25%～50%是碎石、鹅卵石、大石，余为细沙等沉积物	碎石、鹅卵石、大石少于 25%，余为细沙等沉积物
2.栖境复杂性 分值：	有水生植被、枯枝落叶、倒木、倒凹堤岸和巨石等各种小栖境	有水生植被、枯枝落叶和倒凹堤岸等小栖境	以 1 种或 2 种小栖境为主	以 1 种小栖境为主，底质多以淤泥或细沙为主
3.速度和深度结合 分值：	慢-深、慢-浅、快-深和快-浅 4 种类型都出现，且近乎是平均分布	只有 3 种情况出现（如果是快-浅没有出现，分值比缺少其他情况的分值低）	只有 2 种情况出现（如果快-浅和慢-浅没有出现，分值低）	只有一种类型出现
4.堤岸稳定性 分值：	堤岸很稳定，无侵蚀痕迹，<5%的堤岸受到了损害	比较稳定，偶发的小侵蚀地区已恢复好，观察范围内（100m）有 5%～30%的面积出现了侵蚀现象	观察范围内 30%～60%的面积发生了侵蚀，且有可能会在洪水期间发生大的隐患	观察范围内 60%以上的堤岸发生了侵蚀
5.河道变化 分值：	渠道化没有出现或很少出现，河道维持正常模式	渠道化出现较少，通常在桥墩周围处出现渠道化。对水生生物影响较小	渠道化比较广泛，在两岸有筑堤或桥梁支柱出现。对水生生物有一定影响	河岸由铁丝和水泥固定，对水生生物的影响很严重，使其生活环境完全改变
6.河水水量状况 分值：	水量较大，河水淹没到河岸两侧，或有极少量的河道暴露	水量比较大，河水淹没 75%左右的河道	水量一般，河水淹没 25%～75%的河道	水量很小，河道干涸
7.植被多样性 分值：	河岸周围植被种类很多，面积大。50%以上的堤岸覆盖有植被	河岸周围植被种类比较多，面积一般。25%～50%堤岸覆盖有植被	河岸周围植被种类比较少，面积较小。0～25%堤岸覆盖有植被	河岸周围几乎没有任何植被。无堤岸覆盖，无植被
8.水质状况 分值：	很清澈，无任何异味，河水静置后无沉淀物质	比较清澈，有少量的异味，河水静置后有少量的沉淀物质	比较浑浊，有异味，河水静置后有沉淀物质	很浑浊，有大量的刺激性气体溢出，河水静置后沉淀物很多
9.人类活动强度 分值：	无人类活动干扰或少有人类活动	人类干扰较小，有少量的步行者或自行车通过	人类干扰较大，并有少量的机动车通过	人类干扰很大，交通要道必经之路，经常有机动车通过
10.河岸边土壤类型 分值：	河岸两侧无耕作土壤，营养丰富	河岸一侧无耕作土壤，另一侧为耕作土壤	河岸两侧耕作土壤，需要施加化肥和农药	河岸两侧为耕作废弃的裸露的风化土壤层，营养物质很少
满分为 200	20，19，18，17，16	15，14，13，12，11	10，9，8，7，6	5，4，3，2，1，0

注：分值由现场调查人员调查时填写，0～20 分

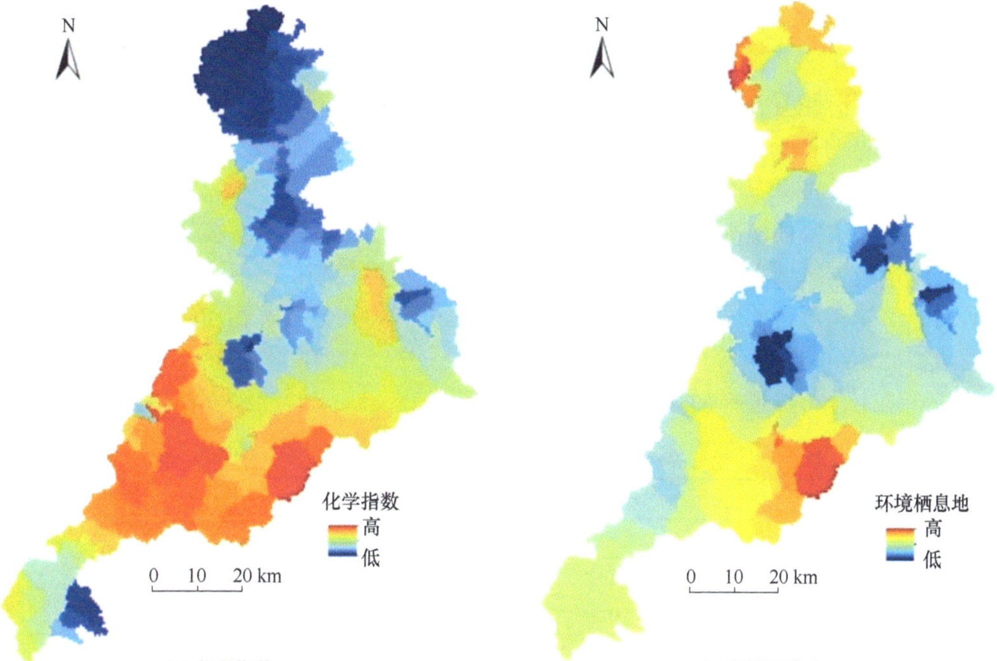

(a) 化学指数　　(b) 环境栖息地

图 5-4　济南市水体化学指数分布及环境栖息地空间分布

为体现水生生物多样性选择了底栖动物多样性指数（图 5-5）。大型底栖动物是河流生境中分布最广泛的物种之一，也是河流生态系统的重要组成部分。大型底栖动物

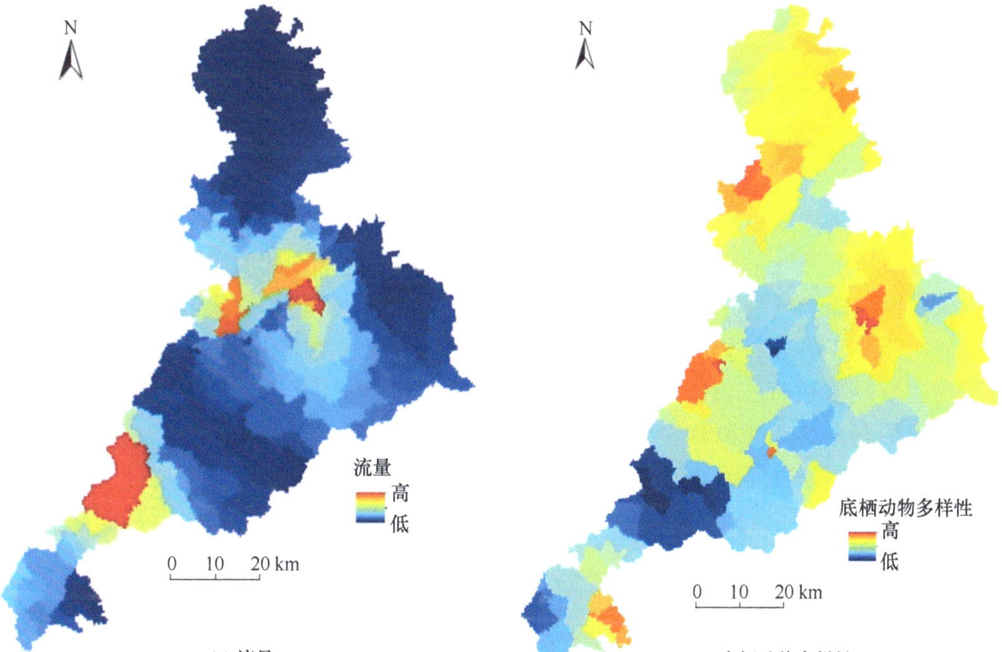

(a) 流量　　(b) 底栖动物多样性

图 5-5　济南市水体流量空间分布及底栖动物多样性指数

的类群组成决定了河流中物质循环和能量流动的方式。因此大型底栖动物群落生态学研究，对河流生态系统中物质循环和能量流动的研究具有重要意义，对河流的保护、利用和管理具有指导作用。从图 5-5 可看出济南南部部分区域及东部区域生物健康指数较高。也表明济南市底栖动物空间异质性变化较大，底栖动物对水体理化性质、周围环境要素等反应敏感。

流量指标主要体现水文支持功能，如图 5-5 所示：其值越高，水文支持功能越大。济南市流量最大区域主要位于黄河周边及南部山区坡度较高的区域。其流量的增加会加速河流中沿岸凋落物的输入，进而增加河流中有机碳和其他溶解物质的含量，从而决定底栖动物群落结构。

基于以上分析，选择如表 5-7 所示指标作为济南一、二、三级分区指标体系。

表 5-7 一、二、三级分区指标体系

分区级别	主要因素	分区指标	指标依据
一级分区	水文条件	流域	保持流域生态水文特征完整性
二级分区	人口密度	密度	体现社会经济对水质影响
	土地利用	林地	陆地生态对水生态作用
三级分区	水生生物	底栖动物多样性	反映河流水生生物多样性
	水质	化学指数	水环境维持状况
	水文	流量	水文支持
	环境	栖息地得分	生境栖息地特征评价

5.2 分区技术

5.2.1 分区目的和原则

水生态系统具有提供、支持、调节与文化多重服务功能（孟伟等，2013），近年来，水资源总量不足和水质整体较差是济南市水生态系统所面临的主要问题。自然过程和人类活动不同程度降低了其水资源支持功能和水质调节功能，因此明确一级分区主导功能是水资源供需的区域差异，二级分区主导功能是水质调节功能，三级分区是基于生态服务功能内涵，开展水生态功能主导类型识别，建立流域水生态功能评价指标体系，依其流域内主导功能进行三级区划分。分区的目的即为体现每级分区主导功能的空间差异性，体现生态系统支持和调节等维持功能。

分区基本原则主要对如何进行水生态功能单元的划分进行了规范，在分区过程中起指导作用。为此，在依据水生态系统原理进行水生态功能分区时遵循以下基本共性原则（蔡佳亮等，2010）：

1）发生统一性原则

发生统一性指区划单位的古地理分化过程的统一性，即其作为自然地理综合体的最根本特点的产生和发展历史必须具有共同性，没有这种共同性则不能成为一个区域。因此，应该认识到，任何区域单位都是在地域分异性因素作用下历史发展的产物，历史发展过程的共同性使其具有发生统一特征。此外，低级区域是由较高级区域分化出来的，而且，不同等级或同一等级的不同区域的发生统一性程度和特点有一定区别。

2）等级性和尺度原则

等级理论认为复杂系统是离散性等级层次组成的等级系统，离散特征反映了生物和非生物学所具有的特定时空尺度。水生态功能分区技术框架，必须体现出系统的分级结构（Bosserman，1983）。尺度规定了管理范围，不同等级的分区对应不同的空间尺度，有必要明确技术框架所针对的各个分区等级和尺度。

3）区域共轭性原则

区域共轭性原则又称空间连续性原则，指自然区划中区域单位必须保持空间连续性和不可重复性。水生态分区是空间上完整的自然区域，任何一个分区都是完整独立的个体，其内部不应该存在相互分离的特征。区域共轭性强调了生态景观在空间上的连续性，认为生态系统在空间上存在共生关系，而水生态分区正是根据生态景观特征的空间差异来划分的（蔡佳亮等，2010）。

4）综合性原则和主导因素原则

区划时根据识别出的水生态系统主导因素确定边界，部分边界不太合理、根据主导因子往往难以确定时，可以参考其他要素的空间分布特征划定，或者直接根据其他可以为管理提供便利的分区如水环境功能分区、水资源分区及流域边界等进行局部调整。综合性原则可以保证水生态分区最终结果为综合自然区划，而主导因素原则通常作为一种权宜手段或者粗略划分，它可以较快速地确定大致的区域边界。

5.2.2　分 区 方 法

水生态功能分区应当采用尽可能定量化的方法以减少主观判断。不过，在分区过程中，尤其是分区边界确定时，采用计算机辅助分析等定量化技术还难以得到令人满意的结果。毕竟定量分析方法还不足以完全利用人类所具备的经验和知识，从而可能得到不合理的分区边界。因此，以计算机辅助分析为主的定量分析方法应该和人们的经验知识密切结合，自动分析和手动调整相互补充，以保证分区过程的效率及其结果的合理性。

“自上而下”的分类法与“自下而上”的聚类法相结合是水生态功能分区的基本方法。“自上而下”区划方法可以保证区划结果相对一致性，“自下而上”区划方法则是为保证区域共轭性原则而设计。前者重在对宏观格局的把握，使分区结果具有直观的生态学或物理学意义；后者在保证最低级区划单元完整性基础上，合并同类、相似的单元得到高级区划单元（王平和史培军，1999）。水生态功能分区作为全国范围的多级区划，仅仅采用逐级划分的方法会较多地受到人为主观因素的影响，难以体现水生态系统空间分布的自然特征；而单纯的“自下而上”方法，从低级逐级归并到高级分区，则不能区分大尺度和中小尺度分区指标的特点。因为不同尺度上主导空间差异性的分区指标并不一样。因此，完整的分区技术应该融合这两种方法，使分区操作可行、结果合理，尽量减少主观上的分区调整。

5.2.3 分区基本单元

子流域划分是水生态功能分区首要工作，子流域界线是进行分区界线调整的依据之一。基于济南市高程（DEM）和水系的连通性，通过 ArcGIS 中 Hydrology 模块，提取了 320 个子流域。一级分区参考了子流域界线，对分区边界进行适当调整。二级分区是基于一级分区结果，也参考子流域界线，以尽量保持子流域完整性，因此需要根据子流域界线对分区边界进行调整。三级分区基于子流域单元，结合各项功能评价指标数据，制作各指标空间分布图。

5.2.4 分区界线确定

一级分区界线基于高程数据初步勾画出三大流域，参考一级流域界线和城区边界，对分区边界进行适当调整。二级分区界线主要根据人口密度和林地的宏观分布格局。因为二级分区是在一级分区的基础上进行的次级划分，所以二级分区应当遵从一级分区的界线，即保持一级分区界线不变。当二级分区的人口密度矢量图和林地矢量图叠加在一级分区图上，几个因子空间界线靠近时，依照人口密度主导因子确定分区边界。另外，也尽量考虑了子流域的完整性。三级分区界线基于提取的子流域单元，在保持二级分区界线基础上，对主导功能类型子流域进行合并。最终得到济南市流域三级分区结果。

5.2.5 各级分区思路

1. 一级分区方法

根据指标筛选的理论原则，结合济南市的特点，并参考前人的研究成果，利用逻辑推理的方法确定济南分区指标体系。在划分一级子流域单元时，充分体现水资源支持功能空间差异性，依据对主导功能影响的地形特征和水系分布特征，基于 DEM 和水系的连通性，在 ArcGIS 中的 Hydrology 模块中进行提取。初步勾画出黄河流域、小清河流域及徒骇河马颊河流域；再根据济南市行政区划图，参考流域边界。由此最终得到三个流域水生态一级分区结果（图 5-6）。

2. 二级分区方法

为保证各分区边界的合理性，在一级分区的基础上，二级分区继续采用“自上而下”的区划方法。首先基于一级子流域单元划分结果，划分二级子流域单元。依据一级分区内不同的土地利用类型、人口密度，再根据其他要素信息对分区边界进行局部调整，如参考县级行政边界等，最终得到水生态二级分区结果。本次水生态二级分区选取人口密度和林地类型参与济南市水生态二级分区，将两种参数在子流域单元上进行空间化，由于主城区人口密度较大，故把主城区单独划出。最后将两种参数进行叠加分析，完成勾画二级分区边界，再根据济南市县级区划对初步划分结果进行调整，使其与基层河流管理边界相结合，最终完成济南市二级水生态区的划分（图 5-7）。

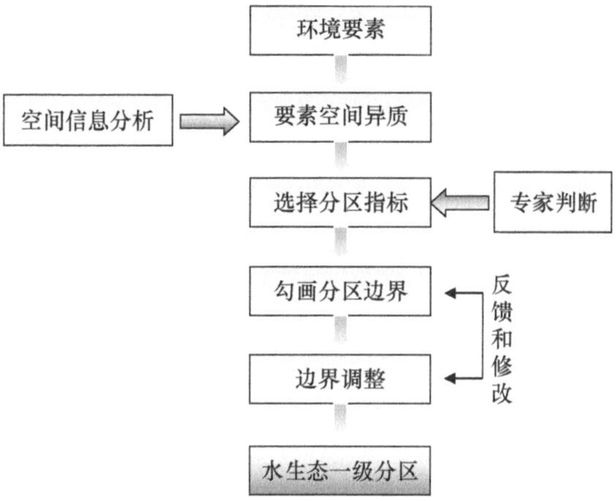

图 5-6　济南市水生态一级分区技术路线

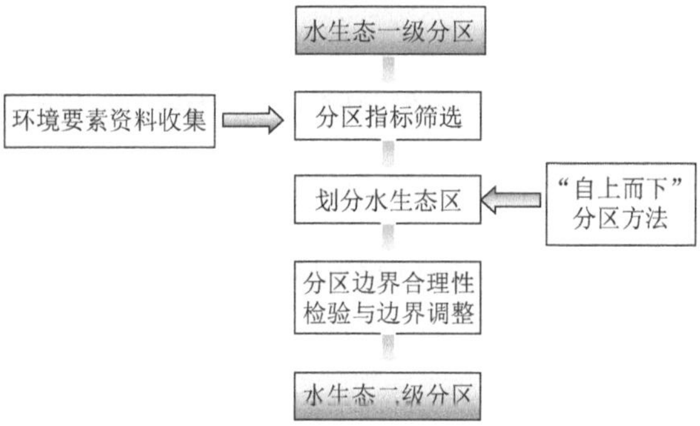

图 5-7　济南市水生态二级分区技术路线

3. 三级分区方法

水生态三级分区作为本次分区的最小单元，为保证其作为一个地理单元的完整性，采用“自下而上”的区划方法确定，即在一、二级分区的基础上，从更低级的子流域单元合并得到一个或多个三级分区。首先在二级分区内（或整个流域上）划分出子流域，依据水生态实地采样的化学水质、底栖动物 IBI 指数、河流流量及环境栖息地数据对各采样点进行层次聚类分析，同一类且位于同一、二级分区内的采样点对应的子流域合并作为该二级分区下的一个三级分区，继续上述过程，直至得到所有三级分区。由于采用了聚类方法（层次聚类法），分区结果更具有统计学意义。

具体分区步骤如下：选择一个二级水生态分区，采用 GIS 软件提供的水文分析工具（或 SWAT 模型软件提供的子流域划分功能），以采样点为子流域出口，划分出子流域；采用层次聚类法对采样点的化学完整性指数、流量、底栖动物多样性指数及环境栖息地评价进行聚类分析。依据聚类结果，同一类位于同一二级分区内的采样点对应的子流域合并作为该二级分区下的一个三级分区，继续上述过程，直到得到所有三级分区结果（图 5-8）。

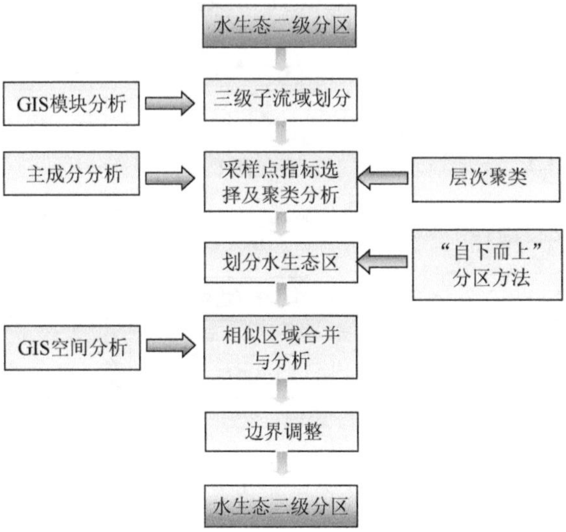

图 5-8　济南市水生态功能三级分区技术路线

5.3　分区结果

前一节提出了流域水生态分区的指标体系和分区技术，本节采用该分区技术对济南市进行了水生态一、二和三级分区应用研究，并对各级分区的水生态系统特征进行初步分析。在济南市进行的水生态系统调查和采样工作，对济南市河流总体情况以及水体水质和河流内水生物有了初步了解，所得到的水理化指标和水生物群落特征也应用到本次分区过程中。因此，本次分区在利用济南市土地利用、流域水文等相对稳定数据的同时，也结合了近期济南市水生态系统的实地调查采样数据，并根据行政区划完成最终分区结果。

5.3.1　济南市一级水生态功能分区

根据济南市的水系为依据，将济南市分为 3 级一级水生态功能区。分别为徒骇马颊河区、小清河区和黄河区（图 5-9）。水生态一级分区主要参照济南市内具有不同水力联系的流域边界划分完成。济南市地貌特征南高北低，南部多为山区，北部为平原农业区。南部山区主要包括黄河区和小清河大部分，北部平原农业区主要包括徒骇马颊河区。一级区根据“区位+流域+水生态系统类型+水生态区”命名，其中水生态系统类型可分为山地—丘陵—平原。Ⅰ、Ⅱ、Ⅲ三个一级区分别命名为北部徒骇马颊河流域平原生态区、东部小清河流域丘陵-平原水生态区和南部黄河流域山地水生态区。

北部徒骇马颊河流域平原生态区：编号为Ⅰ，主要水系有徒骇河、德惠新河等河流，集水面积 2400km^2。由于区内均为农业用地，河流受到面源污染较为严重，同时春季和夏季的灌溉需水量大，大部分河道被修整为人工河网。

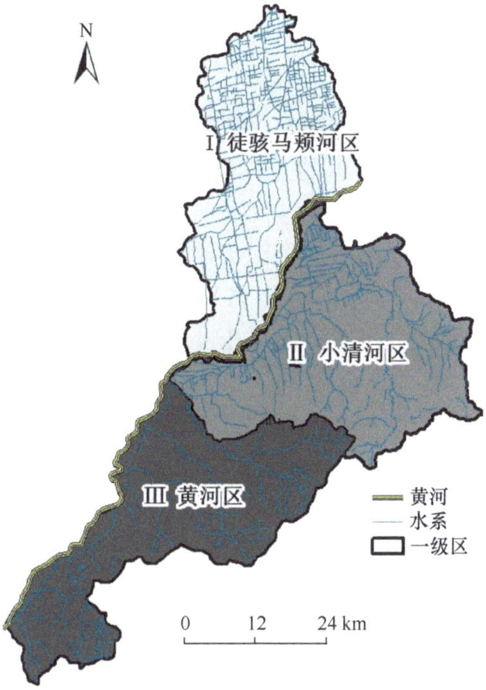

图 5-9　济南市一级水生态分区

东部小清河流域丘陵-平原生态区：编号为Ⅱ，主要位于济南市东部，主要包括腊山河、兴济河、西太平河、东太平河、西泺河、东泺河、全福河、大辛河、巨野河、绣江河和漯河等，该区东南部和南部为山地丘陵区，北部为平原区，其中分区内部山地丘陵面积占流域总面积的 54.7%。

南部黄河流域山地生态区即黄河在济南市的流域范围，覆盖了济南市西南部，并经过中部的济南市郊、历城区和章丘市，主要包括浪溪河、玉带河、龙柳河、安栾河、平阴河、孝里铺河、南大沙河、北大沙河和玉符河，其支脉河流均从右岸汇入。

分区校验：分区结果是否科学合理、是否能够反映济南市水生态特征空间异质性，需利用水生态数据进行验证，选择水质指标从定性和定量角度进行比较、分析、评价。

采用综合水质评价法分析济南市水质情况，基于多个水质指标对水体污染状况进行评估。对于某一采样点，其水质类别计算方法如下：

设 x_j 为某一采样指标值，$S=\{S_i|i=1,\cdots,5\}$ 为该指标在《地表水环境质量标准》（GB3838—2002）中各水质类别的标准限值。根据传统分类方法确定 x_j 的水质类别 i，则其模糊分类为

$$C_{x_j}=i+\frac{x_j-S_i}{S_{i+1}-S_i} \tag{5-4}$$

式中，C_{x_j} 为采样点 x_j 指标的水质类别。该采样点的综合水质分类为

$$C_x = \text{ceil}\left(\sum_{j=1}^{m} C_{x_j}\right) \tag{5-5}$$

式中，C_x为采样点的水质类别；ceil 为向上取整。

其结果如图 5-10 所示黄河 80%的点位水质类别为Ⅲ类水或优于Ⅲ类水平，大多集中在东部支流上。6.67%的点位为Ⅳ类水，13.33%的点位为Ⅴ类水。位于小清河流域水体的水质较差，49.93%的点位优于Ⅲ类水，16.67%的点位为Ⅳ类水，33.33%的点位为Ⅴ类水及以上，其中有一个点位为劣Ⅴ类但不黑臭类别，2 个点位为劣Ⅴ类并黑臭类别。位于徒骇马颊河的点位略微优于小清河，66.67%的点位为Ⅲ类水或优于Ⅲ类水，Ⅳ类水和Ⅴ类水所占点位比例都为 16.67%，其中有一个点位为劣Ⅴ类但不黑臭类别。

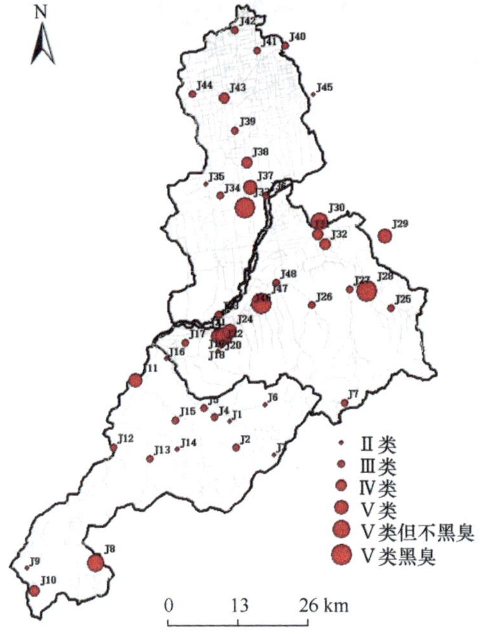

图 5-10　济南市一级区河流水质评价

总之，从全年水质情况来看，位于黄河支流的水质情况最优，小清河支流上游及徒骇马颊河流域北部次之，其中以小清河干流、城区及徒骇河下游污染最严重。工业规模、人口密度产生的环境压力要远大于其他区域，且河道底部和两岸人工固化，难以保持自然状态下的自我恢复能力，这些可能是导致水质差的主要原因。

5.3.2　济南市二级水生态功能分区

1. 分区特征

在一级区基础上划分为 8 个水生态功能二级区，如图 5-11 所示。其二级分区命名要体现出分区的生态系统的典型类型，生态系统类型参照其分区指标（人口密度、土地利用)。命名方法为：区位+生态系统类型（人口密度、土地利用等）+水生态亚区。济南市 8 个水生态功能二级区分别具有不同的水生态系统特征。

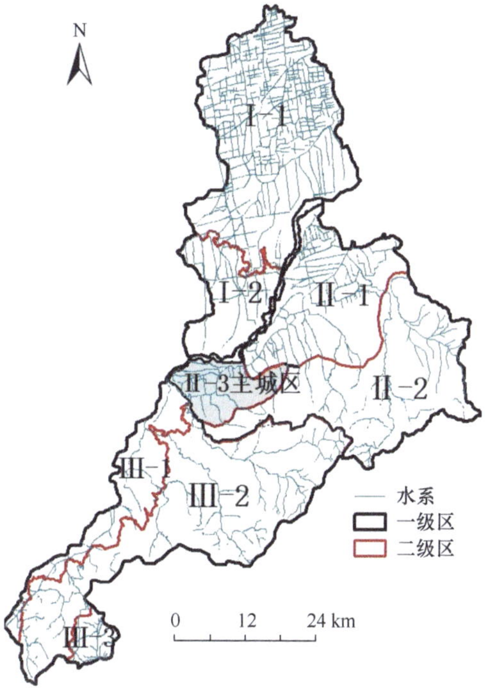

图 5-11　济南市二级水生态功能分区

（1）北部平原农业水生态亚区：编号为Ⅰ-1。该区位于济南市北部，主要包括济阳县以北和商河县。属华北黄泛冲积平原，地势宽广平缓，土壤发育在黄河冲积母质上，土层深厚，其质地主要为砂姜黑（潮）土，适合粮棉生长。其主导生态功能为生产服务，主要为发展生态农林牧渔业，及农副产品供给区。土地利用多以耕地为主，河道水体通过降水产汇流等水文过程，将富含营养物质的地表汇集到周围水体，对周围河流水生态系统具有较大影响。

（2）北部平原社会承载水生态亚区：编号为Ⅰ-2。该区人口密度较大，主要涉及行政区为济阳县南部，临近主城区。土地利用类型主要为耕地和城建用地。

（3）东部平原农业生态亚区：编号为Ⅱ-1。位于章丘北部主要土地利用类型为农田，林地覆盖率较低。

（4）东部丘陵森林河源水生态亚区：编号为Ⅱ-2。位于章丘南部，主要土地利用类型为林草地，人口密度较少，地貌类型为山地-丘陵，为小清河支流河源地。

（5）中部平原社会承载水生态亚区：编号为Ⅱ-3。位于济南市主城区，是人口、产业集聚中心，是区域材料、交通、市场等重要资源的集散、发展协调中心。主要土地类型为城建用地。

（6）南部山前平原湿地水生态亚区：编号为Ⅲ-1。该区位于黄河沿岸，主要涉及的行政区为长清区和平阴县。主要土地利用类型为水域湿地及耕地，地貌类型为山前平原带。涉有水生珍稀动物保护物种，如黄河鲤等。

（7）南部山区森林水源水生态亚区：编号为Ⅲ-2，该区主要包括平阴县和长清区。区域内海拔较高，多为山地，植物资源丰富，森林主要以人工林、次生林为主。是济南市的绿色屏障和生态经济区。为济南市的水源涵养地和“城市绿肺”。

（8）南部丘陵–平原农业水生态亚区：编号为Ⅲ-3，该区位于平阴县东南部。主要土地利用类型为耕地。由于人类干扰，该处的洪范泉池所流经处都受到不同程度的污染或已断流。

2. 分区校验

为验证二级分区的结果的科学性和合理性，采用底栖动物指标从定性和定量的角度进行分析验证。底栖动物指标主要选择各区种类数、优势种名称、密度、生物量、香农-维纳多样性指数、均匀度指数及丰富度指数。

Ⅰ-1 区底栖动物密度为 681 个/m^2，生物量为 118g/m^2，优势种为霍甫水丝蚓；Ⅰ-2 区内由于未有采样点分布，故未参加评价。Ⅱ-1 底栖动物密度为 2993 个/m^2，生物量为 69.8g/m^2，优势种为霍甫水丝蚓。Ⅱ-2 区底栖动物密度为 403 个/m^2，生物量为 11.5g/m^2，优势种为霍甫水丝蚓和云集多足摇蚊。Ⅱ-3 底栖动物密度为 996 个/m^2，生物量为 239g/m^2，优势种类为石蛭。Ⅲ-1 区底栖动物密度为 1950 个/m^2，生物量 78g/m^2，优势种类为苍白摇蚊。Ⅲ-2 底栖动物密度为 318 个/m^2，生物量为 17.5g/m^2，优势种类为流长附摇蚊。Ⅲ-3 区底栖动物密度为 2550 个/m^2，生物量为 102g/m^2，优势种类为霍甫水丝蚓（表 5-8）。

表 5-8 济南市二级分区底栖动物特征

区号	优势种名称	密度/（个/m^2）	生物量/（g/m^2）
Ⅰ-1	霍甫水丝蚓	681	118
Ⅰ-2	—	—	—
Ⅱ-1	霍甫水丝蚓	2993	69.8
Ⅱ-2	霍甫水丝蚓、云集多足摇蚊	403	11.5
Ⅱ-3	石蛭	996	239
Ⅲ-1	苍白摇蚊	1950	78
Ⅲ-2	流长附摇蚊	318	17.5
Ⅲ-3	霍甫水丝蚓	2550	102

从各二级分区底栖动物多样性指数、均匀度指数、丰富度指数可发现，Ⅲ-2 区的丰富度指数最大，Ⅲ-3 区内多样性指数最大，而丰富度指数最小。Ⅱ-3 和Ⅲ-1 内均匀度指数最大。Ⅱ-1 区的均匀度指数最小。可以看出，各区底栖动物特征表现出较明显的差异性（图 5-12）。

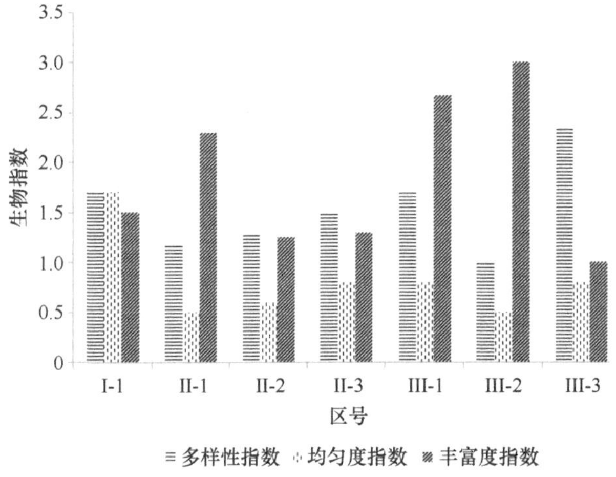

图 5-12　济南市二级分区底栖动物指数差异

5.3.3　济南市三级水生态功能分区

为保证子流域边界的完整性，将济南划分了 320 个子流域。首先，采用层次聚类法对各采样点的相应三级指标进行聚类，得到根据指标划分的不同组；然后，再在二级水生态分区基础上，进而对聚类后的采样点进行第二次分组，并以此为依据将同一、二级分区的相同聚类组采样点划分为一个水生态三级分区。需要注意的是济南北部的Ⅰ-1 内采样点指标没有显著差异性，存在于一个聚类组内。为了与当地水管理实践更密切地结合，便于县级水文部门的权责分明，依据济阳县和商河县的行政边界对水生态分区的Ⅰ-1 进行三级区划分。具体分组结果如表 5-9 所示。

表 5-9　采样点最终分组结果

二级区	采样点	化学完整性	底栖动物多样性	生境栖息地环境得分
Ⅰ-1	39	0.13	0.45	97
	40	0.02	0.41	79
	41	0.1	0.50	127
	42	0.05	0.28	112
	43	0.02	0.44	44
	44	0.11	0.38	146
	45	0.36	0.74	123
	33	0.00	0.45	73
	34	0.37	0.64	66
	35	0.44	0.68	60
	37	0.00	0.52	50
	38	0.12	0.58	73
Ⅰ-2	—	—	—	—

续表

二级区	采样点	化学完整性	底栖动物多样性	生境栖息地环境得分
Ⅱ-1	30	0.00	0.50	95
	31	0.00	0.45	48
	32	0.27	0.53	47
	48	0.09	0.48	86
	26	0.00	0.80	114
	24	0.00	0.02	75
	46	0.18	0.40	77
	47	0.00	0.24	65
Ⅱ-2	25	0.12	0.51	64
	27	0.25	0.64	71
	28	0.01	0.06	70
	7	0.50	0.23	83
Ⅱ-3	17	0.37	0.79	120
	18	0.47	0.36	110
	19	0.31	0.41	170
	20	0.10	—	75
	21	0.00	—	—
	22	0.22	0.66	80
Ⅲ-1	11	0.20	0.40	110
	16	0.70	1.01	—
	12	0.47	0.08	95
	—	—	—	—
Ⅲ-2	6	0.28	0.10	125
	1	0.15	0.81	180
	2	0.23	0.14	140
	3	0.82	0.84	170
	4	0.45	0.12	166
	5	0.25	0.31	—
	15	0.82	0.75	115
	13	0.44	0.08	—
	14	0.77	0.02	115
Ⅲ-3	8	0.00	0.63	110

基于结果将济南市划分为17个三级水生态功能区（图5-13）。三级区根据“区位+水生态功能类型+（综合）功能区”命名，其中水生态功能类型根据所选三级分区指标并结合现有济南水功能区规划来定位（表5-10）。

图 5-13　济南市三级水生态功能分区

表 5-10　济南市三级分区功能定位

主导水生态功能	主导水功能
农业生产、环境栖息地支持、社会服务功能	缓冲区、农业用水区、工业用水区
水源涵养、生物多样性维持、水质净化	保护区、饮用水源区
营养物质循环、环境栖息地支持	排污控制区、景观娱乐用水区
水文支持、环境栖息地支持、洪水调蓄	缓冲区、开发利用区

水生态功能类型可划分为水源涵养、生物多样性、洪水调蓄、水质净化、栖息地环境支持、水文支持、饮用水源、社会服务等。其中位于地势平坦低洼、人口密度相对聚集、水环境相对污染区域肩负着水质净化功能、洪水调蓄及社会服务功能。区域多为山丘和山区，自然生态条件相对较好，植被覆盖相对高得能够涵养水源和对生物多样性起到支持作用。济南市 17 个三级水生态功能区名称及其与一级、二级分区隶属关系如表 5-11 所示。

表 5-11　济南市三级水生态分区功能名称

一级区编码	二级区编码	三级区编码	三级区名称
I	I -1	I -1-1	徒骇河流域商河环境栖息地支持功能区
		I -1-2	徒骇河流域济阳农业生产支持功能区
	I -2	I -2	徒骇河流域社会服务功能区

续表

一级区编码	二级区编码	三级区编码	三级区名称
II	II-1	II-1-1	小清河流域营养物质循环功能区
		II-1-2	小清河流域洪水调蓄功能区
		II-1-3	小清河流域生物多样性维持功能区
	II-2	II-2-1	小清河流域水质净化功能区
		II-2-2	小清河流域环境栖息地维持和水质净化区
	II-3	II-3	小清河流域主城区社会服务功能区
III	III-1	III-1-1	黄河流域生物多样性维持功能区
		III-1-2	黄河流域水文支持功能区
		III-1-3	黄河流域社会服务功能区
	III-2	III-2-1	黄河流域水质净化功能区
		III-2-2	黄河流域环境栖息地维持区
		III-2-3	黄河流域水源涵养功能区
		III-2-4	黄河流域平阴县水质净化功能区
	III-3	III-3	黄河流域平阴县农业生产功能区

分区校验：为验证分区结果的科学性和合理性，采用底栖动物指标从定性和定量角度进行比较分析。底栖动物指标主要选择各区种类数、优势种名称、密度、生物量如表 5-12 所示。

表 5-12　济南市三级水生态功能分区底栖动物特征

区号	种类数	优势种名称	密度/（个/m²）	生物量/（g/m²）
I-1-1	15	豆螺	225	12
I-1-2	21	霍甫水丝蚓	1463	175.5
I-2	—	—	—	—
II-1-1	13	豆螺	1558	62.3
II-1-2	7	梯形多足摇蚊	1825	73
II-1-3	8	霍甫水丝蚓	2896	119
II-2-1	12	霍甫水丝蚓	742	29.7
II-2-2	2	溪流摇蚊	50	2
II-3	20	石蛭	996	239
III-1-1	15	苍白摇蚊	2925	117
III-1-2	—	—	—	—
III-1-3	—	—	—	—
III-2-1	2	溪流摇蚊	1000	40
III-2-2	19	长跗摇蚊	457	32
III-2-3	1	梯形多足摇蚊	113	4.5
III-2-4	7	流长附摇蚊	1750	70
III-3	8	霍甫水丝蚓	2250	102

I-1-2 区底栖动物种类数最多，有 21 种。最少的为III-2-3 区，仅有 1 种。而 I-2 区、III-1-3 区和III-1-2 区由于未设采样点，故未对其进行评价。III-1-1 区底栖动物密度最大，为 2925 个/m^2，其次是II-1-3 区为 2896 个/m^2。生物量最大的区为II-3，为 239g/m^2。密

度和生物量最小的区均为Ⅱ-2-2 区，分别为 50 个/m^2 和 2g/m^2。对于底栖动物优势种，Ⅰ-1-1 区和Ⅱ-1-1 区优势种为豆螺；Ⅰ-1-2 区和Ⅱ-1-3 区及Ⅱ-2-1 区优势种为霍甫水丝蚓；Ⅱ-1-2 区优势种为梯形多足摇蚊；Ⅱ-2-2 区和Ⅲ-2-1 区优势种为溪流摇蚊；Ⅲ-2-2 区为长跗摇蚊；Ⅲ-1-1 区为苍白摇蚊；Ⅱ-3 区优势种为石蛭。

可看出，整个济南市各三级分区间底栖动物在种类数、密度、生物量和优势种 4 个特征方面具有较大变异性，反映出济南市河流内水生生物的空间异质性和不均匀性。

5.4　分区特征

5.4.1　水生态功能一级区特征

为检验同一个分区单元内指标因子的一致性，利用 GIS 图形叠加法进行统计和检验。即将一级分区的区域图与地貌图进行叠加，通过观察，发现其地貌在每个分区单元内的属性较为一致。而相邻单元间的空间差异性较为明显，根据地貌的栅格数据求出每个区的高程和坡度平均值，然后归纳出每个区的主要地貌类型，对比各分区单元间的指标属性，结果显示不同分区单元间，各属性有显著差异（表 5-13）。

表 5-13　济南市一级区区域生态特征

编码	地貌类型	海拔/m	坡度/（°）	面积/km^2
Ⅰ	平原	18	0.54	2400
Ⅲ	山地	188	7.20	2778
Ⅱ	山地-丘陵	160	4.58	2792

基于野外调查数据，计算得到济南市水生态一级分区的浮游植物、浮游动物、底栖动物和鱼类四类水生物的群落结构特征指标：物种数、多样性指数和均匀度指数，并对各分区的水生物群落结构进行了对比分析，如图 5-14 所示。

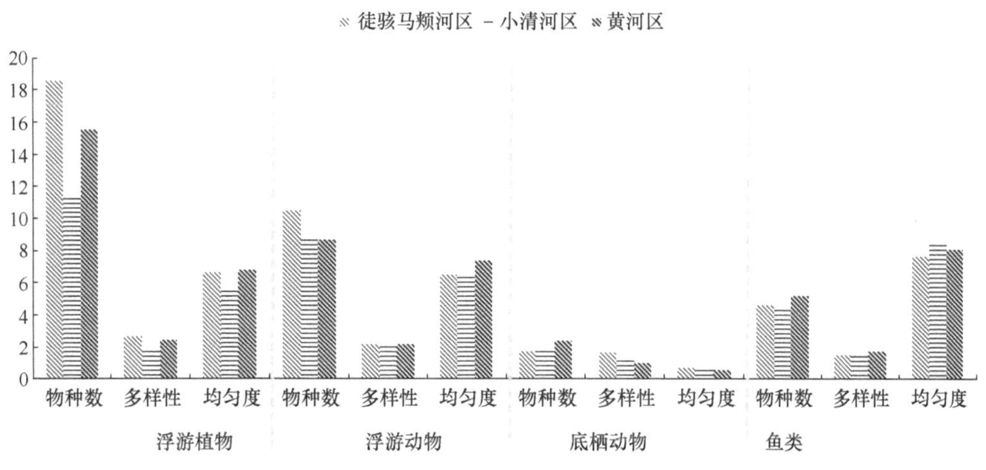

图 5-14　水生态功能一级区水生生物群落结构特征

由图 5-14 可以看出，浮游植物、浮游动物和底栖动物群落物种数量逐渐降低，符合生态学中能量传递逐级递减和食物链自下而上个体数量减少的原则，但鱼类作为水生态系统中食物链顶端，其群落物种数量高于底栖动物而低于浮游动物，可能是由于鱼类在水域活动范围较大，不仅仅一个或多个相近采样点的控制范围，食物来源相较采样范围更广。在分区角度上，不同单元之间水生生物具有较显著差异性。徒骇马颊河区和黄河区的水生群落结构较为复杂，各项指标均位于分区前列；小清河区的水生群落结构较为简单，原因可能是区内社会经济较为发达，人类活动对区内河流健康和水生群落影响较大。在各水生物角度上，浮游植物和浮游动物的群落结构较为复杂，物种数量和多样性均高于底栖动物和鱼类；底栖动物的群落结构最为简单，物种数量、多样性和均匀度均低于其他三类水生物，其中在济南市梁府庄、板桥、顾小庄浮桥区域底栖动物健康评价结果最差，均未发现底栖动物存在。

5.4.2 水生态功能二级区特征

对主要的二级分区指标林地和人口密度及水质要素进行对比，通过 ArcMap 软件把各点信息显示在分区图上，通过属性表查询方法查到某个分区单元内记录。根据各区特点的特征，得到各个分区单元的生态环境特点。证实相邻间具有显著的差异性，满足不同分区单元间空间异质性原则（表 5-14）。

表 5-14　水生态功能二级分区特征

编码	流量	土地利用和人口		水质/（mg/L）		
		林地/%	人口密度/（人/km^2）	总氮	总磷	化学需氧量
I-1	缓流	1.13	479	3.25	1.18	28.3
I-2	缓流或静止	0.63	875	4.2	0.93	39.1
II-1	流动，急缓兼有	2.35	517	4.22	0.51	23.7
II-2	静止或缓流	15.2	420	5.14	0.07	15.6
II-3	多静止	0.54	1800	5.24	0.41	67.6
III-1	多缓流	2.36	523	2.61	0.24	21
III-2	流动，急缓兼有	12.54	690	2.83	0.21	14.4
III-3	多静止	1.30	447	3.15	0.18	26.4

在 8 个生态二级区中，中部和中北部的人口压力大于东部和南部山区。水质方面从总氮及化学需氧量及总磷方面，要优于北部区域。总氮含量最小区域为 III-1 区，含量最高区为 II-3 区。从表中看出，人口密度较多区域，水质较差。人口不断增长使水环境安全问题日益突出，因此人口多少直接制约社会经济发展与水生态系统安全。作为二级分区指标，选择人口密度来表征流域人类活动压力较为直观。

5.4.3 水生态功能三级区特征

三级生态功能区水生态系统的主要特征：

I-1-1 徒骇河流域商河环境栖息地支持功能区。该区位于商河县域内，人口密度相对较少。因此，受人类活动因素干扰较少。通过实际调查，该区人类活动主要以农耕为主，河堤人工硬化不多，大多河中有水生植被，底质多为碎石、大石和细沙等沉积物。生境栖息地相对较好。

I-1-2 徒骇河流域济阳农业生产支持功能区。该区人类活动以农耕为主，水功能定义为农业用水区。由于河段干涸时间较长，较宽阔的河漫滩已被开垦为农田，种植玉米和小麦。为灌溉需要，开凿了大量人工渠道。

I-2 徒骇河流域社会服务功能区。该区临近市郊，人口密度相对较多。水功能定位为农业用水及城市排污。由于农业和城市需水量较大，人类对河流影响较为严重。

Ⅱ-1-1 小清河流域营养物质循环功能区。水功能定义为工业用水区及排污控制区。主要接纳污水及农业灌溉。水体主要污染物为 COD、氨氮等。水体营养化程度较重。

Ⅱ-1-2 小清河流域洪水调蓄功能区。水功能定义为农业用水。由于该区地势低洼，为防止洪水漫溢，大部分河道修造有人工堤岸。特别进入 5 月份以来，该处流量较大。其功能以防洪调蓄为主。

Ⅱ-1-3 小清河流域生物多样性维持功能区。该区由于地势低平，河流交错，湖、塘较多，水生生物多样性较为丰富，特别是底栖动物种类较多，但多以摇蚊、环节动物、软体动物等耐污种类居多。

Ⅱ-2-1 小清河流域水质净化功能区。该区水功能定位为排污控制区。随着城市和工业发展，该区近年来水质污染日渐严重，大部分水体富营养化程度较高，主要水质超标指标为 COD、溶解氧等，部分水体受污染特别严重，底质为发臭的黑色污泥。

Ⅱ-2-2 小清河流域环境栖息地维持和景观娱乐区。该区水功能定位为景观娱乐区和开发利用区。该区海拔较高，水质污染较轻。境内有垛庄水库，用于旅游开发。

Ⅱ-3 小清河流域主城区社会服务功能区。该区为济南市主城区，人口密度大，工业化及城镇化水平较高。区内有大明湖、趵突泉等景点。承担着经济-娱乐为一体的社会服务功能。

Ⅲ-1-1 黄河流域生物多样性维持功能区。该区生态环境良好，有黄河国家级自然保护区，因此周边植被较高，也造就了该区丰富的水生生物资源。

Ⅲ-1-2 黄河流域水文支持功能区。该区濒临黄河，水资源量较为丰富，流量较大。

Ⅲ-1-3 黄河流域社会服务功能区。该区为平阴县境内，为平阴县主要的经济开发区。

Ⅲ-2-1 黄河流域水质净化功能区。该区河流为典型山区河流，水功能定义为饮用水源区。水质污染较轻，水体富营养化程度不明显。且林地面积较多，人类干扰较少。

Ⅲ-2-2 黄河流域环境栖息地维持区。该区海拔较高，多为山地。降水提供的水量不少，由于该林地覆盖度高，原始生态环境保持较好，河流水质相对较好，水生态系统健康。

Ⅲ-2-3 黄河流域水源涵养功能区。该区为河流源头区，且多以林地和草地为主，具有较好的水土保持能力。人口密度较少，多维持着原始生态环境状态。

5.5 小 结

研究了济南市环境要素的空间异质性及其与水生态因子的相关关系，在此基础上，构建了济南市水生态分区的指标体系，提出了适用于济南市三级水生态分区的分区原则和分区方法，并应用该分区技术完成了济南市水生态一、二和三级分区的划分。本研究得到主要结论如下：

（1）济南市各环境要素的空间自相关距离表明，气候要素空间自相关距离均在430km以上，相对于济南市行政区面积，分区尺度过大，不适用于济南水生态分区。土地利用类型的林地及人口密度适合中尺度分区。另外，林地和人口密度与水质因子和水生生物因子的部分指标存在显著相关关系，表明这两个指标是与济南市水生态关系密切的两类指标。因此，本次水生态分区的指标体系建立如下：济南市水生态一级分区以济南市现有的三大水系和城区区划为基础，依据济南市高程指标，完成对三大水系集水面积的识别和水生态一级区的划分；选取人口密度和林地参与济南市水生态功能二级分区，完成初步划分后，再根据济南市县级区域对初步划分结果进行调整，使其与基层河流管理边界相结合，最终完成济南市水生态二级区的划分；水生态三级分区采用河段尺度上的水体理化因子、栖息地环境、底栖动物完整性指数及流量为主要依据，参照济南市行政区划和水系完整性条件，完成三级分区的划分。

基于以上建立的指标体系，采用“自上而下”和“自下而上”相结合的方法，在济南市完成了水生态一、二和三级分区的划分。济南市水生态一级分区为3个，水生态二级分区为8个，三级分区17个。在划分过程中尽量保持子流域的完整性。初步划分后再根据济南市县级区划对初步划分结果进行调整，使其与基层河流管理边界相结合。

（2）济南市三级分区主要目的是对二级区域生态功能类型的差异性进行识别。主要依据化学完整性、环境栖息、流量和底栖动物多样性并结合现有济南水功能区划，最终完成三级水生态功能划分。并提出水生态功能区的命名方法及功能类型的定位。

（3）对每一级水生态功能区进行分区验证，基于底栖动物群落结构分析每个区域的空间异质性和不均匀性。

目前我国流域水生态分区已经成为研究热点，但是以大中城市为核心的行政区的水生态分区才刚刚起步，目前并无成熟的分区技术和理论。要进行水生态分区，首先应该明确水生态分区概念以及各级分区对应的空间尺度。本章在参考流域水生态分区中环境要素景观尺度特征与流域水生态分区关系的基础上，结合国内外分区实践，尝试给出了济南市水生态一、二和三级分区，为今后的分区工作提供了一定基础。然而，对应于水生态分区的等级尺度，环境要素的选取需要在充分数据支持的前提下完成，本次研究中所采用的候选环境要素数量较少。因此，本次分区所采用的环境要素体系不一定适用于其他行政区，并且本次分区结果是否客观合理，还有待相关专家或流域管理应用实践的检验。

其突出问题为采样误差可能导致结果的不确定性，而且只能进行空间上的聚类分析，而无法反映出时间变化特征。希望在以后的研究工作中，继续积累水生态调查和采样数据，以便进一步深入分析水生态分区的水环境状况，提高水生态分区的准确性。

第 6 章　济南市水生生物与水环境因子响应关系分析

结合第 5 章济南市水生态功能分区结果，以济南市水生态功能一级分区为基础，考虑到城市中心区人口密度最大，城镇化最为突出，水生态系统受人类活动干扰最强，因此将城镇用地较大的市中心区单独划分出来，共划分出四个水生态功能区，分别为南部水生态保护区（Ⅰ）、城市中心社会服务区（Ⅱ）、东部经济发展承载区（Ⅲ）和北部农业灌溉区（Ⅳ）（图 6-1）。

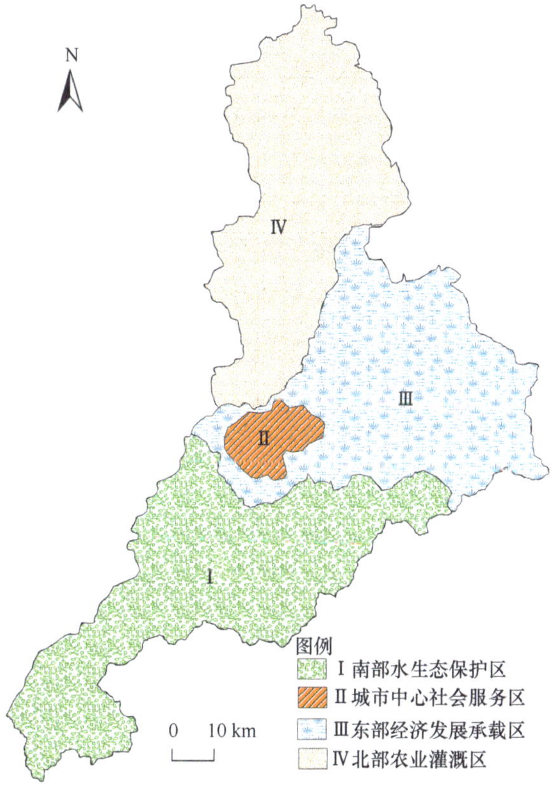

图 6-1　济南市水生态功能分区

本章内容基于水生态功能分区，分析不同功能区水环境理化因子分布特征。采用相关性分析法，剔除各功能区冗余的水环境因子。分析水生生物和水环境因子的响应关系，判别各功能区影响水生生物最显著的水环境因子的适宜浓度阈值。

6.1　济南市各功能区水环境因子特征分析

从各功能区水环境因子分布特征来看（图 6-2），流速在南部水生态保护区、城市中心社会服务区、东部经济发展承载区、北部农业灌溉区呈现递减趋势，北部农业灌溉区平均流速为 0.06m/s。Kruskal-Wallis（K-W）统计检验结果表明，流速在各分区间的分布具有显著差异（$P<0.05$）。城市中心社会服务区和东部经济发展承载区的流量最高，分别为 3.98m^3/s 和 3.71m^3/s，南部水生态保护区和北部农业灌溉区流量较低，均值分别为 0.53m^3/s 和 0.68m^3/s。K-W 结果表明，流量在各分区间具有显著差异性（$P<0.05$）。河宽和水深在统计上虽然没有显著差异性，但城市中心社会服务区河宽均值最高，为 36.71m，而水深由南至北逐渐递增。城市中心社会服务区溶解氧分布略低，平均值为 5.69mg/L，其他三区溶解氧含量普遍较高，均在 7.0mg/L 以上。南部水生态保护区透明度最高为 236cm，浑浊度最低为 13.36 度。pH 在南部水生态保护区和北部农业灌溉区较高，均为 8.16，城市中心社会服务区最低，为 7.72。电导率、氯化物、硫酸盐、总硬度由南至北逐渐升高，且 K-W 统计结果显示，四种离子在各分区间均具有显著差异性（$P<0.05$）。总磷在各分区间差异性不显著，总氮和硝酸盐在各分区间具有显著差异（$P<0.05$），基本趋势为北部农业灌溉区含量最低，城市中心社会服务区和东部经济发展承载区最高。其中，北部农业灌溉区总氮含量为 2.86mg/L，而东部经济发展承载区为 6.67mg/L。氨氮和亚硝酸盐在各分区间无显著性差异，但基本趋势与总氮和硝酸盐相一致。化学需氧量、高锰酸盐指数和生化需氧量在各分区间没有显著差异，但南部水生态保护区这三种因子均值最低，分别为 22.32mg/L、4.37mg/L、3.92mg/L，城市中心社会服务区化学需氧量最高为 37.6mg/L，高锰酸盐指数和生化需氧量在东部经济发展承载区含量值最高，分别为 7.26mg/L 和 7.33mg/L。

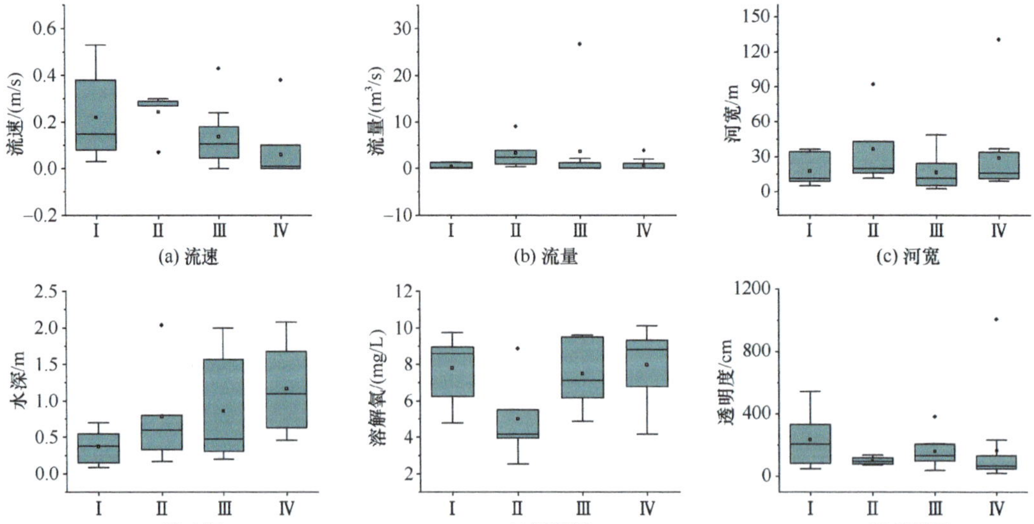

(a) 流速　(b) 流量　(c) 河宽
(d) 水深　(e) 溶解氧　(f) 透明度

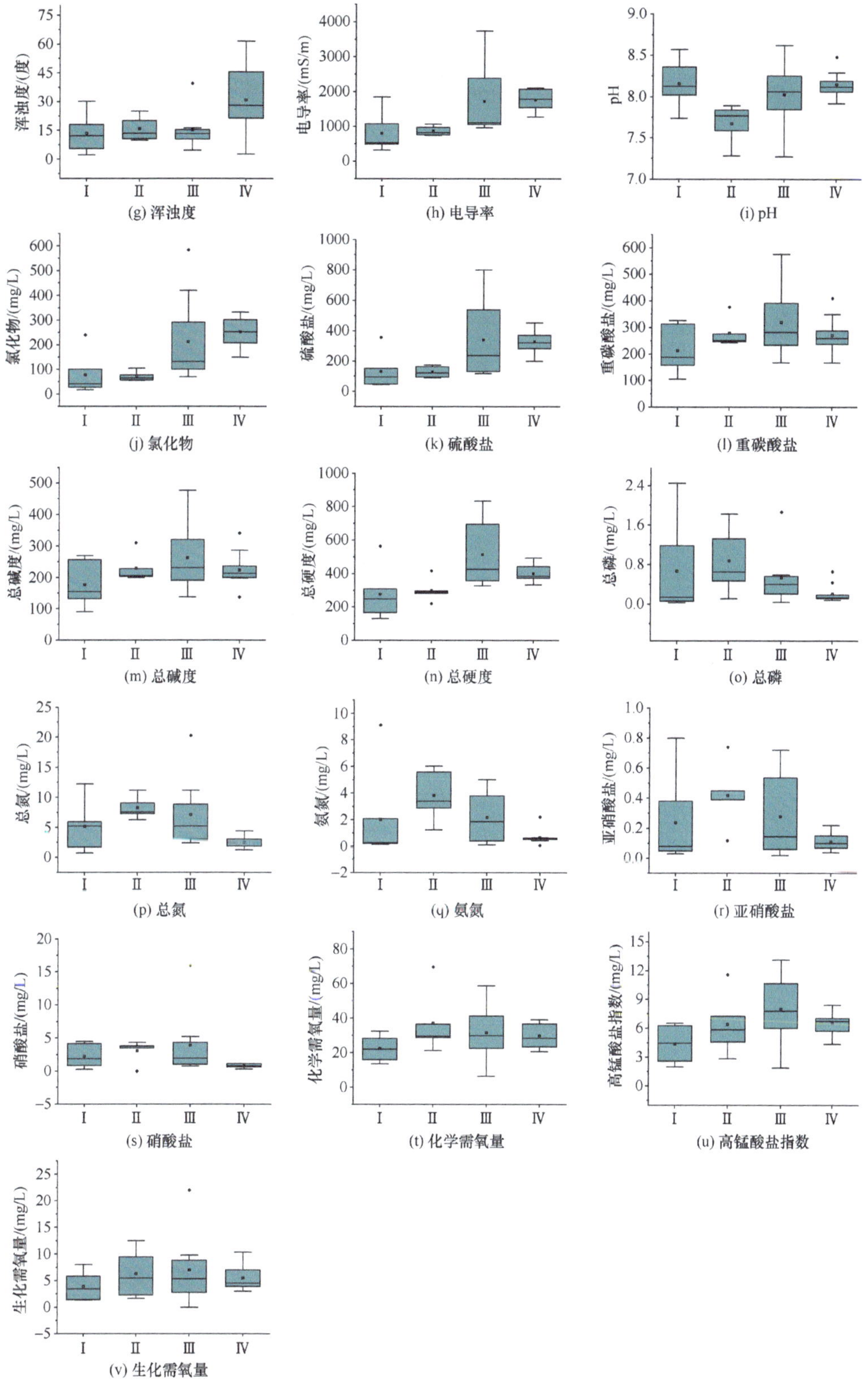

图 6-2　各功能区水环境因子比较图

济南市南部水生态保护区有大面积的山地覆盖，最高海拔达900余米，济南市90%以上的林地面积均位于南部山区。因此在该区域的河流上游及源头，受地理地貌特征影响，人口较为稀松，河流水生态系统受人类活动干扰较少。因此该区域的水质清澈，生境栖息地完整。从各功能区比较分析中也可以证明，济南南部水生态保护区鱼类和底栖动物物种丰富度最高。此外，该区域的溶解氧含量和透明度在所有功能区中最高，而电导率、无机盐离子、营养盐离子和有机污染物浓度最低，也间接说明了济南南部水生态保护区水质质量较高，因此将该区域定义为水生态保护区，在未来的发展规划中，应将该区域作为重点保护的对象。

济南市城市中心社会服务区是济南市人口最为密集的区域。土地利用方式主要是城镇用地，因此该区域河道特点主要以人工渠道为主。城市中心社会服务区中的水体功能主要体现在两方面：一是作为人们景观娱乐的休息场所，一是作为生活污水的承载者。济南市是著名的旅游城市，特别是在2010年济南市政府加大了对济南城区的水质污染监管力度，使济南城区护城河、大明湖、趵突泉等多处水质达到了国家规定的I类和II类水标准。但在我们布设的采样点中，不涉及景观娱乐场所。因为这些地方由于人类防护意识的增强，加大了修复的力度，使这些水体已基本处于健康水平。而我们所关心的城市中心水体，是那些还未被定义为重点监管对象的普通河道的水体类型。这类水体主要特点表现为河道两边多为人工修建的堤坝，河流底部多以水泥底质为主，河道的栖息地生境较差，生境类型十分单一，河道两侧均有排污口。从生物和水质分析也可以看出，鱼类和底栖动物物种丰富度在该区域均表现为最低值。溶解氧含量极低，总磷、总氮、氨氮、亚硝酸盐含量是所有功能区中含量值最高的区域。这些特征均反映出济南城市中心社会服务区水体受人类活动影响剧烈。水生态系统健康状况较差。

济南市东部经济发展承载区水体隶属于济南市小清河水系水体。该区域上游是城市中心社会服务区，区域内主要以耕地面积为主。因此该区域特点表现为既有来自上游人类活动影响的点源污染的巨大压力，又有来自周边农业耕作的面源污染压力。从生物和水质比较分析中也可以看出，东部经济发展承载区的浮游植物丰富度值最低，重碳酸盐、总硬度、总碱度、高锰酸盐指数在东部经济发展承载区的浓度值最高，这些水环境因子均表征东部经济发展承载区水质质量较低。有历史资料显示，20世纪80年代末至90年代初，经济发展是社会的首要任务，小清河是受纳济南市污水排放的唯一河道（孙玉琳等，1984），其中以兴济河、工商河、西洛河、柳行头、七里河、王舍人庄6大排污系统为主，重点污染源有钢铁厂、制革厂、造纸厂、化工厂、印染厂、化纤厂等（孙玉琳，1990），这些污染对小清河水体造成的危害在短时间内难以恢复。自90年代至今，山东省、济南市制定了一系列针对小清河水体保护和修复的政策，如《小清河流域污染综合治理总体规划方案》《山东省小清河流域水污染防治条例》等（刘文杰，2017），建设了一大批污水处理工厂，至2014年，流域内多数断面有机污染浓度与20世纪90年代相比，均呈现明显下降趋势，满足国家规定的V类水标准。

济南市北部农业灌溉区农业用地占整个区域的86%。该区域特点主要表现为河道生境栖息地较为完整，多数点位河道两岸有植被覆盖，河流底质均为自然底质，人工修建的河道类型较少，点位之间生境类型较为相似。由于北部农业灌溉区隶属于平原地带，地势十分平缓，从流速比较分析中也可以看出，北部农业灌溉区的流速是所有功能分区中最低的。这一特点有利于浮游植物的生存繁衍，因此从各功能区浮游植物丰富度比较中也可以看出，北部农业灌溉区浮游植物丰富度最高，鱼类和底栖动物居于其次。各功能区的水质比较分析中显示，虽然北部农业灌溉区以面源污染为主，但是在所有分区中，营养盐元素并不是最高值，表明水质污染程度低于东部经济发展承载区和城市中心社会服务区。

6.2 主要水环境因子筛选

采用相关性分析法，剔除冗余的水环境因子，用余下的水环境因子与水生生物密度进行响应分析研究。

6.2.1 南部水生态保护区河流型水体

相关性分析结果表明（图 6-3），河宽与流量显著相关，而流量是水生态系统中重要的参数，因此保留流量。水深与高锰酸盐指数显著相关，而高锰酸盐指数是重要的衡量有机污染浓度的参数，因此保留高锰酸盐指数。而高锰酸盐指数和化学需氧量、流速、浑浊度显著相关，因此剔除后三者。透明度与流速和浑浊度显著相关，而后两者已经剔除，因此保留透明度。pH 与电导率显著相关，而电导率在多数研究中均为重要的水环境因子参数，因此保留电导率，剔除 pH。而电导率与溶解氧、氯化物、硫酸盐、重碳酸盐、总碱度、总硬度和总磷均显著相关，因此剔除与电导率显著相关的环境变量。总氮和氨氮显著相关，而总氮是衡量水体富营养化的常用指标，因此保留总氮。硝酸盐仅与流速显著相关，而流速已经排除，因此保留硝酸盐。综上，相关性分析共筛选出 7 个水环境因子，分别为流量、透明度、电导率、总氮、硝酸盐、高锰酸盐指数和生化需氧量。

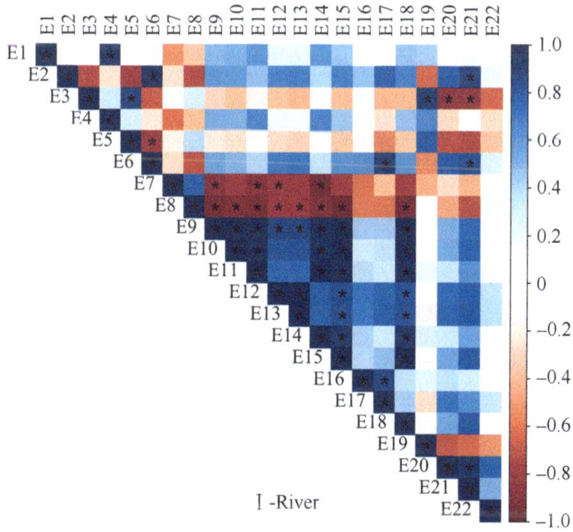

图 6-3 济南南部水生态保护区河流型水体水环境因子相关性矩阵图

图中 E1～E22 所代表的水环境因子见表 4-8，下同

6.2.2 南部水生态保护区水库水体

相关性分析表明（图6-4），透明度与所有环境因子均不显著相关，因此保留。电导率与氯化物、硫酸盐、总硬度显著相关，保留电导率，剔除其余因子。浑浊度与氯化物显著相关，而氯化物已经剔除，所以保留浑浊度。总磷与溶解氧、重碳酸盐、总碱度、氨氮和高锰酸盐指数显著相关，保留总磷，剔除其余因子。总氮与硝酸盐显著相关，保留总氮。亚硝酸盐与pH显著相关，而亚硝酸盐是较为重要的水环境因子，且pH在济南各点位的差异性不大，因此保留亚硝酸盐。化学需氧量与生化需氧量显著相关，保留生化需氧量。综上，共筛选出7个水环境因子，分别为透明度、浑浊度、电导率、总磷、总氮、亚硝酸盐和生化需氧量。

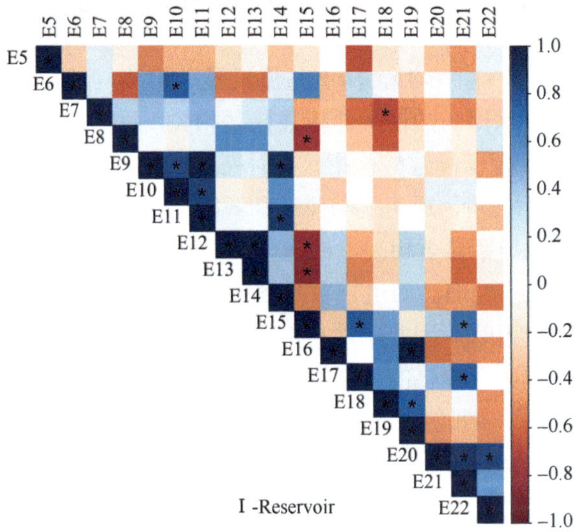

图6-4 水库水体水环境因子相关性矩阵图

6.2.3 城市中心社会服务区

相关性分析表明（图6-5），电导率与河宽、水深、流速、流量均显著相关，因此保留电导率，剔除其余环境因子。氯化物与余下的环境因子无显著相关性，因此保留。重碳酸盐与总碱度显著相关，随机保留重碳酸盐。总氮与透明度显著相关，保留总氮。亚硝酸盐与所有因子均不显著相关，因此保留亚硝酸盐。化学需氧量与pH、硫酸盐、总硬度、总磷、氨氮、硝酸盐和高锰酸盐指数均具有显著相关性，保留化学需氧量，剔除其余因子。溶解氧和生化需氧量与余下因子均不显著相关，因此保留。综上，总共筛选出8个水环境因子，分别为溶解氧、电导率、氯化物、重碳酸盐、总氮、亚硝酸盐、化学需氧量和生化需氧量。

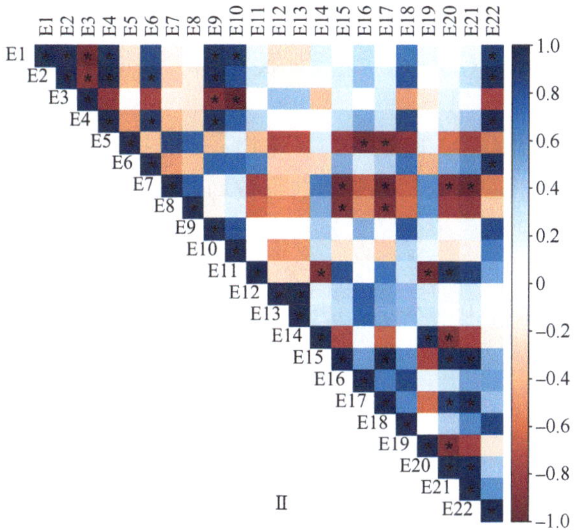

图 6-5　济南城市中心社会服务区水环境因子相关性矩阵图

6.2.4　东部经济发展承载区

相关性分析表明（图 6-6），水深、透明度、溶解氧、生化需氧量与所有环境因子均不显著相关，因此保留。流量与河宽、流速、浑浊度显著相关，保留流量。电导率与 pH、氯化物、硫酸盐、总硬度、总氮、硝酸盐均显著相关，保留电导率，剔除其余因子。重碳酸盐与总碱度显著相关，随机保留重碳酸盐。总磷与氨氮显著相关，保留总磷。亚硝酸盐与余下因子无显著相关性，因此保留。化学需氧量和高锰酸盐指数显著相关，保留化学需氧量。综上，共筛选出 10 个水环境因子，分别为水深、流量、透明度、溶解氧、电导率、重碳酸盐、总磷、亚硝酸盐、化学需氧量和生化需氧量。

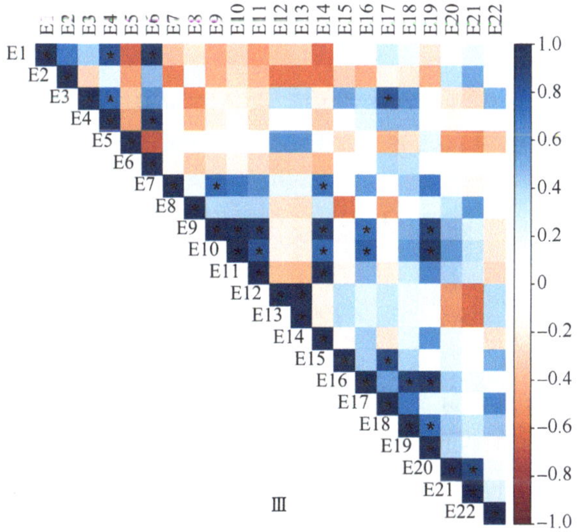

图 6-6　济南东部经济发展承载区水环境因子相关矩阵图

6.2.5 北部农业灌溉区

相关性分析表明（图 6-7），电导率与氯化物、硫酸盐、重碳酸盐、总碱度、总硬度、总磷、总氮、氨氮、化学需氧量、高锰酸盐指数均显著相关，保留电导率，剔除其余因子。水深、溶解氧、硝酸盐、生化需氧量与余下因子均无显著相关性，因此保留。透明度与流速、浑浊度、pH 显著相关，保留透明度。亚硝酸盐与河宽、流量显著相关，保留亚硝酸盐。综上，共筛选出 7 个水环境因子，分别为水深、透明度、溶解氧、电导率、亚硝酸盐、硝酸盐和生化需氧量。

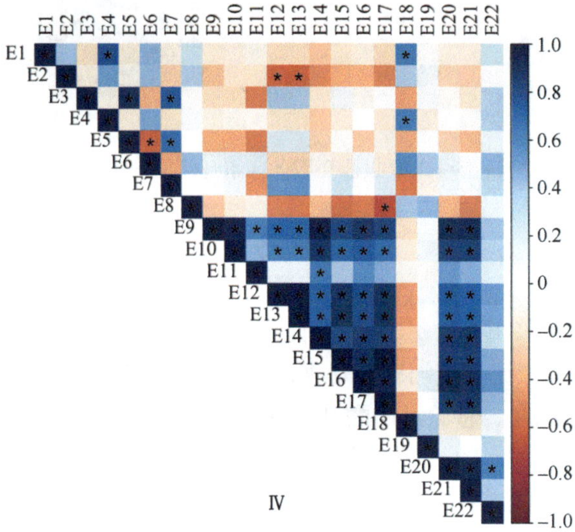

图 6-7 济南市北部农业灌溉区水环境因子相关性矩阵图

6.3 水生生物群落对主要水环境因子的响应分析

采用去趋势对应分析，判别水生生物与水环境因子响应模型（线性模型或单峰模型），筛选影响水生生物群落的主要水环境因子。

6.3.1 南部水生态保护区河流型水体

去趋势对应分析结果显示（表 6-1），鱼类四个排序轴梯度长度最高值为 2.00，当排序轴梯度长度最高值小于 3 时，表明线性模型较适合。因此选用线性模型分析法，即冗余分析法分析鱼类群落与水环境因子的响应关系。底栖动物四个排序轴梯度长度最高值为 3.57，当排序轴梯度长度最高值为 3～4，表明单峰模型、线性模型均较适合。采用冗余分析法分析底栖动物与水环境因子的响应关系。浮游植物四个排序轴梯度长度最大值为 2.25，因此采用冗余分析法分析浮游植物群落与水环境因子的响应关系。

表 6-1　济南南部水生态保护区水生生物去趋势对应分析排序轴梯度长度值

水生生物	排序轴梯度			
	1	2	3	4
鱼类	2.00	1.55	0	0
底栖动物	3.57	2.16	1.99	1.84
浮游植物	1.95	2.25	1.50	1.31

鱼类冗余分析和蒙特卡罗显著性检验结果表明（表 6-2，图 6-8）。环境因子对鱼类群落结构的影响不显著，但高锰酸盐指数对鱼类群落结构的影响最大，置信区间在 86%范围内，因此进行进一步的阈值分析。底栖动物冗余分析和蒙特卡罗显著性检验结果表明，电导率对底栖动物群落结构有显著影响，因此对电导率进行下一步的阈值分析。浮游植物冗余分析和蒙特卡罗统计检验结果表明，总氮对浮游植物群落具有显著影响，因此对总氮进行下一步的阈值分析。

表 6-2　济南南部水生态保护区水生生物群落与环境因子相关性检验系数值和显著水平

编号	因子	鱼类		底栖动物		浮游植物	
		P	*F*	*P*	*F*	*P*	*F*
E4	流量	1.00	0.00	1.000	0.00	0.275	1.35
E5	透明度	0.14	1.49	0.439	1.12	0.417	1.11
E9	电导率			0.018	2.54	1.000	0.00
E16	总氮	0.28	1.47	0.481	1.23	0.005	1.84
E19	硝酸盐						
E21	高锰酸盐指数	0.12	1.95				
E22	生化需氧量	0.40	1.33	0.096	1.64	0.242	2.15

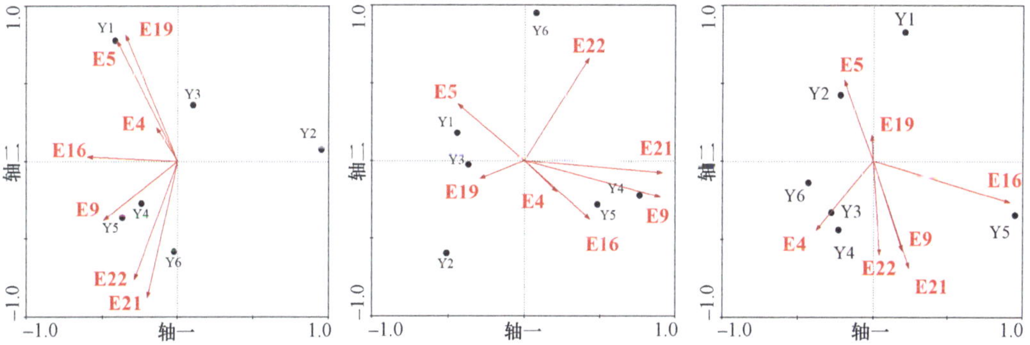

(a) 鱼类　(b) 底栖动物　(c) 浮游植物

图 6-8　济南南部水生态保护区水生生物与环境因子响应关系图

6.3.2　南部水生态保护区水库水体

去趋势对应分析结果显示（表 6-3），鱼类四个排序轴梯度长度最高值为 2.088，小于 3，因此选用线性模型冗余分析。底栖动物四个排序轴梯度长度最高值为 4.905，当最大排序轴梯度值大于 4 时，宜选用单峰模型，因此底栖动物采用典范对应分析法分析生物与环境因子的响应关系。浮游植物四个排序轴梯度长度最大值为 1.466，小于 3，因此采用线性模型冗余分析。

表 6-3　水库水体水生生物去趋势对应分析排序轴梯度长度值

水生生物	排序轴梯度			
	1	2	3	4
鱼类	2.088	2.024	1.565	1.336
底栖动物	4.905	2.505	2.066	3.707
浮游植物	1.466	1.229	1.129	1.393

鱼类冗余分析结果表明，水环境因子与鱼类群落不存在显著的相关性（表 6-4），但电导率与鱼类的相关系数较高，置信区间为 86.7%，排序图显示（图 6-9），R7 点位到电导率射线的投影点距离箭头方向较近，这个点位鱼类丰富度值较低，为 11 种，而 R5 点位到电导率射线的投影点距离箭头方向较远，这个点位鱼类丰富度值较大，为 19 种，表明电导率与鱼类群落存在一定的负相关关系，因此对电导率进行下一步的阈值分析。底栖动物与水环境因子的典范对应分析结果表明，亚硝酸盐对底栖动物的影响较大，置信区间虽然仅为 74.1%，但排序图结果表明，R6 点位到亚硝酸盐射线的投影点距离箭头方向最近，而该点位底栖动物丰富度值最低，仅为 5 种，而 R8 点位到亚硝酸盐射线的投影点距离箭头方向最远，该点位底栖动物丰富度较高，为 11 种，表明亚硝酸盐与底栖动物群落存在一定的负相关关系，因此对亚硝酸盐进行下一步的阈值分析。浮游植物冗余分析结果表明，电导率和总磷对浮游植物群落均存在显著的相关性，因此对这两个水环境因子进行下一步的阈值分析。

表 6-4　水库水体水生生物群落与环境因子相关性检验系数值和显著水平

编号	因子	鱼类		底栖动物		浮游植物	
		P	*F*	*P*	*F*	*P*	*F*
E5	透明度	0.493	0.93	0.478	1.00	0.500	0.95
E6	浑浊度	0.261	1.73	0.411	1.10	0.470	1.05
E9	电导率	0.133	2.09	0.517	1.01	0.006	2.20
E15	总磷	0.671	0.59	0.516	0.79	0.042	1.69
E16	总氮	0.696	0.42	0.467	1.01	0.401	1.12
E18	亚硝酸盐	0.150	1.77	0.259	1.10	0.293	1.28
E22	生化需氧量	0.146	1.99	0.546	0.99	0.457	1.03

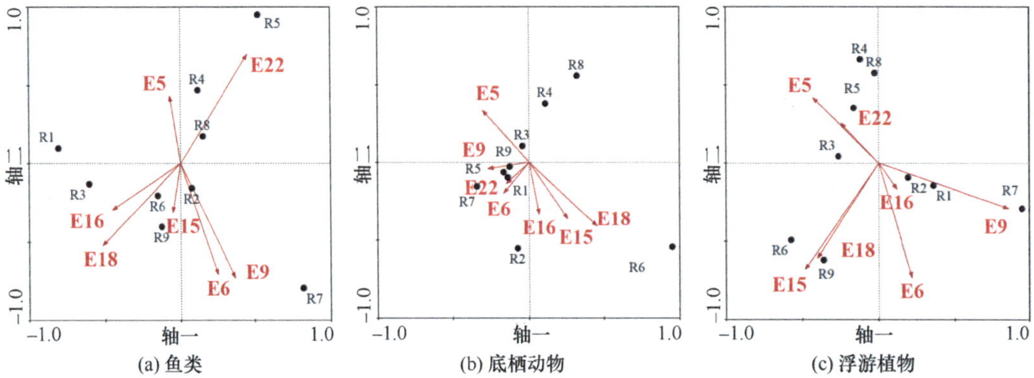

图 6-9　水库水体水生生物与环境因子响应关系图

6.3.3　城市中心社会服务区

去趋势对应分析结果显示（表 6-5），鱼类、底栖动物、浮游植物四个排序轴梯度长度最高值分别为 2.478、2.501、2.570，均小于 3，因此三类生物均采用线性模型冗余分析法分析水环境因子与水生生物的响应关系。

表 6-5　济南城市中心社会服务区水生生物去趋势对应分析排序轴梯度长度值

水生生物	排序轴梯度			
	1	2	3	4
鱼类	2.478	0.000	0.000	0.000
底栖动物	2.501	0.000	0.000	0.000
浮游植物	2.570	1.887	1.168	0.000

冗余分析结果显示（表 6-6），总氮对鱼类群落结构具有显著影响，因此对总氮进行阈值分析。总氮对底栖动物群落影响虽不显著，但与其他环境因子相比，对底栖动物影响最大，置信区间在 85%范围内，因此对总氮进行下一步的阈值分析。水环境因子对浮游植物群落的影响均不显著，但重碳酸盐与浮游植物群落的相关性最大，相关系数为 1.37，置信区间为 90.1%，而且排序图显示（图 6-10），C3 到重碳酸盐射线的投影离箭头方向最近，浮游植物密度均不足 0.02×10^7 个/L，而 C1 点位距离重碳酸盐的箭头方向最远，该点位浮游植物密度最大为 1.5×10^7 个/L 以上，表明重碳酸盐与浮游植物密度存在负相关关系，因此对重碳酸盐进行下一步的阈值分析。

表 6-6　济南城市中心社会服务区水生生物群落与环境因子相关性检验系数值和显著水平

编号	因子	鱼类		底栖动物		浮游植物	
		P	*F*	*P*	*F*	*P*	*F*
E8	溶解氧	1.000	0.00	0.273	1.56	0.438	1.12
E9	电导率			1.000	0.00	0.525	1.04
E10	氯化物	0.050	6.30	0.338	1.17	1.000	0.00
E12	重碳酸盐					0.099	1.37
E16	总氮	0.045	20.76	0.150	4.72		
E22	生化需氧量	0.400	1.22				

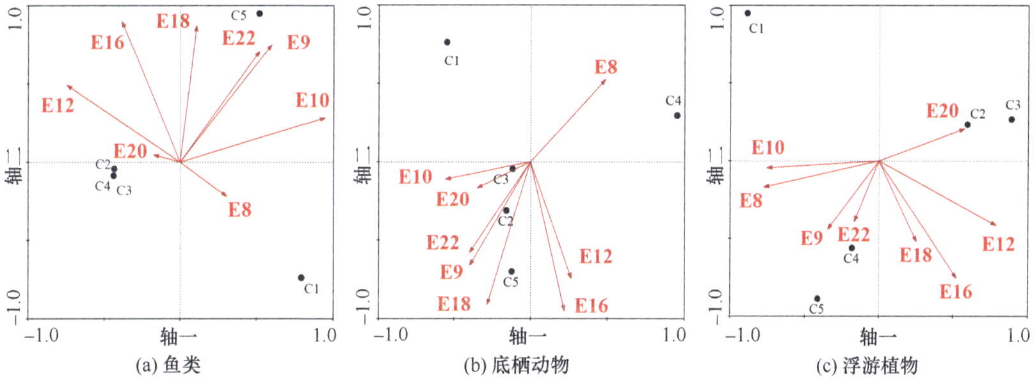

图 6-10　济南城市中心社会服务区水生生物与环境因子响应关系图

6.3.4 东部经济发展承载区

去趋势对应分析结果显示（表6-7），鱼类、底栖动物、浮游植物四个排序轴梯度长度最高值分别为1.678、2.723、2.936，均小于3，因此三类生物均采用线性模型冗余分析法分析水环境因子与水生生物的响应关系。

表6-7 济南东部经济发展承载区水生生物去趋势对应分析排序轴梯度长度值

水生生物	排序轴梯度			
	1	2	3	4
鱼类	1.678	1.322	1.290	1.290
底栖动物	2.723	1.712	1.342	1.479
浮游植物	2.936	2.802	1.855	1.964

冗余分析结果显示，水环境因子对鱼类群落影响不显著（表6-8），但亚硝酸盐对鱼类群落结构的影响较大，置信区间为94.7%，相关系数为2.65。从排序图中可以看出（图6-11），X1、X7点位到亚硝酸盐射线的投影点距离箭头方向最近，这些点位鱼类数量最少，分别为2尾和0尾，而X5和X8点位到亚硝酸盐射线投影点距离箭头方向最远，这些点位鱼类数量最高，分别为54尾和41尾，表明亚硝酸盐与鱼类数量呈现一定的负相关关系，因此对亚硝酸盐进行下一步的阈值分析。水深对底栖动物群落影响显著，*P*值为0.038，因此对水深进行下一步的阈值分析。溶解氧对浮游植物群落的影响显著，*P*值为0.043，因此对溶解氧进行下一步的阈值分析。

表6-8 济南东部经济发展承载区水生生物群落与环境因子相关性检验系数值和显著水平

编号	因子	鱼类		底栖动物		浮游植物	
		P	*F*	*P*	*F*	*P*	*F*
E2	水深	1.000	0.00	0.038	1.87	0.134	1.50
E4	流量	0.550	0.68	0.226	1.53	0.345	1.29
E5	透明度	0.427	0.95	0.294	1.53	1.000	0.00
E8	溶解氧			1.000	0.00	0.043	1.90
E9	电导率	0.402	1.12	0.459	1.19		
E12	重碳酸盐	0.242	2.01	0.110	1.56		
E15	总磷					0.304	1.42
E18	亚硝酸盐	0.053	2.65			0.260	1.40
E20	化学需氧量	0.305	1.54				
E22	生化需氧量			0.184	1.72	0.315	2.14

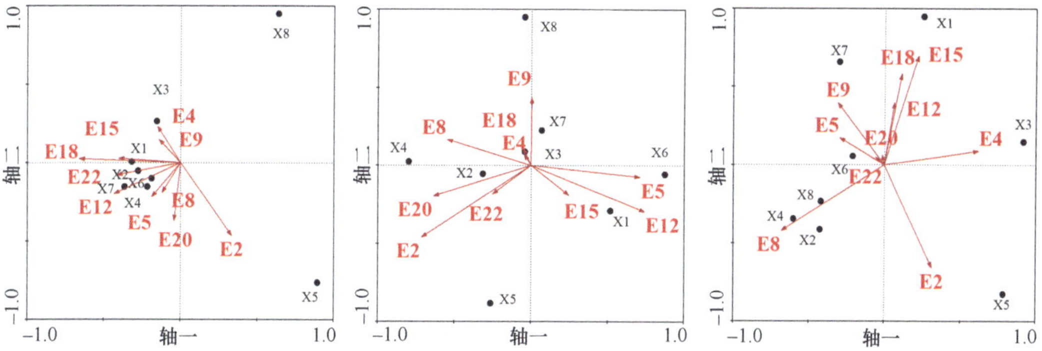

(a) 鱼类　　(b) 底栖动物　　(c) 浮游植物

图 6-11　济南东部经济发展承载区水生生物与环境因子响应关系图

6.3.5　北部农业灌溉区

去趋势对应分析结果显示（表 6-9），鱼类、底栖动物、浮游植物四个排序轴梯度长度最高值分别为 1.70、2.25、2.065，均小于 3，因此三类生物均采用线性模型冗余分析法分析水环境因子与水生生物的响应关系。

表 6-9　济南北部农业灌溉区水生生物去趋势对应分析排序轴梯度长度值

水生生物	排序轴梯度			
	1	2	3	4
鱼类	1.723	1.700	1.393	0.916
底栖动物	2.250	1.662	1.584	1.472
浮游植物	2.065	1.594	1.255	1.446

鱼类冗余分析结果表明，所有水环境因子与鱼类群落的蒙特卡罗检验均不显著（表 6-10），但溶解氧与鱼类群落的相关系数最高，为 1.48，置信区间为 85.9%。此外，从点位与水环境因子的排序图可以看出（图 6-12），T1 和 T3 点位投影在溶解氧射线上的点离箭头端的距离最远，表明这些点位溶解氧值最小，而 T1 和 T3 点位，鱼类的丰富度仅为 3 和 7 种，是所有点位中物种数最少的点位。相反，T7、T9 点位投影在溶解氧射线上的点离箭头端较远，表明这些点位溶解氧值最大，而 T7 和 T9 点位鱼类的丰富度值分别为 19、17 种，是所有点位中物种数较多的点位，表明溶解氧与鱼类群落存在一定的正相关关系，因此对溶解氧进行下一步的阈值分析。底栖动物群落与水环境因子冗余分析结果显示，电导率对底栖动物群落的影响较大，置信区间为 89.3%。T5 点位离电导率射线箭头端最远，而 T5 底栖动物丰富度为 18 种，T11 离电导率箭头端较近，底栖动物丰富度为 11 种，表明电导率与底栖动物存在一定的负相关关系，因此对电导率进行阈值分析。而电导率对浮游植物群落的影响介于显著与不显著的边缘，置信区间为 94.7%，因此对电导率进行下一步的阈值分析。

表 6-10 济南北部农业灌溉区水生生物群落与环境因子相关性检验系数值和显著水平

编号	因子	鱼类		底栖动物		浮游植物	
		P	*F*	*P*	*F*	*P*	*F*
E2	水深	0.335	1.14	0.328	1.11	0.086	1.45
E5	透明度	0.163	1.33	0.354	1.10	0.475	1.06
E8	溶解氧	0.141	1.48	0.663	0.78	0.761	0.65
E9	电导率	0.523	0.93	0.107	1.57	0.053	1.70
E18	亚硝酸盐	0.363	1.18	0.217	1.23	0.607	0.86
E19	硝酸盐	0.285	1.19	0.661	0.74	0.243	1.24
E22	生化需氧量	0.593	0.80	0.612	0.79	0.452	1.03

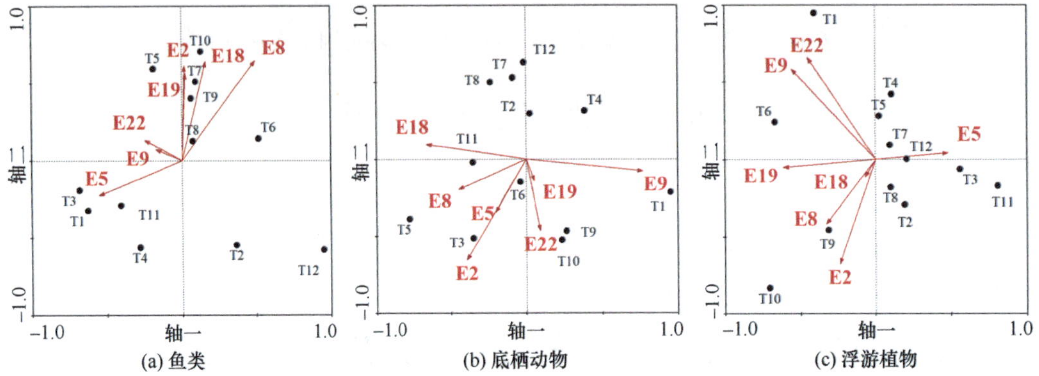

图 6-12 济南北部农业灌溉区水生生物与环境因子响应关系图

6.4 加权平均分析

加权平均法是一种计算生物对环境变量适宜浓度值的方法，其计算原理是假设当生物的多度值最大时，水体中环境变量的浓度值即为该生物最适宜的浓度（Birks et al., 1990）。即某一物种对某一环境变量的适宜浓度值等于出现该物种所有点位环境变量的平均值乘以该物种的相对多度，具体计算公式如下：

$$u_k = \sum_{i=1}^{n} y_{ik} x_i \Big/ \sum_{i=1}^{n} y_{ik} \tag{6-1}$$

式中，u_k 为适宜浓度值；y_{ik} 为物种 k 在点位 i 的个体数量比例；x_i 为点位 i 的环境变量数值；n 为有物种 i 存在的点位个数。

6.4.1 南部水生态保护区河流型水体

鱼类与高锰酸盐指数（COD_{Mn}）的加权平均分析结果显示（表 6-11），济南南部水生态保护区共采集到鱼类 32 种，这 32 种鱼类对高锰酸盐指数的适宜浓度值域范围为 1.99～6.27mg/L，平均值为 3.32mg/L，而南部水生态保护区高锰酸盐指数的平均值为 4.37mg/L，高于适宜值的平均水平。鱼类各目对高锰酸盐指数的适宜值箱体图显示（图 6-13）：鲶形目对高锰酸盐指数适宜值的变化范围最大为 2.27～5.66mg/L；其次为鲈形目，高锰酸盐指数适宜值范围为 2.25～3.72mg/L；鲤形目对高锰酸盐指数的适宜值较低，为 1.99～4.94mg/L。为满足多数鱼类的适宜生存环境，以 25%～75%鱼类适宜值为标准，则济南南部水生态保护区鱼类对高锰酸盐指数的适宜值范围为 2.27～3.85mg/L。

表 6-11　济南南部水生态保护区鱼类对高锰酸盐指数的适宜值　单位：mg/L

编号	高锰酸盐指数	编号	高锰酸盐指数	编号	高锰酸盐指数	编号	高锰酸盐指数
F2	2.82	F15	3.08	F30	3.80	F40	3.82
F3	2.09	F16	3.35	F31	2.05	F41	4.14
F4	1.99	F17	2.16	F32	3.39	F42	3.94
F5	4.94	F18	2.03	F33	4.55	F43	3.09
F6	1.99	F20	2.11	F34	2.27	F44	3.45
F11	3.65	F24	3.30	F35	5.67	F46	6.27
F12	3.97	F25	3.73	F38	3.04	F47	2.86
F14	2.32	F27	4.50	F39	3.49	F48	2.25

注：鱼类编号所代表的各物种名称见附录，下同

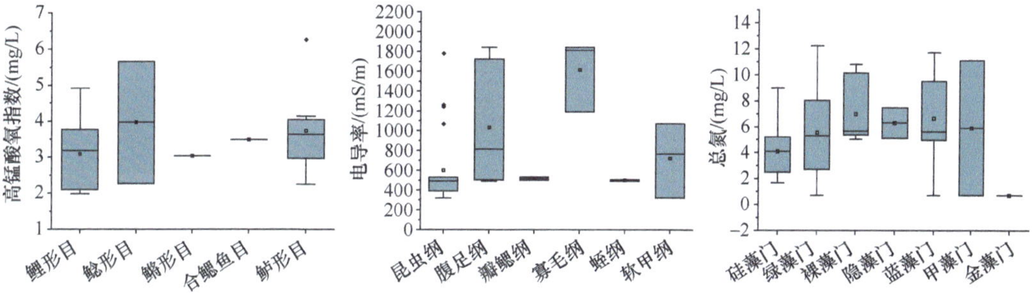

(a) 鱼类对高锰酸钾指数适宜值　(b) 底栖动物对电导率适宜值　(c) 浮游植物对总氮适宜值

图 6-13　济南南部水生态保护区水生生物各类别对环境变量适宜浓度箱体图

底栖动物与电导率的加权平均分析结果显示（表 6-12）：济南南部水生态保护区共采集到底栖动物 43 种，对电导率的适宜值范围为 322.16～1844.58mS/m，平均适宜浓度为 781.32mS/m。而济南南部水生态保护区电导率的平均值为 794.89mS/m，略高于适宜值的平均水平。底栖动物各纲对电导率的适宜值箱体图显示：腹足纲对电导率适宜值的变化范围最大为 492～1844.58mS/m，昆虫纲 25%～75%的物种对电导率的适宜值为 393.51～526.20mS/m。寡毛纲物种对电导率的适宜值最大，均在 1190mS/m 以上。济南南部水生态保护区 25%～75%的底栖动物对电导率的适宜值范围为 492～1077.48mS/m。

浮游植物与总氮的加权平均分析结果显示（表 6-13）：济南南部水生态保护区共采集到浮游植物 118 种，对总氮适宜值范围为 0.7～12.23mg/L，平均值为 4.97mg/L，而济南南部水生态保护区总氮平均浓度为 5.17mg/L，略高于适宜值平均值。浮游植物各门对总氮适宜浓度箱体图显示：裸藻门 25%～75%的物种对总氮的适宜值较高，平均值为 6.99mg/L，绿藻门对总氮的适宜值变化范围最大，在 0.7～12.23mg/L，硅藻门多数物种对总氮的适宜值较低，箱体为 2.5～5.24mg/L。甲藻门由于只鉴定出两个物种，而两个物种对总氮的适宜浓度值差异较大，因此箱体较大。济南南部水生态保护区 25%～75%的浮游植物对总氮的适宜值范围为 2.95～5.93mg/L。

表 6-12　济南南部水生态保护区底栖动物对电导率的适宜值　　单位：mS/m

编号	电导率	编号	电导率	编号	电导率	编号	电导率
B1	496.27	B18	508.03	B40	492.00	B56	532.26
B2	392.07	B20	492.00	B41	1531.02	B58	500.99
B3	508.03	B25	532.26	B42	1079.16	B59	1812.22
B4	341.13	B28	322.16	B43	1727.24	B60	1844.58
B5	397.84	B29	497.31	B44	1844.58	B61	1190.76
B6	427.21	B31	322.16	B45	1724.06	B63	492.00
B8	1247.76	B32	344.55	B48	591.95	B64	508.03
B9	1785.54	B33	322.16	B49	493.78	B65	763.91
B10	1267.98	B34	492.00	B52	530.09	B66	322.16
B11	1070.29	B36	502.07	B54	502.77	B67	1075.79
B12	532.26	B37	424.06	B55	812.22		

注：底栖动物编号所代表的各物种名录见附录

表 6-13　济南南部水生态保护区浮游植物对总氮的适宜值　　单位：mg/L

编号	总氮	编号	总氮	编号	总氮	编号	总氮	编号	总氮
P1	6.82	P29	3.67	P64	4.40	P98	1.69	P130	10.82
P2	9.04	P30	2.50	P65	5.24	P99	5.08	P131	5.05
P3	8.44	P34	1.69	P66	1.69	P100	5.31	P132	6.50
P5	4.84	P35	3.26	P67	3.30	P101	5.93	P133	5.37
P6	5.42	P36	2.48	P68	4.87	P102	2.94	P134	5.37
P7	6.50	P37	2.10	P69	2.92	P103	10.73	P138	10.14
P8	1.69	P38	2.40	P70	3.85	P105	12.23	P140	7.47
P10	5.93	P40	3.09	P71	5.48	P106	6.09	P141	5.14
P11	5.22	P43	6.00	P72	3.30	P107	8.58	P143	4.86
P12	4.09	P44	3.25	P75	6.33	P108	4.80	P144	5.18
P13	4.77	P47	1.69	P76	1.69	P110	3.05	P145	5.32
P14	5.48	P49	5.21	P78	2.99	P113	2.68	P146	5.11
P15	1.83	P50	5.66	P79	4.17	P114	8.92	P147	5.93
P16	3.80	P51	1.69	P83	5.37	P115	11.25	P148	9.59
P18	5.11	P52	5.04	P84	1.69	P117	1.69	P151	11.70
P19	4.69	P53	5.93	P85	4.34	P118	6.47	P156	9.43
P21	5.93	P54	1.69	P86	11.79	P119	8.33	P158	11.03
P22	1.69	P57	1.96	P88	2.38	P122	1.69	P161	4.76
P23	4.46	P58	3.55	P89	7.74	P123	4.87	P163	6.06
P24	5.93	P59	1.69	P93	0.70	P124	8.03	P164	0.70
P25	3.65	P60	5.37	P94	2.70	P126	0.70	P166	11.10
P26	3.72	P61	5.11	P95	5.37	P127	4.38	P167	0.70
P27	4.58	P62	1.69	P96	5.37	P129	5.66	P170	0.70
P28	3.96	P63	5.17	P97	10.58				

注：浮游植物编号所代表的各物种名称见附录，下同

6.4.2　南部水生态保护区水库水体

鱼类与电导率的加权平均分析结果显示（表 6-14）：水库点位共采集到鱼类 32 种，

对电导率的适宜值域范围为 393.44～688.56mS/m，平均值为 467.53mS/m，而水库点位电导率的平均值为 478.17mS/m，与适宜值基本一致。鱼类各目对电导率的适宜值箱体图显示（图 6-14）：鲤形目对电导率适宜值的变化范围最大为 393.44～688.56mS/m。所有物种中，对电导率适宜值在 560mS/m 以上的物种为油鳘、鲫鱼、鲤鱼和乌鳢，对电导率适宜值在 400mS/m 以下的物种有草鱼、短须颌须鮈、凹尾拟鲿、子陵吻虾虎鱼。济南市水库点位 25%～75%的鱼类对电导率的适宜值范围为 418.99～487.79mS/m。

表 6-14　水库水体鱼类对电导率的适宜值　　单位：mS/m

编号	电导率	编号	电导率	编号	电导率	编号	电导率
F1	402.60	F14	437.50	F28	490.81	F39	482.13
F2	393.44	F15	417.32	F31	472.94	F42	444.30
F3	486.79	F16	490.81	F32	474.80	F43	430.43
F5	509.07	F17	433.19	F33	486.59	F44	435.86
F6	688.56	F18	399.76	F34	423.70	F45	399.76
F8	416.43	F24	477.92	F35	502.91	F47	560.49
F11	409.12	F26	580.75	F37	399.76	F48	419.55
F12	472.82	F27	599.77	F38	448.16	F49	472.94

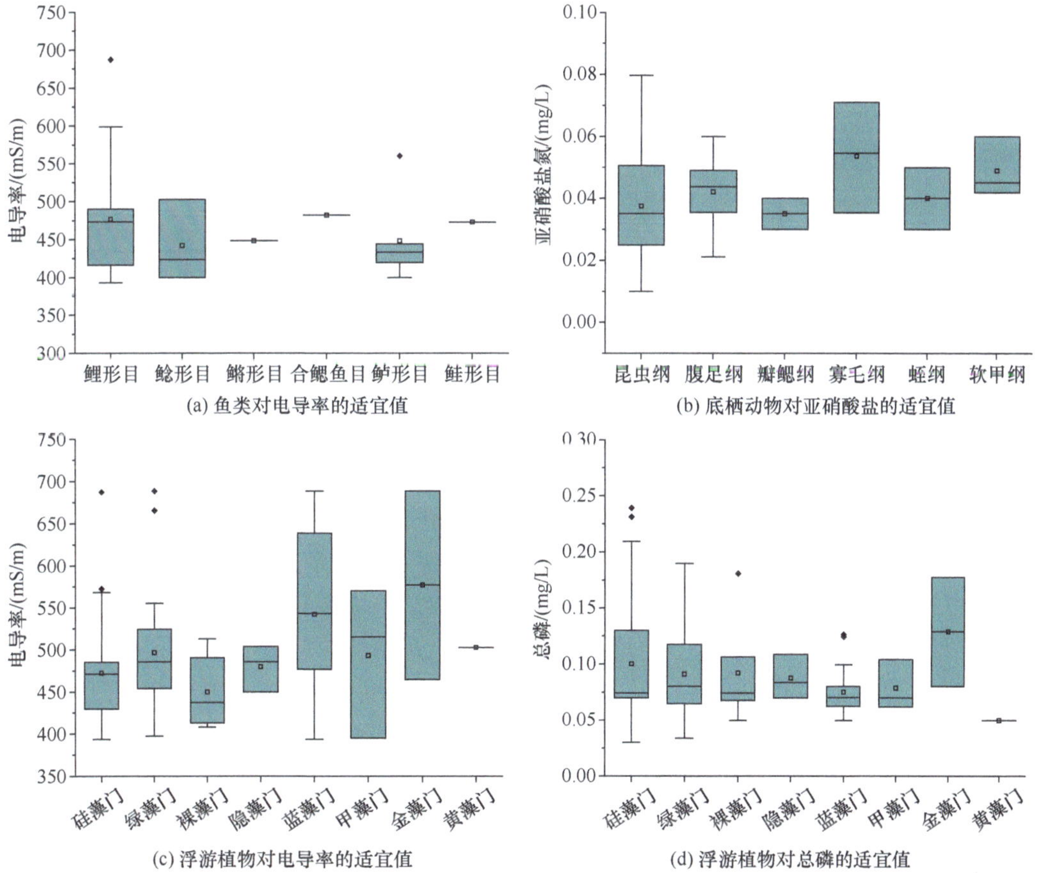

图 6-14　水库水体水生生物各类别对环境变量适宜浓度箱体图

底栖动物与亚硝酸盐的加权平均分析结果显示（表 6-15）：水库点位共采集到底栖动物 50 种，对亚硝酸盐的适宜值域范围为 0.01～0.08mg/L，平均适宜浓度为 0.04mg/L。而水库点位亚硝酸盐的平均值为 0.043mg/L，略高于适宜值的平均水平。底栖动物各纲对亚硝酸盐的适宜值箱体图显示，昆虫纲对亚硝酸盐适宜值的变化范围最大为 0.01～0.08mg/L，但 25%～75%的昆虫纲物种对亚硝酸盐的适宜值范围为 0.027～0.05mg/L。所有物种中林间环足摇蚊、德永雕翅摇蚊、浪突摇蚊对亚硝酸盐的适宜浓度值最低，为 0.01mg/L，喙隐摇蚊、流长附对亚硝酸盐的适宜浓度值最高，为 0.08mg/L。水库水体 25%～75%的底栖动物对亚硝酸盐的适宜值范围为 0.03～0.05mg/L。

表 6-15 水库水体底栖动物对亚硝酸盐的适宜值 单位：mg/L

编号	亚硝酸盐	编号	亚硝酸盐	编号	亚硝酸盐	编号	亚硝酸盐
B1	0.04	B21	0.03	B38	0.04	B54	0.05
B2	0.06	B23	0.05	B39	0.02	B55	0.05
B8	0.04	B24	0.04	B40	0.06	B56	0.03
B9	0.01	B25	0.03	B41	0.05	B58	0.04
B10	0.03	B26	0.03	B42	0.04	B59	0.07
B11	0.06	B27	0.08	B43	0.04	B60	0.05
B12	0.01	B29	0.06	B45	0.03	B61	0.04
B13	0.02	B31	0.06	B48	0.03	B62	0.05
B14	0.08	B32	0.01	B49	0.05	B63	0.03
B16	0.03	B34	0.04	B50	0.02	B65	0.04
B17	0.03	B35	0.03	B52	0.04	B66	0.05
B18	0.01	B36	0.05	B53	0.04	B68	0.06
B20	0.01	B37	0.05				

浮游植物与电导率的加权平均分析结果显示（表 6-16）：水库水体共采集到浮游植物 126 种，对电导率适宜值范围为 393.44～688.56mS/m，平均值为 491.24mS/m，而水库水体电导率平均值为 478.17mS/m，略低于适宜值平均水平。浮游植物各门对电导率适宜浓度箱体图显示：蓝藻门和金藻门对电导率的适宜值较高，平均值分别为 541.87 和 576.67mS/m，裸藻门对电导率的适宜值较低，均值为 449.98mS/m。锉刀状布纹藻、双菱藻、静水柱胞藻、卷曲鱼腥藻对电导率的适宜值最低，高山桥弯藻、半月形桥弯藻、双射盘星藻、扁盘栅藻、隐球藻、灿烂颤藻、锥囊藻对电导率的适宜值最高。水库水体 25%～75%的浮游植物对电导率的适宜值范围为 449.28～518.49mS/m。

浮游植物与总磷的加权平均分析结果显示：所有物种对总磷适宜值范围为 0.03～0.24mg/L，平均值为 0.09mg/L，与水库水体总磷平均浓度相一致。浮游植物各门对总磷适宜浓度箱体图显示：金藻门对总磷的适宜值最高，平均值为 0.13mg/L，硅藻门对总磷的适宜值变化范围最大，在 0.03～0.24mg/L 之间。短小舟形藻、尖布纹藻、椭圆双壁藻、很小双眉藻对总磷的适宜值最低，急尖舟形藻对总磷的适宜值最高。水库水体 25%～75%的浮游植物对总磷的适宜值范围为 0.07～0.12mg/L。

表 6-16　水库水体浮游植物对电导率、总磷的适宜值

编号	电导率/（mS/m）	总磷/（mg/L）	编号	电导率/（mS/m）	总磷/（mg/L）	编号	电导率/（mS/m）	总磷/（mg/L）
P1	466.53	0.07	P55	473.90	0.14	P120	445.70	0.14
P2	452.53	0.07	P57	481.54	0.09	P121	490.81	0.05
P3	457.75	0.13	P59	472.94	0.03	P122	447.01	0.19
P5	455.90	0.12	P63	462.04	0.21	P123	457.23	0.13
P6	435.30	0.13	P64	399.76	0.07	P124	397.16	0.10
P7	425.68	0.21	P65	399.76	0.07	P125	542.07	0.07
P8	421.93	0.23	P67	462.04	0.21	P126	665.49	0.08
P11	554.03	0.07	P68	535.67	0.17	P127	517.03	0.06
P12	568.76	0.07	P70	497.06	0.12	P129	414.63	0.18
P13	429.12	0.10	P71	429.86	0.15	P130	412.85	0.11
P14	442.96	0.15	P72	468.22	0.07	P131	513.08	0.08
P15	477.23	0.10	P74	471.74	0.17	P132	460.48	0.07
P16	402.88	0.15	P75	467.73	0.13	P137	408.02	0.07
P18	453.49	0.15	P78	393.44	0.07	P138	490.81	0.05
P19	479.35	0.05	P79	485.75	0.07	P140	450.06	0.11
P20	485.65	0.07	P82	474.11	0.03	P141	504.08	0.08
P22	490.81	0.05	P83	450.82	0.06	P142	485.75	0.07
P23	496.17	0.10	P85	534.36	0.07	P143	419.49	0.06
P24	471.69	0.16	P86	485.75	0.07	P144	559.18	0.07
P25	486.88	0.09	P87	485.75	0.07	P145	638.50	0.08
P26	473.40	0.07	P88	431.94	0.06	P146	548.35	0.07
P27	416.82	0.10	P89	463.51	0.15	P147	542.87	0.12
P28	526.38	0.07	P94	401.79	0.10	P148	651.39	0.10
P29	430.11	0.07	P95	487.17	0.07	P149	688.56	0.08
P30	394.14	0.07	P96	435.86	0.08	P151	685.97	0.08
P34	485.75	0.07	P97	479.11	0.12	P155	688.56	0.08
P35	477.85	0.12	P98	496.31	0.05	P156	571.64	0.06
P36	555.86	0.06	P99	518.98	0.07	P157	490.81	0.05
P37	472.94	0.03	P100	524.35	0.06	P158	470.45	0.07
P38	407.32	0.24	P101	456.90	0.06	P159	393.44	0.07
P39	399.76	0.07	P102	533.65	0.12	P160	502.91	0.05
P40	572.67	0.07	P103	688.56	0.08	P161	514.66	0.06
P43	454.98	0.07	P106	532.93	0.12	P162	502.91	0.05
P44	449.02	0.07	P107	555.09	0.09	P163	555.56	0.07
P47	472.94	0.03	P108	520.72	0.12	P164	476.83	0.13
P48	393.44	0.07	P109	688.56	0.08	P165	393.44	0.07
P49	472.94	0.03	P110	462.23	0.12	P166	515.24	0.10
P50	573.04	0.08	P111	400.38	0.16	P167	394.84	0.07
P51	394.71	0.07	P112	490.81	0.05	P168	569.91	0.06
P52	485.75	0.07	P114	454.01	0.11	P169	688.56	0.08
P53	688.56	0.08	P118	475.20	0.12	P170	464.79	0.18
P54	688.56	0.08	P119	490.52	0.07	P171	502.91	0.05

6.4.3 城市中心社会服务区

鱼类与总氮的加权平均分析结果显示（表 6-17）：济南城市中心社会服务区共采集到鱼类 19 种，对总氮的适宜值范围为 3.14～9.06mg/L，平均值为 4.95mg/L，而济南城市中心社会服务区总氮的平均值为 6.67mg/L，高于适宜值的平均水平。鱼类各目对总氮的适宜值箱体图显示（图 6-15）：虽然鲤形目和鲶形目对总氮适宜值变化范围均为 3.14～9.06mg/L，但鲤形目 75%的物种对总氮适宜值在 6.10mg/L 以下，鲶形目在济南城市中心社会服务区仅采集到两种，其中鲶鱼对总氮的适宜值最大。济南城市中心社会服务区 25%～75%的鱼类对总氮的适宜值范围为 3.14～6.53mg/L。

表 6-17 济南城市中心社会服务区鱼类对总氮的适宜值 单位：mg/L

编号	总氮	编号	总氮	编号	总氮/	编号	总氮
F5	3.14	F15	5.15	F32	8.02	F39	3.14
F8	3.14	F18	9.06	F33	5.67	F43	3.14
F11	3.14	F24	3.14	F34	3.14	F44	3.14
F12	7.40	F26	3.14	F35	9.06	F46	5.15
F14	3.14	F27	5.23	F38	7.88		

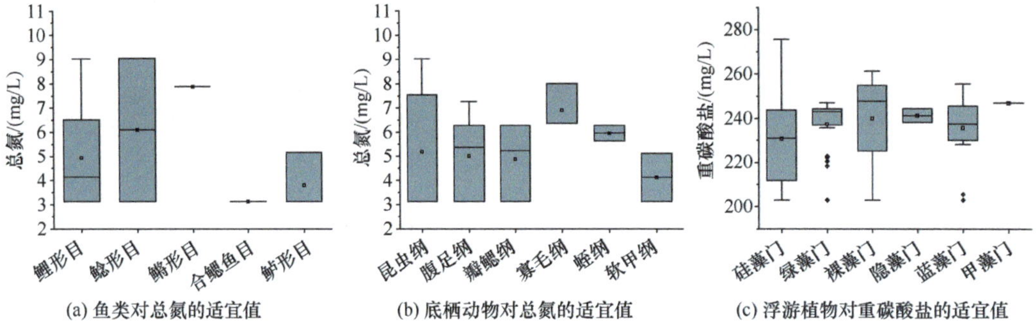

图 6-15 济南城市中心社会服务区水生生物各类别对环境变量适宜浓度箱体图

底栖动物与总氮的加权平均分析结果显示（表 6-18）：济南城市中心社会服务区共采集到底栖动物 31 种，对总氮的适宜值范围为 3.14～9.06mg/L，平均适宜浓度为 5.25mg/L。而济南城市中心社会服务区总氮的平均值为 6.67mg/L，高于适宜值的平均水平。底栖动物各纲对总氮的适宜值箱体图显示（图 6-15）：昆虫纲对总氮适宜值的变化范围最大，而寡毛纲对总氮的适宜值均值最高，为 6.92mg/L。有 35%的底栖动物物种对总氮的适宜值最低，软铗小摇蚊对总氮适宜值最大。济南城市中心社会服务区 25%～75%的底栖动物对总氮的适宜值范围为 3.14～6.37mg/L。

浮游植物与重碳酸盐的加权平均分析结果显示（表 6-19）：济南城市中心社会服务区共采集到浮游植物 97 种，对重碳酸盐适宜值范围为 203.07～275.92mg/L，平均值为 234.08mg/L，而济南城市中心社会服务区重碳酸盐平均浓度为 244.04mg/L，略高于适宜值平均值。浮游植物各门对重碳酸盐适宜浓度箱体图显示（图 6-15）：隐藻门对重碳酸盐的适宜值较高，平均值为 241.31mg/L。硅藻门对重碳酸盐的适宜值均值最低，为

230.81mg/L。卡里舟形藻、普通肋缝藻对重碳酸盐的适宜值最大。济南城市中心社会服务区 25%～75%的浮游植物对重碳酸盐的适宜值范围为 220.04～245mg/L。

表 6-18 济南城市中心社会服务区底栖动物对总氮的适宜值 单位：mg/L

编号	总氮	编号	总氮	编号	总氮	编号	总氮
B7	3.14	B24	3.14	B49	6.29	B59	6.37
B8	7.57	B25	3.14	B50	7.26	B60	6.37
B9	6.85	B30	3.14	B52	3.14	B61	8.01
B11	8.60	B41	3.14	B54	3.26	B63	6.29
B18	3.14	B42	4.50	B55	6.23	B64	5.62
B19	9.06	B43	6.23	B56	5.23	B65	5.11
B21	6.29	B45	3.14	B57	3.14	B67	3.14
B23	3.14	B48	6.85	B58	6.29		

表 6-19 济南城市中心社会服务区浮游植物对重碳酸盐的适宜值 单位：mg/L

编号	重碳酸盐	编号	重碳酸盐	编号	重碳酸盐	编号	重碳酸盐	编号	重碳酸盐
P1	207.53	P30	258.57	P68	203.07	P98	243.13	P131	247.16
P2	220.04	P31	275.92	P69	247.00	P99	222.73	P132	261.38
P3	242.63	P32	243.13	P70	241.28	P101	222.16	P136	248.39
P5	241.43	P34	243.13	P71	211.77	P106	203.07	P140	238.09
P6	230.95	P35	273.39	P72	257.27	P107	239.85	P141	244.53
P7	261.46	P36	243.96	P74	212.20	P108	242.38	P144	245.66
P11	217.88	P37	203.07	P75	211.86	P110	237.97	P145	235.90
P12	236.58	P38	203.07	P78	223.10	P113	243.56	P146	228.09
P13	243.13	P41	243.13	P79	243.13	P114	242.77	P147	241.30
P14	224.05	P42	275.92	P81	247.00	P117	243.13	P148	229.89
P15	203.07	P43	247.00	P82	243.13	P118	243.78	P151	237.46
P16	243.13	P44	212.54	P85	243.13	P119	247.00	P154	247.00
P18	231.00	P46	244.85	P86	247.00	P120	235.64	P156	251.26
P19	216.53	P51	259.53	P88	243.13	P122	245.01	P158	255.62
P23	230.03	P57	244.70	P89	240.51	P123	247.00	P161	203.07
P25	235.01	P58	203.07	P90	243.13	P124	247.00	P163	243.28
P26	203.07	P63	203.07	P95	218.32	P126	247.00	P164	237.30
P27	250.67	P64	203.07	P96	243.13	P127	203.07	P165	205.57
P28	225.04	P66	203.07	P97	220.49	P129	203.07	P166	247.00
P29	208.69	P67	203.07						

6.4.4 东部经济发展承载区

鱼类与亚硝酸盐的加权平均分析结果显示（表 6-20）：济南东部经济发展承载区共采集到鱼类 29 种，对亚硝酸盐的适宜值范围为 0.05～0.62mg/L，平均值为 0.11mg/L，而济南东部经济发展承载区亚硝酸盐的平均值为 0.32mg/L，高于适宜值的平均水平。鱼类各目对亚硝酸盐的适宜值箱体图显示（图 6-16）：在济南东部经济发展承载区鲶形目、鲻形目和合鳃鱼目分别仅采集到一种鱼类，因此箱体呈一条直线，其中合鳃鱼目的黄鳝对亚硝酸盐浓度的适宜值较高为 0.34mg/L。鲤形目对亚硝酸盐适宜浓度值变化范围最大，但 75%的物种对亚硝酸盐适宜浓度值在 0.09mg/L 以下。济南东部经济发展承载区 25%～75%的鱼类对亚硝酸盐的适宜值范围为 0.056～0.079mg/L。

表 6-20 济南东部经济发展承载区鱼类对亚硝酸盐的适宜值 单位：mg/L

编号	亚硝酸盐	编号	亚硝酸盐	编号	亚硝酸盐	编号	亚硝酸盐
F2	0.05	F17	0.07	F32	0.23	F42	0.06
F5	0.05	F21	0.05	F33	0.29	F43	0.06
F7	0.07	F24	0.07	F34	0.07	F44	0.07
F11	0.09	F25	0.05	F38	0.06	F45	0.07
F12	0.08	F27	0.14	F39	0.34	F46	0.17
F13	0.07	F28	0.62	F40	0.06	F47	0.07
F15	0.07	F31	0.07	F41	0.06	F48	0.07
F16	0.05						

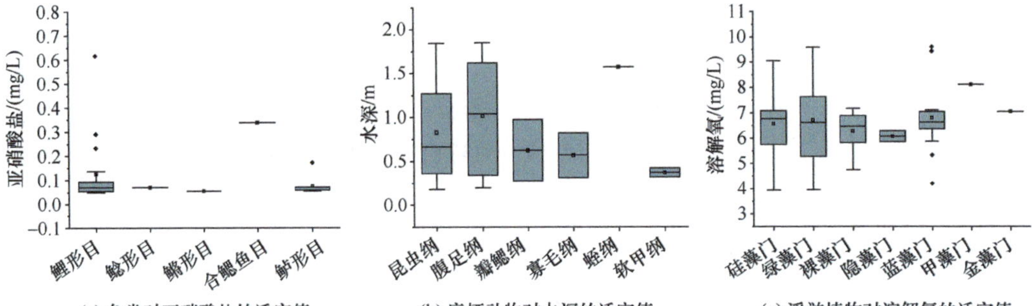

(a) 鱼类对亚硝酸盐的适宜值　(b) 底栖动物对水深的适宜值　(c) 浮游植物对溶解氧的适宜值

图 6-16 济南东部经济发展承载区水生生物各类别对环境变量适宜浓度箱体图

底栖动物与水深的加权平均分析结果显示（表 6-21）：济南东部经济发展承载区共采集到底栖动物 33 种，对水深的适宜值范围为 0.18～1.85m，平均适宜值为 0.86m。而济南东部经济发展承载区水深的平均值为 0.85m，与适宜值的平均水平基本一致。底栖动物各纲对水深的适宜值箱体图显示（图 6-16）：腹足纲对水深适宜值的变化范围最大，而蛭纲对水深的适宜值均值最高，为 1.57m。分齿恩非摇蚊对水深的适宜值最低，德永雕翅摇蚊、中国圆田螺对水深适宜值最大。济南东部经济发展承载区 25%～75%的底栖动物对水深的适宜值范围为 0.34～1.29m。

浮游植物与溶解氧的加权平均分析结果显示（表 6-22）：济南东部经济发展承载区共采集到浮游植物 113 种，对溶解氧适宜值范围为 3.95～9.6mg/L，平均值为 6.63mg/L，而济南东部经济发展承载区溶解氧平均浓度为 7.39mg/L，略高于适宜值平均值。浮游植物各门对溶解氧适宜浓度箱体图显示（图 6-16）：绿藻门对溶解氧的适宜浓度值变化范围较大，在 3.95～9.6mg/L 之间。隐藻门对溶解氧的适宜值均值最低，为 6.07。多变菱形藻、厚顶新月藻对溶解氧的适宜值最低，美丽盘藻、镰形纤维藻、巨颤藻对溶解氧的适宜值最大。济南东部经济发展承载区 25%～75%的浮游植物对溶解氧的适宜值范围为 5.78～7.1mg/L。

表 6-21　济南东部经济发展承载区底栖动物对水深的适宜值　单位：m

编号	水深	编号	水深	编号	水深	编号	水深
B8	0.39	B35	0.61	B45	1.04	B56	0.28
B9	0.73	B36	0.61	B46	1.85	B58	0.97
B10	1.29	B37	1.08	B48	1.62	B59	0.32
B11	1.36	B40	0.30	B49	1.71	B60	0.82
B12	0.34	B41	0.96	B50	0.20	B61	0.57
B13	1.26	B42	1.70	B53	0.30	B64	1.57
B16	0.19	B43	0.48	B54	1.25	B65	0.32
B18	1.85	B44	0.34	B55	1.47	B67	0.42

表 6-22　济南东部经济发展承载区浮游植物对溶解氧的适宜值　单位：mg/L

编号	溶解氧	编号	溶解氧	编号	溶解氧	编号	溶解氧	编号	溶解氧
P1	6.38	P32	7.17	P72	5.68	P104	5.28	P134	7.17
P2	6.31	P34	7.05	P73	3.95	P106	6.73	P135	7.08
P3	6.09	P35	7.43	P74	8.04	P107	6.84	P137	6.24
P5	5.70	P36	6.39	P75	7.44	P108	6.52	P140	5.86
P6	6.79	P37	7.10	P78	6.77	P110	5.28	P141	6.07
P7	6.95	P44	7.88	P80	7.09	P111	5.28	P142	6.29
P8	7.10	P46	6.84	P82	9.55	P113	7.74	P143	6.61
P11	5.72	P47	5.78	P83	7.05	P114	6.45	P144	7.05
P12	5.90	P48	8.60	P84	9.60	P116	5.28	P145	7.05
P13	7.12	P51	5.52	P85	7.56	P118	6.09	P146	9.42
P14	5.72	P52	7.10	P86	6.83	P119	6.44	P147	6.58
P15	5.71	P57	7.10	P88	5.28	P120	6.89	P148	6.83
P16	7.10	P59	7.10	P89	4.50	P122	8.16	P151	5.87
P17	5.28	P60	6.25	P92	5.28	P123	6.74	P153	9.60
P18	5.38	P61	7.10	P93	7.17	P124	5.95	P156	6.59
P19	6.81	P62	6.87	P94	7.63	P127	5.58	P157	7.10
P22	5.28	P63	6.38	P95	5.48	P128	3.95	P158	4.20
P23	6.66	P64	5.62	P96	8.45	P129	5.42	P161	6.36
P24	5.74	P65	6.19	P97	9.42	P130	6.39	P163	5.33
P26	5.28	P66	5.91	P99	6.21	P131	6.52	P165	6.65
P27	6.49	P67	7.10	P100	9.60	P132	6.69	P166	8.12
P29	7.10	P70	9.07	P101	5.28	P133	4.75	P170	7.05
P30	7.05	P71	8.20	P103	8.33				

6.4.5　北部农业灌溉区

鱼类与溶解氧的加权平均分析结果显示（表 6-23）：济南北部农业灌溉区共采集到

鱼类 29 种，对溶解氧的适宜值范围为 4.17～9.19mg/L，平均值为 7.55mg/L，而济南北部农业灌溉区溶解氧的平均值为 7.73mg/L，略高于适宜值的平均水平。鱼类各目对溶解氧的适宜值箱体图显示（图 6-17）：鲤形目对溶解氧适宜值的变化范围最大，为 4.17～8.83mg/L。鲶形目、鲉形目和合鳃鱼目仅采集到一种，因此箱体呈直线型。而鲶形目的鲶对溶解氧的适宜值较小，为 6.79mg/L，合鳃鱼目的黄鳝对溶解氧的适宜值最高为 9.18mg/L。济南北部农业灌溉区 25%～75%的鱼类对溶解氧的适宜值范围为 6.79～8.48mg/L。

表 6-23 济南北部农业灌溉区鱼类对溶解氧的适宜值 单位：mg/L

编号	溶解氧	编号	溶解氧	编号	溶解氧	编号	溶解氧
F2	4.17	F14	8.48	F27	7.70	F41	7.84
F5	7.97	F15	8.72	F32	6.56	F42	7.77
F6	6.16	F16	8.68	F33	5.35	F43	8.18
F7	6.77	F18	8.30	F35	6.79	F44	8.05
F8	8.80	F24	8.71	F38	8.93	F45	8.08
F10	4.83	F25	8.84	F39	9.19	F46	5.86
F11	8.41	F26	7.64	F40	7.62	F47	7.65
F12	7.03						

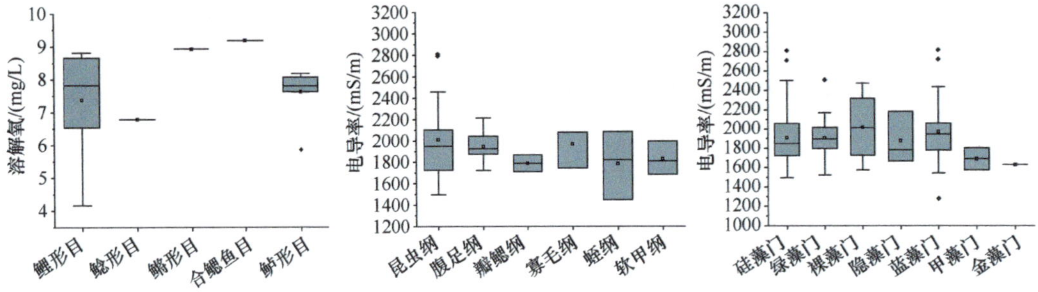

(a) 鱼类对溶解氧的适宜值 (b) 底栖动物对电导率的适宜值 (c) 浮游植物对电导率的适宜值

图 6-17 济南北部农业灌溉区水生生物各类别对环境变量适宜浓度箱体图

底栖动物与电导率的加权平均分析结果显示（表 6-24）：济南北部农业灌溉区共采集到底栖动物 41 种，对电导率的适宜值范围为 1447.28～2817.65mS/m，平均适宜浓度为 1944.55mS/m。而济南北部农业灌溉区电导率的平均值为 1852.7mS/m，低于适宜值的平均水平。底栖动物各纲对电导率的适宜值箱体图显示（图 6-17）：昆虫纲对电导率适宜值的变化范围最大，瓣鳃纲对电导率适宜浓度的平均值最低。济南北部农业灌溉区 25%～75%的底栖动物对电导率的适宜值范围为 1800.42～2080.74mS/m。

浮游植物与电导率的加权平均分析结果显示（表 6-25）：济南北部农业灌溉区共采集到浮游植物 139 种，对电导率适宜值范围为 1279～2817.65 mS/m，平均值为 1920.69mS/m，而济南北部农业灌溉区电导率平均浓度为 1852.7mS/m，略低于适宜值平均值。浮游植物各门对电导率适宜浓度箱体图显示（图 6-17）：裸藻门多数物种对电导率的适宜值变化范围较大，平均值较高为 2017.97mg/L。济南北部农业灌溉区 25%～75%的浮游植物对电导率的适宜值范围为 1760.85～2034.54mg/L。

表 6-24　济南北部农业灌溉区底栖动物对电导率的适宜值　单位：mS/m

编号	电导率	编号	电导率	编号	电导率	编号	电导率
B8	2798.14	B27	1544.46	B46	2009.92	B58	1711.03
B9	1950.83	B30	2087.07	B47	2090.53	B59	2082.34
B11	2462.92	B35	2037.86	B48	1926.50	B60	1743.26
B12	1575.00	B37	1810.19	B49	1876.64	B61	2080.74
B14	1725.64	B40	1721.92	B50	1738.03	B62	1821.64
B15	2106.34	B41	1912.67	B52	1891.00	B63	2087.07
B16	2817.65	B42	2016.50	B53	2043.25	B64	1447.28
B18	1800.42	B43	2214.55	B54	1815.46	B65	1995.45
B20	2106.34	B44	2074.36	B55	1876.86	B66	1683.87
B23	1904.87	B45	1962.72	B56	1868.53	B67	1809.41
B24	1497.18						

表 6-25　济南北部农业灌溉区浮游植物对电导率的适宜值　单位：mS/m

编号	电导率	编号	电导率	编号	电导率	编号	电导率	编号	电导率
P1	2124.49	P34	1777.87	P74	1801.43	P108	2036.63	P139	1725.64
P2	1892.53	P35	2049.84	P75	2079.61	P110	1882.38	P140	2183.76
P3	1932.44	P36	1849.93	P78	2014.81	P111	1796.99	P141	1666.59
P4	1788.69	P37	1716.96	P79	1986.95	P112	1993.71	P142	1783.17
P5	1987.21	P38	1938.82	P80	1725.64	P113	2008.02	P143	1985.48
P6	1960.44	P39	2082.83	P82	2094.89	P114	2160.66	P144	2005.79
P7	2489.91	P40	1497.18	P83	1836.34	P115	1894.33	P145	1909.74
P8	1972.96	P42	1925.46	P84	1903.15	P116	1788.69	P146	1666.53
P9	2087.07	P43	1669.93	P85	1905.45	P118	1837.77	P147	1825.92
P11	1810.08	P44	1601.77	P86	1786.82	P119	2509.75	P148	1977.42
P12	1687.31	P46	2074.36	P87	1842.73	P120	1913.07	P149	1544.46
P13	1573.92	P47	1697.89	P88	1949.14	P121	1788.69	P150	2106.34
P14	1827.68	P48	1659.40	P89	1669.90	P122	1843.67	P151	1877.70
P15	1606.36	P49	1565.40	P90	1519.31	P123	1881.68	P152	1279.00
P16	1802.32	P51	2507.55	P91	1575.00	P124	1980.69	P153	2817.65
P18	1856.12	P53	1546.32	P93	1604.57	P125	2106.34	P155	1742.17
P19	1827.75	P55	1544.46	P94	2017.39	P126	2074.36	P156	2007.01
P20	2062.79	P57	2817.65	P95	2030.70	P127	2055.87	P157	2721.32
P23	1891.66	P59	1800.57	P96	1775.60	P128	2169.58	P158	2032.47
P24	1497.18	P60	1768.76	P97	2017.51	P129	2466.02	P159	1808.38
P25	1592.00	P63	2282.47	P99	1960.34	P130	2472.12	P161	2092.04
P26	1801.39	P64	2074.36	P100	1804.43	P131	2030.38	P163	1752.96
P27	1783.27	P66	2074.36	P101	1730.06	P132	2315.65	P164	1842.73
P28	1732.90	P67	2817.65	P103	1855.70	P134	1575.00	P165	2434.62
P29	2715.72	P68	1565.81	P104	1707.20	P135	2105.61	P166	1803.69
P30	2156.69	P70	1955.66	P105	1894.33	P136	1575.00	P167	1575.00
P31	1847.38	P71	2233.56	P106	1870.63	P137	1916.87	P170	1629.89
P33	1920.05	P72	1732.36	P107	1984.39	P138	1997.46		

6.5 小　结

采用相关性分析剔除冗余的水环境因子。应用去趋势对应分析判别各功能区水生生物与水环境因子响应模型。采用单峰模型或线性模型判别影响水生生物的主要水环境因子。将筛选出的水环境因子进行加权分析，判别各环境因子适宜浓度范围。主要结论如下：

（1）南部水生态保护区河流型水体，高锰酸盐指数、电导率、总氮分别对鱼类、底栖动物、浮游植物群落的影响较大。加权平均结果表明，25%～75%的鱼类、底栖动物、浮游植物对高锰酸盐指数、电导率、总氮的适宜值范围分别为 2.27～5.66mg/L、492～1077.48mS/m 和 2.95～5.93mg/L。

（2）南部水库水体，电导率、亚硝酸盐分别对鱼类和底栖动物群落影响较大，而总磷和电导率对浮游植物群落影响较大。加权平均结果表明，25%～75%的鱼类、底栖动物对电导率和亚硝酸盐的适宜值浓度变化范围为 418.99～478.79mS/m、0.03～0.05mg/L，浮游植物对电导率和总磷的适宜浓度范围为 449.28～518.49mS/m、0.07～0.12mg/L。

（3）城市中心社会服务区水体，总氮对鱼类、底栖动物群落的影响较大。而重碳酸盐对浮游植物群落的影响较大。加权平均结果表明，25%～75%的鱼类和底栖动物对总氮适宜值范围为 3.14～6.53mg/L 和 3.14～6.37mg/L；25%～75%的浮游植物对重碳酸盐适宜值范围为 220.04～245mg/L。

（4）东部经济发展承载区水体，亚硝酸盐、水深、溶解氧分别对鱼类、底栖动物、浮游植物群落的影响较大。加权平均结果表明，25%～75%的鱼类、底栖动物、浮游植物对亚硝酸盐、水深、溶解氧的适宜值范围分别为 0.056～0.079mg/L、0.34～1.29m、5.78～7.1mg/L。

（5）北部农业灌溉区水体，溶解氧对鱼类群落的影响较大，而电导率对底栖动物和浮游植物影响较大。加权平均结果表明，25%～75%的鱼类对溶解氧的适宜值范围为 6.79～8.48mg/L，而底栖动物、浮游植物对电导率的适宜值范围分别为 1800.42～2080.74mS/m 和 1760.85～2034.54mS/m。

第 7 章　济南市水生态系统健康评价适宜性分析

指示物种法在水生态系统健康评价中的应用较为广泛。但指示物种法种类较多，针对不同水体采用何种指示物种法并没有一个统一的标准。本章内容基于济南市 4 个水生态功能区，分别构建了鱼类（F-IBI）、底栖动物（B-IBI）、浮游植物（P-IBI）、水生生物（AO-IBI）生物完整性指数，并和底栖动物 BI 指数、浮游植物 P-D 指数、P-S 指数，共同评价济南市水生态系统健康状况。此外，比较分析了参照点对比法（ibi）和累积系数法（IBI）在构建生物完整性指数时对济南南部水生态保护区评价结果的异同，明确了累积系数法的合理性。将不同的生物评价指数与综合水质标识指数（WQ）进行对比，建立契合度标准，筛选出不同功能区最适合的健康评价方法。

7.1　研 究 方 法

7.1.1　生 物 参 数

济南市共选取鱼类生物参数 30 项（表 7-1）。其中，表征物种丰富度 10 项，种类个体数量所占比例 9 项，营养结构 4 项，耐受性和敏感性 4 项，繁殖共位群 3 项。鱼类功能属性的判定主要参考《山东鱼类志》《中国动物志鲤形目》、中国博士学位论文数据库以及电子期刊数据库等。底栖动物生物参数 26 项（表 7-2）。其中，物种丰富度 6 项，种类个体数量所占比例 9 项，敏感性和耐受性 2 项，营养结构 5 项，多样性指数 4 项。底栖动物功能属性的确定主要依据相关参考文献（Mandaville，2002；Merritt et al.，2002；Qin et al.，2014；王备新，2003）。浮游植物生物参数 16 项（表 7-3）。因应用浮游植物完整性指数进行健康评价的研究相对较少，对生物参数的选取还处于前期探索阶段。此外，浮游植物属于较低级的生物，功能类型相较于鱼类和底栖动物较少，因此本研究选取的参数相对较少。其中物种丰富度 4 项，种类个体数量所占比例 7 项，多样性指数 4 项，营养水平 1 项。硅藻商是指中心纲的硅藻数量与羽纹纲硅藻数量的比值（谭巧等，2017）。

表 7-1　鱼类生物参数

属性	编号	生物参数	干扰响应
物种丰富度	F1	鱼类总物种数	降低
	F2	鲤形目鱼类物种数量所占比例	升高
	F3	鲈形目鱼类物种数量所占比例	降低
	F4	鲤科鱼类物种数量所占比例	升高
	F5	鳅科鱼类物种数量所占比例	降低

续表

属性	编号	生物参数	干扰响应
物种丰富度	F6	虾虎鱼科鱼类物种数量所占比例	降低
	F7	香农-维纳多样性指数	降低
	F8	均匀度指数	降低
	F9	马格列夫指数	降低
	F10	辛普森指数	降低
种类个体数量比例	F11	鲤形目鱼类个体数量所占比例	升高
	F12	鲈形目鱼类个体数量所占比例	降低
	F13	鲤科鱼类个体数量所占比例	升高
	F14	鳅科鱼类个体数量所占比例	降低
	F15	虾虎鱼科鱼类个体数量所占比例	降低
	F16	中上层鱼类个体数量所占比例	降低
	F17	中下层鱼类个体数量所占比例	降低
	F18	底层鱼类个体数量所占比例	降低
	F19	鱼类个体总数	降低
营养结构	F20	杂食性鱼类个体数量所占比例	升高
	F21	植食性鱼类个体数量所占比例	降低
	F22	肉食性鱼类个体数量所占比例	降低
	F23	无脊椎动物食性鱼类个体数量所占比例	降低
敏感性和耐受性	F24	敏感性鱼类个体数量所占比例	降低
	F25	耐污性鱼类个体数量所占比例	升高
	F26	中耐污性鱼类个体数量所占比例	升高
	F27	广布性鱼类个体数量所占比例	升高
繁殖共位群	F28	产浮性卵鱼类个体数量所占比例	降低
	F29	产沉性卵鱼类个体数量所占比例	降低
	F30	产黏性卵鱼类个体数量所占比例	升高

表 7-2　底栖动物生物参数

属性	编号	生物参数	干扰响应
物种丰富度	B1	总分类单元数	降低
	B2	EPT 分类单元数	降低
	B3	蜉蝣目分类单元数	降低
	B4	毛翅目分类单元数	降低
	B5	水生昆虫分类单元数	降低
	B6	甲壳动物和软体动物分类单元数	降低
种类个体数量比例	B7	底栖动物个体总数	降低
	B8	蜉蝣目个体数量所占比例	降低
	B9	毛翅目个体数量所占比例	降低
	B10	EPT 个体数量所占比例	降低

续表

属性	编号	生物参数	干扰响应
种类个体数量比例	B11	摇蚊科数量所占比例	升高
	B12	腹足纲数量所占比例	降低
	B13	寡毛类数量所占比例	升高
	B14	蚬类数量所占比例	升高
	B15	甲壳动物和软体动物数量所占比例	降低
敏感性和耐受性	B16	敏感类群个体相对丰度	降低
	B17	耐污类群个体相对丰度	升高
营养结构	B18	滤食者数量所占比例	升高
	B19	刮食者数量所占比例	降低
	B20	捕食者数量所占比例	降低
	B21	集食者数量所占比例	升高
	B22	撕食者数量所占比例	降低
多样性指数	B23	香农-维纳多样性指数	降低
	B24	均匀度指数	降低
	B25	辛普森多样性指数	降低
	B26	马格列夫多样性指数	降低

表 7-3　浮游植物生物参数

属性	编号	生物参数	干扰响应
物种丰富度	P1	浮游植物总分类单元数	降低
	P2	硅藻门总分类单元数	降低
	P3	绿藻门总分类单元数	降低
	P4	蓝藻门总分类单元数	降低
种类个体数量比例	P5	浮游植物个体总数	待定
	P6	硅藻分类单元相对丰度	降低
	P7	绿藻分类单元相对丰度	降低
	P8	蓝藻分类单元相对丰度	降低
	P9	硅藻数量相对多度	升高
	P10	绿藻数量相对多度	降低
	P11	蓝藻数量相对多度	降低
多样性指数	P12	香农-维纳多样性指数	降低
	P13	马格里夫多样性指数	降低
	P14	辛普森多样性指数	降低
	P15	均匀度指数	降低
营养结构	P16	硅藻商	升高

7.1.2　参照点对比法

选取受人类活动干扰较小的点位作为参照点，比较参照点位与受损点位生物参数箱体图的差异性，选取箱体差异较大的参数为核心参数，即两个箱体不重合或两个箱体的中位线在对方箱体外。采用比值法对核心参数进行标准化处理，生物完整性指数等于所有核心参数之和的平均值。评价标准为大于参照点25%分位数的点位为健康点位，低于25%分位数的点进行四等分，分别为较好、一般、较差、极差，并赋予分值1～5分，5分表示健康，1分表示极差。济南南部水生态保护区，因海拔较高，山体较多，人类活动较少，村落较少，周边农田相对较少，对河流的干扰较少，因此可以采用参照点与受损点箱体图比较法筛选核心参数。而对于其他三个分区，由于受人类活动较大，较难筛选出参照点，因此本节采用累积系数法对核心参数进行筛选。以南部水生态保护区河流型水体为实验数据，比较两种方法构建的生物完整性指数在评价结果上的差异性，明确累积系数法的适用性和合理性。

7.1.3 累积系数法

采用 Spearman 相关性分析法，分析生物参数与水环境因子的相关性，计算每个水环境因子与该生物参数的相关系数平方和 R^2，并计算与水环境因子显著相关的个数比例 CoI，具体计算公式如下：

$$\text{Cumulative\_}R^2 = \sum_{1}^{y} r_{s,y}^2 \tag{7-1}$$

$$\text{CoI} = \frac{\text{Cumulative\_}R^2 S}{n^2} \tag{7-2}$$

式中，$r_{s,y}$ 为生物参数 s 与环境因子 y 之间的相关系数值；S 为生物参数与环境因子显著相关（$P<0.05$）的个数；n 为环境因子的个数。Cumulative_R^2 的值域范围是[0，n]，CoI 的值域范围是[0，1]。

依据 Cumulative_R^2 和 CoI 较高的数值，筛选出与环境因子相关性较强的参数为核心参数，构建生物完整性指数，每一个生物功能类群至少筛选出一个核心参数。

累积系数法评价标准为，大于 90%分位数的点位为健康点位，75%～90%分位数之间的点位为较好点位，50%～75%分位数的点位定义为一般点位，25%～50%分位数的点位定义为较差点位，小于等于 25%分位数的点位定义为极差点位，并赋予分值 1～5 分。5 分表示健康，1 分表示极差。

7.1.4 其他评价方法

1. BI 指数法

除生物完整性指数外，底栖动物常用的水生态健康评价方法为 BI 指数法。BI 指数值等于每个点位物种个体数量百分比与耐污值乘积之和，数值越大水体的健康状况越差，从而判别水生态系统的健康状况。具体计算公式如下：

$$\text{BI} = \sum_{i=1}^{m} \frac{n_i}{N} \times t_i \tag{7-3}$$

式中，n_i 为物种 i 的个体数量；N 为所有物种的个体数量；t_i 为物种 i 的耐污值。其评价标准为，小于等于 5%分位数的点位为健康点位，余下值进行四等分，分别定义为较好、一般、较差、极差，并赋予分值 1～5 分。5 分表示健康，1 分表示极差。

2. 浮游植物多样性指数

浮游植物常用的评价方法为马格列夫多样性指数（P-D）和香农-维纳多样性指数（P-S），具体计算公式如下：

$$\text{P-D} = (S-1)/\ln N \tag{7-4}$$

$$\text{P-S} = -\sum P_i \log_2 P_i \tag{7-5}$$

$$P_i = \frac{n_i}{N} \tag{7-6}$$

式中，P_i 为第 i 种的个体数百分比；n_i 为第 i 种的个体数量；N 为所有个体总数；S 为所有物种数。P-D 评价标准为，大于 6 的点位属于清洁型水体，定义为健康点位，3～6 的点位属于清洁-寡污型水系，定义为较好点位，2～3 的点位属于 β-中污型，定义为一般点位，1～2 的点位属于 α-中污型，定义为较差点位，小于等于 1 的点位为多污型，定义为极差点位。P-S 指数评价标准只有三个等级，P-S 值大于 3 的点位为清洁-寡污型，定义为健康点位，1～3 的点位为 β-中污型，定义为一般点位，小于等于 1 的点位为 α-中污型，定义为极差点位，所有等级赋予 1～5 分。5 分表示健康，1 分表示极差。

3. 综合水质标识指数

水质评价法采用的是综合水质标识指数法（徐祖信，2005），由于本研究主要通过比较水质评价与生物评价结果的契合度，筛选最适宜的生物评价方法，因此仅考虑综合水质标识指数整数位 X1 和一位小数 X2。

4. 契合度

生物评价方法适宜性分析主要考虑生物评价结果与水质评价结果的契合度，认为生物评价结果与水质评价结果完全一致的情况，契合度是 1；生物评价与水质评价相差 1 个健康等级的情况，契合度为 0.75；生物评价与水质评价相差 2 个健康等级的情况，契合度为 0.5；生物评价与水质评价相差 3 个健康等级的情况，契合度定义为 0.25；生物评价与水质评价相差 4 个健康等级的情况，契合度定义为 0。契合度值越高，表明生物评价与水质评价评价结果的一致性越高，评价方法越适宜。

7.2　浮游植物健康评价

7.2.1　指 标 筛 选

1. 南部水生态保护区

1）参照点对比法

根据采样调查，发现济南南部水生态保护区上游的并渡口、黄巢水库下游采样点受人类活动干扰最少，河流的生境栖息地质量较高，底质类型丰富，水质清澈，因此将这两个点作为参照点，其余 4 个点位作为受损点。

箱体图法筛选结果显示（图 7-1），16 个浮游植物参数中有 6 个参数通过了箱体图差异性检验。表征浮游植物物种丰富度的参数共筛选出 2 个，分别为浮游植物总分类单元数、硅藻门总分类单元数。其中硅藻门总分类单元数箱体差异较大，选作核心参数。表征浮游植物种类个体数量比例的参数仅筛选出 1，为硅藻分类单元相对丰度。表征浮游植物多样性指数的参数共筛选出 3 个，分别为香农-维纳多样性指数、马格列夫多样性指数、辛普森多样性指数。其中马格列夫多样性指数箱体差异性较大，选作核心参数。表征浮游植物营养结构的硅藻商参数没有通过箱体图检验。综上，通过箱体图法共筛选出浮游植物核心参数 3 个，分别为硅藻门总分类单元数、硅藻分类单元相对丰度、马格列夫多样性指数。

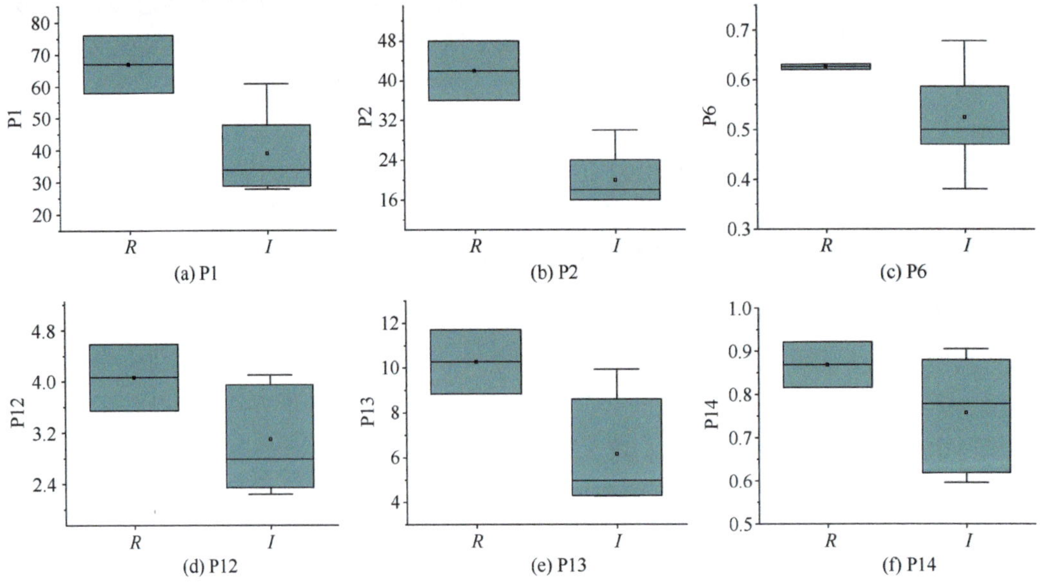

图 7-1　济南南部水生态保护区浮游植物生物参数比较图

2）累积系数法

浮游植物生物参数与水环境因子累积相关系数如表 7-4 所示。表征浮游植物物种丰富度的参数共筛选出 2 个，分别为硅藻门总分类单元数、蓝藻门总分类单元数，其中硅藻门累积系数值最大为 4.78，与 1 个水环境因子显著相关，因此选作核心参数。表征浮游植物种类个体数量比例的参数共筛选出 2 个，分别为硅藻分类单元相对丰度、绿藻分类单元相对丰度，其中，绿藻分类单元相对丰度累积系数值最大为 10.42，且与 8 个水环境因子显著相关，因此选作核心参数。表征浮游植物多样性指数的参数共筛选出 1 个，为辛普森多样性指数，累积系数值为 3.44，与 1 个水环境因子显著相关，表征浮游植物营养结构的参数共筛选出 1 个，为硅藻商，累积系数值为 5.78，与 2 个水环境因子显著相关。综上，累积系数法共筛选出浮游植物核心参数 4 个，分别为硅藻门总分类单元数、绿藻分类单元相对丰度、辛普森多样性指数、硅藻商。

表 7-4　济南南部水生态保护区浮游植物生物参数与水环境因子的累积系数

属性	编号	生物参数	$\sum R^2$	S	CoI
物种丰富度	P1	浮游植物总分类单元数	2.70	1	0.01
	P2	硅藻门总分类单元数	4.78	1	0.01
	P3	绿藻门总分类单元数	3.46	0	0.00
	P4	蓝藻门总分类单元数	4.72	2	0.02
种类个体数量比例	P5	浮游植物个体总数	2.94	1	0.01
	P6	硅藻分类单元相对丰度	8.59	4	0.07
	P7	绿藻分类单元相对丰度	10.42	8	0.17
	P8	蓝藻分类单元相对丰度	3.62	0	0.00
	P9	硅藻数量相对多度	3.25	0	0.00
	P10	绿藻数量相对多度	2.69	1	0.01
	P11	蓝藻数量相对多度	3.44	1	0.01
多样性指数	P12	香农-维纳多样性指数	2.10	0	0.00
	P13	马格列夫多样性指数	2.77	0	0.00
	P14	辛普森多样性指数	3.44	1	0.01
	P15	均匀度指数	5.01	0	0.00
营养结构	P16	硅藻商	5.78	2	0.02

2. 南部水库水体

浮游植物生物参数与水环境因子累积相关系数如表 7-5 所示。表征浮游植物物种丰富度的参数共筛选出 1 个，为浮游植物总分类单元数，累积系数值为 3.06，与 2 个水环境因子显著相关。表征浮游植物种类个体数量比例的参数共筛选出 2 个，为浮游植物个体总数和绿藻数量相对多度，其中绿藻数量相对多度累积系数值较高，为 4.10，且与 5 个水环境因子显著相关，因此选作核心参数。表征浮游植物多样性指数的参数共筛选出 1 个，为均匀度指数，与 2 个水环境因子显著相关，因此选作核心参数。表征浮游植物营养结构的参数硅藻商与 3 个水环境因子显著相关，累积系数值较大，为 4.03，因此选作核心参数。综上，累积系数法共筛选出浮游植物核心参数 4 个，分别为浮游植物总分类单元数、绿藻数量相对多度、均匀度指数、硅藻商。

表 7-5　水库水体浮游植物生物参数与水环境因子的累积系数

属性	编号	生物参数	$\sum R^2$	S	CoI
物种丰富度	P1	浮游植物总分类单元数	3.06	2	0.02
	P2	硅藻门总分类单元数	1.00	0	0.00
	P3	绿藻门总分类单元数	2.44	0	0.00
	P4	蓝藻门总分类单元数	2.08	1	0.01
种类个体数量比例	P5	浮游植物个体总数	2.23	3	0.02
	P6	硅藻分类单元相对丰度	1.69	0	0.00
	P7	绿藻分类单元相对丰度	1.32	0	0.00

续表

属性	编号	生物参数	$\sum R^2$	S	CoI
种类个体数量比例	P8	蓝藻分类单元相对丰度	2.07	1	0.01
	P9	硅藻数量相对多度	1.24	1	0.00
	P10	绿藻数量相对多度	4.10	5	0.06
	P11	蓝藻数量相对多度	2.79	2	0.02
多样性指数	P12	香农-维纳多样性指数	2.22	1	0.01
	P13	马格里夫多样性指数	0.97	0	0.00
	P14	辛普森多样性指数	2.12	1	0.01
	P15	均匀度指数	2.35	2	0.01
营养结构	P16	硅藻商	4.03	3	0.04

3. 城市中心社会服务区

浮游植物生物参数与水环境因子累积相关系数如表 7-6 所示。表征浮游植物物种丰富度的参数共筛选出 1 个，为硅藻门总分类单元数，累积系数值为 8.22，与 6 个水环境因子显著相关。表征浮游植物种类个体数量比例的参数共筛选出 1 个，为蓝藻数量相对多度，累积系数值为 5.91，与 3 个水环境因子显著相关。表征浮游植物多样性指数的参数共筛选出 2 个，分别为香农-维纳多样性指数和均匀度指数，其中香农-维纳多样性指数与水环境因子显著相关的个数较多，累积系数值为 4.91，因此选作核心参数。表征浮游植物营养结构的参数硅藻商与 2 个水环境因子显著相关，累积系数值为 4.79，因此选作核心参数。综上，累积系数法共筛选出浮游植物核心参数 4 个，分别为硅藻门总分类单元数、蓝藻数量相对丰度、香农-维纳多样性指数、硅藻商。

表 7-6　济南城市中心社会服务区浮游植物生物参数与水环境因子的累积系数

属性	编号	生物参数	$\sum R^2$	S	CoI
物种丰富度	P1	浮游植物总分类单元数	7.38	1	0.02
	P2	硅藻门总分类单元数	8.22	6	0.10
	P3	绿藻门总分类单元数	5.51	1	0.01
	P4	蓝藻门总分类单元数	4.79	2	0.02
种类个体数量比例	P5	浮游植物个体总数	4.93	2	0.02
	P6	硅藻分类单元相对丰度	1.71	0	0.00
	P7	绿藻分类单元相对丰度	2.93	0	0.00
	P8	蓝藻分类单元相对丰度	4.79	2	0.02
	P9	硅藻数量相对多度	4.66	0	0.00
	P10	绿藻数量相对多度	2.42	0	0.00
	P11	蓝藻数量相对多度	5.91	3	0.04
多样性指数	P12	香农-维纳多样性指数	4.91	2	0.02
	P13	马格里夫多样性指数	5.51	1	0.01
	P14	辛普森多样性指数	4.59	0	0.00
	P15	均匀度指数	7.12	0	0.00
营养结构	P16	硅藻商	4.79	2	0.02

4. 东部经济发展承载区

浮游植物生物参数与水环境因子累积相关系数如表 7-7 所示。表征浮游植物物种丰富度的参数共筛选出 1 个，为绿藻门总分类单元数，累积系数值为 4.95，与 4 个水环境因子显著相关。表征浮游植物种类个体数量比例的参数共筛选出 2 个，分别为硅藻分类单元相对丰度、绿藻数量相对多度，其中，硅藻分类单元相对丰度与水环境因子显著相关个数较多为 3 个，累积系数值较大为 4.40，因此选作核心参数。表征浮游植物多样性指数的参数共筛选出 1 个，为香农-维纳多样性指数，累积系数值为 4.09，与 3 个水环境因子显著相关，因此选作核心参数。表征浮游植物营养结构的参数硅藻商与 1 个水环境因子显著相关，累积系数值为 4.03，因此选作核心参数。综上，累积系数法共筛选出浮游植物核心参数 4 个，分别为绿藻门总分类单元数、硅藻分类单元相对丰度、香农-维纳多样性指数、硅藻商。

表 7-7　济南东部经济发展承载区浮游植物生物参数与水环境因子的累积系数

属性	编号	生物参数	$\sum R^2$	S	CoI
物种丰富度	P1	浮游植物总分类单元数	2.76	1	0.01
	P2	硅藻门总分类单元数	2.49	1	0.01
	P3	绿藻门总分类单元数	4.95	4	0.04
	P4	蓝藻门总分类单元数	1.73	0	0.00
种类个体数量比例	P5	浮游植物个体总数	3.12	1	0.01
	P6	硅藻分类单元相对丰度	4.40	3	0.03
	P7	绿藻分类单元相对丰度	3.46	1	0.01
	P8	蓝藻分类单元相对丰度	1.98	0	0.00
	P9	硅藻数量相对多度	2.19	0	0.00
	P10	绿藻数量相对多度	4.59	1	0.01
	P11	蓝藻数量相对多度	2.44	1	0.01
多样性指数	P12	香农-维纳多样性指数	4.09	3	0.03
	P13	马格里夫多样性指数	3.54	1	0.01
	P14	辛普森多样性指数	4.06	3	0.03
	P15	均匀度指数	3.97	3	0.02
营养结构	P16	硅藻商	4.03	1	0.01

5. 北部农业灌溉区

浮游植物生物参数与水环境因子累积相关系数如表 7-8 所示。表征浮游植物物种丰富度的参数共筛选出 1 个，为绿藻门总分类单元数，累积系数值最大为 2.62，与 2 个水环境因子显著相关。表征浮游植物种类个体数量比例的参数共筛选出 1 个，为浮游植物个体总数，累积系数值为 3.57，且与 3 个水环境因子显著相关，因此选作核心参数。表征浮游植物多样性指数的参数共筛选出 1 个，为均匀度指数，累积系数值为 2.47，与 3 个水环境因子显著相关，因此选作核心参数。表征浮游植物营养结构的参数硅藻商与水环境因子不显著相关，因此排除。综上，累积系数法共筛选出浮游植物核心参数 3 个，分别为绿藻门总分类单元数、浮游植物个体总数、均匀度指数。

表 7-8 济南北部农业灌溉区浮游植物生物参数与水环境因子的累积系数

属性	编号	生物参数	$\sum R^2$	S	CoI
物种丰富度	P1	浮游植物总分类单元数	2.46	3	0.02
	P2	硅藻门总分类单元数	1.73	1	0.00
	P3	绿藻门总分类单元数	2.62	2	0.01
	P4	蓝藻门总分类单元数	1.96	1	0.00
种类个体数量比例	P5	浮游植物个体总数	3.57	3	0.02
	P6	硅藻分类单元相对丰度	2.25	1	0.00
	P7	绿藻分类单元相对丰度	2.11	1	0.00
	P8	蓝藻分类单元相对丰度	1.79	0	0.00
	P9	硅藻数量相对多度	3.00	1	0.01
	P10	绿藻数量相对多度	1.03	0	0.00
	P11	蓝藻数量相对多度	1.80	1	0.00
多样性指数	P12	香农-维纳多样性指数	1.49	1	0.00
	P13	马格里夫多样性指数	2.21	2	0.01
	P14	辛普森多样性指数	2.40	2	0.01
	P15	均匀度指数	2.47	3	0.02
营养结构	P16	硅藻商	1.33	0	0.00

7.2.2 评 价 标 准

1. 南部水生态保护区

参照条件下计算的浮游植物完整性指数健康评价标准如表 7-9 所示：大于参照点 25%分位数的 P-ibi 值为 0.75，定义为健康点位，赋予分值 5 分，余下数值进行四等分。大于 0.56 而小于等于 0.75 的点位定义为较好点位，赋予分值 4 分；大于 0.37 而小于等于 0.56 的点位定义为一般点位，赋予分值 3 分；大于 0.19 而小于等于 0.37 的点位定义为较差点位，赋予分值 2 分；小于等于 0.19 的点位定义为极差点位，赋予分值 1 分。

表 7-9 济南南部水生态保护区浮游植物完整性指数、P-D 指数、P-S 指数健康评价标准

等级	健康（5）	较好（4）	一般（3）	较差（2）	极差（1）
P-ibi	>0.75	>0.56～0.75	>0.37～0.56	>0.19～0.37	≤0.19
P-IBI	>0.74	>0.66～0.74	>0.62～0.66	>0.57～0.62	≤0.57
P-D	>6	>3～6	>2～3	>1～2	≤1
P-S	>3				≤1

累积系数法计算的浮游植物完整性指数健康评价标准为：大于 0.74 的点位定义为健康点位，赋予分值 5 分；大于 0.66 而小于等于 0.74 的点位定义为较好点位，赋予分值 4

分；大于 0.62 而小于等于 0.66 的点位定义为一般点位，赋予分值 3 分；大于 0.57 而小于等于 0.62 的点位定义为较差点位，赋予分值 2 分；小于等于 0.57 的点位定义为极差点位，赋予分值 1 分。

2. 南部水库水体

浮游植物完整性指数等于核心参数之和的平均值，其评判标准为（表 7-10）：将大于 0.66 的点位定义为健康点位，赋予分值 5 分；大于 0.55 而小于等于 0.66 的点位定义为较好点位，赋予分值 4 分；大于 0.47 而小于等于 0.55 的点位定义为一般点位，赋予分值 3 分；大于 0.43 而小于等于 0.47 的点位定义为较差点位，赋予分值 2 分；小于等于 0.43 的点位为极差点位，赋予分值 1 分。

表 7-10　水库水体浮游植物完整性指数、P-D 指数、P-S 指数健康评价标准

等级	健康（5）	较好（4）	一般（3）	较差（2）	极差（1）
P-IBI	>0.66	>0.55～0.66	>0.47～0.55	>0.43～0.47	≤0.43
P-D	>6	>3～6	>2～3	>1～2	≤1
P-S	>3				≤1

3. 城市中心社会服务区

浮游植物完整性指数等于核心参数之和的平均值，其评判标准为（表 7-11）：将大于 0.73 的点位定义为健康点位，赋予分值 5 分；大于 0.64 而小于等于 0.73 的点位定义为较好点位，赋予分值 4 分；大于 0.54 而小于等于 0.64 的点位定义为一般点位，赋予分值 3 分；大于 0.38 而小于等于 0.54 的点位定义为较差点位，赋予分值 2 分；小于等于 0.38 的点位为极差点位，赋予分值 1 分。

表 7-11　济南城市中心社会服务区浮游植物完整性指数、P-D 指数、P-S 指数健康评价标准

等级	健康（5）	较好（4）	一般（3）	较差（2）	极差（1）
P-IBI	>0.73	>0.64～0.73	>0.54～0.64	>0.38～0.54	≤0.38
P-D	>6	>3～6	>2～3	>1～2	≤1
P-S	>3				≤1

4. 东部经济发展承载区

浮游植物完整性指数等于核心参数之和的平均值，其评判标准为（表 7-12）：将大于 0.76 的点位定义为健康点位，赋予分值 5 分；大于 0.74 而小于等于 0.76 的点位定义为较好点位，赋予分值 4 分；大于 0.63 而小于等于 0.74 的点位定义为一般点位，赋予分值 3 分；大于 0.46 而小于等于 0.63 的点位定义为较差点位，赋予分值 2 分；小于等于 0.46 的点位定义为极差点位，赋予分值 1 分。

表 7-12 济南东部经济发展承载区浮游植物完整性指数、P-D 指数、P-S 指数健康评价标准

等级	健康（5）	较好（4）	一般（3）	较差（2）	极差（1）
P-IBI	>0.76	>0.74～0.76	>0.63～0.74	>0.46～0.63	≤0.46
P-D	>6	>3～6	>2～3	>1～2	≤1
P-S	>3				≤1

5. 北部农业灌溉区

浮游植物完整性指数等于核心参数之和的平均值，其评判标准为（表 7-13）：将大于 0.72 的点位定义为健康点位，赋予分值 5 分；大于 0.66 而小于等于 0.72 的点位定义为较好点位，赋予分值 4 分；大于 0.61 而小于等于 0.66 的点位定义为一般点位，赋予分值 3 分；大于 0.48 而小于等于 0.61 的点位定义为较差点位，赋予分值 2 分；小于等于 0.48 的点位为极差点位，赋予分值 1 分。

表 7-13 济南北部农业灌溉区浮游植物完整性指数、P-D 指数、P-S 指数健康评价标准

等级	健康（5）	较好（4）	一般（3）	较差（2）	极差（1）
P-IBI	>0.72	>0.66～0.72	>0.61～0.66	>0.48～0.61	≤0.48
P-D	>6	>3～6	>2～3	>1～2	≤1
P-S	>3				≤1

7.2.3 评价结果

1. 南部水生态保护区

参考条件下浮游植物完整性指数评价结果如图 7-2 所示，健康点位 1 个，为黄巢水库下游；较好点位 1 个，为并渡口点位；一般点位 2 个，为宅科和陈屯桥点位；较差点位 1 个，为睦里庄；极差点位 1 个，为北大沙河入黄河口。累积系数法计算的浮游植物完整性指数评价结果为，健康点位 1 个，为黄巢水库下游；较好点位 1 个，为陈屯桥；一般点位 1 个，为宅科；较差点位 1 个，为睦里庄点位；极差点位 2 个，为并渡口和北大沙河入黄河口。浮游植物 P-D 指数评价结果显示，所有点位均在较好水平以上，而 P-S 指数评价结果为，所以点位均在一般水平以上。

从两种浮游植物完整性指数评价结果折线图可以看出（图 7-3），4 个点位两种方法评价结果完全一致，一致率达 66%。其中并渡口点位，P-ibi 评价结果高于 P-IBI 三个等级，陈屯桥点位，P-IBI 评价结果略高于 P-ibi 一个等级。从两种评价结果的趋势线方程可以看出，P-ibi 评价结果高于 P-IBI。综上，通过两种方法的比较分析，仅并渡口点位 P-IBI 评价结果与 P-ibi 差异性较大，其余点位评价结果基本一致，可以认为累积系数法在生物核心参数的筛选和评价标准的确定上与参照点法的相一致。

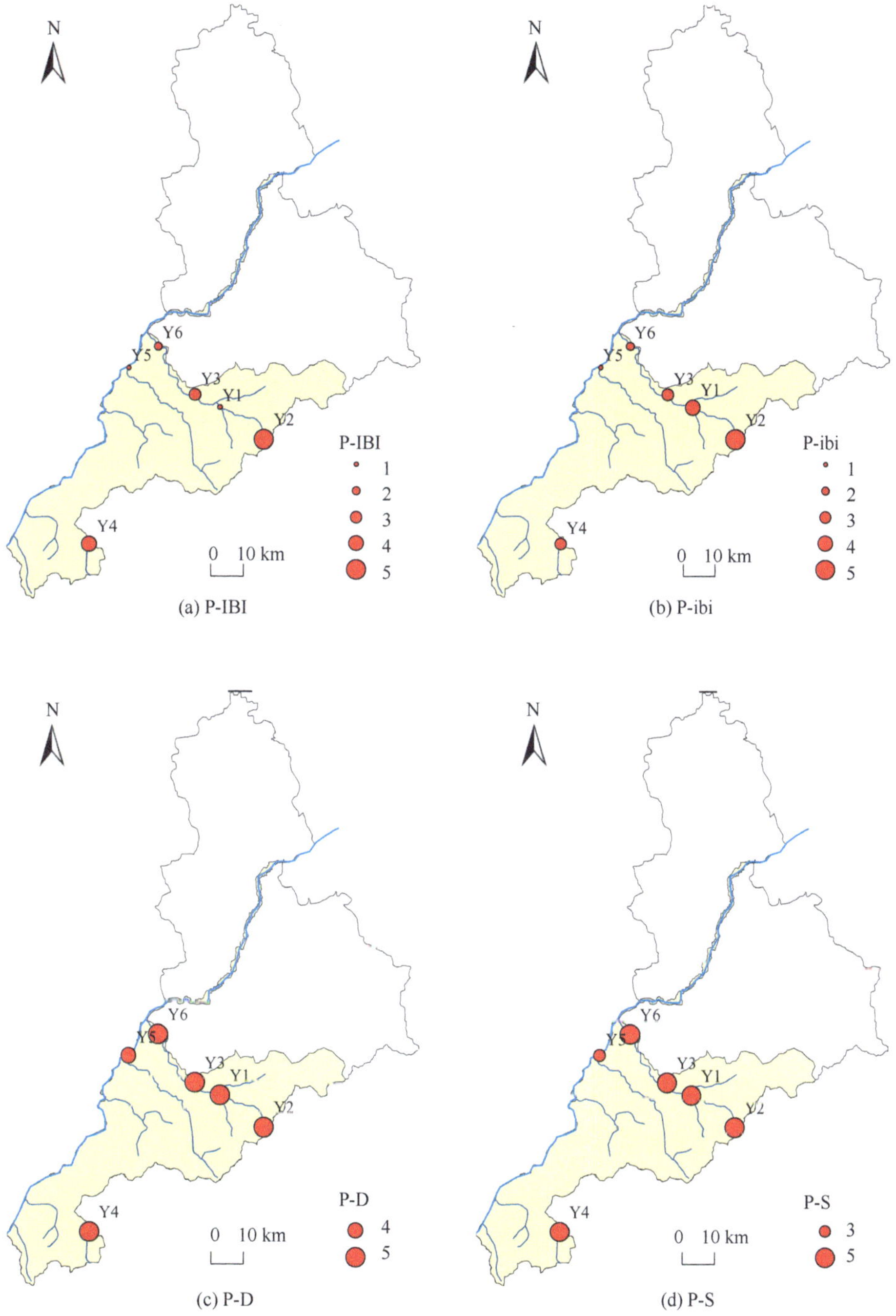

图 7-2　济南南部水生态保护区浮游植物完整性指数、P-D 指数、P-S 指数评价结果空间分布特征图

2. 南部水库水体

浮游植物完整性指数评价结果如图 7-4 所示，健康点位 1 个，为汇泉水库；较好点位 1 个，为崮云湖水库；一般点位 2 个，为锦绣川水库和东阿水库；较差点位 2 个，为八达岭水库、钓鱼台水库；极差点位 3 个，为卧虎山水库、崮头水库和垛庄水库。

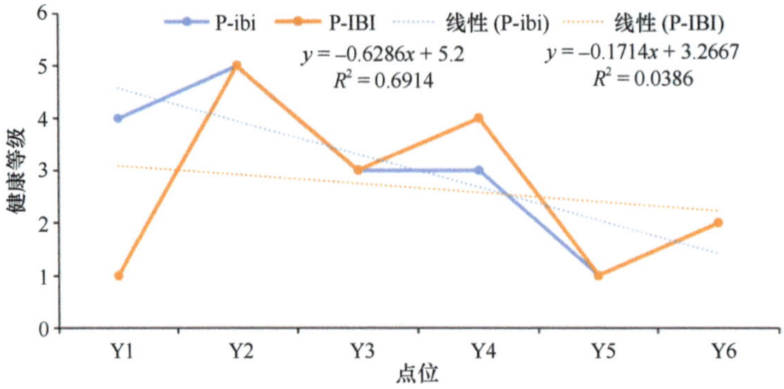

图 7-3　济南南部水生态保护区各点位浮游植物完整性指数比较图

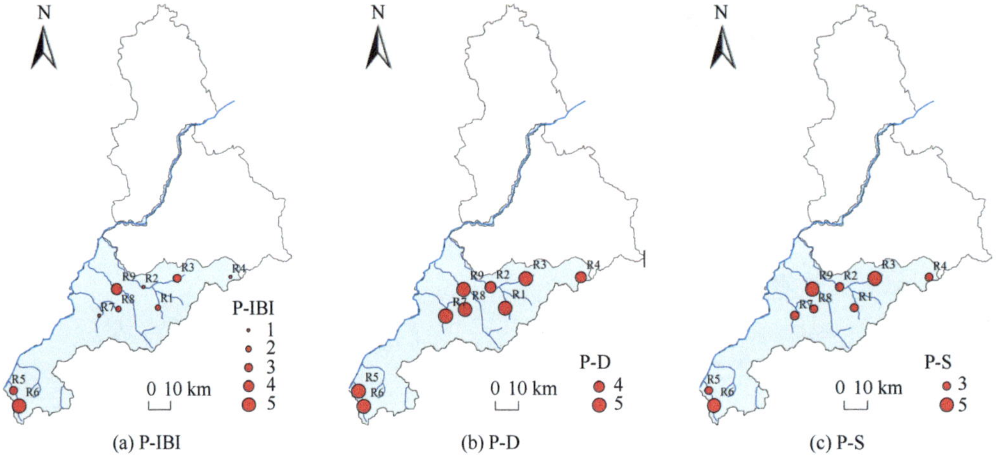

图 7-4　水库水体浮游植物完整性指数、P-D 指数和 P-S 指数评价结果空间分布特征图

浮游植物 P-D 指数评价结果显示，仅八达岭水库和垛庄水库评价结果为较好水平，余下水库点位均为健康。P-S 指数评价结果与 P-D 评价结果略有不同，健康点位 3 个，为锦绣川水库、汇泉水库和崮云湖水库；一般点位 5 个，为八达岭水库、卧虎山水库、东阿水库、崮头水库和钓鱼台水库；极差点位 1 个，为垛庄水库。

3. 城市中心社会服务区

浮游植物完整性指数评价结果如图 7-5 所示，健康点位 1 个，为吴家铺点位；一般点位 1 个，为莱市新村点位；较差点位 1 个，为黄台桥点位；极差点位 2 个，为梁府庄和板桥点位。浮游植物 P-D 指数评价结果显示，除板桥点位为较差点位外，其余 4 个点位均在较好水平及以上。P-S 指数评价结果显示，梁府庄和板桥点位为一般点位，其余均为健康点位。

4. 东部经济发展承载区

浮游植物完整性指数评价结果如图 7-6 所示，健康点位 1 个，为五龙堂点位；较好点位 1 个，为巨野河点位；一般点位 2 个，为白云湖和龙脊河点位；较差点位 2 个，为张家林和石河点位；极差点位 2 个，为相公庄和浒山闸点位（图 7-6）。

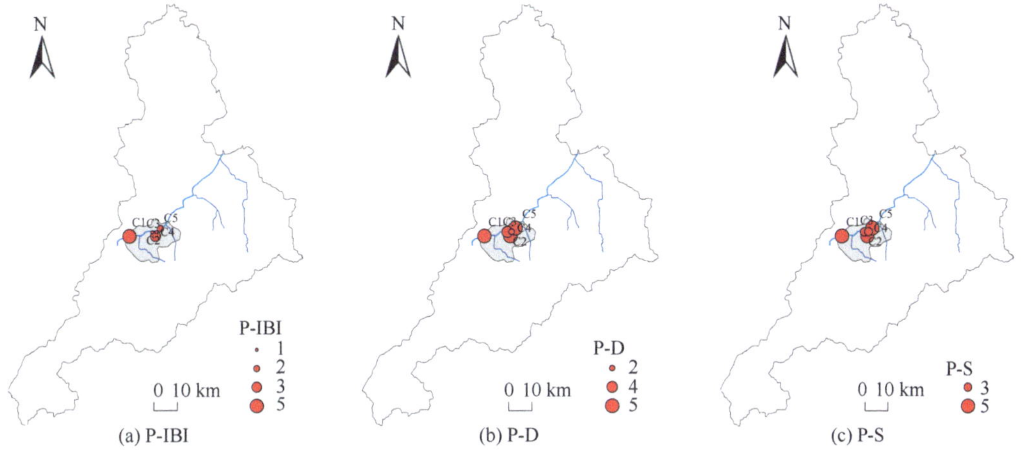

图 7-5　济南城市中心社会服务区浮游植物完整性指数、P-D 指数、P-S 指数评价结果空间分布图

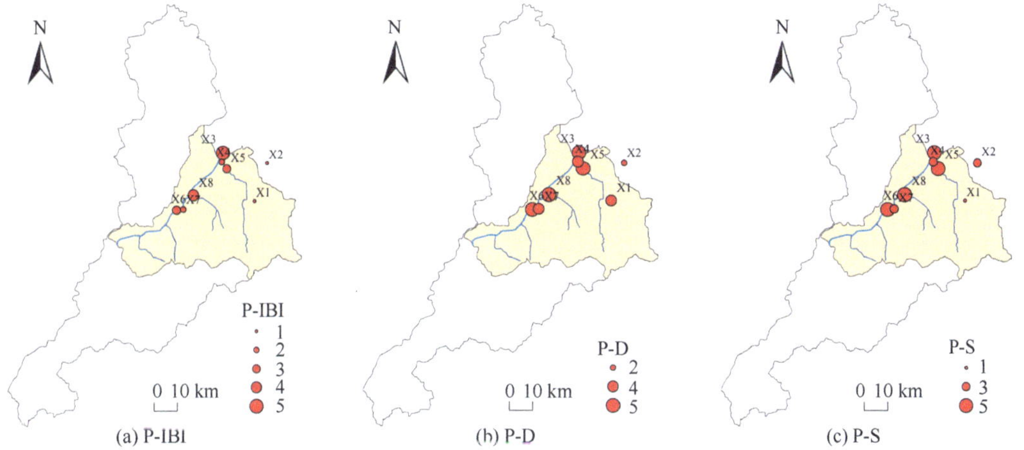

图 7-6　济南东部经济发展承载区浮游植物完整性指数、P-D 指数、P-S 指数评价结果空间分布图

浮游植物 P-D 指数评价结果显示，除浒山闸点位为较差点位外，其余 7 个点位均在较好水平及以上。P-S 指数评价结果显示，相公庄点位浮游植物 P-S 指数最低，处于极差水平，浒山闸、张家林和石河这 3 个点位为一般点位，其余 4 个点位均为健康水平。

5. 北部农业灌溉区

浮游植物完整性指数健康评价结果如图 7-7 所示，健康点位 2 个，为杆子行闸和潘庙闸点位；较好点位 1 个，为周永闸点位；一般点位 3 个，为新市董家、张公南临和刘成桥点位；较差点位 3 个，为垛石街、大贺家铺和明辉路桥点位；极差点位 3 个，为北田家、营子闸和刘家堡桥点位（图 7-7）。

浮游植物 P-D 指数评价结果显示，全部点位均在较好及以上水平。P-S 指数评价结果为，营子闸、刘家堡桥和明辉路桥这 3 个点位为一般水平，其余 9 个点位为健康水平。

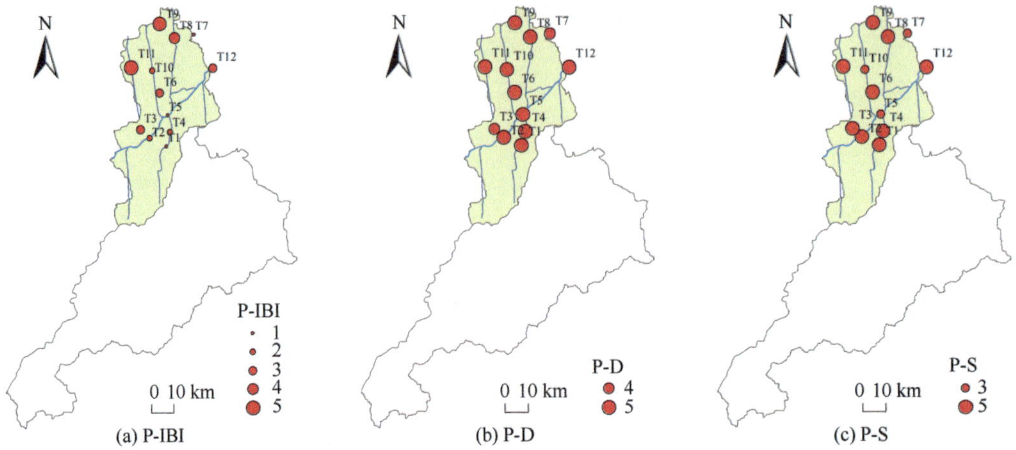

图 7-7　济南北部农业灌溉区浮游植物完整性指数、P-D 指数、P-S 指数评价结果空间分布图

7.3　底栖动物健康评价

7.3.1　指 标 筛 选

1. 南部水生态保护区

1）参照点对比法

箱体图筛选结果显示（图 7-8），在 26 个底栖动物生物参数中，有 9 个参数通过了箱体图校验。其中，表征底栖动物物种丰富度参数共筛选出 3 个，分别为总分类单元数、水生昆虫分类单元数、甲壳动物和软体动物分类单元数。而水生昆虫分类单元数箱体差异性较大，因此选作核心参数。表征底栖动物种类个体数量比例的参数共筛选出 1 个，为蜉蝣目个体数量所占比例。表征底栖动物敏感性和耐受性参数共筛选出 1 个，为敏感类群个体相对丰富。表征底栖动物营养结构的参数共筛选出 2 个，分别为捕食者数量所占比例和撕食者数量所占比例。其中，撕食者数量所占比例在受损点位中箱体图成线性，数据分布较差，因此选择捕食者数量所占比例作为核心参数。表征底栖动物多样性指数的参数共筛选出 2 个，分别为香农-维纳多样性指数和马格列夫多样性指数。其中马格列夫多样性指数箱体差异性较大，因此选作核心参数。综上所述，通过箱体图对比法，共筛选出底栖动物核心参数 5 个，分别为水生昆虫分类单元数、蜉蝣目个体数量所占比例、敏感类群个体相对丰度、捕食者数量所占比例、马格列夫多样性指数。

2）累积系数法

底栖动物生物参数与水环境因子累积系数如表 7-14 所示。表征底栖动物物种丰富度的参数共筛选出 3 个，分别为 EPT 分类单元数、蜉蝣目分类单元数、毛翅目分类单元数，其中毛翅目分类单元数累积系数值最高为 9.13，且与 6 个水环境因子显著相关，因此选作核心参数。表征底栖动物种类个体数量比例的参数共筛选出 3 个，分别为底栖动物个体总数、蜉蝣目个体数量所占比例和蚬类数量所占比例，其中底栖动物个体总数累积

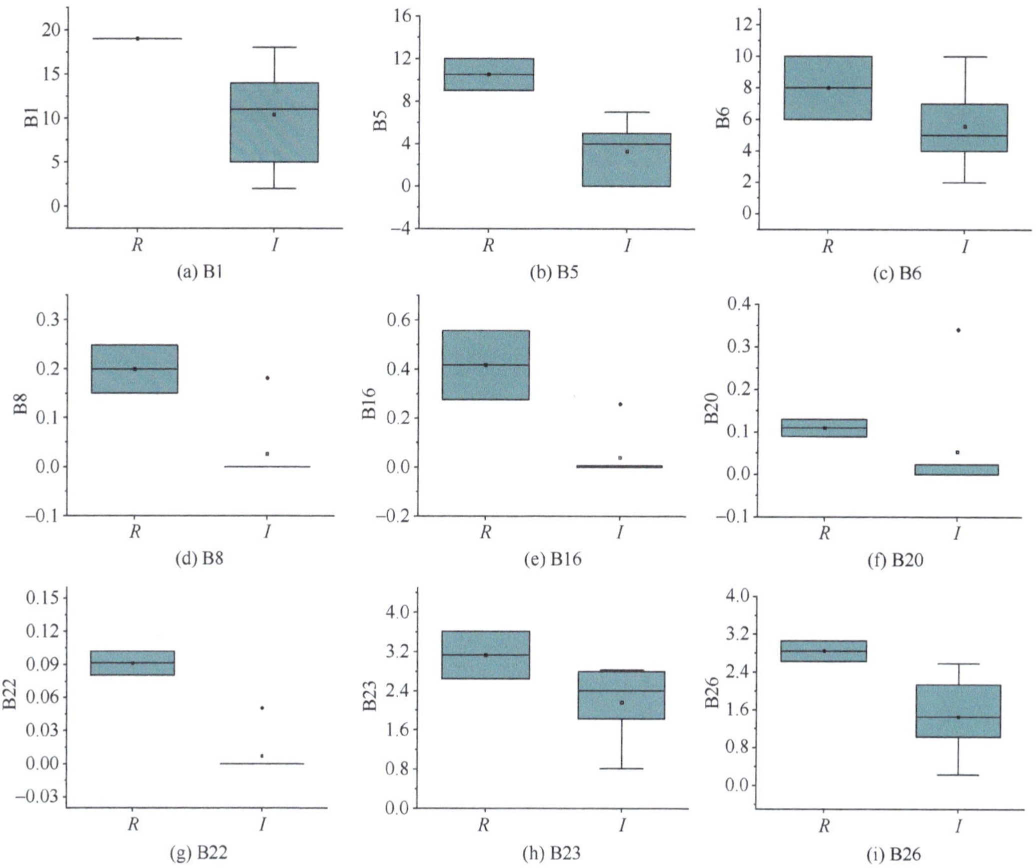

图 7-8　济南南部水生态保护区底栖动物生物参数比较图

表 7-14　济南南部水生态保护区底栖动物生物参数与水环境因子的累积系数

属性	编号	生物参数	$\sum R^2$	S	CoI
物种丰富度	B1	总分类单元数	8.97	2.00	0.04
	B2	EPT 分类单元数	8.30	5.00	0.09
	B3	蜉蝣目分类单元数	8.30	5.00	0.09
	B4	毛翅目分类单元数	9.13	6.00	0.11
	B5	水生昆虫分类单元数	9.36	4.00	0.08
	B6	甲壳动物和软体动物分类单元数	2.68	0.00	0.00
种类个体数量比例	B7	底栖动物个体总数	9.79	6.00	0.12
	B8	蜉蝣目个体数量所占比例	9.63	7.00	0.14
	B9	毛翅目个体数量所占比例	7.16	3.00	0.04
	B10	EPT 个体数量所占比例	7.85	3.00	0.05
	B11	摇蚊科数量所占比例	7.36	1.00	0.02
	B12	腹足纲数量所占比例	3.45	1.00	0.01
	B13	寡毛类数量所占比例	4.87	2.00	0.02
	B14	蚬类数量所占比例	7.80	5.00	0.08
	B15	甲壳动物和软体动物数量所占比例	2.59	0.00	0.00

续表

属性	编号	生物参数	$\sum R^2$	S	CoI
敏感性和耐受性	B16	敏感类群个体相对丰度	9.65	5.00	0.10
	B17	耐污类群个体相对丰度	8.93	1.00	0.02
营养结构	B18	滤食者数量所占比例	8.18	5.00	0.08
	B19	刮食者数量所占比例	4.93	1.00	0.01
	B20	捕食者数量所占比例	9.28	3.00	0.06
	B21	集食者数量所占比例	9.66	6.00	0.12
	B22	撕食者数量所占比例	7.85	3.00	0.05
多样性指数	B23	香农-维纳多样性指数	4.95	0.00	0.00
	B24	均匀度指数	3.45	1.00	0.01
	B25	辛普森多样性指数	4.95	0.00	0.00
	B26	马格列夫多样性指数	9.02	1.00	0.02

系数值最高，为 9.79，且与 6 个水环境因子显著相关，因此选作核心参数。表征底栖动物敏感性与耐受性参数共筛选出一个，为敏感类群个体相对丰度，累积系数值最高为 9.65，且与 5 个水环境因子显著相关。表征底栖动物营养结构的参数共筛选出 2 个，为滤食者数量所占比例和集食者数量所占比例，其中集食者数量所占比例累积系数值最高为 9.66，与 6 个水环境因子显著相关，因此选作核心参数。表征底栖动物多样性指数的参数共筛选出 1 个，为马格列夫多样性指数，累积系数值为 9.02，与 1 个水环境因子显著相关。综上，通过累积系数法，共筛选出底栖动物核心参数 5 个，分别为毛翅目分类单元数、底栖动物个体总数、敏感类群个体相对丰度、集食者数量所占比例、马格列夫多样性指数。

2. 南部水库水体

底栖动物生物参数与水环境因子累积系数如表 7-15 所示。表征底栖动物物种丰富度的参数共筛选出 1 个，为水生昆虫分类单元数，累积系数值为 3.15，且与 3 个水环境因子显著相关，因此选作核心参数。表征底栖动物种类个体数量所占比例的参数共筛选出 1 个，为底栖动物个体总数，累积系数值为 2.68，与 1 个水环境因子显著相关，因此选作核心参数。表征底栖动物敏感性与耐受性参数共筛选出 1 个，为耐污类群个体相对丰度，累积系数值为 2.34，与 2 个水环境因子显著相关。表征底栖动物营养结构的参数共筛选出 1 个，为撕食者数量所占比例，累积系数值为 3.49，与 1 个水环境因子显著相关。表征底栖动物多样性指数的参数共筛选出 1 个，为均匀度指数，累积系数值为 2.21，与 1 个水环境因子显著相关。综上，通过累积系数法，共筛选出底栖动物核心参数 5 个，分别为水生昆虫分类单元数、底栖动物个体总数、耐污类群个体相对丰度、撕食者数量所占比例、均匀度指数。

表 7-15　水库水体底栖动物生物参数与水环境因子的累积系数

属性	编号	生物参数	$\sum R^2$	S	CoI
物种丰富度	B1	总分类单元数	1.56	0	0.00
	B2	EPT 分类单元数	0.86	0	0.00
	B3	蜉蝣目分类单元数	0.86	0	0.00
	B4	毛翅目分类单元数	0.00	0	0.00
	B5	水生昆虫分类单元数	3.15	3	0.03
	B6	甲壳动物和软体动物分类单元数	0.60	0	0.00
种类个体数量比例	B7	底栖动物个体总数	2.68	1	0.01
	B8	蜉蝣目个体数量所占比例	0.85	0	0.00
	B9	毛翅目个体数量所占比例	0.00	0	0.00
	B10	EPT 个体数量所占比例	0.85	0	0.00
	B11	摇蚊科数量所占比例	0.98	0	0.00
	B12	腹足纲数量所占比例	0.87	0	0.00
	B13	寡毛类数量所占比例	2.14	1	0.01
	B14	蚬类数量所占比例	1.24	0	0.00
	B15	甲壳动物和软体动物数量所占比例	0.95	0	0.00
敏感性和耐受性	B16	敏感类群个体相对丰度	1.65	0	0.00
	B17	耐污类群个体相对丰度	2.34	2	0.01
营养结构	B18	滤食者数量所占比例	2.71	2	0.02
	B19	刮食者数量所占比例	1.14	0	0.00
	B20	捕食者数量所占比例	2.67	2	0.02
	B21	集食者数量所占比例	2.51	1	0.01
	B22	撕食者数量所占比例	3.49	1	0.01
多样性指数	B23	香农-维纳多样性指数	1.82	0	0.00
	B24	均匀度指数	2.21	1	0.01
	B25	辛普森多样性指数	1.82	0	0.00
	B26	马格列夫多样性指数	1.38	0	0.00

3. 城市中心社会服务区

因蜉蝣目、毛翅目在该区域均没有采集发现，指标 B2～B4、B8～B10 为 0，因此排除。B14、B16 和 B22 在 90%的点位均为 0，因此排除。其余底栖动物生物参数与水环境因子累积系数如表 7-16 所示。表征底栖动物物种丰富度的参数共筛选出 2 个，分别为总分类单元数和水生昆虫分类单元数，两者累积系数值均为 8.22，与 6 个水环境因子显著相关，因此随机选取总分类单元数作为核心参数。表征底栖动物种类个体数量比例的参数共筛选出 1 个，为底栖动物个体总数，累积系数值为 8.99，与 2 个水环境因子显著相关。表征底栖动物敏感性与耐受性参数共筛选出 1 个，为耐污类群个体相对丰度，累积系数值为 5.91，与 3 个水环境因子显著相关。表征底栖动物营养结构的参数共筛选出 2 个，分别为滤食者数量所占比例和捕食者数量所占比例，累积系数值均为 10.00，

表 7-16　济南城市中心社会服务区底栖动物生物参数与水环境因子的累积系数

属性	编号	生物参数	$\sum R^2$	S	CoI
物种丰富度	B1	总分类单元数	8.22	6	0.10
	B5	水生昆虫分类单元数	8.22	6	0.10
	B6	甲壳动物和软体动物分类单元数	7.25	2	0.03
种类个体数量比例	B7	底栖动物个体总数	8.99	2	0.04
	B11	摇蚊科数量所占比例	5.03	0	0.00
	B12	腹足纲数量所占比例	7.25	2	0.03
	B13	寡毛类数量所占比例	3.29	1	0.01
	B15	甲壳动物和软体动物数量百分比	7.69	1	0.02
敏感性和耐受性	B17	耐污类群个体相对丰度	5.91	3	0.04
营养结构	B18	滤食者数量所占比例	10.00	4	0.08
	B19	刮食者数量所占比例	7.25	2	0.03
	B20	捕食者数量所占比例	10.00	4	0.08
	B21	集食者数量所占比例	3.29	1	0.01
多样性指数	B23	香农-维纳多样性指数	5.91	0	0.00
	B24	均匀度指数	5.03	0	0.00
	B25	辛普森多样性指数	5.91	0	0.00
	B26	马格列夫多样性指数	8.22	6	0.10

与 4 个水环境因子显著相关，随机选取滤食者数量百分比作为核心参数。表征底栖动物多样性指数的参数共筛选出 1 个，为马格列夫多样性指数，累积系数值为 8.22，与 6 个水环境因子显著相关。综上，通过累积系数法，共筛选出底栖动物核心参数 5 个，分别为总分类单元数、底栖动物个体总数、耐污类群个体相对丰度、滤食者数量所占比例、马格列夫多样性指数。

4. 东部经济发展承载区

因蜉蝣目、毛翅目在该区域均没有采集发现，指标 B2～B4、B8～B10 为 0，因此排除。B14 和 B16 在 90%的点位均为 0，因此排除。其余底栖动物生物参数与水环境因子累积系数如表 7-17 所示。表征底栖动物物种丰富度的参数共筛选出 1 个，为甲壳动物和软体动物分类单元数，累积系数值为 4.54，与 3 个水环境因子显著相关。表征底栖动物种类个体数量所占比例的参数共筛选出 1 个，为寡毛类数量所占比例，累积系数值为 6.45，与 5 个水环境因子显著相关。表征底栖动物敏感性与耐受性参数共筛选出 1 个，为耐污类群个体相对丰度，累积系数值最高为 4.79，与 3 个水环境因子显著相关。表征底栖动物营养结构的参数共筛选出 1 个，为集食者数量所占比例，累积系数值为 6.12，与 8 个水环境因子显著相关。表征底栖动物多样性指数的参数共筛选出 1 个，为香农-维纳多样性指数，累积系数值为 4.27，与 2 个水环境因子显著相关。综上，通过累积系数法，共筛选出底栖动物核心参数 5 个，分别为甲壳动物和软体动物分类单元数、寡毛类数量百分比、耐污类群个体相对丰度、集食者数量百分比、香农-维纳多样性指数。

表 7-17　济南东部经济发展承载区底栖动物生物参数与水环境因子的累积系数

属性	编号	生物参数	$\sum R^2$	S	CoI
物种丰富度	B1	总分类单元数	3.26	1	0.01
	B5	水生昆虫分类单元数	2.44	1	0.01
	B6	甲壳动物和软体动物分类单元数	4.54	3	0.03
种类个体数量比例	B7	底栖动物个体总数	1.81	0	0.00
	B11	摇蚊科数量所占比例	4.03	2	0.02
	B12	腹足纲数量所占比例	5.16	4	0.04
	B13	寡毛类数量所占比例	6.45	5	0.07
	B15	甲壳动物和软体动物数量百分比	5.04	5	0.05
敏感性和耐受性	B17	耐污类群个体相对丰度	4.79	3	0.03
营养结构	B18	滤食者数量所占比例	3.92	2	0.02
	B19	刮食者数量所占比例	4.31	4	0.04
	B20	捕食者数量所占比例	3.43	2	0.01
	B21	集食者数量所占比例	6.12	8	0.10
	B22	撕食者数量所占比例	3.27	1	0.01
多样性指数	B23	香农-维纳多样性指数	4.27	2	0.02
	B24	均匀度指数	3.80	2	0.02
	B25	辛普森多样性指数	4.09	2	0.02
	B26	马格列夫多样性指数	3.84	1	0.01

5. 北部农业灌溉区

底栖动物生物参数与水环境因子累积相关系数如表 7-18 所示。表征底栖动物种类个体数量比例的参数共筛选出 1 个，为蚬类数量所占比例，累积系数值为 1.97，且与 2 个水环境因子显著相关，因此选作核心参数。表征底栖动物营养结构的参数共筛选出 1 个，为集食者数量所占比例，累积系数值为 3.24，与 4 个水环境因子显著相关。表征底栖动物多样性指数的参数共筛选出 1 个，为香农-维纳多样性指数，累积系数值为 1.86，与 1 个水环境因子显著相关。表征底栖动物物种丰富度、敏感性与耐受性参数与水环境因子均不显著相关，因此全部排除。综上，通过累积系数法，共筛选出底栖动物核心参数 3 个，分别为蚬类数量所占比例、集食者数量所占比例、香农-维纳多样性指数。

表 7-18　济南北部农业灌溉区底栖动物生物参数与水环境因子的累积系数

属性	编号	生物参数	$\sum R^2$	S	CoI
物种丰富度	B1	总分类单元数	2.08	0	0.00
	B2	EPT 分类单元数	0.00	0	0.00
	B3	蜉蝣目分类单元数	0.00	0	0.00
	B4	毛翅目分类单元数	0.00	0	0.00
	B5	水生昆虫分类单元数	2.66	0	0.00
	B6	甲壳动物和软体动物分类单元数	1.01	0	0.00

续表

属性	编号	生物参数	$\sum R^2$	S	CoI
种类个体数量比例	B7	底栖动物个体总数	2.73	0	0.00
	B8	蜉蝣目个体数量所占比例	0.00	0	0.00
	B9	毛翅目个体数量所占比例	0.00	0	0.00
	B10	EPT 个体数量所占比例	0.00	0	0.00
	B11	摇蚊科数量所占比例	1.45	0	0.00
	B12	腹足纲数量所占比例	1.61	0	0.00
	B13	寡毛类数量所占比例	1.59	0	0.00
	B14	蚬类数量所占比例	1.97	2	0.01
	B15	甲壳动物和软体动物数量百分比	1.37	0	0.00
敏感性和耐受性	B16	敏感类群个体相对丰度	0.00	0	0.00
	B17	耐污类群个体相对丰度	0.94	0	0.00
营养结构	B18	滤食者数量所占比例	1.21	0	0.00
	B19	刮食者数量所占比例	1.80	0	0.00
	B20	捕食者数量所占比例	1.83	1	0.00
	B21	集食者数量所占比例	3.24	4	0.03
	B22	撕食者数量所占比例	1.76	0	0.00
多样性指数	B23	香农-维纳多样性指数	1.86	1	0.00
	B24	均匀度指数	1.31	0	0.00
	B25	辛普森多样性指数	1.84	1	0.00
	B26	马格列夫多样性指数	1.35	0	0.00

7.3.2 评价标准

1. 南部水生态保护区

参照条件下底栖动物完整性指数分类标准如表 7-19 所示：大于 0.82 的点位为健康点位，赋予分值 5 分，余下值进行四等分，分别为大于 0.61 而小于等于 0.82 的点位为较好点位，赋予分值 4 分；大于 0.41 而小于等于 0.61 的点位为一般点位，赋予分值 3 分；大于 0.20 而小于等于 0.41 的点位为较差点位，赋予分值 2 分；小于等于 0.20 的点位为极差点位，赋予分值 1 分。累积系数法评判标准为，大于 0.67 的点位为健康点位，赋予分值 5 分；大于 0.64 而小于等于 0.67 的点位为较好点位，赋予分值 4 分；大于 0.46 而小于等于 0.64 的点位为一般点位，赋予分值 3 分；大于 0.28 而小于等于 0.46 的点位为较差点位，赋予分值 2 分；小于等于 0.28 的点位为极差点位，赋予分值 1 分。

底栖动物 BI 指数评价标准为（表 7-19）：将 BI 值小于等于 3.86 的点位定义为健康点位，赋予分值 5 分；大于 3.86 而小于等于 5.38 的点位定义为较好点位，赋予分值 4 分；大于 5.38 而小于等于 6.90 的点位定义为一般点位，赋予分值 3 分；大于 6.90 而小于等于 8.42 的点位定义为较差点位，赋予分值 2 分；大于 8.42 的点位定义为极差点位，赋予分值 1 分。

表 7-19　济南南部水生态保护区底栖动物完整性指数和 BI 指数健康评价标准

等级	健康（5）	较好（4）	一般（3）	较差（2）	极差（1）
B-ibi	>0.82	>0.61～0.82	>0.41～0.61	>0.20～0.41	≤0.20
B-IBI	>0.67	>0.64～0.67	>0.46～0.64	>0.28～0.46	≤0.28
BI	≤3.86	>3.86～5.38	>5.38～6.90	>6.90～8.42	>8.42

2. 南部水库水体

底栖动物完整性指数等于核心参数之和的平均值，其评判标准为（表 7-20）：将大于 0.71 的点位定义为健康点位，赋予分值 5 分；大于 0.57 而小于等于 0.71 的点位定义为较好点位，赋予分值 4 分；大于 0.49 而小于等于 0.57 的点位定义为一般点位，赋予分值 3 分；大于 0.28 而小于等于 0.49 的点位定义为较差点位，赋予分值 2 分；小于等于 0.28 的点位为极差点位，赋予分值 1 分。

表 7-20　水库水体底栖动物完整性指数和 BI 指数健康评价标准

级	健康（5）	较好（4）	一般（3）	较差（2）	极差（1）
B-IBI	>0.71	>0.57～0.71	>0.49～0.57	>0.28～0.49	≤0.28
BI	≤5.80	>5.80～6.64	>6.64～7.49	>7.49～8.34	>8.34

水库水体底栖动物 BI 指数值评判标准（表 7-20）为：将 BI 值小于等于 5.8 的点位定义为健康点位，赋予分值 5 分；大于 5.8 而小于等于 6.64 的点位定义为较好点位，赋予分值 4 分；大于 6.64 而小于等于 7.49 的点位定义为一般点位，赋予分值 3 分；大于 7.49 而小于等于 8.34 的点位定义为较差点位，赋予分值 2 分；大于 8.34 的点位定义为极差点位，赋予分值 1 分。

3. 城市中心社会服务区

底栖动物完整性指数等于核心参数之和的平均值，其评判标准为（表 7-21）：将大于 0.66 的点位定义为健康点位，赋予分值 5 分；大于 0.45 而小于等于 0.66 的点位定义为较好点位，赋予分值 4 分；大于 0.24 而小于等于 0.45 的点位定义为一般点位，赋予分值 3 分；大于 0.06 而小于等于 0.24 的点位定义为较差点位，赋予分值 2 分；小于等于 0.06 的点位为极差点位，赋予分值 1 分。

表 7-21　济南城市中心社会服务区底栖动物完整性指数和 BI 指数健康评价标准

等级	健康（5）	较好（4）	一般（3）	较差（2）	极差（1）
B-IBI	>0.66	>0.45～0.66	>0.24～0.45	>0.06～0.24	≤0.06
BI	≤1.13	>1.13～3.23	>3.23～5.32	>5.32～7.42	>7.42

底栖动物 BI 指数值评判标准为：将 BI 值小于等于 1.13 的点位定义为健康点位，赋予分值 5 分；大于 1.13 而小于等于 3.23 的点位定义为较好点位，赋予分值 4 分；大于 3.23 而小于等于 5.32 的点位定于为一般点位，赋予分值 3 分；大于 5.32 而小于等于 7.42 的点位定义为较差点位，赋予分值 2 分；大于 7.42 的点位定义为极差点位，赋予分值 1 分。

4. 东部经济发展承载区

底栖动物完整性指数等于核心参数之和的平均值，其评判标准为（表 7-22）：将大于 0.77 的点位定义为健康点位，赋予分值 5 分；大于 0.66 而小于等于 0.77 的点位定义为较好点位，赋予分值 4 分；大于 0.38 而小于等于 0.66 的点位定义为一般点位，赋予分值 3 分；大于 0.27 而小于等于 0.38 的点位定义为较差点位，赋予分值 2 分；小于等于 0.27 的点位为极差点位，赋予分值 1 分。

表 7-22　济南东部经济发展承载区底栖动物完整性指数和 BI 指数健康评价标准

等级	健康（5）	较好（4）	一般（3）	较差（2）	极差（1）
B-IBI	>0.77	>0.66～0.77	>0.38～0.66	>0.27～0.38	≤0.27
BI	≤7.29	>7.29～7.89	>7.89～8.49	>8.49～9.09	>9.09

底栖动物 BI 指数评判标准如表 7-22 所示，将 BI 值小于等于 7.29 的点位定义为健康点位，赋予分值 5 分；大于 7.29 而小于等于 7.89 的点位定义为较好点位，赋予分值 4 分；大于 7.89 而小于等于 8.49 的点位定义为一般点位，赋予分值 3 分；大于 8.49 而小于等于 9.09 的点位定义为较差点位，赋予分值 2 分；大于 9.09 的点位定义为极差点位，赋予分值 1 分。

5. 北部农业灌溉区

底栖动物完整性指数等于核心参数之和的平均值，其评判标准为（表 7-23）：将大于 0.58 的点位定义为健康点位，赋予分值 5 分；大于 0.53 而小于等于 0.58 的点位定义为较好点位，赋予分值 4 分；大于 0.48 而小于等于 0.53 的点位定义为一般点位，赋予分值 3 分；大于 0.42 而小于等于 0.48 的点位定义为较差点位，赋予分值 2 分；小于等于 0.42 的点位为极差点位，赋予分值 1 分。

表 7-23　济南北部农业灌溉区底栖动物完整性指数和 BI 指数健康评价标准

等级	健康（5）	较好（4）	一般（3）	较差（2）	极差（1）
B-IBI	>0.58	>0.53～0.58	>0.48～0.53	>0.42～0.48	≤0.42
BI	≤6.52	>6.52～7.34	>7.34～8.16	>8.16～8.98	>8.98

底栖动物 BI 指数值评判标准如表 7-23 所示，将 BI 值小于等于 6.52 的点位定义为健康点位，赋予分值 5 分；大于 6.52 而小于等于 7.34 的点位定义为较好点位，赋予分值 4 分；大于 7.34 而小于等于 8.16 的点位定义为一般点位，赋予分值 3 分；大于 8.16 而小于 8.98 的点位定义为较差点位，赋予分值 2 分；大于 8.98 的点位定义为极差点位，赋予分值 1 分。

7.3.3　评 价 结 果

1. 南部水生态保护区

参照条件下底栖动物完整性指数评价结果如图 7-9 所示，健康点位 1 个，为并渡口点位；较好点位 1 个，为黄巢水库下游点位；一般点位 2 个，为宅科和睦里庄点位；较差点位没有；极差点位 2 个，为陈屯桥和北大沙河入黄河口点位。累积系数法底栖动物生物完整性指数评价结果为，健康点位 1 个，为并渡口点位；较好点位 1 个，为黄巢水库下游点位；一般点位 1 个，为宅科点位；较差点位 1 个，为睦里庄点位；极差点位 2 个，为陈屯桥和北大沙河入黄河口点位。底栖动物 BI 指数评价结果为，健康点位 1 个，为黄巢水库下游点位；较好点位 1 个，为宅科点位；一般点位 1 个，为并渡口点位；较差点位 1 个，为睦里庄点位；极差点位 2 个，为陈屯桥、北大沙河入黄河口点位。

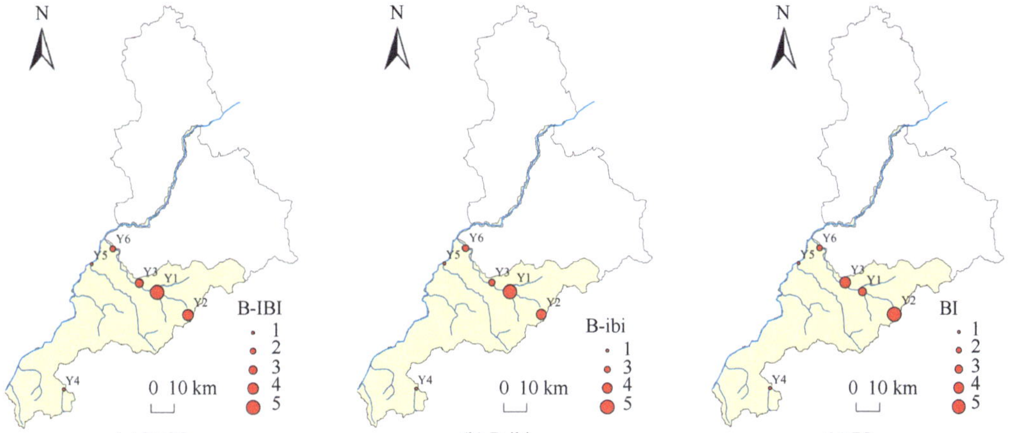

图 7-9　济南南部水生态保护区底栖动物完整性指数和 BI 指数评价结果空间分布特征图

从两种底栖动物完整性评价结果折线图中可以看出（图 7-10），参照点对比法和累积系数法计算的底栖动物完整性指数在各点位间的评价结果基本一致。仅宅科点位 B-ibi 评价结果略高于 B-IBI 一个健康等级，一致率达 83%。两种评价方法的趋势方程基本一致，累积系数法的评价结果略低于参照点法。因此可以认为两种评价方法评价结果基本一致。

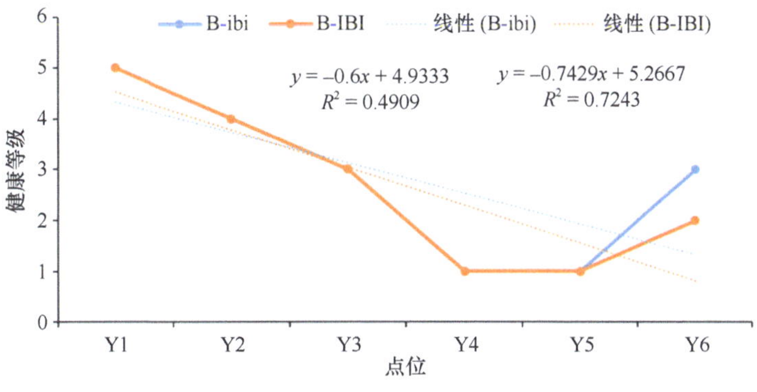

图 7-10　济南南部水生态保护区各点位底栖动物完整性指数比较图

2. 南部水库水体

底栖动物完整性指数评价结果如图 7-11 所示，健康点位 1 个，为东阿水库；较好点位 2 个，为钓鱼台水库和崮云湖水库；一般点位 1 个，为八达岭水库；较差点位 3 个，为垛庄水库、汇泉水库和崮头水库；极差点位 2 个，为卧虎山水库和锦绣川水库。底栖动物 BI 指数评价结果显示，健康点位 1 个，为钓鱼台水库；较好点位 4 个，为八达岭水库、卧虎山水库、汇泉水库和崮头水库；一般点位 2 个，为东阿水库和崮云湖水库；极差点位 2 个，为锦绣川水库和垛庄水库。

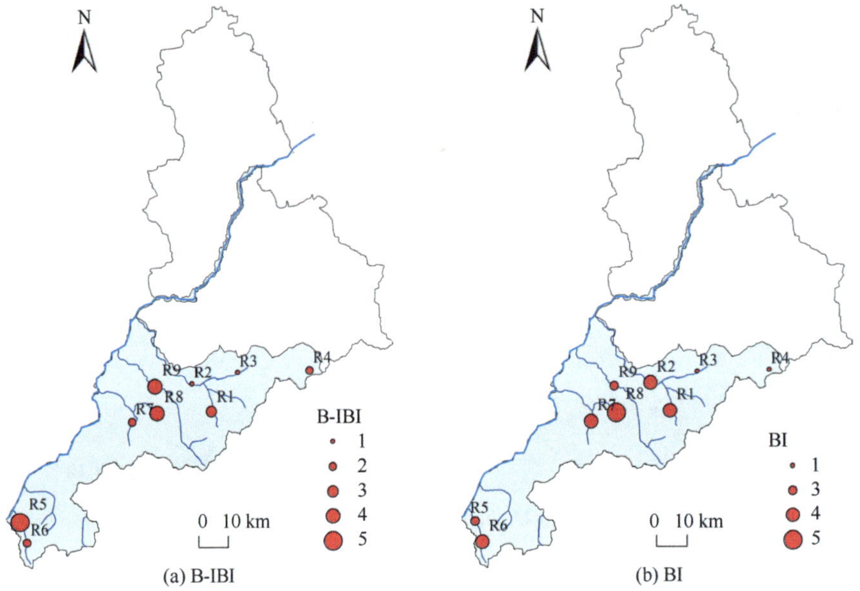

图 7-11　水库水体底栖动物完整性指数和 BI 指数评价结果空间分布特征图

3. 城市中心社会服务区

底栖动物完整性指数评价结果如图 7-12 所示，健康点位 1 个，为吴家铺点位；较好点位 0 个；一般点位 1 个，为菜市新村点位；较差点位 1 个，为黄台桥点位；极差点位 2 个，为梁府庄和板桥点位。底栖动物 BI 指数评价结果普遍偏低，吴家铺点位较差，其余点位极差。

4. 东部经济发展承载区

底栖动物完整性指数评价结果如图 7-13 所示，健康点位 1 个，为巨野河点位；较好点位 1 个，为白云湖点位；一般点位 2 个，为五龙堂和张家林点位；较差点位 2 个，为浒山闸、龙脊河点位；极差点位 2 个，为相公庄和石河点位。底栖动物 BI 指数评价结果为，健康点位 1 个，为巨野河点位；较好点位 1 个，为张家林点位；一般点位 1 个，为白云湖点位；较差点位 2 个，为浒山闸和五龙堂点位；极差点位 3 个，为相公庄、龙脊河和石河点位。

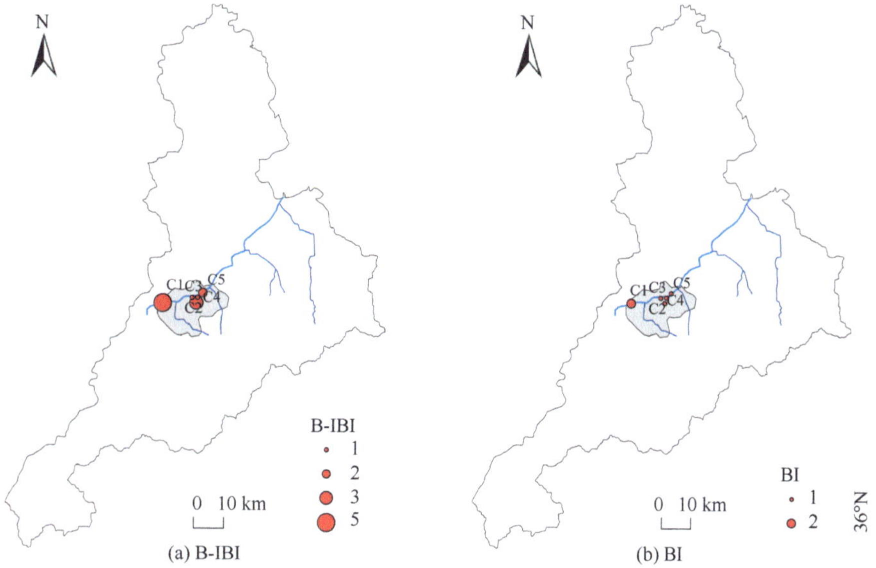

图 7-12　济南城市中心社会服务区底栖动物完整性指数和 BI 指数评价结果空间分布特征图

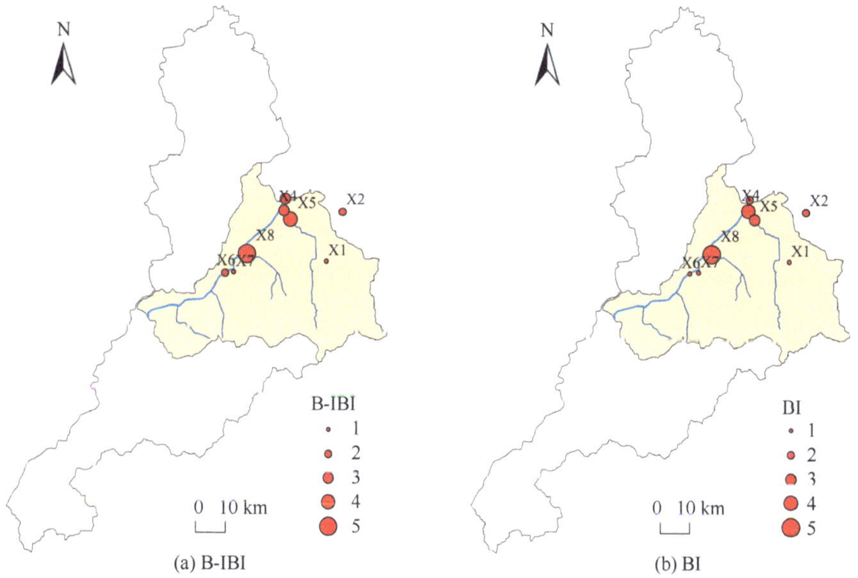

图 7-13　济南东部经济发展承载区底栖动物完整性指数和 BI 指数评价结果空间分布特征图

5. 北部农业灌溉区

底栖动物完整性指数健康评价结果如图 7-14 所示，健康点位 2 个，为营子闸和刘家堡桥点位；较好点位 1 个，为刘成桥点位；一般点位 3 个，为垛石街、张公南临和周永闸点位；较差点位 3 个，为新市董家、杆子行闸和潘庙闸点位；极差点位 3 个，为北田家、大贺家铺和明辉路桥点位。

底栖动物 BI 指数健康评价结果显示，健康点位 1 个，为杆子行闸点位；较好点位 4 个，为新市董家、张公南临、刘家堡桥和周永闸点位；一般点位 4 个，为垛石街、营子闸、潘庙闸和刘成桥点位；较差点位 1 个，为大贺家铺点位；极差点位 2 个，为北田家和明辉路桥点位。

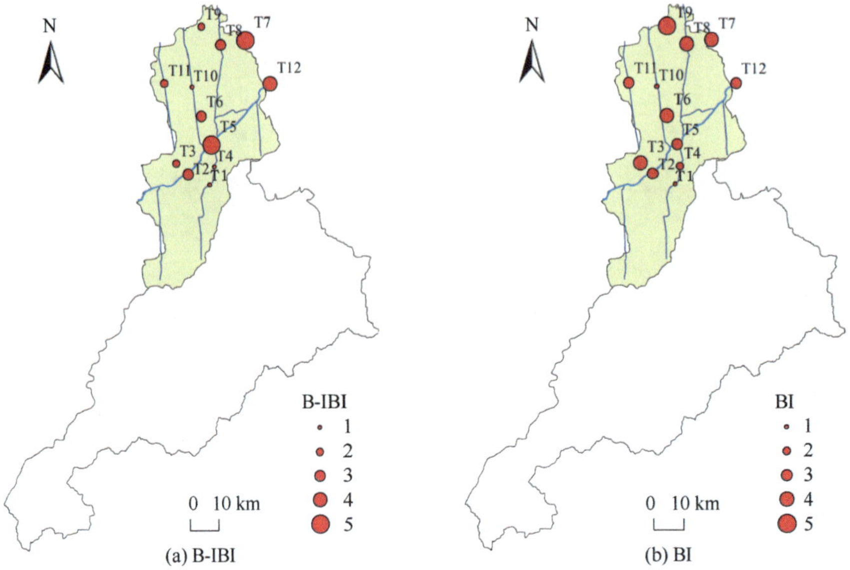

(a) B-IBI (b) BI

图 7-14 济南北部农业灌溉区底栖动物完整性指数和 BI 指数评价结果空间分布特征图

7.4 鱼类健康评价

由于在城市中心社会服务区布设 5 个点位中，有 2 个点位均未采集到鱼类，有 1 个点位只采集到一种鱼类，因此，不适宜用鱼类完整性指数和水生生物完整性指数对城市中心社会服务区进行健康评价。

7.4.1 指 标 筛 选

1. 南部水生态保护区

1）参照点对比法

根据采样调查，发现济南南部水生态保护区上游的并渡口、黄巢水库下游采样点受人类活动干扰最少，河流的生境栖息地质量较高，底质类型丰富，水质清澈，因此将这两个点作为参照点，其余 4 个点位作为受损点。

箱体图结果显示（图 7-15）：鱼类 30 个生物参数中共有 13 个参数在参照点位和受损点位间存在显著的差异性。表征鱼类物种丰富度的参数共筛选出 6 个，分别为鱼类总物种数量、鲈形目鱼类物种数量所占比例、鳅科鱼类物种数量所占比例、虾虎鱼科鱼类物种数量所占比例、香农-维纳多样性指数、辛普森指数。因 6 个参数均表征鱼类物种丰富度，随机选取鳅科鱼类物种数量所占比例作为核心参数。表征鱼类个体数量所占比例的参数共筛选出 3 个，分别为鲤形目鱼类个体数量所占比例、底层鱼类个体

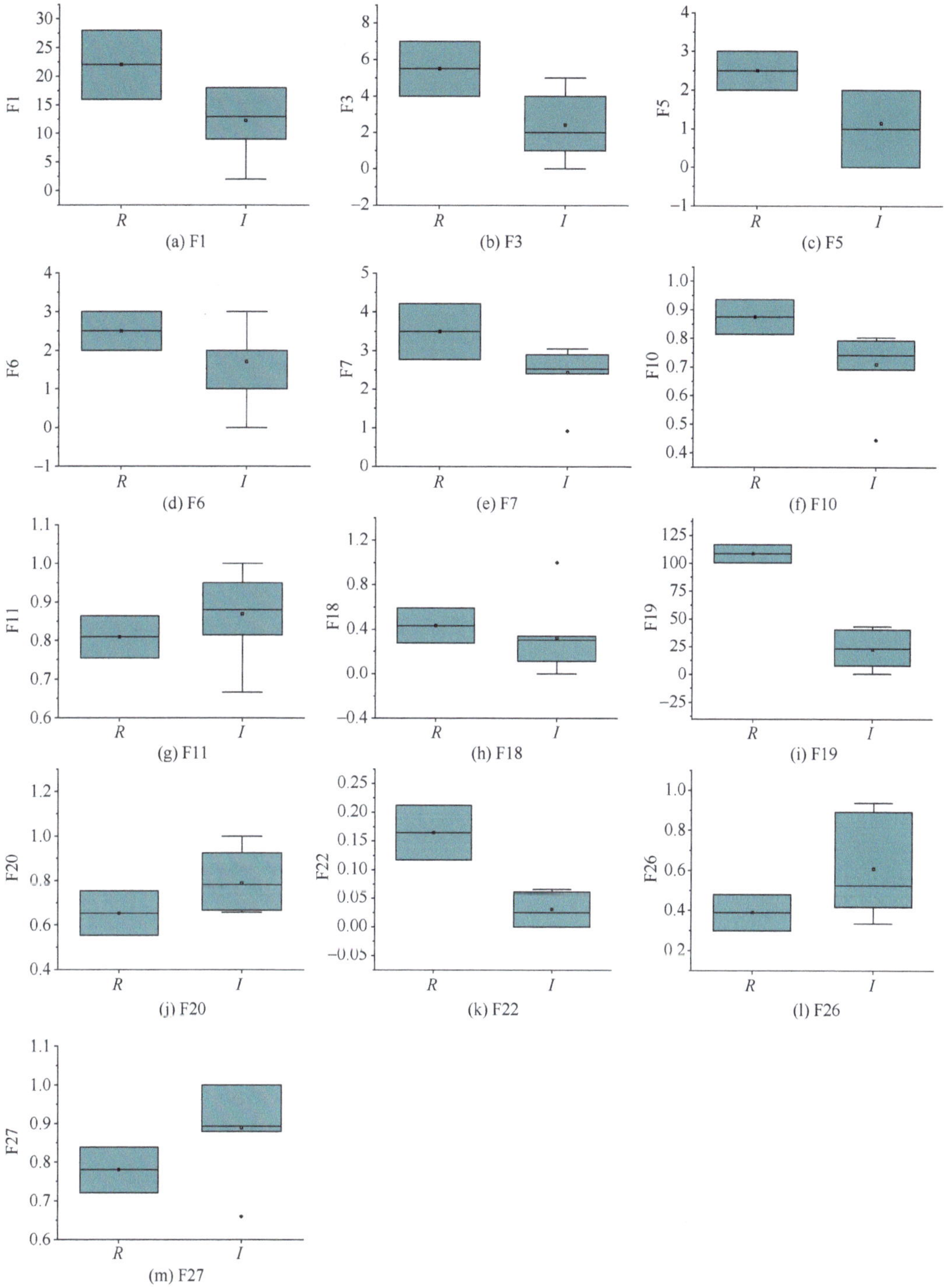

图 7-15　济南南部水生态保护区鱼类生物参数比较图

数量所占比例、鱼类个体总数量。其中，鱼类个体总数量在参照点位和受损点位箱体差异性较大，因此选取鱼类个体总数作为核心参数。表征鱼类营养结构的参数共筛选出 2 个，分别为杂食性鱼类个体数量所占比例和肉食性鱼类个体数量所占比例。而肉食性鱼类个体数量所占比例在参照点位和受损点位箱体差异性较大，因此选作核心参数。表征鱼类敏感性和耐受性的参数共筛选出 2 个，分别为中耐污性鱼类个体数量所占比例和广布性鱼类个体数量所占比例。其中广布性鱼类个体数量所占比例在参照点位和受损点位箱体差异性较大，因此选作核心参数。而表征鱼类繁殖共位群的生物参数箱体图差异不显著，因此全部排除。综上，通过箱体图法筛选出来的鱼类核心参数共 4 项，分别为鳅科鱼类物种数量所占比例、鱼类个体总数、肉食性鱼类个体数量所占比例、广布性鱼类个体数量所占比例。

2）累积系数法

鱼类核心参数筛选结果如表 7-24 所示。表征鱼类物种丰富度的参数共筛选出 4 个，分别为鲤形目鱼类物种数量所占比例、鲤科鱼类物种数量所占比例、香农-维纳多样性指数、辛普森指数。其中辛普森指数的累积系数值最高为 9.78，与 4 个水环境因子均显著相关，CoI 值较大，因此作为核心参数。表征鱼类个体数量比例的参数共筛选出 2 个，分别为虾虎鱼科鱼类个体数量所占比例、鱼类个体总数。其中鱼类个体总数的累积系数值最大为 9.09，与 4 个水环境因子均显著相关，因此选作核心参数。表征鱼类营养结构的参数共筛选出 1 个，为肉食性鱼类个体数量所占比例，累积系数值为 9.36，与 4 个水环境因子均显著相关。表征鱼类敏感性与耐受性的参数共筛选出 1 个，为敏感性鱼类个体数量所占比例，累积系数值为 8.01，与 7 个水环境因子显著相关。表征鱼类繁殖共位群的参数共筛选出 1 个，为产沉性卵鱼类个体数量所占比例，累积系数值为 7.8，与 5 个水环境因子显著相关。综上，累积系数法共筛选出鱼类核心参数 5 个，分别为辛普森指数、鱼类个体总数、肉食性鱼类个体数量所占比例、敏感性鱼类个体数量所占比例、产沉性卵鱼类个体数量所占比例。

表 7-24 济南南部水生态保护区鱼类生物参数与环境因子的累积系数

属性	编号	生物参数	$\sum R^2$	S	CoI
物种丰富度	F1	鱼类总物种数	7.02	1.00	0.01
	F2	鲤形目鱼类物种数量所占比例	8.70	5.00	0.09
	F3	鲈形目鱼类物种数量所占比例	4.54	0.00	0.00
	F4	鲤科鱼类物种数量所占比例	8.66	6.00	0.11
	F5	鳅科鱼类物种数量所占比例	5.84	4.00	0.05
	F6	虾虎鱼科鱼类物种数量所占比例	7.95	3.00	0.05
	F7	香农-维纳多样性指数	8.66	6.00	0.11
	F8	均匀度指数	3.25	0.00	0.00
	F9	马格列夫指数	3.53	0.00	0.00
	F10	辛普森指数	9.78	4.00	0.08
种类个体数量比例	F11	鲤形目鱼类个体数量所占比例	5.04	1.00	0.01
	F12	鲈形目鱼类个体数量所占比例	3.58	0.00	0.00
	F13	鲤科鱼类个体数量所占比例	1.09	0.00	0.00
	F14	鳅科鱼类个体数量所占比例	1.50	0.00	0.00

续表

属性	编号	生物参数	$\sum R^2$	S	CoI
种类个体数量比例	F15	虾虎鱼科鱼类个体数量所占比例	6.19	3.00	0.04
	F16	中上层鱼类个体数量所占比例	1.02	0.00	0.00
	F17	中下层鱼类个体数量所占比例	3.41	0.00	0.00
	F18	底层鱼类个体数量所占比例	1.59	0.00	0.00
	F19	鱼类个体总数	9.09	4.00	0.08
营养结构	F20	杂食性鱼类个体数量所占比例	6.75	4.00	0.06
	F21	植食性鱼类个体数量所占比例	4.28	1.00	0.01
	F22	肉食性鱼类个体数量所占比例	9.36	4.00	0.08
	F23	无脊椎动物食性鱼类个体数量所占比例	5.36	4.00	0.04
敏感性和耐受性	F24	敏感性鱼类个体数量所占比例	8.01	7.00	0.12
	F25	耐污性鱼类个体数量所占比例	2.73	0.00	0.00
	F26	中耐污性鱼类个体数量所占比例	2.05	0.00	0.00
	F27	广布性鱼类个体数量所占比例	5.18	2.00	0.02
繁殖共位群	F28	产浮性卵鱼类个体数量所占比例	1.97	0.00	0.00
	F29	产沉性卵鱼类个体数量所占比例	7.80	5.00	0.08
	F30	产黏性卵鱼类个体数量所占比例	3.58	0.00	0.00

2. 南部水库水体

累积系数法筛选结果如表 7-25 所示，表征鱼类物种丰富度的参数中，鳅科鱼类物种数百分比的累积系数值最高为 4.54，与水环境因子显著相关的个数最多为 4 个，CoI 值较大，因此作为核心参数。表征鱼类个体数量比例的参数中，中上层鱼类个体数百分比的累积系数值最大为 4.23，与 3 个水环境因子均显著相关，因此选作核心参数。表征鱼类营养结构的参数与水环境因子均不显著相关，因此全部排除。表征鱼类敏感性与耐受性的参数中，中耐污性鱼类个体数量所占比例的累积系数值最大为 2.25，与 2 个水环境因子显著相关，因此选作核心参数。表征鱼类繁殖共位群的参数中，产浮性卵鱼类个体数量所占比例的累积系数值最高为 3.92，与 2 个水环境因子显著相关，因此选作核心参数。综上，累积系数法共筛选出鱼类核心参数 4 个，分别为鳅科鱼类物种数量所占比例、中上层鱼类个体数量所占比例、中耐污性鱼类个体数量所占比例、产浮性卵鱼类个体数量所占比例。

3. 东部经济发展承载区

鱼类生物参数与环境因子累积系数值显示（表 7-26），表征鱼类物种丰富度的参数共筛选出 1 个，为虾虎鱼科鱼类物种数量所占比例，累积系数值为 4.48，与 5 个水环境因子均显著相关。表征鱼类个体数量比例的参数共筛选出 2 个，分别为鲤科鱼类个体数量所占比例、虾虎鱼科鱼类个体数量所占比例。其中鲤科鱼类个体数量所占比例的累积系数值最大为 6.23，与 4 个水环境因子均显著相关，因此选作核心参数。表征鱼类营养

表 7-25　水库水体鱼类生物参数与环境因子的累积系数

属性	编号	生物参数	$\sum R^2$	S	CoI
物种丰富度	F1	鱼类总物种数	3.16	0	0.00
	F2	鲤形目鱼类物种数量所占比例	1.48	0	0.00
	F3	鲈形目鱼类物种数量所占比例	3.60	3	0.03
	F4	鲤科鱼类物种数量所占比例	1.75	0	0.00
	F5	鳅科鱼类物种数量所占比例	4.54	4	0.06
	F6	虾虎鱼科鱼类物种数量所占比例	3.72	3	0.03
	F7	香农-维纳多样性指数	1.44	0	0.00
	F8	均匀度指数	1.61	0	0.00
	F9	马格列夫指数	1.01	0	0.00
	F10	辛普森指数	1.21	0	0.00
种类个体数量比例	F11	鲤形目鱼类个体数量所占比例	1.78	0	0.00
	F12	鲈形目鱼类个体数量所占比例	1.85	0	0.00
	F13	鲤科鱼类个体数量所占比例	3.06	2	0.02
	F14	鳅科鱼类个体数量所占比例	3.04	1	0.01
	F15	虾虎鱼科鱼类个体数量所占比例	1.85	0	0.00
	F16	中上层鱼类个体数量所占比例	4.23	3	0.04
	F17	中下层鱼类个体数量所占比例	1.40	0	0.00
	F18	底层鱼类个体数量所占比例	2.79	2	0.02
	F19	鱼类个体总数	2.50	1	0.01
营养结构	F20	杂食性鱼类个体数量所占比例	1.00	0	0.00
	F21	植食性鱼类个体数量所占比例	1.29	0	0.00
	F22	肉食性鱼类个体数量所占比例	1.06	0	0.00
	F23	无脊椎动物食性鱼类个体数量所占比例	1.49	0	0.00
敏感性和耐受性	F24	敏感性鱼类个体数量所占比例	1.01	0	0.00
	F25	耐污性鱼类个体数量所占比例	1.00	0	0.00
	F26	中耐污性鱼类个体数量所占比例	2.25	2	0.01
	F27	广布性鱼类个体数量所占比例	0.67	0	0.00
繁殖共位群	F28	产浮性卵鱼类个体数量所占比例	3.92	2	0.02
	F29	产沉性卵鱼类个体数量所占比例	1.36	0	0.00
	F30	产黏性卵鱼类个体数量所占比例	1.13	0	0.00

结构的参数共筛选出 1 个，为杂食性鱼类个体数量所占比例，累积系数值为 3.21，与 1 个水环境因子均显著相关。表征鱼类敏感性与耐受性的参数共筛选出 1 个，为中耐污性鱼类个体数量所占比例，累积系数值为 3.74，与 1 个水环境因子显著相关。表征鱼类繁殖共位群的参数共筛选出 1 个，为产黏性卵鱼类个体数量所占比例，累积系数值为 3.46，与 1 个水环境因子显著相关。综上，累积系数法共筛选出鱼类核心参数 5 个，分别为虾虎鱼科鱼类物种数量所占比例、鲤科鱼类个体数量所占比例、杂食性鱼类个体数量所占比例、中耐污性鱼类个体数量所占比例、产黏性卵鱼类个体数量所占比例。

表 7-26 济南东部经济发展承载区鱼类生物参数与环境因子的累积系数

属性	编号	生物参数	$\sum R^2$	S	CoI
物种丰富度	F1	鱼类总物种数	3.82	3	0.02
	F2	鲤形目鱼类物种数量所占比例	3.54	0	0.00
	F3	鲈形目鱼类物种数量所占比例	3.78	4	0.03
	F4	鲤科鱼类物种数量所占比例	4.32	1	0.01
	F5	鳅科鱼类物种数量所占比例	3.10	2	0.01
	F6	虾虎鱼科鱼类物种数量所占比例	4.48	5	0.05
	F7	香农-维纳多样性指数	3.82	3	0.02
	F8	均匀度指数	1.81	0	0.00
	F9	马格列夫指数	2.62	0	0.00
	F10	辛普森指数	2.79	0	0.00
种类个体数量比例	F11	鲤形目鱼类个体数量所占比例	2.67	0	0.00
	F12	鲈形目鱼类个体数量所占比例	2.15	0	0.00
	F13	鲤科鱼类个体数量所占比例	6.23	4	0.05
	F14	鳅科鱼类个体数量所占比例	4.78	2	0.02
	F15	虾虎鱼科鱼类个体数量所占比例	4.67	5	0.05
	F16	中上层鱼类个体数量所占比例	4.79	4	0.04
	F17	中下层鱼类个体数量所占比例	2.56	0	0.00
	F18	底层鱼类个体数量所占比例	3.55	2	0.01
	F19	鱼类个体总数	5.07	2	0.02
营养结构	F20	杂食性鱼类个体数量所占比例	3.21	1	0.01
	F21	植食性鱼类个体数量所占比例	1.89	0	0.00
	F22	肉食性鱼类个体数量所占比例	3.26	0	0.00
	F23	无脊椎动物食性鱼类个体数量所占比例	3.54	0	0.00
敏感性和耐受性	F24	敏感性鱼类个体数百分比	0	0	0.00
	F25	耐污性鱼类个体数量所占比例	3.25	2	0.01
	F26	中耐污性鱼类个体数量所占比例	3.74	1	0.01
	F27	广布性鱼类个体数量所占比例	3.06	0	0.00
繁殖共位群	F28	产浮性卵鱼类个体数量所占比例	2.30	0	0.00
	F29	产沉性卵鱼类个体数量所占比例	1.83	0	0.00
	F30	产黏性卵鱼类个体数量所占比例	3.46	1	0.01

4. 北部农业灌溉区

鱼类生物参数与水环境因子累积系数结果显示（表 7-27）：表征鱼类物种丰富度的参数共筛选出 3 个，分别为鱼类总物种数、虾虎鱼科鱼类物种数量所占比例、马格列夫指数。其中马格列夫指数的累积系数值最高为 2.64，与 2 个水环境因子均显著相关，CoI 值较大，因此作为核心参数。表征鱼类个体数量所占比例的参数共筛选出 2 个，分别为中下层鱼类个体数量所占比例、底层鱼类个体数量所占比例。其中底层鱼类个体数量所占比例的累积系数值最大为 2.62，与 2 个水环境因子均显著相关，因此选作核心参数。

表 7-27　济南北部农业灌溉区鱼类生物参数与环境因子的累积系数

属性	编号	生物参数	$\sum R^2$	S	CoI
物种丰富度	F1	鱼类总物种数	2.03	3	0.01
	F2	鲤形目鱼类物种数量所占比例	1.98	1	0.00
	F3	鲈形目鱼类物种数量所占比例	1.91	3	0.01
	F4	鲤科鱼类物种数量所占比例	1.96	2	0.01
	F5	鳅科鱼类物种数量所占比例	1.67	0	0.00
	F6	虾虎鱼科鱼类物种数量所占比例	2.44	3	0.02
	F7	香农-维纳多样性指数	1.36	1	0.00
	F8	均匀度指数	1.61	1	0.00
	F9	马格列夫指数	2.64	2	0.01
	F10	辛普森指数	1.68	0	0.00
种类个体数量比例	F11	鲤形目鱼类个体数量所占比例	1.41	0	0.00
	F12	鲈形目鱼类个体数量所占比例	1.89	0	0.00
	F13	鲤科鱼类个体数量所占比例	1.45	1	0.00
	F14	鳅科鱼类个体数量所占比例	1.84	1	0.00
	F15	虾虎鱼科鱼类个体数量所占比例	1.90	0	0.00
	F16	中上层鱼类个体数量所占比例	2.35	0	0.00
	F17	中下层鱼类个体数量所占比例	2.18	2	0.01
	F18	底层鱼类个体数量所占比例	2.62	2	0.01
	F19	鱼类个体总数	1.62	2	0.01
营养结构	F20	杂食性鱼类个体数量所占比例	2.27	2	0.01
	F21	植食性鱼类个体数量所占比例	0.76	0	0.00
	F22	肉食性鱼类个体数量所占比例	1.77	0	0.00
	F23	无脊椎动物食性鱼类个体数量所占比例	1.46	1	0.00
敏感性和耐受性	F24	敏感性鱼类个体数量所占比例	1.65	1	0.00
	F25	耐污性鱼类个体数量所占比例	1.08	0	0.00
	F26	中耐污性鱼类个体数量所占比例	1.08	0	0.00
	F27	广布性鱼类个体数量所占比例	2.25	3	0.01
繁殖共位群	F28	产浮性卵鱼类个体数量所占比例	2.39	2	0.01
	F29	产沉性卵鱼类个体数量所占比例	0.85	0	0.00
	F30	产黏性卵鱼类个体数量所占比例	2.28	0	0.00

表征鱼类营养结构的参数共筛选出 1 个，为杂食性鱼类个体数量所占比例，累积系数值为 2.27，与 2 个水环境因子均显著相关，因此选作核心参数。表征鱼类敏感性与耐受性的参数共筛选出 1 个，为广布性鱼类个体数量所占比例，累积系数值最大为 2.25，与 3 个水环境因子显著相关。表征鱼类繁殖共位群的参数共筛选出 1 个，为产浮性卵鱼类个体数量所占比例，累积系数值为 2.39，与 2 个水环境因子显著相关。综上，累积系数法共筛选出鱼类核心参数 5 个，分别为虾虎鱼科鱼类物种数量所占比例、底层鱼类个体数量所占比例、杂食性鱼类个体数量所占比例、广布性鱼类个体数量所占比例、产浮性卵鱼类个体数量所占比例。

7.4.2 评价标准

1. 南部水生态保护区

按照参照点对比法评价标准，大于参照点位 25%分位数的数值为 0.73，定义为健康点；大于 0.55 而不大于 0.73 点定义为较好；大于 0.37 而不大于 0.55 的点定义为一般；大于 0.18 而不大于 0.37 的点定义为较差；小于等于 0.18 的点定义为极差（表 7-28）。

累积系数法评价标准为：大于 0.70 的点位定义为健康；大于 0.53 而不大于 0.70 的点定义为较好；大于 0.45 而不大于 0.53 的点定义为一般；大于 0.22 而不大于 0.45 的点定义为较差；小于等于 0.22 的点定义为极差（表 7-28）。

表 7-28　济南南部水生态保护区鱼类完整性指数健康评价标准

等级	健康（5）	较好（4）	一般（3）	较差（2）	极差（1）
F-ibi	>0.73	>0.55～0.73	>0.37～0.55	>0.18～0.37	≤0.18
F-IBI	>0.70	>0.53～0.70	>0.45～0.53	>0.22～0.45	≤0.22

2. 南部水库水体

鱼类完整性指数等于核心参数之和的平均值，其评判标准为（表 7-29）：将大于 0.63 的点位定义为健康点位，赋予分值 5 分；大于 0.55 而不大于 0.63 的点位定义为较好点位，赋予分值 4 分；大于 0.49 而不大于 0.55 的点位定义为一般点位，赋予分值 3 分；大于 0.30 而不大于 0.49 的点位定义为较差点位，赋予分值 2 分；不大于 0.30 的点位为极差点位，赋予分值 1 分。

表 7-29　水库水体鱼类完整性指数健康评价标准

等级	健康（5）	较好（4）	一般（3）	较差（2）	极差（1）
F-IBI	>0.63	>0.55～0.63	>0.49～0.55	>0.30～0.49	≤0.30

3. 东部经济发展承载区

鱼类完整性指数等于核心参数之和的平均值，其评判标准为（表 7-30）：将大于 0.39 的点位定义为健康点位，赋予分值 5 分；大于 0.36 而不大于 0.39 的点位定义为较好点位，赋予分值 4 分；大于 0.24 而不大于 0.36 的点位定义为一般点位，赋予分值 3 分；大于 0.18 而不大于 0.24 的点位定义为较差点位，赋予分值 2 分；不大于 0.18 的点位为极差点位，赋予分值 1 分。

表 7-30　济南东部经济发展承载区鱼类完整性指数健康评价标准

等级	健康（5）	较好（4）	一般（3）	较差（2）	极差（1）
F-IBI	>0.39	>0.36～0.39	>0.24～0.36	>0.18～0.24	≤0.18

4. 北部农业灌溉区

鱼类完整性指数等于核心参数之和的平均值，其评判标准为（表 7-31）：将大于 0.60 的点位定义为健康点位，赋予分值 5 分；大于 0.45 而不大于 0.60 的点位定义为较好点位，赋予分值 4 分；大于 0.40 而不大于 0.45 的点位定义为一般点位，赋予分值 3 分；大于 0.35 而小于等于 0.40 的点位定义为较差点位，赋予分值 2 分；不大于 0.35 的点位为极差点位，赋予分值 1 分。

表 7-31 济南北部农业灌溉区鱼类完整性指数健康评价标准

等级	健康（5）	较好（4）	一般（3）	较差（2）	极差（1）
F-IBI	>0.60	>0.45～0.60	>0.40～0.45	>0.35～0.40	≤0.35

7.4.3 评价结果

1. 南部水生态保护区

参考条件下计算的鱼类完整性指数（F-ibi）评价结果如图 7-16 所示，健康点位 1 个，较好点位 1 个，一般点位 1 个，较差点位 2 个，极差点位 1 个。并渡口和黄巢水库下游鱼类完整性较高，水生态健康状况较好。从空间分布图中可以看出，这两个点位均位于黄河水系支流玉符河上游，该区域海拔高度均在 100m 以上，以山地为主，人类活动干扰较少，鱼类完整度较高。而在玉符河下游，随着地势的降低，人类活动干扰越大，鱼类完整性逐渐降低，但与其他点位相比，鱼类的完整程度相对较高，表明玉符河是一条受人类活动干扰较少，鱼类完整度较高的河流，应加以重

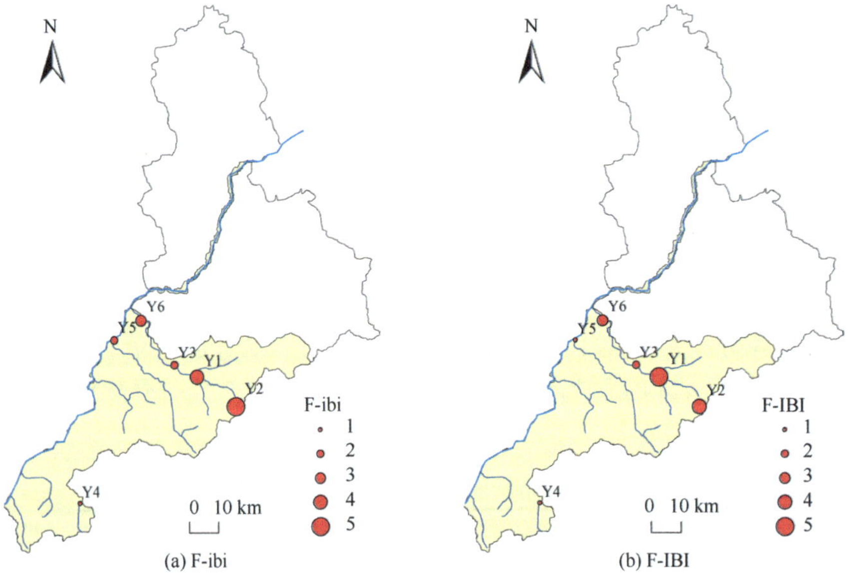

图 7-16 济南南部水生态保护区鱼类完整性指数评价结果空间分布特征图

点保护。陈屯桥点位位于汇河支流，属于山前平原区，该点位周围地势较为平坦，5km 范围内全是耕地，越往东地势越平坦，农作物密集，河流受环境污染较为严重，鱼类的完整性极差。

由累积系数法计算的鱼类完整性指数（F-IBI）评价结果如图 7-16 所示，健康点位 1 个，较好点位 1 个，一般点位 1 个，较差点位 1 个，极差点位 2 个。并渡口点位鱼类完整性最高，其次为黄巢水库下游。睦里庄点位鱼类完整性一般，宅科点位鱼类完整性较差。陈屯桥和北大沙河入黄河口点位鱼类完整性极差。

从两种鱼类完整性评价方法对比折线图看出（图 7-17），F-ibi 与 F-IBI 各点位评价结果趋势基本相同，F-IBI 评价结果略低于 F-ibi 评价结果。具体来看，两种评价方法在宅科、陈屯桥、睦里庄三个点位评价结果完全一致，占所有点位的 50%，并渡口点位 F-IBI 评价结果高出 F-ibi 评价结果一个等级，黄巢水库下游、北大沙河入黄河口这两个点位 F-ibi 评价结果高出 F-IBI 评价结果一个等级。可以认为，两种评价方法评价结果较为一致。

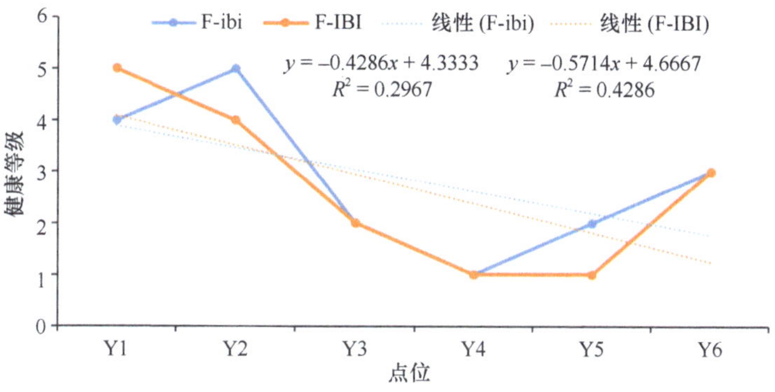

图 7-17　济南南部水生态保护区各点位鱼类完整性指数比较图

因水库型水体属于人工修建的水体类型，无法采用参照点对比法对生物参数进行筛选，而通过对累积系数法的验证，表明累积系数法在指标筛选和评价结果上与参照点法的评价结果基本一致，因此对水库型水体生物参数的筛选，一律采用累积系数法，将与环境因子相关性较大的生物参数作为核心参数，并采用百分位数法，设定评价标准。

2. 南部水库水体

鱼类完整性指数评价结果如图 7-18 所示，健康点位 1 个，为崮头水库；较好点位 1 个，为崮云湖水库；一般点位 3 个，为锦绣川水库、汇泉水库和钓鱼台水库；较差点位 2 个，为八达岭水库、东阿水库；极差点位 2 个，为卧虎山水库和垛庄水库。

3. 东部经济发展承载区

鱼类完整性指数评价结果如图 7-19 所示，健康点位 1 个，为巨野河点位；较好点位 1 个，为五龙堂点位；一般点位 2 个，为浒山闸和白云湖点位；较差点位 2 个，为相公庄和龙脊河点位；极差点位 2 个，为张家林和石河点位。

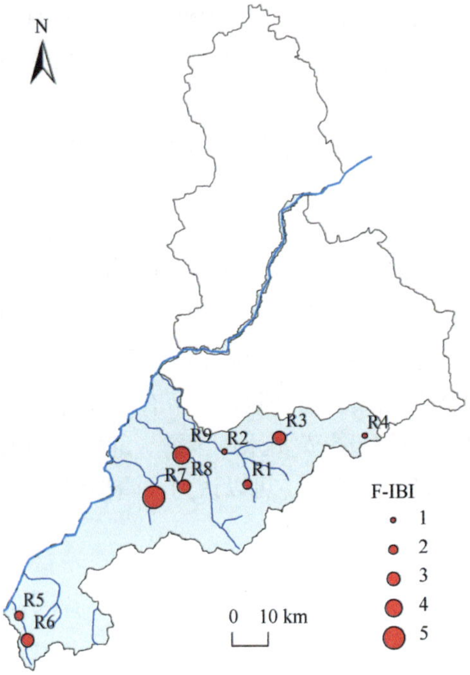

图 7-18 水库水体鱼类完整性指数评价结果空间分布特征图

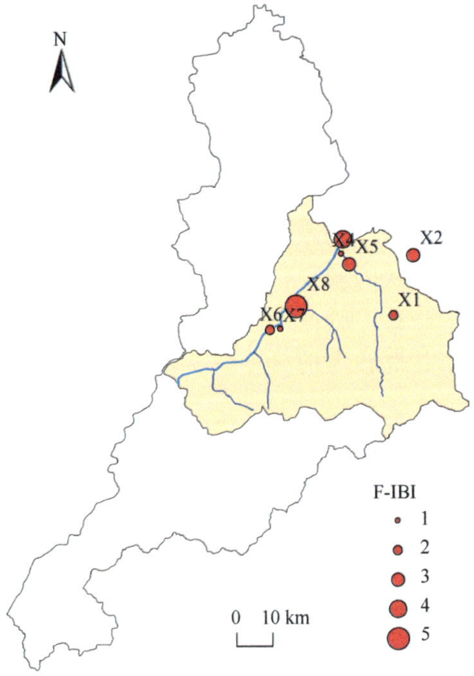

图 7-19 济南东部经济发展承载区鱼类完整性指数评价结果空间分布特征图

4. 北部农业灌溉区

鱼类完整性指数健康评价结果如图 7-20 所示，健康点位 2 个，为北田家和周永闸点位；较好点位 1 个，为刘家堡桥点位；一般点位 3 个，为新市董家、杆子行闸和明辉路桥点位；较差点位 3 个，为大贺家铺、营子闸和刘成桥点位；极差点位 3 个，为垛石街、张公南临和潘庙闸点位。

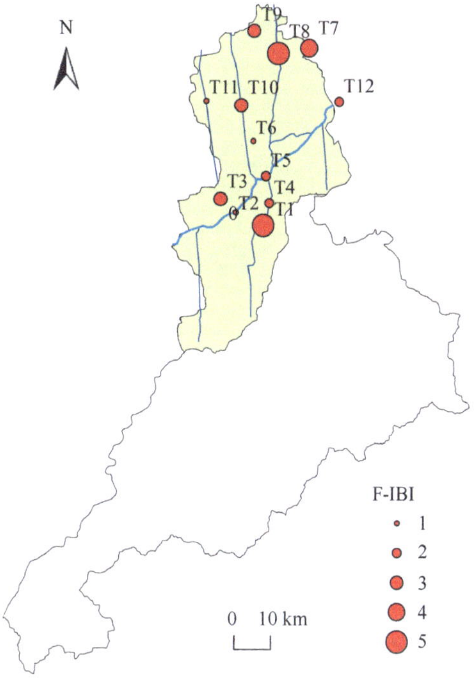

图 7-20　济南北部农业灌溉区鱼类完整性指数评价结果空间分布特征图

7.5　水生生物健康评价

考虑到鱼类、底栖动物、浮游植物在水生态系统中处于不同的生态位，在物质循环和能量流动中发挥着不同的作用。因此，采用累积系数法筛选出的鱼类、底栖动物、浮游植物核心参数，通过熵权法的计算，给每一个核心参数赋予不同的权重值，构建一个综合的水生生物完整性指数，用以检验哪一类评价结果更为准确。

7.5.1　权 重 分 配

1. 南部水生态保护区

经过熵权法计算（表 7-32），鱼类 5 个核心参数所占权重为 0.41，其中敏感性鱼类个体数比例所占权重最大，为 0.16。底栖动物 5 个核心参数所占权重为 0.45，其中敏感类群个体相对丰度所占权重最大，为 0.12。浮游植物 4 个核心参数所占权重为 0.14，其中硅藻门总分类单元数所占权重最大，为 0.07。

表 7-32　济南南部水生态保护区水生生物完整性指数核心参数权重

生物类别	类别权重	编号	生物参数	参数权重
鱼类	0.41	F10	辛普森指数	0.01
		F19	鱼类个体总数	0.06
		F22	肉食性鱼类个体数量所占比例	0.07
		F24	敏感性鱼类个体数量所占比例	0.16
		F29	产沉性卵鱼类个体数量所占比例	0.11
底栖动物	0.45	B4	毛翅目分类单元数	0.11
		B7	底栖动物个体总数	0.11
		B16	敏感类群个体相对丰度	0.12
		B21	集食者数量所占比例	0.06
		B26	马格列夫多样性指数	0.05
浮游植物	0.14	P2	硅藻门总分类单元数	0.07
		P7	绿藻分类单元相对丰度	0.04
		P14	辛普森多样性指数	0.00
		P16	硅藻商	0.03

2. 南部水库水体

经过熵权法计算（表 7-33），鱼类 4 个核心参数所占权重为 0.28，其中产浮性卵鱼类个体数量所占比例所占权重最大，为 0.11。底栖动物 5 个核心参数所占权重为 0.44，其中撕食者数量所占比例所占权重最大，为 0.18。浮游植物 4 个核心参数所占权重为 0.28，其中绿藻数量相对多度所占权重最大，为 0.11。

表 7-33　水库水体水生生物完整性指数核心参数权重

生物类别	类别权重	编号	生物参数	参数权重
鱼类	0.28	F5	鳅科鱼类物种数量所占比例	0.05
		F16	中上层鱼类个体数量所占比例	0.08
		F26	中耐污性鱼类个体数量所占比例	0.05
		F28	产浮性卵鱼类个体数量所占比例	0.11
底栖动物	0.44	B5	水生昆虫分类单元数	0.08
		B7	底栖动物个体总数	0.08
		B17	耐污类群个体相对丰度	0.06
		B22	撕食者数量所占比例	0.18
		B24	均匀度指数	0.06
浮游植物	0.28	P1	浮游植物总分类单元数	0.08
		P10	绿藻数量相对多度	0.11
		P15	均匀度指数	0.04
		P16	硅藻商	0.04

3. 东部经济发展承载区

经过熵权法计算（表 7-34），鱼类 5 个核心参数所占权重为 0.52，其中中耐污性鱼类个体数量所占比例所占权重最大，为 0.14。底栖动物 5 个核心参数所占权重为 0.30，其中耐污类群个体相对丰度所占权重最大，为 0.10。浮游植物 4 个核心参数所占权重为 0.18，其中绿藻门总分类单元数所占权重最大，为 0.10。

表 7-34　济南东部经济发展承载区水生生物完整性指数核心参数权重

生物类别	类别权重	编号	生物参数	参数权重
鱼类	0.52	F6	虾虎鱼科鱼类物种数量所占比例	0.16
		F13	鲤科鱼类个体数量所占比例	0.06
		F20	杂食性鱼类个体数量所占比例	0.08
		F26	中耐污性鱼类个体数量所占比例	0.14
		F30	产黏性卵鱼类个体数量所占比例	0.08
底栖动物	0.30	B6	甲壳动物和软体动物分类单元数	0.06
		B13	寡毛类数量所占比例	0.04
		B17	耐污类群个体相对丰度	0.10
		B21	集食者数量所占比例	0.07
		B23	香农-维纳多样性指数	0.04
浮游植物	0.18	P3	绿藻门总分类单元数	0.10
		P6	硅藻分类单元相对丰度	0.03
		P12	香农-维纳多样性指数	0.03
		P16	硅藻商	0.02

4. 北部农业灌溉区

经过熵权法计算（表 7-35），鱼类 5 个核心参数所占权重为 0.37，其中产浮性卵鱼类个体数量所占比例所占权重最大，为 0.12。底栖动物 3 个核心参数所占权重为 0.50，其中蚬类数量所占比例所占权重最大，为 0.43。浮游植物 3 个核心参数所占权重为 0.13，其中绿藻门总分类单元数所占权重最大，为 0.06。

表 7-35　济南北部农业灌溉区水生生物完整性指数核心参数权重

生物类别	类别权重	编号	生物参数	参数权重
鱼类	0.37	F9	马格列夫指数	0.07
		F18	底层鱼类个体数量所占比例	0.07
		F20	杂食性鱼类个体数量所占比例	0.04
		F27	广布性鱼类个体数量所占比例	0.06
		F28	产浮性卵鱼类个体数量所占比例	0.12
底栖动物	0.50	B14	蚬类数量所占比例	0.43
		B21	集食者数量所占比例	0.03
		B23	香农-维纳多样性指数	0.04
浮游植物	0.13	P3	绿藻门总分类单元数	0.06
		P5	浮游植物个体总数	0.04
		P15	均匀度指数	0.03

7.5.2 评价标准

1. 南部水生态保护区

水生生物完整性指数（AO-IBI）评价标准依然采用百分位数法，水生生物完整性指数评价标准如表 7-36 所示。大于 0.63 的点位定义为健康点位，赋予分值 5 分；大于 0.55 而小于等于 0.63 的点位定义为较好点位，赋予分值 4 分；大于 0.41 而小于等于 0.55 的点位定义为一般点位，赋予分值 3 分；大于 0.26 而小于等于 0.41 的点位定义为较差点位，赋予分值 2 分；小于等于 0.26 的点位定义为极差点位，赋予分值 1 分。

表 7-36　济南南部水生态保护区水生生物完整性指数健康评价标准

等级	健康（5）	较好（4）	一般（3）	较差（2）	极差（1）
AO-IBI	>0.63	>0.55～0.63	>0.41～0.55	>0.26～0.41	≤0.26

2. 南部水库水体

水生生物完整性指数等于核心参数之和的平均值，其评判标准为（表 7-37）：将大于 0.53 的点位定义为健康点位，赋予分值 5 分；大于 0.51 而小于等于 0.53 的点位定义为较好点位，赋予分值 4 分；大于 0.46 而小于等于 0.51 的点位定义为一般点位，赋予分值 3 分；大于 0.27 而小于等于 0.46 的点位定义为较差点位，赋予分值 2 分；小于等于 0.27 的点位为极差点位，赋予分值 1 分。

表 7-37　水库水体水生生物完整性指数健康评价标准

等级	健康（5）	较好（4）	一般（3）	较差（2）	极差（1）
AO-IBI	>0.53	>0.51～0.53	>0.46～0.51	>0.27～0.46	≤0.27

3. 东部经济发展承载区

水生生物完整性指数等于核心参数之和的平均值，其评判标准为（表 7-38）：将大于 0.51 的点位定义为健康点位，赋予分值 5 分；大于 0.46 而小于等于 0.51 的点位定义为较好点位，赋予分值 4 分；大于 0.34 而小于等于 0.46 的点位定义为一般点位，赋予分值 3 分；大于 0.22 而小于等于 0.34 的点位定义为较差点位，赋予分值 2 分；小于等于 0.22 的点位为极差点位，赋予分值 1 分。

表 7-38　济南东部经济发展承载区水生生物完整性指数健康评价标准

等级	健康（5）	较好（4）	一般（3）	较差（2）	极差（1）
AO-IBI	>0.51	>0.46～0.51	>0.34～0.46	>0.22～0.34	≤0.22

4. 北部农业灌溉区

水生生物完整性指数等于核心参数之和的平均值，其评判标准为（表 7-39）：将大于 0.35 的点位定义为健康点位，赋予分值 5 分；大于 0.3 而小于等于 0.35 的点位定义为较好点位，赋予分值 4 分；大于 0.25 而小于等于 0.3 的点位定义为一般点位，赋予分值 3 分；大于 0.24 而小于等于 0.25 的点位定义为较差点位，赋予分值 2 分；小于等于 0.24 的点位为极差点位，赋予分值 1 分。

表 7-39 济南北部农业灌溉区水生生物完整性指数健康评价标准

等级	健康（5）	较好（4）	一般（3）	较差（2）	极差（1）
AO-IBI	>0.35	>0.30～0.35	>0.25～0.30	>0.24～0.25	≤0.24

7.5.3 评 价 结 果

1. 南部水生态保护区

水生生物完整性指数评价结果如图 7-21 所示。健康点位 1 个，为并渡口点位；较好点位 1 个，为黄河水库上游点位；一般点位 1 个，为宅科点位；较差点位 1 个，为睦里庄点位；极差点位 2 个，为陈屯桥和北大沙河入黄河口点位。

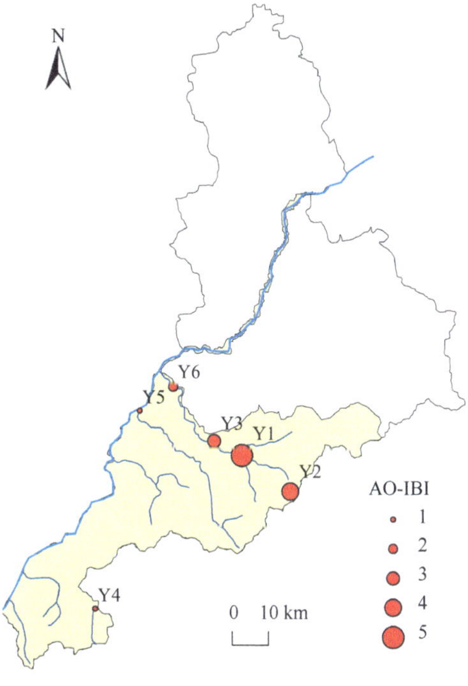

图 7-21 济南南部水生态保护区水生生物完整性指数评价结果空间分布特征图

2. 南部水库水体

水生生物完整性指数评价结果如图 7-22 所示，健康点位 1 个，为钓鱼台水库；较好点位 1 个，为崮头水库；一般点位 2 个，为东阿水库和崮云湖水库；较差点位 2 个，为八达岭水库和汇泉水库；极差点位 3 个，为卧虎山水库、锦绣川水库和垛庄水库。

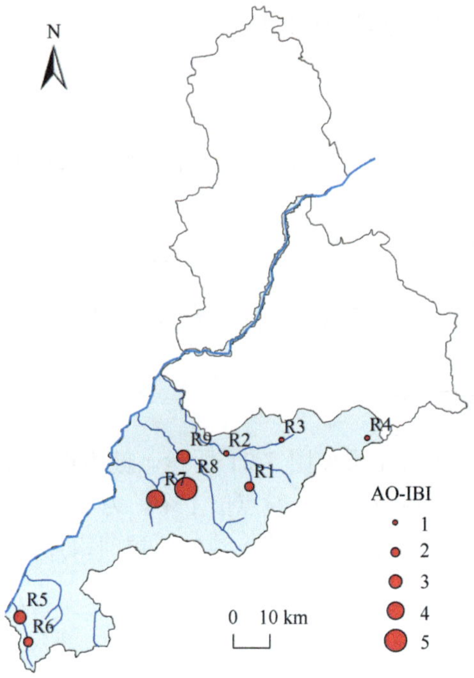

图 7-22　水库水体水生生物完整性指数评价结果空间分布特征图

3. 东部经济发展承载区

水生生物完整性指数评价结果如图 7-23 所示，健康点位 1 个，为巨野河点位；较

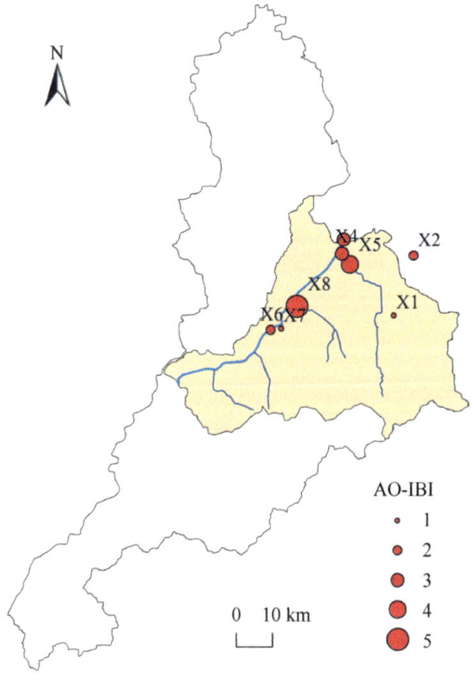

图 7-23　济南东部经济发展承载区水生生物完整性指数评价结果空间分布特征图

好点位 1 个，为白云湖点位；一般点位 2 个，为五龙堂和张家林点位；较差点位 2 个，为浒山闸和龙脊河点位；极差点位 2 个，为相公庄和石河点位。

4. 北部农业灌溉区

水生生物完整性指数健康评价结果如图 7-24 所示，健康点位 1 个，为营子闸点位；较好点位 3 个，为周永闸、杆子行闸和潘庙闸点位；一般点位 1 个，为北田家点位；较差点位 4 个，为大贺家铺、刘家堡桥、明辉路桥和刘成桥点位；极差点位 3 个，为垛石街、新市董家和张公南临点位。

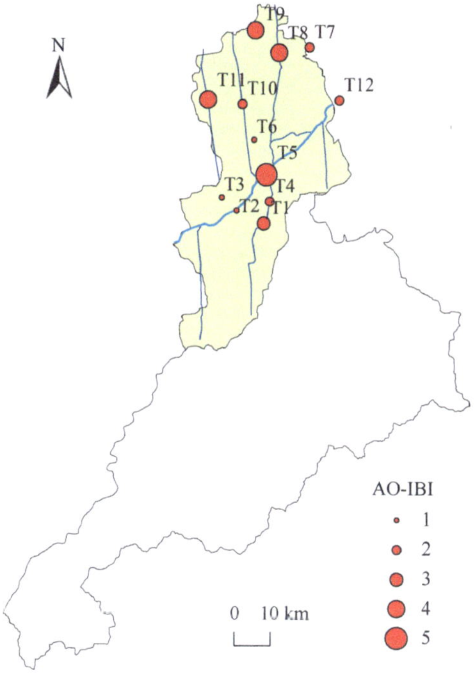

图 7-24　济南北部农业灌溉区水生生物完整性指数评价结果空间分布特征图

7.6　综合水质标识指数健康评价

通过综合水质标识指数法，对济南市水质状况进行评价，其目的一方面对济南市水质状况有一个初步的了解，另一方面，通过水质评价法与水生生物评价法进行比较分析，判断哪种水生生物评价方法更为合理。

7.6.1　南部水生态保护区

综合水质标识指数（WQ）评价结果如图 7-25 所示，水质健康的点位 1 个，为并渡口点位；较好点位 2 个，为黄巢水库下游、宅科点位；一般点位 1 个，为睦里庄点位；没有较差点位；极差点位 2 个，分别为陈屯桥、北大沙河入黄河口点位。

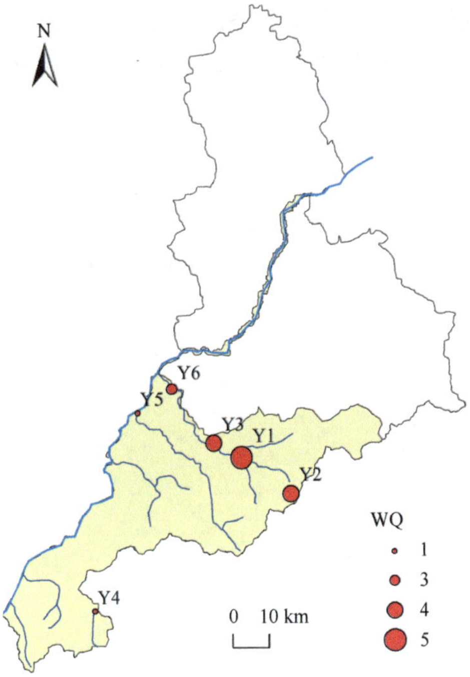

图 7-25　济南南部水生态保护区综合水质标识指数评价结果空间分布特征图

7.6.2　南部水库水体

综合水质标识指数评价结果如图 7-26 所示，健康点位 1 个，为锦绣川水库；较好

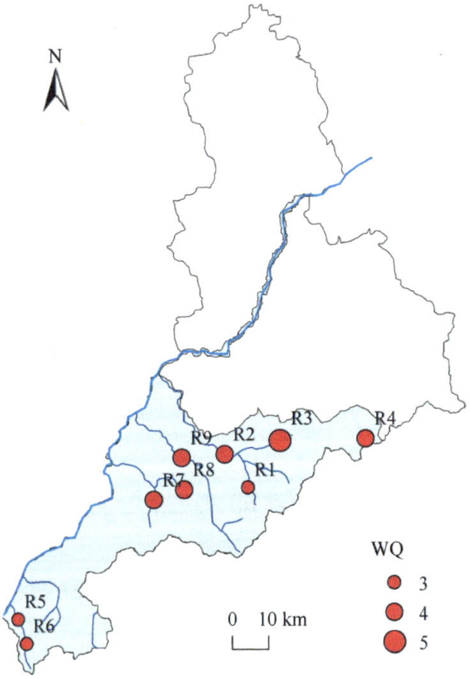

图 7-26　水库水体综合水质标识指数评价结果空间分布特征图

点位 5 个，为卧虎山水库、垛庄水库、崮头水库、钓鱼台水库和崮云湖水库；一般点位 3 个，为八达岭水库、东阿水库和汇泉水库。

7.6.3　城市中心社会服务区

综合水质标识指数评价结果如图 7-27 所示，健康点位 0 个；较好点位 1 个，为菜市新村点位；一般点位 1 个，为吴家铺点位；较差点位 1 个，为梁府庄点位；极差点位 2 个，为板桥和黄台桥点位。

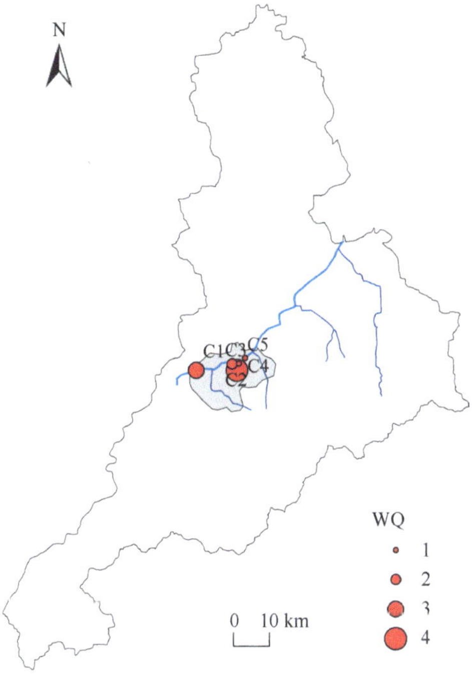

图 7-27　济南城市中心社会服务区综合水质标识指数评价结果空间分布特征图

7.6.4　东部经济发展承载区

综合水质标识指数评价结果如图 7-28 所示，健康点位 1 个，为龙脊河点位；较好点位 0 个；一般点位 2 个，为白云湖和巨野河点位；较差点位 2 个，为张家林和石河点位；极差点位 3 个，为相公庄、浒山闸和五龙堂点位。

7.6.5　北部农业灌溉区

综合水质标识指数健康评价结果如图 7-29 所示，北田家和大贺家铺点位水质健康状况为极差水平，其余 10 个点位水质健康状况均为一般水平。

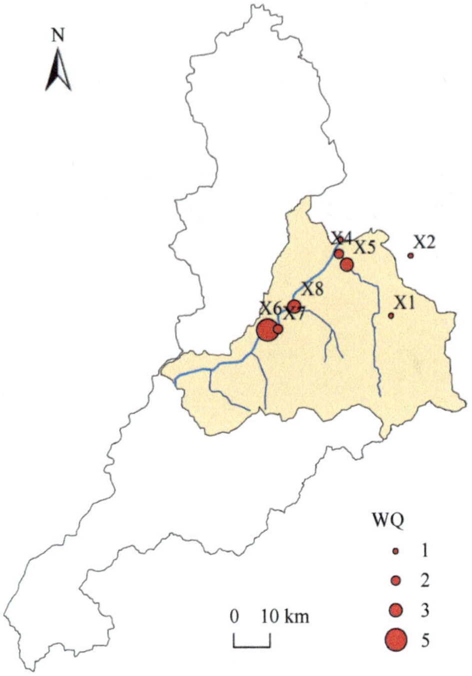

图 7-28　济南东部经济发展承载区综合水质标识指数评价结果空间分布特征图

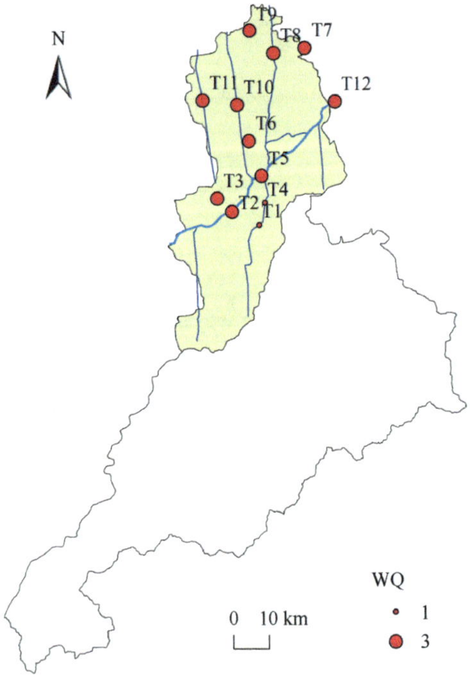

图 7-29　济南北部农业灌溉区综合水质标识指数评价结果空间分布特征图

7.7　评价方法适宜性分析

7.7.1　南部水生态保护区

生物评价法与综合水质标识指数评价法的契合度如表 7-40 所示。底栖动物完整性指数、鱼类完整性指数和水生生物完整性指数评价结果与水质评价结果平均契合度值最高，为 0.92。鱼类完整性指数与综合水质标识指数仅宅科点位评价结果有所不同，相差 2 个等级，而底栖动物完整性指数和水生生物完整性指数与综合水质标识指数有两个点位评价结果均有不同，但相差 1 个等级。浮游植物完整性指数、P-D 指数和 P-S 指数评价结果与水质评价结果平均契合度值最低，均不足 0.6。初步判断，针对济南市南部水生态保护区，鱼类完整性指数、底栖动物完整性指数和水生生物完整性指数评价方法较为适合，而浮游植物不适合南部水生态保护区河流型水体的健康评价。

表 7-40　济南南部水生态保护区生物评价法与水质评价法契合度值

编号	名称	WQ	BI	P-D	P-S	F-IBI	B-IBI	P-IBI	AO-IBI
Y1	并渡口	5	3	5	5	5	5	1	5
Y2	黄巢水库下游	4	5	5	5	4	4	5	4
Y3	宅科	4	4	5	5	2	3	3	3
Y4	陈屯桥	1	1	5	5	1	1	4	1
Y5	北大沙河入黄河口	1	1	4	3	1	1	1	1
Y6	睦里庄	3	2	5	5	3	2	2	2
契合度			0.83	0.54	0.58	0.92	0.92	0.58	0.92

8 种评价方法中，浮游植物 P-D 指数法评价结果均值最高，所有点位均在较好水平。其次为浮游植物 P-S 指数，其评价结果也普遍较高，所有点位均处在一般水平以上。具体原因在于，济南市南部水生态保护区河流型水体，受人类活动干扰较少，污染类型也主要以农业灌溉为主，较易形成富营养化，有利于浮游植物的生长。如陈屯桥点位，水质较差，流量较低，水体氮磷含量较高，可以看到大量水生植物生长，不利于鱼类等高等生物的生存。但浮游植物多样性指数以及完整性指数较高，可以判定浮游植物 P-D 和 P-S 指数评价结果高于实际的水生态健康状况，因此不适合济南南部水生态保护区河流型水体的健康评价。济南市水质评价箱体图显示（图 7-30），各点位水质评价的平均值在 3 分以上，表明济南南部河流水质相对较好，平均水平能达到一般以上。而生物评价法的均值均在一般水平以下，箱体图分布较为一致。

从空间分布特征来看（图 7-31），并渡口点位 6 种评价方法评价结果均在较好水平以上，仅 BI 指数和 P-IBI 指数评价结果为一般和极差水平。并渡口点位位于玉符河上游，那里村落较少，耕地面积较少，人口数量较低，河流生境接近自然状态，底质以不同直径的石块为主，水质清澈，因此从水质和水生生物角度出发，水生态健康程度均较高。BI 指数评价结果偏低，可能的原因在于摇蚊类底栖动物物种较多，数量也较多，而摇蚊

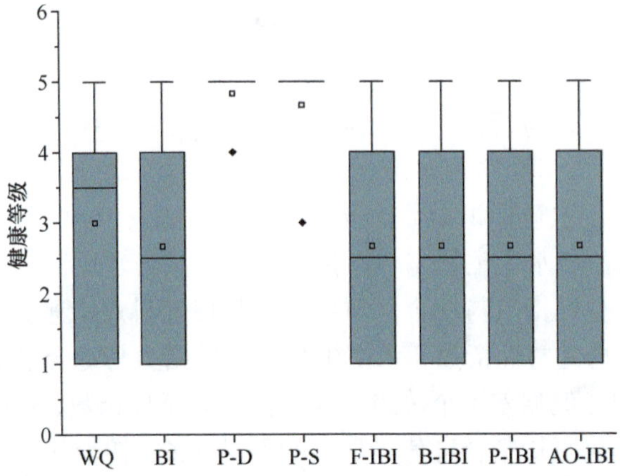

图 7-30　济南南部水生态保护区各种评价结果箱体图

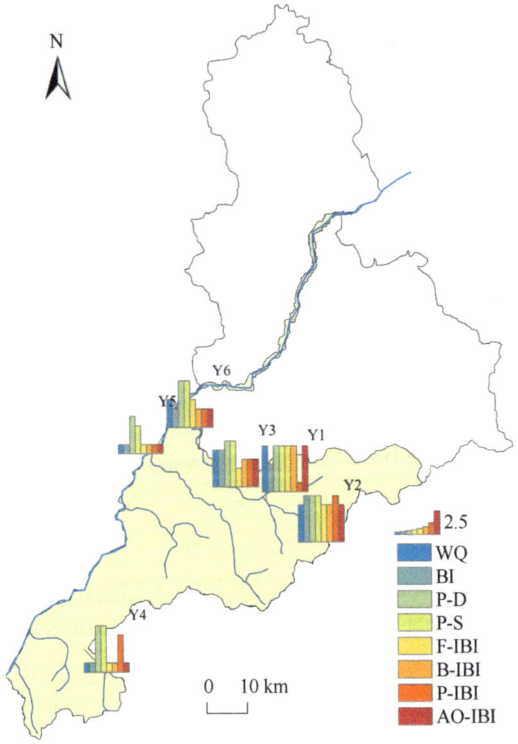

图 7-31　济南南部水生态保护区各种评价结果空间分布特征图

类底栖动物普遍具有较高的耐受性，因此仅考虑底栖动物耐受性和个体数量相对多度的 BI 指数，在并渡口点位计算的数值偏高，使评价结果偏低。从这一点考虑，BI 指数法评价结果具有局限性。而 P-IBI 指数在并渡口点位评价结果为极差的原因可能由于该点位河流流速较大，浮游植物主要漂浮于河水中，当流速流量过大时，会降低浮游植物的密度和群落结构的完整性，因此导致评价结果偏低。此外，并渡口点位浮游植物以硅藻类群为主，绿藻门相对丰度相较于其他点位最低。有研究表明，硅藻因个体细胞较大，对流速较大的水体适应性较强，而浮游植物完整性指数中有一个核心参数为绿藻分类单元相对丰富，该指数在并渡口点位值极低，因此使并渡口点位整体水平降低。从这点考虑，浮游植物不适合南部水生态保护区河流型水体的健康评价。宅科点位水质评价结果与生物完整性评价结果相差较大，该点位水质较好，而生物完整性指数值较低。宅科点位与并渡口和黄巢水库下游同属于玉符河支流，宅科位于玉符河中游，与并渡口相比，该点位河道内外全部是大小不一的石块，植被较少，周围有采石作业等人类活动的干扰，使该点位水生生物完整性较差。此外该点位平均水深极浅，不足 10cm，减小了鱼类的活动空间，使鱼类完整性降低。因此该点位鱼类完整性指数评价结果为较差。表明水质较好的点位不一定水生态就健康，从该点考虑，鱼类完整性评价指数评价结果更为合理。

综上所述，通过比较分析，鱼类完整性指数与水质评价结果契合度最高，评价结果最为合理，较适合济南南部水生态保护区水体的健康评价。根据 8 种评价方法评价结果的比较分析，南部水生态保护区 6 个河流点位中，并渡口、黄巢水库下游水生态健康状况较好，宅科和睦里庄水生态健康状况一般，陈屯桥和北大沙河入黄河口水生态健康状况较差。玉符河支流水生态健康状况较好，应重点保护。北大沙河和南大沙河支流水生态状况一般，应给予重视。汇河支流水生态健康状况最差，应尽快治理。

7.7.2　南部水库水体

生物评价法与水质评价法契合度比较分析结果显示（表 7-41），浮游植物 P-D 指数和 P-S 指数与综合水质标识指数的契合度值最高，均为 0.75。其次为底栖动物 BI 指数和鱼类完整性指数，契合度值分别为 0.69 和 0.67。浮游植物完整性指数评价结果与水质评价结果契合度值最低，为 0.56。初步判断，对于济南市水库水体类型的健康评价，浮游植物 P-D 指数和 P-S 指数、底栖动物 BI 指数、鱼类完整性指数较为适合，而浮游植物完整性指数不适合南部水生态保护区水库水体的健康评价。

表 7-41　水库水体生物评价法与水质评价法契合度值

编号	名称	WQ	BI	P-D	P-S	F-IBI	B-IBI	P-IBI	AO-IBI
R1	八达岭水库	3	4	5	3	2	3	2	2
R2	卧虎山水库	4	4	4	3	1	1	1	1
R3	锦绣川水库	5	1	5	5	3	1	3	1
R4	垛庄水库	4	1	4	1	1	2	1	1
R5	东阿水库	3	3	5	3	2	5	3	3
R6	汇泉水库	3	4	5	5	3	2	5	2
R7	崮头水库	4	4	5	3	5	2	1	4
R8	钓鱼台水库	4	5	5	3	3	4	2	5
R9	崮云湖水库	4	3	5	5	4	4	4	3
契合度			0.69	0.75	0.75	0.67	0.61	0.56	0.61

8 种评价方法中，浮游植物 P-D 指数评价结果最高，所有点位均在较好水平以上（图 7-32）。其次为综合水质标识指数（WQ），其评价结果均处在一般水平以上。底栖动

物 BI 指数和浮游植物 P-S 指数评价结果箱体图显示，虽有个别点位评价结果为极差，但总体平均水平在一般状况以上。而 4 种生物完整性指数法虽然箱体变化范围不同，但其评价结果的平均水平均在一般状况之下。具体来看，B-IBI 与 F-IBI 对水库点位评价结果的平均水平相一致，但 B-IBI 箱体的变化区间比 F-IBI 大，表明各水库点位 B-IBI 值的离散程度较大，一般以上点位较 F-IBI 多。P-IBI 和 AO-IBI 评价结果的平均水平值最低，两种评价方法均有 3 个点位为极差点位。综上，WQ 和 P-D 评价结果偏高，BI 和 P-S 评价结果一般，而生物完整性指数评价结果偏低。

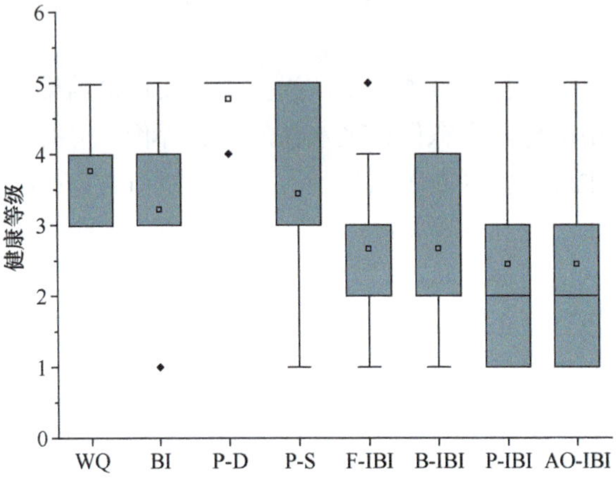

图 7-32　水库水体各种评价结果箱体图

从评价结果空间分布特征来看（图 7-33），卧虎山水库（R2）、锦绣川水库（R3）和垛庄水库（R4）水质评价结果在较好水平之上，而生物评价法均在较差水平以下。卧虎山水库和锦绣川水库是所有水库中面积最大的两个水库，水质较好，但岸边水体较深，采样时局限性较大，通过渔船使用采泥器对底栖动物进行采集。但由于水库面积大，水体较深，生物的密度相对较低，采集到的生物种类有限，使得生物完整性指数评价的结果较差。而底栖 BI 指数、浮游 P-D 和 P-S 指数与水质评价结果较为一致。垛庄水库特点是在水库北侧有一长度约为 400m 的筑坝，可以到达库边采样，而筑坝四周由山体环绕，水质极好，但由于库边底质以水泥底为主，采集到的生物物种数量较低，使生物完整性较差。而其他水库点位特点是，水库一侧有人工修建的筑坝，而四周以自然底质为主，水深由浅至深逐渐增大，一方面有利于采样调查；另一方面自然底质的生境有利于水生生物形成稳定的生态系统，因此评价结果比上述三个水库较好。其中，东阿水库（R5）底栖动物完整性指数评价结果最高，相较于其他点位，该点位采集到的底栖动物种类和数量最多，因此使底栖动物完整性指数偏高，而底栖动物 BI 指数为一般水平，表明存在一定数量的耐污种，这与水质评价结果相一致。汇泉水库（R6）浮游植物完整性指数高于其他指数评价结果，为健康点位。汇泉水库是所有水库中面积最小的水库，该水库位于山前平原区，周边耕地面积较大，受农业污染较重，该点位总磷、氨氮、硝酸盐含量是所有水库中含量最高的，加之水库面积小，水体并不深，这些均有利于浮游植物群落形成较为完整的群落结构，使其评价结果较高。

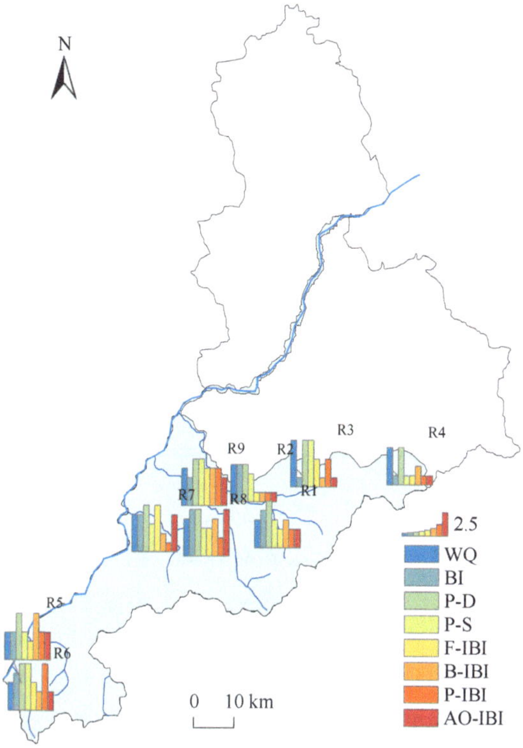

图 7-33　水库水体各种评价结果空间分布特征图

水库点位因主要位于南部水生态保护区，受人类活动干扰较少，多数水库位于水系的上游，进入水库的水体水质较好，从水质评价结果也可以看出，水库水体的水质都处于一般及以上水平。但由于水库水体是人工修建的水体类型，水体中的生境受到一定程度的干扰和破坏。势必会对水体中的生物群落造成一定的影响，如果采用生物完整性指数进行评价，会使评价标准过于严格，造成评价结果普遍较差。此外，由于水库水体面积较大，采样的频次和时间均受到一定的局限性，采集的样本是否能代表水库水体多数的生物状况，还有待进一步研究。再者，水库型水体主要是功能性的水体类型，其主要目的是为人类而服务的，是否有必要构建水库水体生物完整性的水生态健康状况，也有待进一步讨论与研究。综上认为，水生生物完整性指数法并不适用于评价济南水库型水体，而底栖动物 BI 指数、浮游植物 P-D 指数和 P-S 指数与水质评价结果契合度最高，但 P-D 指数评价结果过于乐观，因此判定底栖动物 BI 指数和浮游植物 P-S 指数适合于评价济南南部水生态保护区水库型水体的水生态健康状况。评价结果表明，垛庄水库水生态健康状况较差，其余水库水生态健康状况均在一般水平以上。

7.7.3　城市中心社会服务区

生物评价法与水质评价法契合度比较分析结果显示（表 7-42），底栖动物 BI 指数、底栖动物完整性指数和浮游植物完整性指数与综合水质标识指数评价结果契合度最高，均为 0.75。浮游植物 P-D 指数和 P-S 指数与综合水质标识指数契合度值最低，仅为 0.5。初步判定，P-D 和 P-S 指数不适合评价济南市城市中心社会服务区水生态健康状况。

表 7-42 济南城市中心社会服务区生物评价法与水质评价法契合度值

编号	名称	WQ	BI	P-D	P-S	B-IBI	P-IBI
C1	吴家铺	3	2	5	5	5	5
C2	梁府庄	2	1	4	3	1	1
C3	板桥	1	1	2	3	1	1
C4	菜市新村	4	1	5	5	3	3
C5	黄台桥	1	1	5	5	2	2
契合度			0.75	0.50	0.50	0.75	0.75

从评价结果的箱体分布图中来看（图 7-34）：浮游植物 P-D 指数评价结果最高，箱体在 4～5 等级间分布，P-S 指数评价结果相对较高，箱体在 3 级以上。而城市中心社会服务区受人类活动干扰较大，河道渠道化明显，水生态健康状况较差，而 P-D 和 P-S 指数评价结果普遍偏高，与实际状态不相符，因此判定 P-D 和 P-S 指数不适合评价济南城市中心社会服务区水体的健康状况。综合水质标识指数评价结果显示，城市中心社会服务区水质较差，箱体处于 1～3 等级间。生物完整性指数评价略高于水质评价结果，但总体平均水平均在一般状况以下。底栖动物 BI 指数评价结果最差，不存在一般及以上的点位。

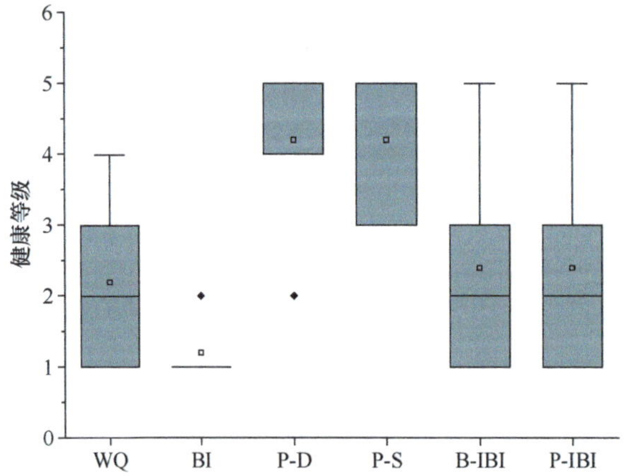

图 7-34 济南城市中心社会服务区各种评价结果箱体图

从空间分布特征来看（图 7-35），吴家铺点位（C1）和菜市新村点位（C6）底栖动物 BI 指数评价结果和生物完整性指数以及综合水质标识指数评价结果差异性较大。吴家铺点位综合水质标识指数评价结果显示健康等级为 3 级，水质一般，生物完整性指数评价结果显示，健康等级为 5 级，表明水生态健康状况较好，底栖动物 BI 指数评价结果为 2 级，水生态健康状况较差。具体来看，吴家铺点位位于城市中心社会服务区最西边，属于小清河干流源头，水量充沛，河道两岸没有被固化，周围种植有杨柳树，河道

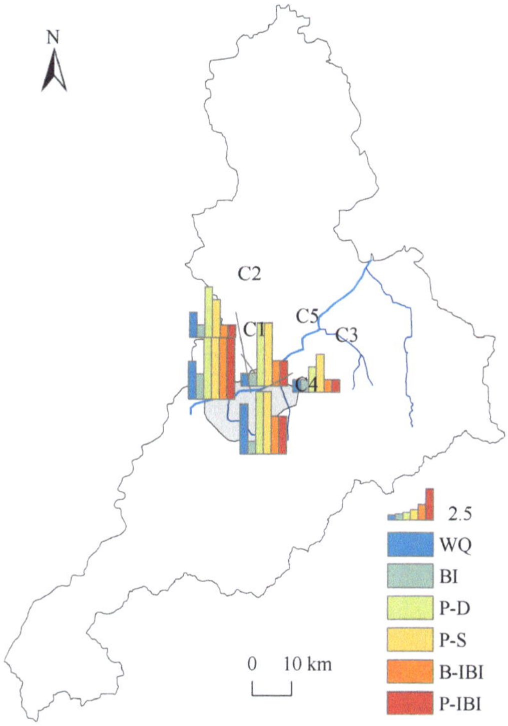

图 7-35　济南城市中心社会服务区各种评价结果空间分布特征图

两侧有大型水生植物生长，这些均为水生生物提供了较好的栖息空间，与城市中心社会服务区其他四个点位相比，该点位的生境最为完整，水生生物的种类和数量均较多，生物完整性评价结果为较好。而且综合水质评价结果也在一般水平，为生物的生长提供了充足的营养元素。而该点位底栖动物 BI 指数评价结果为较差，最主要的原因是在板桥点位，没有采集到底栖动物，BI 指数为 0，降低了 BI 健康等级的评价标准，而 BI 指数越小，表明水体越健康，因此 BI 评价结果普遍较差，从 4 个点位比较中可以看出，吴家铺点位的 BI 值是最小的为 5.67，菜市新村为 8.26，板桥和黄台桥 BI 指数均在 9.0 以上，表明吴家铺点位在所有城市中心社会服务区点位中水生态健康状况最好。

菜市新村点位综合水质标识指数评价结果偏高，主要的一个原因在于菜市新村点位属于济南市东泺河，东泺河上游为济南市护城河一部分，流经黑虎泉、大明湖等著名景区。自 2010 年济南护城河全线通航起，济南市政府加大了对护城河水质的改善和修复，使东泺河护城河段的水质均达到国家规定的 I 类、II 类水标准，而菜市新村点位离护城河出口仅 200m，因此该点位的水质状况较好。BI 指数评价结果虽然极差，但与其余三个点位相比，菜市新村的 BI 指数相对较低，表明该点位的水生态健康状况要优于梁府庄、板桥和黄台桥。此外，通过城市中心社会服务区 BI 指数和底栖动物完整性评价结果比较分析可知，BI 指数仅考虑了底栖动物的耐污水平，会使评价结果与实际水生态状况存在一定偏差，而完整性指数包含了底栖动物的物种组成、丰富度、营养水平、耐污能力和多样性等多个生物属性，反映的生态信息更加全面，使评价结果更为合理。

综上所述，根据多种评价方法的评价结果显示，在济南城市中心社会服务区吴家铺点位和菜市新村点位水生态健康状况均在一般水平以上，相对较好。梁府庄、板桥和黄台桥点位水生态健康状况均在一般水平以下，需重点治理。而底栖动物完整性指数和浮游植物完整性指数评价结果与水质评价结果契合度值最高，两种评价结果完全一致，并与实际水生态健康状况最为接近，评价结果最为合理，因此判定底栖动物完整性指数和浮游植物完整性指数较适宜评价济南城市中心社会服务区水体的健康状况。

7.7.4 东部经济发展承载区

生物评价法与水质评价法契合度比较分析结果显示（表 7-43），浮游植物完整性指数与综合水质标识指数评价结果契合度最高，为 0.78，其次为底栖动物 BI 指数、底栖动物完整性指数、水生生物完整性指数。契合度值均为 0.66。浮游植物 P-D 指数和鱼类完整性指数契合度值最低，不足 0.6。初步判定，BI、B-IBI、P-IBI 和 AO-IBI 较适合济南市东部经济发展承载区水生态健康评价。

表 7-43 济南东部经济发展承载区生物评价法与水质评价法契合度值

编号	名称	WQ	BI	P-D	P-S	F-IBI	B-IBI	P-IBI	AO-IBI
X1	相公庄	1	1	4	1	2	1	1	1
X2	浒山闸	1	2	2	3	3	2	1	2
X3	五龙堂	1	2	5	5	4	3	5	3
X4	张家林	2	4	4	3	1	3	2	3
X5	白云湖	3	3	5	5	3	4	3	4
X6	龙脊河	5	1	5	5	2	2	3	2
X7	石河	2	1	4	3	1	1	2	1
X8	巨野河	3	5	5	5	5	5	4	5
契合度			0.66	0.50	0.63	0.59	0.66	0.78	0.66

从评价结果的箱体分布图中来看（图 7-36），浮游植物 P-D 指数评价结果最高，箱体在 4～5 等级间分布，P-S 指数评价结果相对较高，箱体在 3 等级之上。而东部经济发展承载区水生态系统受人类活动干扰较大，如石河点位没有采集到鱼类，水生态健康状况极差，因此，P-D 和 P-S 指数评价结果与实际状态不相符，判定 P-D 和 P-S 指数不适合评价济南东部经济发展承载区水生态健康状况。综合水质标识指数评价结果显示，东部经济发展承载区水质较差，箱体处于 1～3 等级间。生物完整性指数略高于水质评价结果，但总体均在一般状况以下。

从空间分布特征来看（图 7-37），五龙堂点位（X3）和龙脊河点位（X6）水质评价结果和生物评价结果差异性较大。五龙堂点位综合水质标识指数评价结果显示健康等级为 1 级，水质极差，而生物完整性指数评价结果显示，健康等级均在 3 级以上，表明水生态健康状况一般或较好。五龙堂点位位于小清河干流下游，河流经过上游人口密集的城镇区，受到的点源污染较重，河流水质变差，加之下游农田耕地较多，面源污染使河

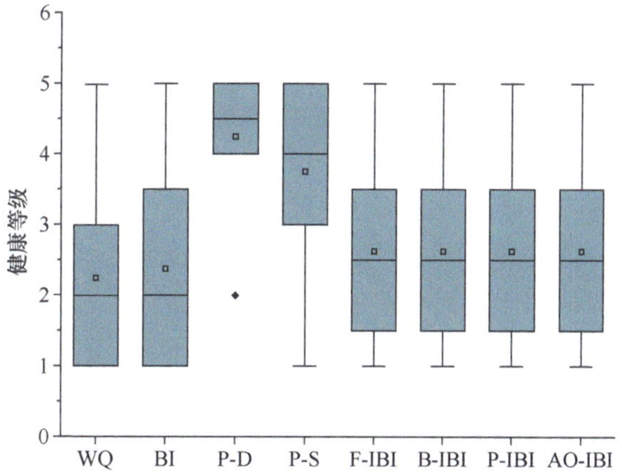

图 7-36 济南东部经济发展承载区各种评价结果箱体图

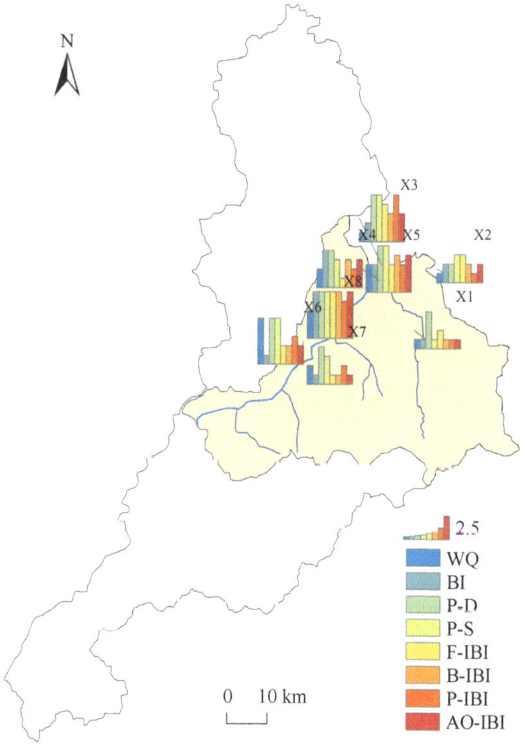

图 7-37 济南东部经济发展承载区各种评价结果空间分布特征图

流水质更差，造成五龙堂点位水质评价结果为极差水平。而且周围支流的点位如相公庄、浒山闸等点位水质也较差，表明东部经济发展承载区整个下游水质均较差。而五龙堂点位水生生物完整性较高的原因主要是由于该点位虽然水质极差，但是河道的栖息地较为接近自然状态，河岸两边有林地覆盖，河道较宽，水量充沛，为水生生物提供了一个相对较好的栖息环境。而周边支流如相公庄、张家林等点位，河道生境虽然也较为完整，但是河流流量极小，在 6 次采样中，有 3 次以上均出现断流的情况，生态系统极不稳定，因此生物完整性评价结果较差。

龙脊河点位综合水质标识指数评价结果为健康，而生物完整性评价结果为较差。具体来看，龙脊河点位位于小清河水系中游，离城区较近，距离小清河干流 500m 左右。河道较窄，水深不足半米，河岸两边为农田，周边城镇面积较大。6 次采样中，仅每年的 5 月份，河道中有少量的河水，其余月份全为干涸状况，因此不能维持水生态系统的稳定，水生态状况应较差。而水质评价结果较高的原因可能是由于水质评价的瞬时性误差造成的，因为水质评价只能反映当时的水质状况，对于长时间序列的水质状况只能通过多次测量，但该点位的河水经常呈现干涸状态，使水质评价法的误差较大。此外，从周边石河、巨野河点位也可以看出，这三个点位相距不大，石河和巨野河的水质都在一般水平以下，也间接表明龙脊河水质评价存在一定的误差。而生物群落可以反映长时间序列的水环境变化，因此该点位生物完整性评价结果更为合理。

综上所述，根据多种评价方法的评价结果显示，东部经济发展承载区中五龙堂点位、白云湖点位和巨野河点位水生态健康状况均在一般水平以上，相对较好。而其余五个点位水生态健康状况均在一般水平以下，需重点治理。浮游植物完整性指数评价结果与水质评价结果契合度值最高，评价结果与实际水生态健康状况最为接近，评价结果最为合理，因此判定浮游植物完整性指数较适宜评价济南东部经济发展承载区水体的健康状况。

7.7.5　北部农业灌溉区

生物评价法与水质评价法契合度比较分析结果表明（表 7-44），底栖动物 BI 指数与综合水质标识指数评价结果契合度最大，为 0.81，其次为底栖动物完整性指数，契合度值为 0.79。浮游植物完整性指数与综合水质标识指数的契合度值为 0.75，这 3 类评价指数与 WQ 评价结果的契合度值均较高。而浮游植物 P-D 和 P-S 指数与 WQ 评价结果契合度值最低，低于 0.6，初步判定，底栖动物 BI 指数、底栖动物完整性指数和浮游植物完整性指数评价方法较适宜。

表 7-44　济南北部农业灌溉区生物评价法与水质评价法契合度值

编号	名称	WQ	BI	P-D	P-S	F-IBI	B-IBI	P-IBI	AO-IBI
T1	北田家	1	1	5	5	5	1	1	3
T2	垛石街	3	3	5	5	1	3	2	1
T3	新市董家	3	4	4	5	3	2	3	1
T4	大贺家铺	1	2	5	5	2	1	2	2
T5	营子闸	3	3	5	3	2	5	1	5
T6	张公南临	3	4	5	5	1	3	3	1
T7	刘家堡桥	3	4	4	3	4	5	1	2
T8	周永闸	3	4	5	5	5	3	4	4
T9	杆子行闸	3	5	5	5	3	2	5	4
T10	明辉路桥	3	1	5	3	3	1	2	2
T11	潘庙闸	3	3	5	5	1	2	5	4
T12	刘成桥	3	3	5	5	2	4	3	2
契合度			0.81	0.46	0.54	0.67	0.79	0.75	0.65

从评价结果的箱体图可以看出（图 7-38），浮游植物 P-D 和 P-S 指数评价结果普遍偏高，P-D 评价结果中，83%的点位均为健康点，而 P-S 评价结果显示，75%的点位均为健康点。浮游植物多样性指数偏高，可能的原因是济南北部地区农业用地占比达 86%，河流水体中营养元素较为丰富，为浮游植物的生长提供了重要的营养元素。此外，济南北部地区地势较为平坦，河流流速较慢，为浮游植物提供了较为稳定的生存环境。另外，济南北部农业灌溉区点位生境较好，多数河道的两岸没有人工修建的堤坝，有大型水生植物生存，河岸两边有植被覆盖，这些均有利于浮游植物的生存与繁殖。因此，浮游植物的多样性指数较大，使 P-D 和 P-S 评价结果偏高。

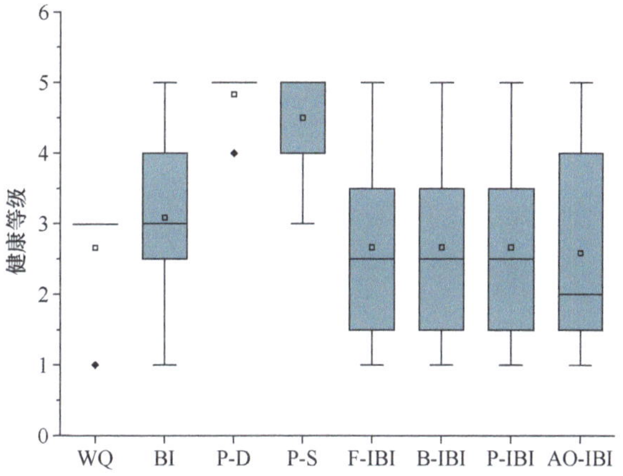

图 7-38　济南北部农业灌溉区各种评价结果箱体图

水质评价结果与济南南部水生态保护区、济南东部经济发展承载区略有不同，济南北部农业灌溉区综合水质标识指数评价结果表现为 83%的点位评价结果为一般水平，有 2 个点位评价结果为极差水平。底栖动物 BI 指数箱体图表明，箱体在 3～4 等级之间，评价结果均值为一般水平。鱼类、底栖动物和浮游植物完整性指数箱体图评价结果相一致，均值略低于一般水平。水生生物完整性指数评价结果变化区间较大。综上，初步判定浮游植物 P-D 和 P-S 指数评价结果偏高，与水质评价结果契合度较差，不适合济南市北部农业灌溉区水生态健康评价。

从空间分布特征来看（图 7-39），北田家（T1）点位 WQ、BI、B-IBI、P-IBI 评价结果均为极差等级，而 F-IBI、P-D、P-S 评价结果却为健康等级，不同评价方法评价的结果存在极大的差异性，主要原因可能是因为北田家点位，水质污染严重，此外河道较宽，底质类型较为单一，这些均不利于浮游植物和底栖动物的生存，而鱼类评价结果偏高，主要因为在采样过程中，该河流布设了大量的捕鱼网，形成多个小型的鱼类养殖空间，由于人类活动的干扰，增加了河流鱼类物种的多样性和数量，使得鱼类的评价结果过高。此外，由于在河道中进行着鱼类的养殖，势必会对河流中的水质造成污染，这也是该点位水质评价结果偏差的一个主要原因。营子闸（T5）点位各生物指数评价结果偏差较大，其中 B-IBI 和 AO-IBI 评价结果为健康水平，而 P-IBI 评价结果为极差水平。营子闸点位位于徒骇河干流，河道较宽，流量相对较大，浮游植物群落的稳定性相对较差，因此评价结果偏低。而 B-IBI 评价结果偏高的一个主要原因可能是因为所筛选的 B-IBI 核心参数中，有一项是蚬类数量所占比例，蚬类通常表征较差水体，与扰动呈现正相关关系，而营子闸点位，没有采集到蚬类生物，增大了该点位的 B-IBI 指数数值，使该点位评价结果偏高。刘家堡桥（T7）点位浮游植物完整性指数评价结果极差，与其他指数评价结果存在较大差异，该点位河道两岸林地面积较大，河道相对较窄，浮游植物密度较大。在济南北部农业灌溉区中，浮游植物密度与氮、磷、化学需氧量、生化需氧量、电导率等水环境因子呈正相关关系，认为浮游植物密度随着扰动增加而增加，而济南北部农业灌溉区筛选出来的浮游植物完整性指数核心参数中，有浮游植物个体总数，因此，该点位的 P-IBI 值较低，使评价结果出现极差状态。潘庙闸点位（T11）属于德惠新河支流，该点位栖息环境较好，河道宽度适中，流速非常缓慢，适宜浮游植物群落的繁衍，而该点位 F-IBI 评价结果极差，主要原因是该点位杂食性鱼类数量所占比例在所有点位中最高，因此降低了 F-IBI 的数值，使该点位鱼类完整性指数极差，评价结果过于严格。

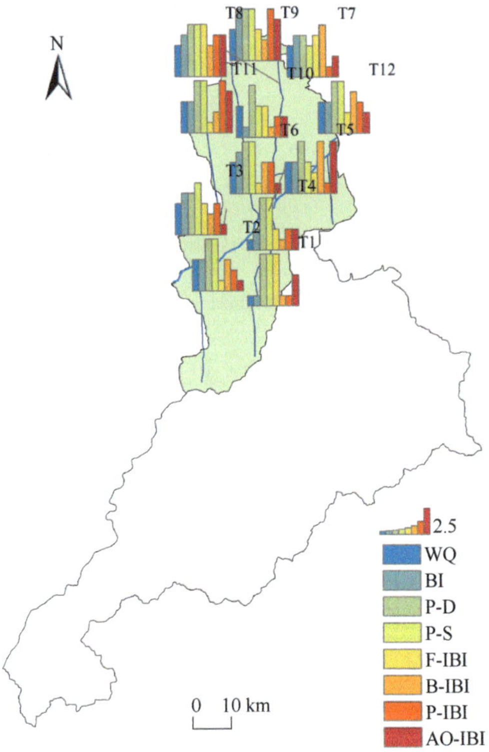

图 7-39 济南北部农业灌溉区各种评价结果空间分布特征图

济南北部农业灌溉区各点位之间自然生境栖息地差异性不大，河岸两边均以大面积农田为主，少数点位河岸两边种有树林，河道基本呈现自然状态，受人工改造的河道较少，河流底质以自然状态为主。由于济南北部农业灌溉区以耕地面积为主，面源污染较为严重，但是从水环境各项因子的指标来看，氮磷等营养元素含量并不高，而化学需氧量、生化需氧量、高锰酸盐指数较高，可能是因为济南北部农业灌溉区地势较为平坦，雨水、地下水冲刷进入河流的无机营养物过程较慢。此外在采样期间，济南的降水量相较于往年较少，河道中腐殖质含量较高，增大了河流中化学需氧量的数值，这些均是造成氮磷含量较低、生化需氧量等含量较高的原因。总体来看，底栖动物 BI 指数和 B-IBI 指数评价结果与实际水生态健康状况最为接近，而且与水质评价结果契合度最高，因为可以判定，底栖动物 BI 指数和 B-IBI 指数适宜评价济南北部平原农业灌溉区的水生态健康状况。综上，济南北部农业灌溉区北田家和大贺家铺点位水生态健康状况极差，营子闸和刘家堡桥水生态健康状况较好。

7.8　小　　结

采用鱼类、底栖动物、浮游植物生物指数和综合水质标识指数对济南市各功能区不同水体类型进行了健康评价。以南部水生态保护区河流型水体为实验数据，分析比较参照点对比法和累积系数法评价结果的异同。根据契合度指数，筛选出不同功能区适宜的评价方法，其主要结论如下：

（1）参照点对比法计算的 F-ibi 与累积系数法计算的 F-IBI 评价结果完全相同的点位数占 50%，两个指数评价结果的趋势线基本一致，F-IBI 评价结果略低于 F-ibi。底栖动物和浮游植物参照点对比法评价结果（B-ibi、P-ibi）与累积系数法评价的结果（B-IBI、P-IBI）完全一致的点位数分别占 83%和 66%，趋势线基本一致，累积系数法的评价结果略低于参照点对比法评价结果。累积系数法可以作为一种可靠的核心参数筛选的方法。

（2）生物评价法与水质评价法评价结果的契合度分析表明，鱼类完整性指数适宜评价济南南部水生态保护区水生态系统健康状况。底栖动物完整性指数和浮游植物完整性指数适宜评价城市中心社会服务区水生态系统健康状况。浮游植物完整性指数适宜评价济南市东部经济发展承载区水生态系统健康状况。底栖动物完整性指数和耐污性指数适宜评价济南市北部农业灌溉区水生态系统健康状况。浮游植物香农-维纳多样性指数和底栖动物耐污性指数适宜评价济南水库水体水生态健康状况。

（3）健康评价结果显示，属于较好的河流水系包括南部水生态保护区的玉符河上游、城市中心社会服务区的小清河干流源头、北部农业灌溉区徒骇河干流中游，应重点保护。水生态健康状况为一般的水系包括南部水生态保护区玉符河中游和南大沙河、城市中心社会服务区的东泺河上游、东部经济发展承载区的小清河干流下游和北部农业灌溉区商中河和商东河下游，应给予重视。水生态健康状况较差的河流水系包括南部水生态保护区的汇河和北大沙河下游、城市中心社会服务区的西泺河下游和历山北路东侧支流、东部经济发展承载区的绣江河中下游、北部农业灌溉区大寺河支流，应重点治理。水库点位中仅垛庄水库水生态健康状况较差，其余各水库水生态健康状况均在一般水平以上。

第三篇

北京市河流生态系统健康评价

第8章 北京市北运河河流生态系统特征

北京市北运河水系发源于北京市昌平区的燕山南麓，覆盖北京市内10个区（县），是唯一发源于北京境内的水系，也是北京市内平原流域面积最大的水系。北京市有70%以上的人口在此流域内生活和工作，流域内的GDP贡献占全市80%以上，是北京市人口最多、产业最聚集、城市化水平最高的流域，属于典型的城市河流。作为北京市的主要排洪通道，北运河水系每年承纳北京市区约90%的排洪量。随着城市化的不断推进，北运河水系开始出现了水质污染、生境破坏、生态失衡等问题，严重制约了流域内社会经济的可持续发展，准确监测和有效评估北运河水系的健康状况，及时修复和重点保护受损的河流生态系统已成为北京市北运河水系流域管理的重要目标。基于此，本研究于2015年对北京市北运河水系进行了三次采样调查，通过采样数据，了解北运河河流生态系统特征，采用综合健康指数评价北京市北运河水系城市河流生态系统健康状况，以期为流域管理和保护提供科学依据和技术支撑。

8.1 研究区概况

8.1.1 自然地理特征

北京市地处中纬度地带，位于华北平原的西北角，毗邻天津市和河北省，下辖16个区，总面积16808km^2，是我国的政治、经济和文化中心。北京市北运河水系自西北向东南横跨整个北京市，流域范围覆盖延庆区、昌平区、海淀区、石景山区、西城区、东城区、朝阳区、顺义区、丰台区、大兴区和通州区11个区（于洋，2012），流域面积4423km^2，占北京市总面积的26%，如图8-1所示。北运河水系是北京市内平原流域面积最大且支流最多的水系，是海河流域的重要组成部分，被称为北京的“母亲河”。北运河水系上游为山区丘陵地带，山前地区形成洪积扇，地形坡度较陡，中下游为华北冲积平原，流域地形以平原为主，平原区面积约为3300km^2，占流域总面积的75%，高程分布呈现西北高、东南低的特点（图8-1）。

8.1.2 水文气象特征

北京市内共有大小河流200余条，分别属于海河流域的永定河、潮白河、北运河、蓟运河和大清河五大水系。北运河水系地处潮白河水系和永定河水系之间，发源于北京市昌平区燕山南麓，是唯一发源于北京市境内的水系（顾晓昀等，2017），如图 8-2 所示。

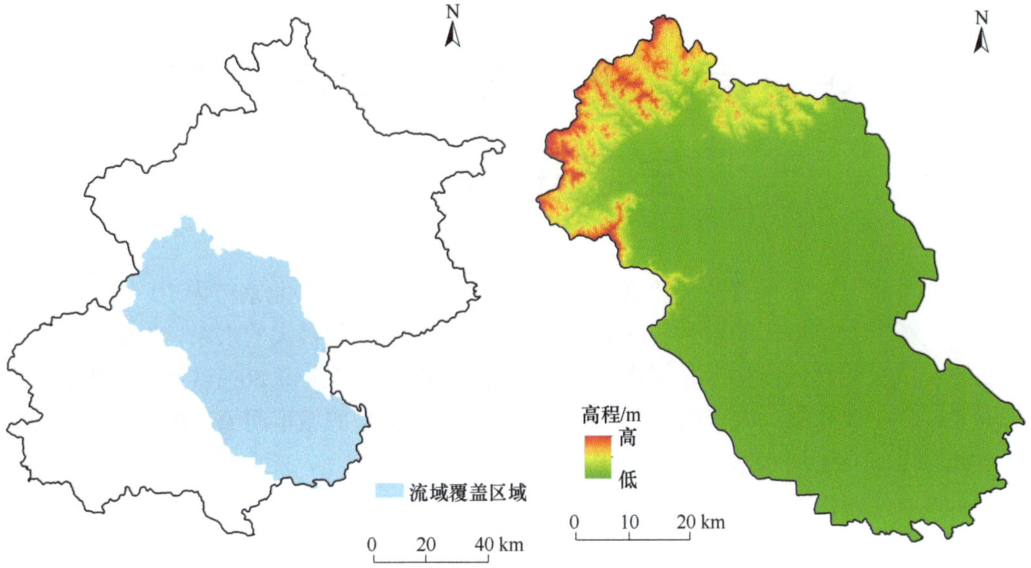

(a) 区位　　(b) 高程

图 8-1　北京市北运河水系区位和高程

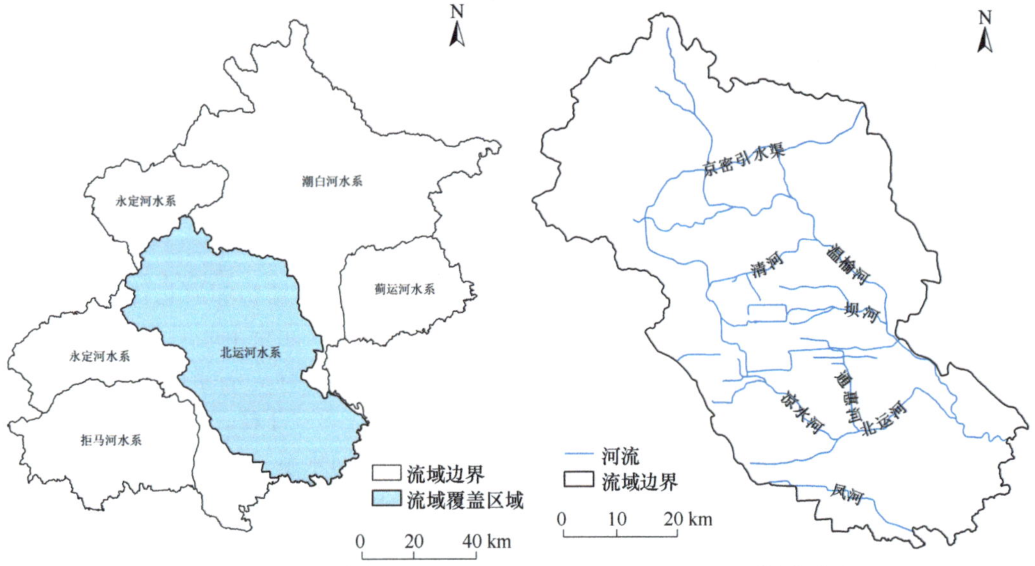

(a) 五大水系分布　　(b) 北运河水系

图 8-2　北京市五大水系分布和北运河水系

北运河水系在北京市境内的干流（包括温榆河）主河道总长 89.4km，共有干流和一级支流 14 条，总长 290.0km，二、三级支流 95 条，总长 920.0km。上游温榆河主河道长 47.5km，流域面积 2478km^2。北运河的上游自沙河闸起，沙河闸上有南沙河、北沙河和东沙河汇入，从沙河闸向东及东南沿温榆河至通州区，先后接纳蔺沟、清河、坝河、通惠河等。北运河的下游始于通州区的北关闸，主河道长 41.9km，流域面积 1945km^2，沿途有凉水河和港沟河汇入，于通州区杨洼闸出北京市界，凤河和龙河在北京市界外入北运河（于洋，2012）（图 8-2）。

北运河水系属暖温带半干旱半湿润大陆性季风气候，春季干旱，夏季炎热潮湿，秋季少雨，冬季寒冷干燥。土壤类型多为褐土、潮土和淋溶褐土，植被类型主要为暖温带落叶阔叶林，年平均气温为 11～12℃，多年平均降水量 643mm，降水量年内及年际分配不均，降水主要集中在 6～9 月汛期，尤以 7～8 月降水量最多，以局部地区暴雨为主，多年平均径流量为 4.81 亿 m^3（童保铭，2009）。

8.1.3　生态环境概况

北运河水系内河流多流经北京市区，有机污染严重，污染物质主要来自沿途的工农业生产和居民生活，具有典型的城市河流污染特征（李学军等，2014）。依据 2007 年《北京市环境质量报告书》，北运河水系大部分河段未达到水体功能要求，其中劣Ⅴ类水体占全流域的 77.7%。全流域年排放 COD 总量为 87000t，其中农业源占总排放量的 34.6%，主要来自畜禽养殖和种植业，具有分布零散、数量庞大、污水浓度高、治理难度大等特点（文方芳等，2015）；其次是城市生活源，由于河道两侧人口居住集中，沿线垃圾堆放点较多，污水处理厂的平均建设速度滞后于人口增长速度，从而导致水污染治理形势严峻（杨进怀等，2014）。水质始终是制约北京市北运河水系生态环境改善的首要问题。

北京市北运河水系承担防洪和排水双重功能。作为北京市主要的排洪通道，北运河水系每年需承纳北京市区约 90%的排洪量。流域内的排水河流主要有清河、坝河、通惠河和凉水河，市区内的雨水、生活污水、工业废水等都经过这四条河流最终汇入北运河（荆红卫等，2013）。近年来，北运河水系河道严重淤积，行洪能力大幅降低。受城市化快速发展和局地暴雨多发的影响，流域防洪排涝压力显著增大，城区积水现象时有发生，人口与基础设施安全受到严重威胁（杨进怀等，2014）。

20 世纪 50～60 年代，北京市的湿地水面面积约有 1200km^2。近几十年来，在人为因素和自然因素的综合作用下，湿地水面面积急剧萎缩，到 1998 年仅剩下 500km^2 左右，对北京市的生态环境和生物多样性已构成严重威胁。

8.1.4　水利工程概况

北运河是京杭大运河的一部分，是我国历史悠久的一条漕运河道，先后在航运、防洪、排涝、灌溉、供水等功能方面均发挥了至关重要的作用。北运河水系河网区具有地势平缓、闸坝众多、水体流动缓慢、河渠湖库化等特点，是北方典型的闸坝型河流（单保庆等，2012）。

为了满足防汛抗旱的需要，保障北京市城区的工业生产和生活用水安全，北运河水系干流和支流上建设有各种规模的水库和闸坝，总计约 85 座。流域上游山区建有十三陵水库和桃峪口水库 2 座中型水库，以及王家园水库、响潭水库、德胜口水库、南庄水库、沙峪口水库等 10 余座小型水库。流域干流主要建有沙河闸、北关拦河闸、北关分洪闸、榆林庄拦河闸、杨洼拦河闸、曹碾橡胶坝等 17 座闸坝工程。此外，鲁疃、辛堡、苇沟闸、清河、坝河、通惠河、凉水河等支流上也分别建有相应的闸坝工程（陆建红，2011）。

8.1.5 社会经济概况

由主河道和沟渠构成的北运河水系河网区，水系发达，河渠纵横交错，担负着调蓄、供水、灌溉、养殖等多种功能（单保庆等，2012）。根据北京市的地表水功能区划方案，北运河水系共涵盖 5 种二级功能分区，包括饮用水源区 3 个，河长 122.0km，湖库面积 0.29km^2；工业用水区 1 个，河长 18.7km；农业用水区 4 个，河长 105.4km；景观娱乐用水区 25 个，河长 264.7km，湖库水面面积 11.2km^2；一般景观用水区 15 个，河长 299.0km。据统计，北运河水系 2009 年流域内总用水量 24 亿 m^3，其中生活用水 9.6 亿 m^3，工业用水 5.3 亿 m^3，农业用水 8 亿 m^3，生态环境用水 1.1 亿 m^3。

北运河水系覆盖北京市的 11 个区，2006 年在北京市涉及总人口达 1343 万人，占全市人口的 70%以上，大量城市居民在此流域内工作和生活，流域内 GDP 贡献占全市 80%以上，是北京市人口最多、产业最聚集、城市化水平最高的流域（李学军等，2014）。北运河水系是保障北京市农副产品供应的重要基地，是北京市农业系统的重要支柱，对北京市的经济发展有着非常重要的作用。

随着城市化的不断推进，北京市北运河水系开始出现水质污染、生境破坏、生态失衡等环境问题，严重制约了流域内社会经济的可持续发展。

8.2 数 据 来 源

8.2.1 水环境质量数据获取

2015 年 6 月、8 月、11 月对北京市北运河水系进行野外调查采样，共设置采样点位 49 个，如图 8-3 所示。其中有 18 个采样点由于没有采集到水生生物，或河道无水等原因，在分析时剔除。其中昌平区和朝阳区采样点布设最多，分别为 8 个，海淀区 5 个，市区和丰台区 3 个，其余各区 1 个。

共监测水体理化因子 14 个，其中 pH、电导率（Cond）和溶解氧（DO）采用便携式 pH 计和便携式水质监测仪（YSI85）现场测定，高锰酸盐指数（COD_{Mn}）、生化需氧量（BOD_5）、总氮（TN）、总磷（TP）、氨氮（NH_4^+-N）、氯化物（Cl^-）、氟化物（F^-）、锌（Zn）、砷（As）、挥发酚（VP）和石油类（Petro）在实验室中测定。具体测定方法为：在采样现场采集两个平行水样（各 2L），并置于低温保温箱中，并于 48h 内带回实验室测定相关理化因子，水样的采集、保存和室内测定参照《地表水环境质量标准》（GB3838—2002）及《水和废水监测分析方法》（国家环境保护总局，2002）。

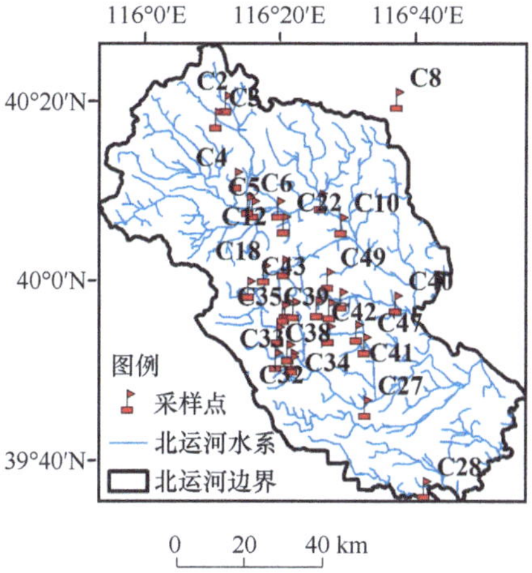

图 8-3　北京市北运河水系采样点位分布

共监测水文因子 4 个，水温（Wtemp）采用便携式水质监测仪（YSI85）现场测定，对于可涉水河段，河宽（Width）采用皮尺测量，对于不可涉水河段，采用测距仪（leupold RX-IV）测量，水深（Depth）和流速（Velocity）采用旋桨式流速仪（FP111）现场测定。

8.2.2　水生生物采集

共采集浮游植物、浮游动物和底栖动物三种水生生物作为北京市北运河水系的指示物种。由于北京市内禁止捕捞鱼类，且北运河水系内的鱼类受滥捕、滥放等人类活动因素干扰较大，土著鱼类的多样性受到严重影响，造成当地鱼类的群落结构显著改变，因此鱼类不适合作为北京市北运河水系河流生态系统健康状况的指示物种（张春光等，2011）。

采集浮游植物时，用有机玻璃采水器于水下 0.5m 处采集一个 2L 水样，现场加入 10mL 鲁哥试液固定，带回实验室静置 24h，并浓缩定容至 100mL。取 0.1mL 样品置于浮游植物计数框内，在 400 倍显微镜下进行物种鉴定和计数，样品尽量鉴定到属或种。浮游植物的物种鉴定参照相关文献（韩茂森和束蕴芳，1995；胡鸿钧和魏印心，2006）。

采集浮游动物时，用有机玻璃采水器在各水层采集一个混合水样 100L，并用 25 号浮游生物网过滤，将滤取样本放入 100mL 标本瓶中，加入 4%甲醛溶液固定。将固定样本在实验室内静置 24h 后虹吸上清液，并浓缩定容至 50mL。取 1mL 样品置于浮游动物计数框内，在 100～400 倍显微镜下进行物种鉴定和计数，样品尽量鉴定到属或种。浮游动物的物种鉴定参照相关文献（韩茂森和束蕴芳，1995；沈嘉瑞，1979；王家楫，1961）。

采集底栖动物时，在以采样点位为中心、50m 为半径的圆形区域内，使用 1/16m^2 的彼得森采泥器采集一个泥样，用 60 目网筛筛洗，并转入白磁盘中。在现场用人工挑拣的方法将肉眼可见的底栖动物转入 200mL 广口塑料瓶中，并加入 95%酒精溶液保存待检。转入实验室后，采用显微镜或解剖镜进行物种鉴定和计数，样品应尽量鉴定到属或种。底栖动物的物种鉴定参照相关文献（Thorp and Covich，2001；杨潼，1996；赵文，2005）。

8.2.3 栖息地环境质量评分

采用栖息地环境质量评价指标（qualitative habitat evaluation index，QHEI）为栖息地环境质量现场评分（Barbour et al.，1999；Maitland and Morgan，1997）。该指标由 10 个栖境质量参数组成，包括底质、栖境复杂性、速度和深度结合、堤岸稳定性、河道变化、河水水量状况、植被多样性、水质状况、人类活动强度和河岸边土壤利用类型。每个参数占 20 分，总分 200 分，分数越高代表栖息地环境质量越好，评分标准如第 5 章表 5-6 所示。所有采样点位的栖息地环境质量评分均由同一位调查者完成，以消除人为误差导致的评分标准和评分结果不一致（郑丙辉等，2007）。

8.2.4 河岸带环境质量评分

采用岸坡侵蚀指标（index of slope erosion，ISE）、河岸带生境类型（habitat type of riparian zone，HTRZ）和亲水景观舒适度（degree of waterside landscape comfort，DWLC）三个指标为河岸带环境质量现场评分。每个指标总分均为 10 分，评分标准如表 8-1 所示。所有采样点位的河岸带环境质量评分均由同一位调查者完成，以消除人为误差导致的评分标准和评价结果不一致。

表 8-1 北京市北运河水系河岸带环境质量评分表

河岸带指标	10，9	8，7	6，5	4，3	2，1
1.岸坡侵蚀指标	完全未侵蚀	轻微侵蚀	一般侵蚀	较严重侵蚀	非常严重侵蚀
2.河岸带生境类型	森林、沼泽	灌木、荒地	公园等旅游区	农田、村落	城镇、工厂
3.亲水景观舒适度	非常舒适	一般舒适	有些不舒适	很不舒适	非常不舒适

8.3 环境因子特征分析

由图 8-4 可知，北运河平均河宽为 63m，北部河流宽度普遍高于南部。朝宗桥（C5）、鲁疃闸（C10）、后蔺沟（C11）、沙河闸（C12）、马驹桥（27）、高碑店湖（C41）平均河宽均在 100m 以上，沙河闸（C12）最宽，为 646m。北运河平均水深为 0.97m，昌平区、顺义区和朝阳区河流深度较高，大兴区和通州区南部河流较浅。昌平桥（C4）、鲁疃闸（C10）、高碑店湖（C41）、乐家花园（C42）和白桥闸（C49），河流深度均在 2m 以上。北运河平均温度为 20℃，流域普遍温度接近平均值，仅后蔺沟（C11）、柳村桥

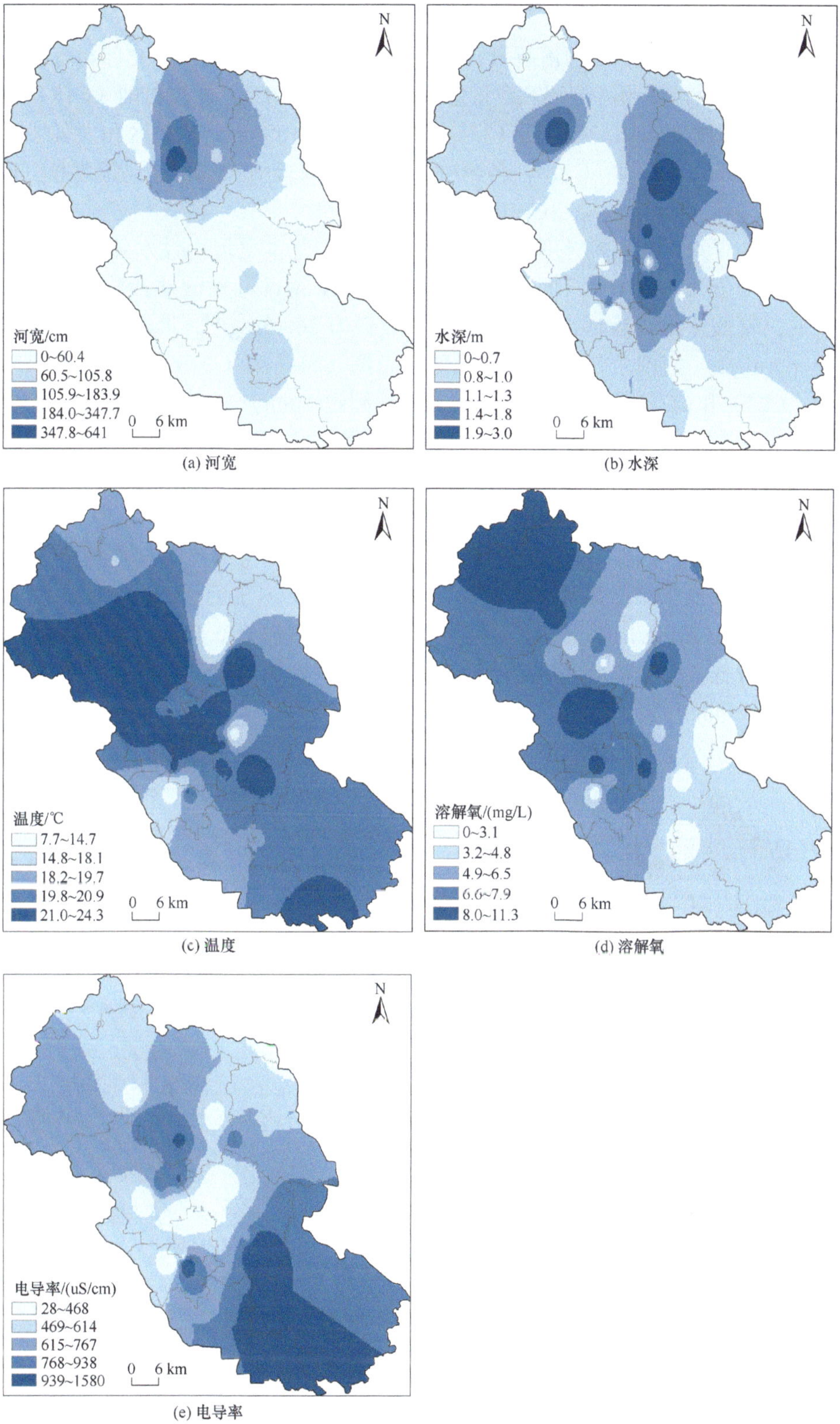

(a) 河宽　(b) 水深　(c) 温度　(d) 溶解氧　(e) 电导率

图 8-4　北运河物理因子空间分布特征图

（C31）温度不足 10℃。北运河溶解氧含量平均值为 6.2mg/L，朝阳区北部和海淀区中部溶解氧含量值较高，通州区溶解氧含量值较低，德胜口（C3）和树村闸（C18）溶解氧含量值较高，超过 10mg/L。海淀区电导率平均值为 651uS/cm，通州区和大兴区电导率值高于其他区域。东玉河（C22）、马驹桥（27）、凤河营闸（C28）、马家堡桥（C33）和大红门（C34）电导率值均超过 1000uS/cm。

由图 8-5 可知，北运河水体 pH 平均值为 7.3，基本呈现中性水体。北运河高锰酸盐指数平均值为 7mg/L，西部高锰酸盐指数较低，南部高锰酸盐指数较高。南花园（C47）的高锰酸盐指数远远高于其他点位，数值为 26.43mg/L。北运河生化需氧量平均值为 5.1mg/L，西部生化需氧量明显低于东部。鲁疃闸（C10）、沙河闸（C12）、清河闸（C21）和南花园（C47）生化需氧量均超过 10mg/L。北运河总磷浓度平均值为 0.7mg/L，石景山区和丰台区总磷浓度低于其他区域。马驹桥（C27）和南花园（C47）总磷浓度值较高，在 2mg/L 以上。北运河总氮浓度平均值为 10mg/L，昌平区北部和海淀区中部部分区域总氮浓度值低于其他区域。南花园（C47）总氮值最高，为 42.73mg/L。北运河铵盐浓度平均值为 3.5mg/L，昌平区与顺义区交界地带以及大兴区与通州区交界地带铵盐浓度值较高。鲁疃闸（C10）、东玉河（C22）、马驹桥（C27）铵盐浓度值均在 10mg/L 以上。北运河平均氟离子浓度值为 0.44mg/L，流域内氟离子浓度值普遍较低，仅南花园（C47）点位氟离子浓度为 2.28mg/L，其余点位的氟离子浓度值均在 1.0mg/L 以下。

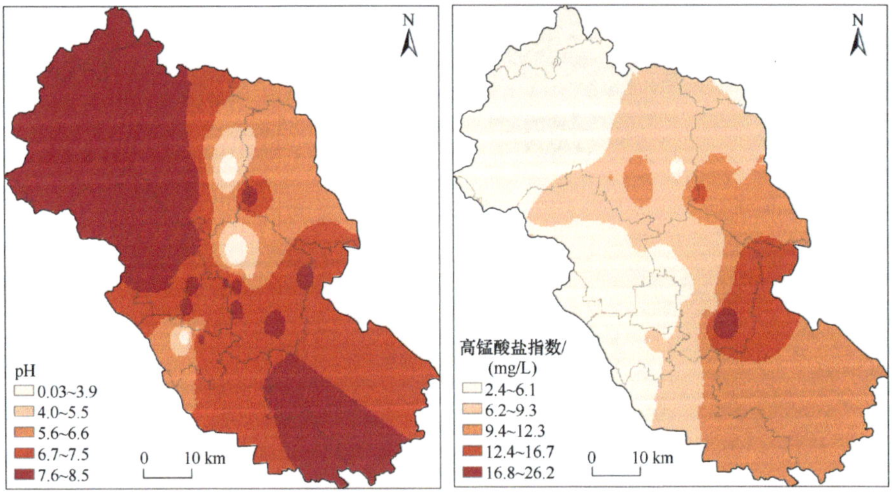

(a) pH (b) 高锰酸盐指数

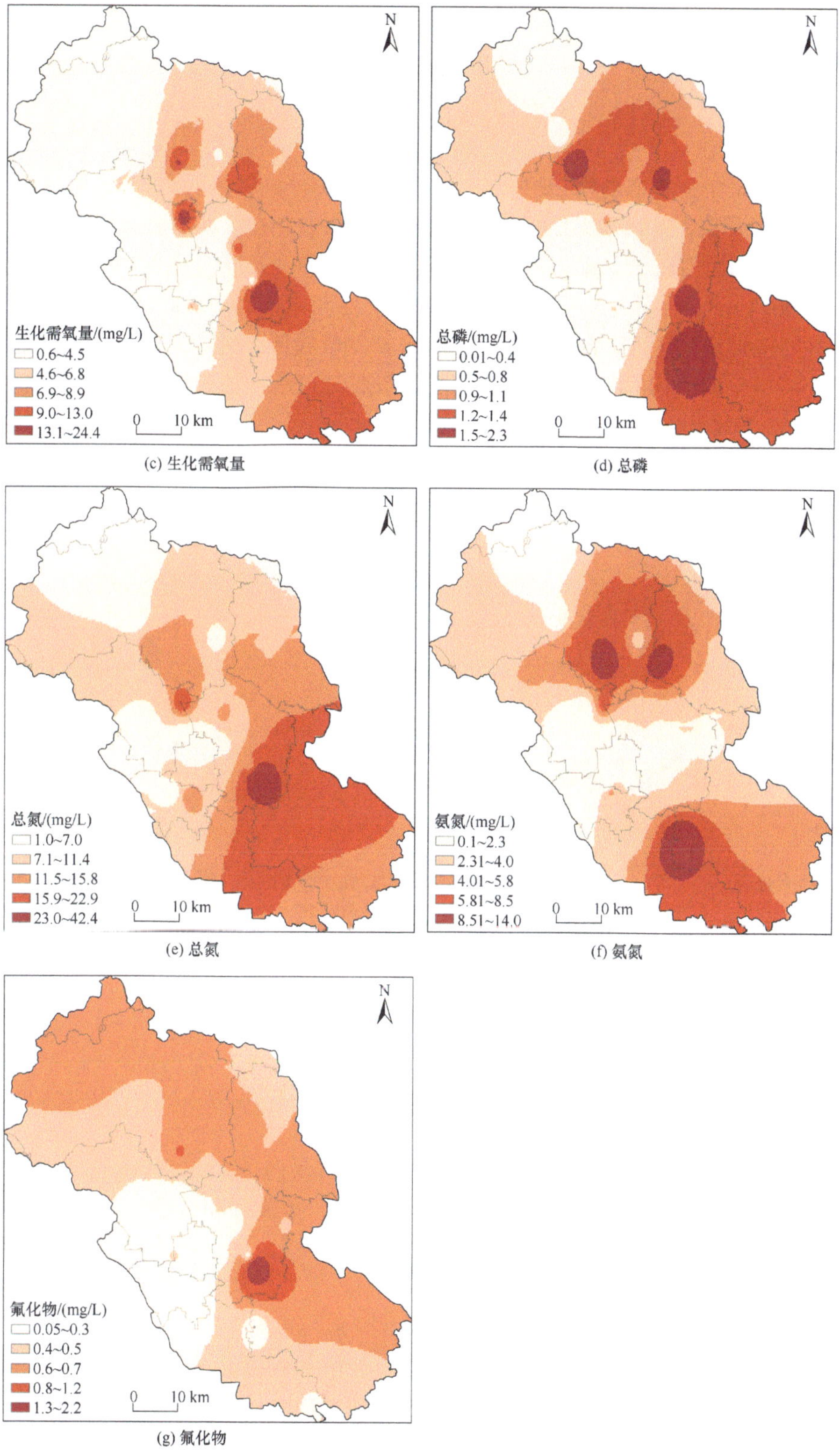

图 8-5　北运河化学因子空间分布特征图

8.4 水生生物群落结构分析

8.4.1 底 栖 动 物

北运河共采集到底栖动物 28 种，节肢动物门 13 种，软体动物门 12 种，环节动物门 3 种。出现频次在 10 次以上的物种为河蚬、德永雕翅摇蚊、大脐圆扁螺、狭耳萝卜螺、溪流摇蚊和拟沼螺。数量最多的物种为霍甫水丝蚓和德永雕翅摇蚊，密度分别为 7410 个/m^2，5606 个/m^2。由图 8-6 可知，昌平区以及北运河南部最南边底栖动物丰富度较高，其余地区，特别是北运河中部地区底栖动物丰富度值较低。数量分布特征结果显示，北运河整个流域底栖动物密度较低，个别点位如东直门（B17）等，底栖动物密度值在 6000 个/m^2 以上，多数点位底栖动物数量 1000 个/m^2 以下。

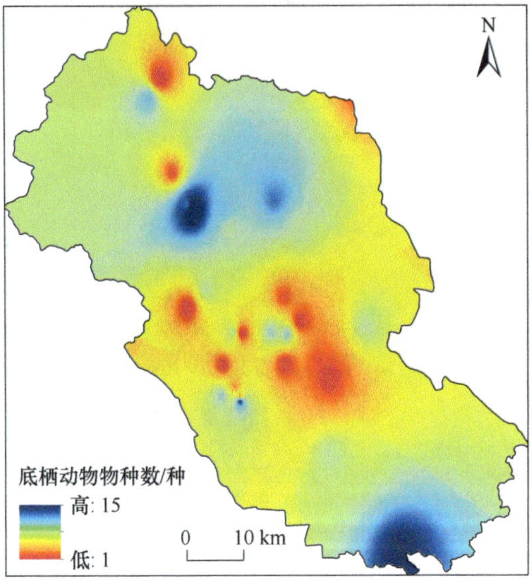

(a) 物种数

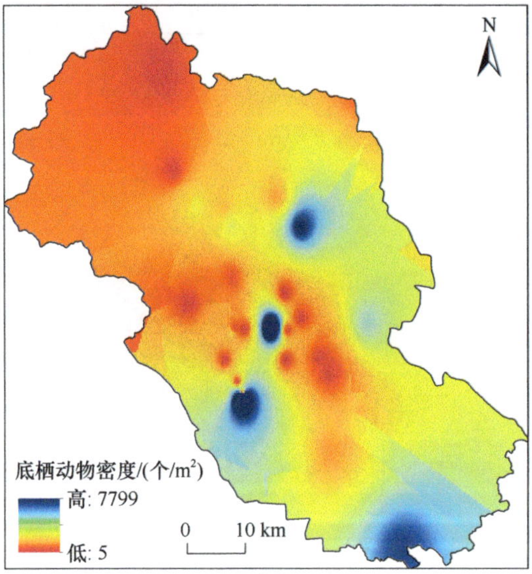

(b) 密度

图 8-6　北运河底栖动物物种数和密度空间分布特征图

8.4.2 浮 游 植 物

北运河水体共采集到浮游植物 115 种，其中绿藻门 50 种，硅藻门 32 种，蓝藻门 13 种，裸藻门 9 种，甲藻门 4 种，隐藻门 3 种，黄藻门和金藻门各 2 种。出现频次在 20 次以上的浮游植物有梅尼小环藻、具星小环藻、尖针杆藻、简单舟形藻、四尾栅藻和小球藻。浮游植物平均密度为 7.37×10^6 个/L，其中，小席藻和小颤藻密度值最高，为 4.43×10^7 个/L，2.25×10^7 个/L。由图 8-7 可知，昌平区、顺义区、城市中心区以及南端地区浮游植物丰富度值较高，海淀区、朝阳区等浮游植物丰富度较低。从数量分布图可以看出，北运河浮游植物数量普遍较低，个别点位如鲁疃闸（B6）、沙河闸（B7）和乐家花园（B21）浮游植物密度超过 2.0×10^7 个/L，其余点位浮游植物密度值均在平均值以下。

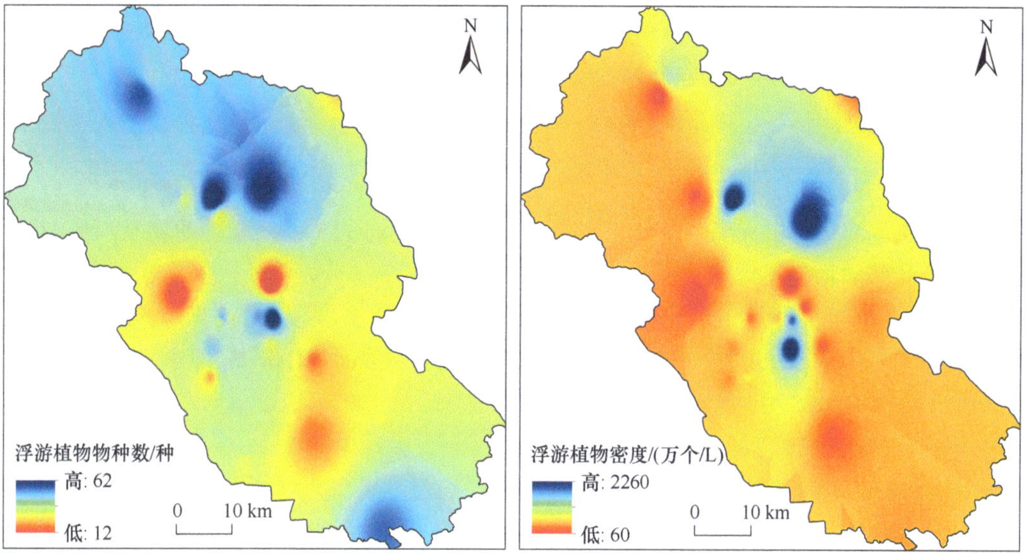

(a) 物种数　(b) 密度

图 8-7　北运河浮游植物物种数和密度空间分布特征图

8.4.3　浮游动物

北运河水体共采集到浮游动物 93 种，其中，原生动物门 25 种，袋形动物门 47 种，节肢动物门 21 种。其中砂表壳虫、湖沼砂壳虫、角突臂尾轮虫、螺形龟甲轮虫、曲腿龟甲轮虫、针簇多肢轮虫、无节幼体出现频次较高。圆形臂尾轮虫密度最高，为 470 个/L，其次为无节幼体，物种密度为 403 个/L。裂痕龟纹轮虫、螺形龟甲轮虫、曲腿龟甲轮虫、针簇多肢轮虫、远东裸腹溞物种密度均超过 200 个/L。从空间分布特征可以看出（图 8-8），

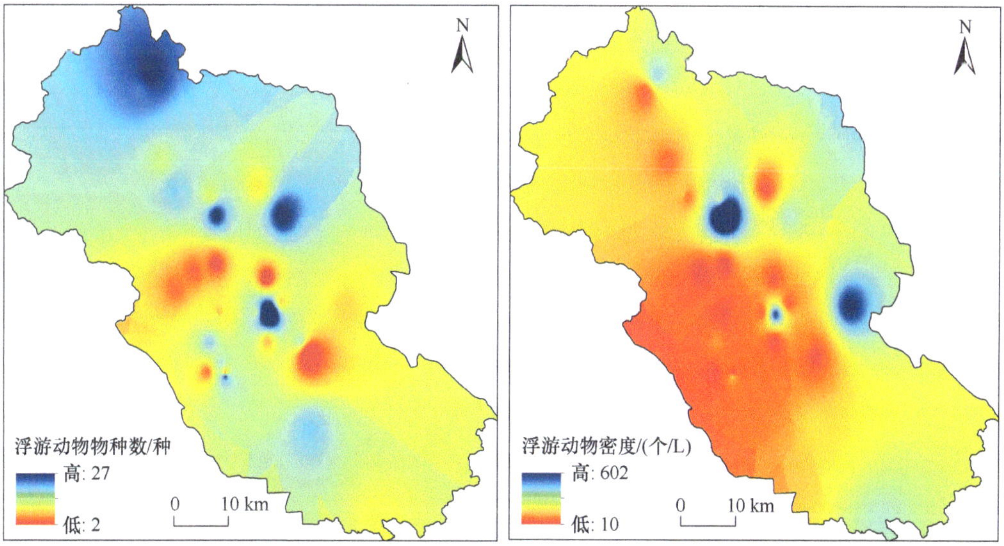

(a) 物种数　(b) 密度

图 8-8　北运河浮游动物物种数和密度空间分布特征图

北运河北部浮游动物物种数较高。石景山区、海淀区、朝阳区和通州区浮游动物物种数较少。而浮游动物密度变化基本呈现出东高西低趋势。

8.5 小　结

北京北运河水体共采集到底栖动物 28 种、浮游植物 115 种、浮游动物 93 种。其中底栖动物节肢动物门、绿藻门、袋形动物门物种数最多，分别为 13 种、50 种和 47 种。出现频次较高的物种为河蚬、梅尼小环藻、湖沼砂壳虫。密度较大的物种为霍甫水丝蚓、小席藻、圆形臂尾轮虫。北运河北部水生生物物种数要高于南部，东部水生生物密度高于西部。

第 9 章　北运河河流生态系统健康评价指标体系构建

根据实验数据的完整性，以 2015 年 7 月采集的实验数据为基础，选取 23 个采样点进行北运河河流生态系统健康评价体系构建。所选采样点如图 9-1 所示。

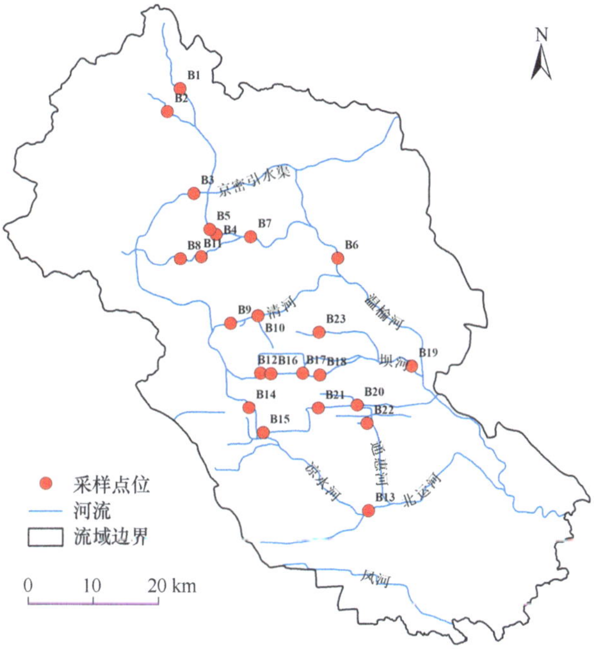

图 9-1　北京市北运河水系采样点位分布

9.1　候选评价指标选取

9.1.1　候选评价指标选取原则

为了使评价指标能够快速、准确、完整地描述和反映河流生态系统的健康状况，实现人们对待评价水体长期、全面的监测，候选评价指标的选取应遵循以下 5 项基本原则：

（1）科学认知原则：通过检索现有国内外参考文献，结合待评价水体的水生态实际现状和野外生态监测成果，筛选常用的、典型的指标作为候选评价指标；

（2）数据可获得原则：所选取的候选评价指标应该是在待评价水体所在地区现有监测条件和技术手段下，能够科学、便捷地获取且易于推广使用的；

（3）整体性原则：为全面表征河流生态系统特征，准确评价其健康现状，所选取的候选评价指标应当综合考虑河流生态系统的物理、化学、生物等多重属性；

（4）相对独立原则：所选取的候选评价指标在基本内涵和计算方法上不存在明显的重复和冗余现象；

（5）标准性原则：所选取的候选评价指标含义清晰，阈值明确，能够在不同的待评价水体中实现标准化计算和评价。

9.1.2 候选评价指标选取层次

结合北京市北运河水系的河流生态系统健康现状，将河流生态系统健康评价指标体系划分为 4 个层次：目标层、准则层、要素层和指标层，如表 9-1 所示。

表 9-1 北京市北运河水系河流生态系统候选评价指标层次

目标层	准则层	要素层	指标层
北运河水系河流生态系统综合健康指数	水文特征	水体物理特征	水温（Wtemp）
		河道物理特征	河宽（Width）、水深（Depth）、流速（Velocity）
	水质特征	基础物理特征	pH、电导率（Cond）
		综合水质特征	溶解氧（DO）、高锰酸盐指数（COD_{Mn}）、生化需氧量（BOD_5）
		富营养化特征	总氮（TN）、总磷（TP）、氨氮（NH_4^+-N）
		无机物特征	氯化物（Cl^-）、氟化物（F^-）
		有毒物质特征	锌（Zn）、砷（As）、挥发酚（VP）、石油类（Petro）
	生物特征	浮游植物特征	总分类单元数（P-S）、香农-维纳多样性指数（P-H）、Berger-Parker 优势度指数（P-D）
		浮游动物特征	总分类单元数（Z-S）、香农-维纳多样性指数（Z-H）、Berger-Parker 优势度指数（Z-D）
		底栖动物特征	总分类单元数（B-S）、香农-维纳多样性指数（B-H）、Berger-Parker 优势度指数（B-D）、BI 指数（B-BI）
	栖息地特征	栖息地特征	栖息地环境质量评价指标（QHEI）
	河岸带特征	河岸带物理特征	岸坡侵蚀指标（ISE）、河岸带生境类型（HTRZ）
		景观视觉特征	亲水景观舒适度（DWLC）

本研究构建出健康评价指标体系的目标是对北京市北运河水系河流生态系统健康状况进行评价分析，故而其目标层是北运河水系河流生态系统综合健康指数。在目标层下，共设置 5 个准则层，包括水文特征、水质特征、生物特征、栖息地特征和河岸带特征，分别从不同的方面表征待评价水体的健康状况。在准则层下，又划分出若干要素层，每个要素层均从某个方面的不同侧面反映待评价水体的健康状况。水文特征准则层下划分为水体物理特征和河道物理特征两个要素层，水质特征准则层下划分为基础物理特征、综合水质特征、富营养化特征、无机物特征和有毒物质特征 5 个要素层，生物特征准则层下划分为浮游植物特征、浮游动物特征和底栖动物特征 3 个要素层，栖息地特征准则层下划分为栖息地特征 1 个要素层，河岸带特征准则层下划分为河岸带物理特征和

景观视觉特征两个要素层。指标层主要通过具体的候选评价指标对河流生态系统健康状况进行定量和定性评估，本研究共选取了 32 个指标作为候选评价指标，以期对北京市北运河水系河流生态系统健康状况作出全面、准确的评价。

9.1.3　候选评价指标内涵与计算

1. 水文特征

水文循环作为联系大气圈、地圈和生物圈的关键纽带，决定着水资源的形成与演变规律，也决定着河流的水环境状况和水生态健康（徐宗学等，2018）。水温是水环境变化的重要驱动因子，水温的高低不仅会直接或间接影响河流的水体理化性质和水生生物的生理生化活动，而且能在一定程度上反映人类活动干扰的强度（Woznicki et al.，2016）；河宽和水深主要反映河流的水体容量和生境规模，是衡量河流横向和纵向连续性的重要因素，直接影响水生生物的生存和繁殖效率（李柏山，2013）；流速是指河流中水体的流动速度，主要反映水体的水质状况和自净能力。

2. 水质特征

水质可以直观地显示水体中的理化物质是否超过规定的环境阈值，是直接表征河流健康状况的重要属性（Bozzetti and Schulz，2004）。水质变化不仅可以反映水文和水生生物等在流域内的空间分布差异，而且可以体现流域内社会经济和人类活动对河流生态系统的干扰和影响。pH 主要表征水体酸碱度，是重要的理化参数之一；电导率主要通过导电性能反映水体中无机离子的浓度；溶解氧主要反映水体中的氧含量，是衡量水体自净能力的重要指标，对水生生物的生存和繁殖也起着重要作用；高锰酸盐指数和生化需氧量主要表征水体中可以被生物利用的有机物的污染程度；总氮、总磷和氨氮主要反映氮、磷等营养物质的浓度；氯化物和氟化物具有较强的还原性，易与高氧化态的阳离子结合，其被氧化的过程需要消耗溶解氧，故而可以反映水体中溶解氧的含量；锌主要反映水体及河床底泥中的重金属含量；砷和挥发酚主要反映水体及河床底泥中有毒物质的含量；石油类主要表征烃类物质污染的程度。

3. 生物特征

水生生物与水生态系统之间时时刻刻都在进行着物质交换和能量流动，是河流生态系统的重要组成部分。水生生物受水文条件、水环境质量、栖息地和岸坡生境等多种因素的影响，其生物组成和群落结构对环境胁迫响应的敏感性较高，可以迅速反映河流在不同时空尺度上的变化特征，是河流健康状况的重要指示因子（Zenker et al.，2014）。总分类单元数（S）主要表征水体中水生生物的数量特征，在计数过程中尽量精确到属或种。香农-维纳多样性指数（H）主要表征水体中生物群落的物种多样性程度和生境的复杂程度，计算公式为

$$H=-\sum_{i=1}^{n}p_i\times\log_2 p_i \tag{9-1}$$

式中，p_i 为第 i 个物种的个体数占全部物种总个体数的比例。

Berger-Parker 优势度指数（D）可以综合反映生物群落的丰富度、均匀度和优势度，是衡量是否存在入侵物种的重要指标，计算公式为

$$D = N_{\max}/N \tag{9-2}$$

式中，$N_{\max}$ 为个体数最大物种的数量；N 为全部物种的总个体数。BI 指数（BI）不仅可以表征水体中生物群落的耐污特征，也可以反映不同生物耐污类群的相对丰度，本章应用的底栖动物耐污值见参考文献（Qin et al.，2014；王备新，2003）。

4. 栖息地特征

栖息地通常是指对水生生物有直接或间接影响的多种时空尺度下的河流理化条件的组合（Qin et al.，2014；王备新，2003）。栖息地的数量和质量直接影响着水体中水生生物的群落组成结构，是河流水生态系统健康状况的主要决定因素。栖息地环境质量评价指标（QHEI）从底质、河道变化、人类活动强度等 10 个方面综合反映栖息地的环境质量状况，是水生态系统和水-陆过渡地带完整性程度的全面表征。

5. 河岸带特征

河岸带是指河流中水-陆交界处的两边，至河流影响消失为止的地带。河岸带是水体和陆地生态系统的交错区，是典型的生态过渡地带，是异质性最强、最复杂的生态系统之一（于志慧，2015）。河岸带具有维持生物多样性、促进物质和能量交换、削减面源污染、抵抗水流侵蚀渗透等多种生态功能，对维持河流生态系统的健康稳定具有重要作用。岸坡侵蚀指标（ISE）用于表征河流岸坡的稳定性和侵蚀程度，可以反映人类活动干扰对岸坡的影响程度；河岸带生境类型（HTRZ）用于表征河岸带的土地利用现状，可以反映社会经济发展对河流健康状况的影响；亲水景观舒适度（DWLC）用于表征河岸带的植被、观赏景观区域、休闲文体场所等给人视觉、嗅觉、触觉等感官上的舒适程度（林木隆等，2006），主要通过评分人员现场打分判定，评分较为主观，可在一定程度上修正客观指标评价结果与实际健康状况的偏差。

9.2 健康评价指标筛选

9.2.1 健康评价指标筛选原则

在健康评价的过程中，由于使用的健康评价指标数量较多，构建的指标体系信息量庞大，因此难免出现不同健康评价指标之间部分信息重叠、对环境变化响应敏感度差异较大等问题。为尽可能保证所有的健康评价指标都可以有效地表征河流生态系统健康状况，应对候选评价指标进行筛选。

1. 筛选原则

健康评价指标的筛选应遵循以下三项基本原则：

（1）敏感性原则：健康评价指标应对待评价的河流生态系统具有明显的响应，对于

河流生态系统中各组成部分的细微变化，能够较为敏感地捕捉并且及时反映到健康评价指标本身的数值变化中；

（2）独立性原则：虽然在候选评价指标选取过程中已经遵循了相对独立原则，但这只能保证候选评价指标在基本内涵和计算方法上不存在重复，事实上，即便是不同的健康评价指标，它们在表征和反映河流生态系统健康状况的过程中也可能存在相似或重复的侧面信息，因此不同的健康评价指标之间应保证相互独立，尽可能不存在重复信息；

（3）完整性原则：在保证以上 2 项基本原则的前提下，应尽量保证健康评价指标在数量上的丰富性和在内容上的完备性，从而尽可能全面地反映河流生态系统的不同属性。

2. 筛选步骤

基于以上原则，本研究中健康评价指标的筛选步骤可分为以下 3 项：

（1）判别能力分析：分析候选评价指标与河流生态系统之间的响应关系，剔除对河流生态系统变化不敏感的指标，主要分析方法是考察候选评价指标的离散程度和变化范围；

（2）特征贡献率分析：分析候选评价指标对河流生态系统的贡献值大小，剔除对河流生态系统特征贡献率较低的指标，主要分析方法是主成分分析；

（3）独立性分析：分析候选评价指标之间的相关关系，筛选出独立性较好的指标，从而降低指标间信息重叠的程度，分析方法包括 Kolmogorov-Smirnov 正态分布检验、Pearson 相关分析和 Spearman 相关分析。

所有计算过程均在 SPSS17.0 中完成。

9.2.2　判别能力分析

对所有候选评价指标的监测结果进行初步统计分析，分析结果如表 9-2 所示。由于 Velocity、P-D、Z-D、B-D、pH、F^-、Zn、As、VP、Petro 在所有采样点位中的变化范围较小（标准差 SD<0.3），对河流生态系统变化的响应不够敏感，因此认为其判别能力较弱，剔除这 10 个指标。

表 9-2　候选评价指标信息统计

候选评价指标		最小值	最大值	平均值	标准差
准则层	指标层				
水文特征	Wtemp/℃	20.3000	29.6000	25.5780	2.1037
	Width/m	6.0000	646.0000	80.2200	129.1040
	Depth/m	0.1400	3.0000	1.2374	0.9541
	Velocity/（m/s）	0.0000	0.6000	0.0780	0.1594
水质特征	pH	7.7000	8.8000	8.0740	0.2988
	Cond/（S/cm）	25.3700	1594.0000	678.8570	344.71041
	DO/（mg/L）	0.7000	11.8000	5.6130	3.2104
	COD_{Mn}/（mg/L）	2.4000	33.6000	8.4130	6.9261
	BOD_5/（mg/L）	0.7300	24.6000	5.4500	6.0090

续表

候选评价指标		最小值	最大值	平均值	标准差
准则层	指标层				
水质特征	TN/（mg/L）	0.9900	82.6000	14.7604	17.0028
	TP/（mg/L）	0.0300	3.9000	0.9378	1.1794
	NH_4^+-N/（mg/L）	0.1000	20.4000	5.1607	7.3579
	Cl^-/（mg/L）	0.0000	106.3300	10.4709	25.3308
	F^-/（mg/L）	0.1500	0.9800	0.5104	0.2218
	Zn/（mg/L）	0.0000	0.1720	0.0196	0.0395
	As/（mg/L）	0.0000	0.0044	0.0021	0.0016
	VP/（mg/L）	0.0000	0.0050	0.0009	0.0018
	Petro/（mg/L）	0.0000	0.0600	0.0213	0.0236
生物特征	P-S（种）	6.0000	37.0000	22.8300	8.2940
	P-H	0.6400	4.1500	2.7109	1.0949
	P-D	0.1400	0.9200	0.4513	0.2476
	Z-S（种）	4.0000	37.0000	17.7400	8.4490
	Z-H	1.4900	3.9900	2.9004	0.7225
	Z-D	0.1900	0.7500	0.3970	0.1548
	B-S（种）	1.0000	9.0000	2.3500	1.9910
	B-H	0.0000	1.5500	0.5574	0.5675
	B-D	0.5000	1.0000	0.8330	0.1808
	B-BI	2.5000	9.6000	7.3143	1.8090
栖息地特征	QHEI	24.0000	99.0000	58.0000	22.3220
河岸带特征	ISE	5.0000	10.0000	8.2200	1.9300
	HTRZ	2.0000	10.0000	5.5200	2.2940
	DWLC	2.0000	10.0000	6.5700	2.4830

9.2.3　特征贡献率分析

对余下的 22 个候选评价指标进行特征贡献率的分析。由于不同候选评价指标之间的量纲不同，因此需先对候选评价指标进行统一量纲的标准化处理。对于大者为优的收益性指标而言，有

$$r_{ij}=\frac{x_{ij}-\min\limits_{j}\{x_{ij}\}}{\max\limits_{j}\{x_{ij}\}-\min\limits_{j}\{x_{ij}\}} \tag{9-3}$$

对于小者为优的成本性指标而言，有

$$r_{ij}=\frac{\max\limits_{j}\{x_{ij}\}-x_{ij}}{\max\limits_{j}\{x_{ij}\}-\min\limits_{j}\{x_{ij}\}} \tag{9-4}$$

式中，x_{ij} 为第 j 个评价对象在第 i 个评价指标上的实际值；r_{ij} 为第 j 个评价对象在第 i 个

评价指标上的标准值，$r_{ij} \in [0,1]$。

22 个候选评价指标的标准化规则如表 9-3 所示。根据表 9-2 可知，北京市北运河水系的水温变化范围为 20.3～29.6℃，综合考虑到本研究的野外调查采样时段为夏季，且水生生物在 20℃左右的水域环境中即可正常生存繁殖（孟姣，2017），因此认为北京市北运河水系的水温相对偏高，将其定义为成本性指标。

表 9-3　候选评价指标标准化规则

候选评价指标		收益性	成本性	候选评价指标		收益性	成本性
准则层	指标层			准则层	指标层		
水文特征	Wtemp		√	生物特征	P-S	√	
	Width	√			P-H	√	
	Depth	√			Z-S	√	
水质特征	Cond		√		Z-H	√	
	DO	√			B-S	√	
	COD_{Mn}		√		B-H	√	
	BOD_5		√		B-BI		√
	TN		√	栖息地特征	QHEI	√	
	TP		√	河岸带特征	ISE	√	
	NH_4^+-N		√		HTRZ	√	
	Cl^-		√		DWLC	√	

对 22 个候选评价指标标准化值进行 PCA 分析。分析发现其 KMO 检验统计值为 0.534，Bartlett 球度检验值为 518.777，相伴概率为 0.00，表明这 22 个候选评价指标构成的健康评价指标体系适合于进行 PCA 分析。采用最大方差旋转法（varimax），根据累积方差贡献率超过 70%的原则，提取出 6 个主成分（F_1～F_6），如表 9-4 所示。

表 9-4　候选评价指标 PCA 分析结果

候选评价指标		F_1	F_2	F_3	F_4	F_5	F_6
准则层	指标层						
水文特征	Wtemp	−0.023	−0.084	−0.134	0.030	0.916	0.131
	Width	−0.132	−0.096	0.001	0.196	−0.476	0.016
	Depth	0.206	0.061	0.091	−0.188	0.035	−0.029
水质特征	Cond	0.839	0.140	0.148	−0.188	0.042	0.021
	DO	0.438	−0.115	0.640	0.029	0.092	−0.175
	COD_{Mn}	0.946	0.138	0.141	0.025	0.144	0.026
	BOD_5	0.807	0.195	0.031	0.099	−0.045	0.139
	TN	0.925	0.184	0.040	0.170	−0.104	0.022
	TP	0.837	0.153	0.256	−0.074	0.379	−0.093
	NH_4^+-N	0.342	0.171	0.230	−0.234	0.748	−0.257
	Cl^-	−0.051	0.073	−0.108	−0.018	−0.078	0.036

续表

候选评价指标 准则层	指标层	F_1	F_2	F_3	F_4	F_5	F_6
生物特征	P-S	0.172	0.894	0.030	−0.128	0.160	−0.205
	P-H	0.117	0.707	0.022	−0.221	0.207	−0.065
	Z-S	0.189	0.832	−0.206	0.179	−0.260	0.114
	Z-H	0.354	0.696	0.138	−0.075	0.105	0.330
	B-S	0.002	−0.035	−0.144	0.202	0.069	0.898
	B-H	0.068	−0.042	0.033	0.109	−0.059	0.922
	B-BI	0.333	0.437	0.534	0.093	0.229	−0.072
栖息地特征	QHEI	0.068	−0.055	−0.278	0.815	−0.117	0.293
河岸带特征	ISE	−0.029	−0.189	0.802	−0.387	−0.105	−0.144
	HTRZ	−0.048	0.078	−0.004	0.922	−0.045	0.079
	DWLC	0.440	0.163	0.738	−0.056	−0.078	0.190
方差贡献率/%		21.357	13.377	10.204	9.778	9.339	9.214
累积方差贡献率/%		21.357	34.734	44.938	54.717	64.056	73.269

保留其中旋转因子载荷值大于 0.6 的候选评价指标。F_1 的方差贡献率为 21.357%，其中 Cond、COD_{Mn}、BOD_5、TN、TP 的因子载荷值较大，且与 F_1 为强正相关关系。F_1 主要代表了待评价水体的盐离子、有机物质和富营养化物质水平，说明北京市北运河水系河流生态系统受盐离子、有机物质和氮磷物质的影响较大。

F_2 的方差贡献率为 13.377%，其中 P-S、P-H、Z-S、Z-H 的因子载荷值较大，且与 F_2 为正相关关系。F_2 主要代表了待评价水体的浮游生物生存状况，说明浮游生物适合于作为北京市北运河水系河流生态系统的健康指示物种，对健康状况具有较好的表征作用。

F_3 的方差贡献率为 10.204%，其中 DO、ISE、DWLC 的因子载荷值较大，且与 F_3 为正相关关系。F_3 主要代表了待评价水体的氧含量水平和河岸带状况，说明北京市北运河水系的河岸带特征与河流生态系统健康状况之间存在一定的联系。

F_4 的方差贡献率为 9.778%，其中 QHEI、HTRZ 的因子载荷值较大，且与 F_4 为强正相关关系。F_4 主要代表了待评价水体的栖息地和河岸带状况，说明北京市北运河水系的栖息地特征与河流生态系统健康状况之间也具有一定的关系。

F_5 的方差贡献率为 9.339%，其中 Wtemp、NH_4^+-N 的因子载荷值较大，且与 F_5 为正相关关系。F_5 主要代表了待评价水体的水文状况和富营养化物质水平，说明北京市北运河水系河流生态系统健康状况受水温影响剧烈。

F_6 的方差贡献率为 9.214%，其中 B-S、B-H 的因子载荷值较大，且与 F_6 为强正相关关系。F_6 主要代表了待评价水体的底栖动物生存状况，说明底栖动物适合于作为北京市北运河水系河流生态系统的健康指示物种，对健康状况具有较好的表征作用。

根据 PCA 分析结果，可以从 22 个候选评价指标中筛选出 18 个指标进入下一步筛选，因此剔除其余的 4 个候选评价指标，即 Width、Depth、Cl^-和 B-BI。

9.2.4 独立性分析

对余下的 18 个候选评价指标进行独立性分析。先进行 K-S 正态分布检验，再对于符合正态分布的候选评价指标进行 Pearson 相关分析，对于不符合正态分布的候选评价指标进行 Spearman 相关分析。检验结果如表 9-5 所示。

表 9-5　候选评价指标 K-S 正态分布检验结果

候选评价指标		显著性水平 P	Pearson	Spearman
准则层	指标层			
水文特征	Wtemp	0.629（>0.05）	√	
水质特征	Cond	0.970（>0.05）	√	
	DO	0.987（>0.05）	√	
	COD_{Mn}	0.143（>0.05）	√	
	BOD_5	0.170（>0.05）	√	
	TN	0.081（>0.05）	√	
	TP	0.044（<0.05）		√
	NH_4^+-N	0.006（<0.05）		√
生物特征	P-S	0.978（>0.05）	√	
	P-H	0.580（>0.05）	√	
	Z-S	0.700（>0.05）	√	
	Z-H	0.230（>0.05）	√	
	B-S	0.025（<0.05）		√
	B-H	0.182（>0.05）	√	
栖息地特征	QHEI	0.897（>0.05）	√	
河岸带特征	ISE	0.031（<0.05）		√
	IITRZ	0.775（>0.05）	√	
	DWLC	0.458（>0.05）	√	

对候选评价指标进行相关分析，分析结果如表 9-6 所示。根据相关分析结果，由于 Wtemp、DO、ISE 和 DWLC 与其他候选评价指标之间的相关性不显著，相对独立，因此保留这 4 个候选评价指标。由于 Cond 与 COD_{Mn}、BOD_5、TN、TP 均为极显著强相关，COD_{Mn} 与 BOD_5、TN、TP、NH_4^+-N 均为极显著强相关，TP 与 BOD_5、TN、NH_4^+-N 均为极显著强相关，因此剔除 Cond、COD_{Mn} 和 TP，保留 BOD_5。

由于 TN 和 NH_4^+-N 为极显著强相关，且这两个候选评价指标均反映水体的富营养化程度，因此选择剔除其中之一；考虑到在特征贡献率分析过程中，TN 与方差贡献率较大的 F_1 为强正相关关系且旋转因子载荷值较大，而 NH_4^+-N 与方差贡献率较小的 F_5 为强正相关关系且旋转因子载荷值较小，因此认为与 NH_4^+-N 相比，TN 对北京市北运河水系河流生态系统的响应更敏感，更适合于构建健康评价指标体系，予以保留，剔除 NH_4^+-N。

表 9-6　候选评价指标相关分析结果

指标	Wtemp	Cond	DO	COD_{Mn}	BOD_5	TN	TP	NH_4^+-N	P-S	P-H	Z-S	Z-H	B-S	B-H	QHEI	ISE	HTRZ	DWLC
Wtemp	1.000[b]																	
Cond	0.070[b]	1.000[b]																
DO	0.042[b]	–0.329[b]	1.000[b]															
COD_{Mn}	0.044[b]	0.779[b]**	–0.518[b]*	1.000[b]														
BOD_5	–0.025[b]	0.721[b]**	–0.283[b]	0.774[b]**	1.000[b]													
TN	–0.148[b]	0.716[b]**	–0.480[b]*	0.909[b]**	0.698[b]**	1.000[b]												
TP	0.272[a]	0.735[a]**	–0.439[a]*	0.940[a]**	0.781[a]**	0.820[a]**	1.000[a]											
NH_4^+-N	0.351[a]	0.459[a]*	–0.431[a]*	0.802[a]**	0.625[a]**	0.701[a]**	0.825[a]**	1.000[a]										
P-S	–0.013[b]	–0.259[b]	0.106[b]	–0.309[b]	–0.235[b]	–0.307[b]	–0.552[a]**	–0.599[a]**	1.000[b]									
P-H	–0.175[b]	–0.341[b]	–0.143[b]	–0.143[b]	–0.384[b]	–0.071[b]	–0.483[a]*	–0.425[a]*	0.706[b]**	1.000[b]								
Z-S	0.233[b]	–0.229[b]	–0.179[b]	–0.243[b]	–0.339[b]	–0.393[b]	–0.199[a]	–0.171[a]	0.632[b]**	0.401[b]	1.000[b]							
Z-H	0.161[b]	–0.296[b]	0.206[b]	–0.473[b]*	–0.619[b]**	–0.510[b]*	–0.488[a]*	–0.552[a]**	0.571[b]**	0.439[b]**	0.716[b]**	1.000[b]						
B-S	0.181[a]	0.146[a]	–0.185[a]	0.216[a]	0.022[a]	0.163[a]	0.096[a]	0.229[a]	–0.346[a]	–0.308[a]	0.199[a]	–0.027[a]	1.000[a]					
B-H	–0.019[b]	–0.057[b]	–0.153[b]	–0.100[b]	–0.263[b]	–0.063[b]	–0.031[a]	0.111[a]	–0.246[b]	–0.132[b]	0.125[b]	0.207[b]	0.899[a]**	1.000[b]				
QHEI	–0.047[b]	0.045[b]	–0.227[b]	0.000[b]	–0.119[b]	–0.190[b]	0.146[a]	0.159[a]	–0.223[b]	–0.213[b]	0.219[b]	0.178[b]	0.412[a]	0.341[b]	1.000[b]			
ISE	0.122[a]	–0.245[a]	0.465[a]*	–0.201[a]	–0.218[a]	–0.136[a]	–0.239[a]	–0.189[a]	–0.073[a]	–0.047[a]	–0.401[a]	–0.155[a]	–0.184[a]	–0.167[a]	–0.449[a]*	1.000[a]		
HTRZ	0.032[b]	0.182[b]	–0.132[b]	0.045[b]	–0.072[b]	–0.125[b]	0.046[a]	–0.030[a]	–0.060[b]	–0.090[b]	0.218[b]	0.303[b]	0.312[a]	0.164[b]	0.751[b]**	–0.353[a]	1.000[b]	
DWLC	0.129[b]	–0.545[b]**	0.463[b]*	–0.494[b]*	–0.398[b]	–0.466[b]*	–0.658[a]**	–0.455[a]*	0.215[b]	0.282[b]	0.068[b]	0.279[b]	0.085[a]	0.169[b]	–0.152[b]	0.505[a]*	0.058[b]	1.000[b]

a. Spearman 相关分析；b. Pearson 相关分析；

*. P<0.05，**. P<0.01

由于 P-S 与 P-H、Z-S 与 Z-H、B-S 与 B-H 均为极显著强相关，并且在特征贡献率分析过程中，这三组候选评价指标分别与方差贡献率相同的主成分为强正相关关系且旋转因子载荷值相近，因此从指标内涵着手；总分类单元数主要描述了指示物种在北京市北运河水系河流生态系统中的数量特征和丰富程度，而香农-维纳多样性指数主要描述了群落组成特征和分布异质性程度，因此认为与总分类单元数相比，3 个指示物种的香农-维纳多样性指数包含了北京市北运河水系河流生态系统健康状况中的更多信息，更适合于构建健康评价指标体系，予以保留，剔除 3 个指示物种的总分类单元数。

由于 HTRZ 与 QHEI 为极显著强相关，并且在特征贡献率分析过程中，二者均与 F_4 为强正相关关系且旋转因子载荷值相近，因此从指标内涵着手；HTRZ 主要描述了河岸带的生境类型受人类活动干扰的强度，而 QHEI 主要描述了栖息地的综合环境质量，包含信息更多且是候选评价指标中唯一表征栖息地特征的指标，因此保留后者，剔除 HTRZ。

综合以上分析，可以从 18 个候选评价指标中筛选出 10 个指标，剔除 8 个候选评价指标，即 Cond、COD_{Mn}、TP、NH_4^+-N、P-S、Z-S、B-S 和 HTRZ。

9.2.5　健康评价指标体系构建

通过判别能力、特征贡献率和独立性分析，从 32 个候选评价指标中筛选出 10 个指标构建北京市北运河水系河流生态系统健康评价指标体系，如表 9-7 所示。

表 9-7　北京市北运河水系河流生态系统健康评价指标体系

目标层	准则层	指标层
北京市北运河水系河流生态系统综合健康指数	水文特征	Wtemp
	水质特征	DO
		BOD_5
		TN
	生物特征	P-H
		Z-H
		B-H
	栖息地特征	QHEI
	河岸带特征	ISE
		DWLC

9.3　健康评价指标权重计算

根据熵权法的计算步骤和方法，对 10 个健康评价指标的监测值进行标准化，具体步骤同 9.2.3 特征贡献率分析。计算 10 个健康评价指标对应的熵 H 和熵权 w：

$$H = [0.9513\ 0.9191\ 0.9771\ 0.9836\ 0.9457\ 0.9424\ 0.8016\ 0.9259\ 0.9247\ 0.9396]$$

w = [0.0707 0.1174 0.0333 0.0238 0.0788 0.0836 0.2880 0.1075 0.1093 0.0876]

各健康评价指标对应的权重值如表 9-8 所示。准则层权重大小排序为：生物特征>河岸带特征>水质特征>栖息地特征>水文特征，指标层权重大小排序为：底栖动物香农-维纳多样性指数（B-H）>溶解氧（DO）>岸坡侵蚀指标（ISE）>栖息地环境质量评价指标（QHEI）>亲水景观舒适度（DWLC）>浮游动物香农-维纳多样性指数（Z-H）>浮游植物香农-维纳多样性指数（P-H）>水温（Wtemp）>生化需氧量（BOD_5）>总氮（TN）。

表 9-8　北京市北运河水系河流生态系统健康评价指标体系权重

目标层	目标权重	准则层	准则权重	指标层	指标权重
北京市北运河水系河流生态系统综合健康指数	1.0000	水文特征	0.0707	Wtemp	0.0707
		水质特征	0.1745	DO	0.1174
				BOD_5	0.0333
				TN	0.0238
		生物特征	0.4504	P-H	0.0788
				Z-H	0.0836
				B-H	0.2880
		栖息地特征	0.1075	QHEI	0.1075
		河岸带特征	0.1969	ISE	0.1093
				DWLC	0.0876

在熵权法的定义中，熵权代表的并不是指标的重要性，而是指标在竞争意义上的相对激烈程度，即指标能够提供有效信息量的多寡程度。因此，准则层权重大小排序情况说明生物特征为北京市北运河水系河流生态系统健康评价提供了最多的有效信息，指标层权重大小排序情况说明底栖动物香农-维纳多样性指数（B-H）为健康评价提供了最多的有效信息。除此以外，岸坡侵蚀指标（ISE）为健康评价中的河岸带特征描述提供了最多的有效信息，溶解氧（DO）为水质特征描述提供了最多的有效信息，栖息地环境质量评价指标（QHEI）为栖息地特征描述提供了最多的有效信息，水温（Wtemp）为水文特征描述提供了最多的有效信息。

9.4　小　　结

根据 2015 年 7 月对北京市北运河水系的野外调查采样结果，针对 23 个采样点位选取了 32 个候选评价指标，并通过一系列的筛选构建了北京市北运河水系河流生态系统健康评价指标体系。主要得出以下几点结论：

（1）根据候选评价指标的选取原则，选取基于 1 个目标层、5 个准则层、13 个要素层的 32 个水生态监测指标作为北京市北运河水系河流生态系统候选评价指标，这 32 个指标分别属于水文特征、水质特征、生物特征、栖息地特征和河岸带特征 5 大类。

（2）根据健康评价指标筛选原则，通过判别能力、特征贡献率和独立性分析，共筛选出 10 个指标用于构建北京市北运河水系河流生态系统健康评价指标体系，包括水温

（Wtemp）、溶解氧（DO）、生化需氧量（BOD_5）、总氮（TN）、浮游植物香农-维纳多样性指数（P-H）、浮游动物香农-维纳多样性指数（Z-H）、底栖动物香农-维纳多样性指数（B-H）、栖息地环境质量评价指标（QHEI）、岸坡侵蚀指标（ISE）和亲水景观舒适度（DWLC）。

（3）通过熵权法计算出 10 个健康评价指标对应的权重值。结果显示，权重最大的准则层是生物特征，权重最大的指标层是底栖动物香农-维纳多样性指数（B-H）。此外，岸坡侵蚀指标（ISE）是权重最大的河岸带特征指标，溶解氧（DO）是权重最大的水质特征指标，栖息地环境质量评价指标（QHEI）是权重最大的栖息地特征指标，水温（Wtemp）是权重最大的水文特征指标。

第 10 章　北运河河流生态系统健康评价

10.1　健康评价指标空间分布特征分析

10.1.1　水温（Wtemp）

对北京市北运河水系的水温空间分布特征进行分析，如图 10-1 所示。在 23 个采样点位中，水温最高为 29.6℃，出现在 B5 路庄桥，该点位位于昌平区的东沙河；水温最低为 20.3℃，出现在 B2 德胜口，该点位位于昌平区北部的德胜口沟。流域内水温较高的点位主要集中在昌平区南部与海淀区北部的交界地带，水温较低的点位主要集中在昌平区北部山区和朝阳区与通州区的交界地带；行政边界处多出现水温骤升的现象，包括昌平区与顺义区（B6 鲁疃闸）、昌平区与海淀区（B11 东玉河）、海淀区与朝阳区（B10 清河闸）及大兴区与通州区（B13 马驹桥）；中心城区周边凉水河上游、坝河以及通惠河的水温空间分布相对均匀，且大多处于 24.2～26.0℃。除了昌平区北部山区，北京市北运河水系的水温大致呈现出距离中心城区越远，水温越高的变化趋势。

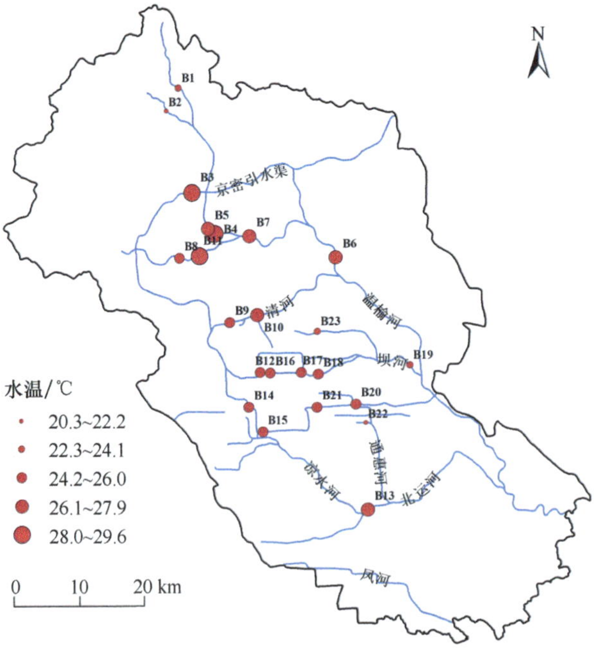

图 10-1　北京市北运河水系水温空间分布

10.1.2　溶解氧（DO）

对北京市北运河水系的溶解氧空间分布特征进行分析，如图 10-2 所示，在 23 个采样点位中，溶解氧最低为 0.7mg/L，出现在 B22 南花园，该点位位于朝阳区中部的观音堂明沟；溶解氧最高为 11.8mg/L，出现在 B14 二热闸，该点位位于中心城区西部的永定河引水渠下段。流域内溶解氧较低的点位主要分布在昌平区南部与海淀区北部的交界地带、朝阳区东部的坝河与南部的通惠河上游及通州区西部，溶解氧较高的点位主要分布在海淀区东部的清河上游及中心城区的东西两侧；昌平区北部山区的溶解氧并未较中心城区高，且大多处于 3.0～7.3mg/L 的低溶解氧区间。北京市北运河水系的溶解氧分布相对零散，空间异质性较大。

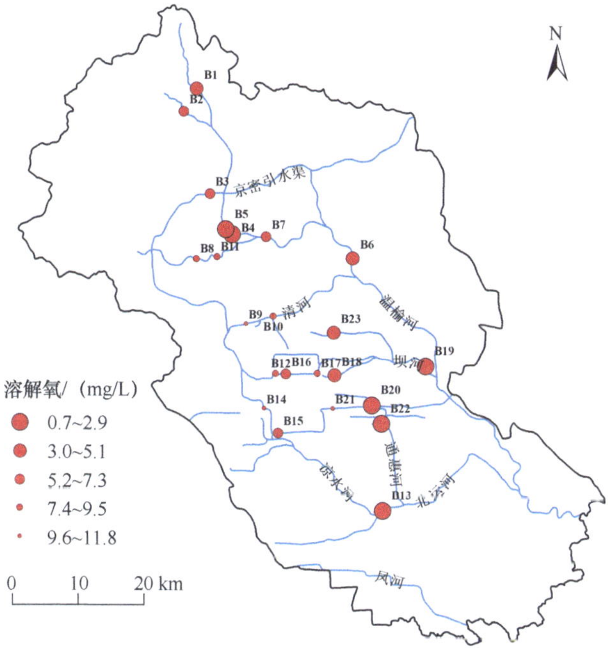

图 10-2　北京市北运河水系溶解氧空间分布

10.1.3　生化需氧量（BOD_5）

对北京市北运河水系的生化需氧量空间分布特征进行分析，如图 10-3 所示。在 23 个采样点位中，生化需氧量最高为 24.60 mg/L，出现在 B22 南花园，该点位位于朝阳区中部的观音堂明沟；生化需氧量最低为 0.73mg/L，出现在 B12 东小村桥和 B15 右安门，这两个点位分别位于中心城区与海淀区交界处的坝河支流转河及中心城区西南部的南护城河。流域内生化需氧量较高的点位主要分布在昌平区南部的温榆河上游、海淀区与朝阳区交界处的清河干流及朝阳区南部的通惠河上游，其余地区的生化需氧量均处于相对较低的水平，大多处于 0.73～5.50mg/L 的低生化需氧量区间；中心城区及其周边地区及昌平区北部山区的生化需氧量空间分布相对均匀，整体空间异质性较小。北京市北运河水系的生化需氧量基本处于较低水平，整体状况较好。

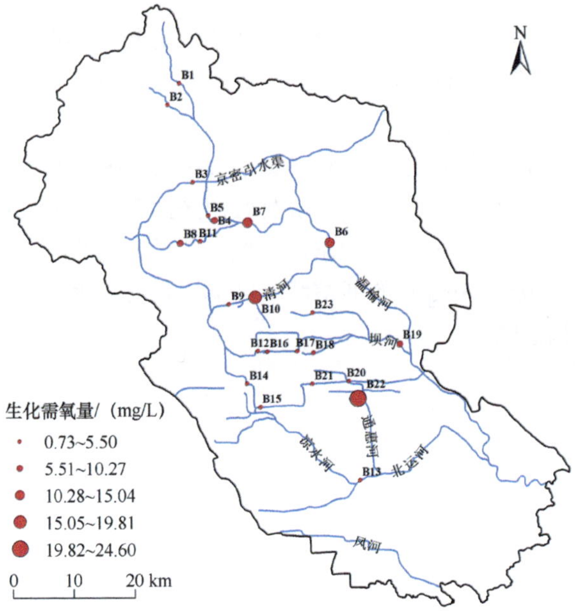

图 10-3　北京市北运河水系生化需氧量空间分布

10.1.4　总氮（TN）

对北京市北运河水系的总氮空间分布特征进行分析，如图 10-4 所示。在 23 个采样

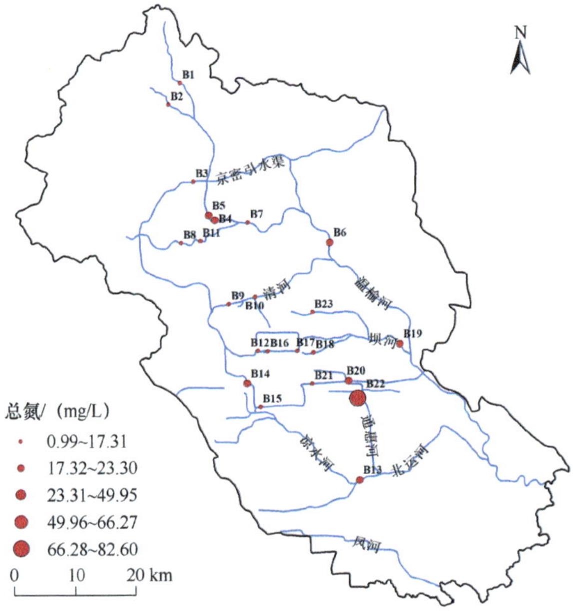

图 10-4　北京市北运河水系总氮空间分布

点位中，总氮最高为 82.60mg/L，出现在 B22 南花园，该点位位于朝阳区中部的观音堂明沟；总氮最低为 0.99mg/L，出现在 B3 昌平桥，该点位位于昌平区的京密引水渠。流域内的总氮空间分布相对均匀，整体空间异质性较小，除了 B22 南花园的总氮最高，昌平区南部的北沙河与东沙河（B4 朝宗桥与 B5 路庄桥）、昌平区与顺义区的交界地带（B6 鲁疃闸）、朝阳区东部的坝河下游（B19 沙窝）、中心城区西部的永定河引水渠下段（B14 二热闸）、朝阳区中部的通惠河上游（B20 高碑店湖）及大兴区与通州区的交界地带（B13 马驹桥）的总氮均处于 17.32～23.30mg/L 区间，其余点位的总氮均小于 17.32mg/L。北京市北运河水系的总氮基本处于较低水平，整体状况较好。

10.1.5　浮游植物香农-维纳多样性指数（P-H）

对北京市北运河水系的浮游植物香农-维纳多样性指数空间分布特征进行分析，如图 10-5 所示。在 23 个采样点位中，浮游植物多样性指数最低为 0.64，出现在 B6 鲁疃闸，该点位位于顺义区西部的温榆河上游；浮游植物多样性指数最高为 4.15，出现在 B18 亮马桥，该点位位于朝阳区西部的坝河支流亮马河。流域内浮游植物多样性指数较低的点位主要集中在昌平区与朝阳区的交界地带及其周边地区，浮游植物多样性指数较高的点位主要集中在中心城区的西部和北部地区；昌平区京密引水渠周边及北部山区的浮游植物多样性指数均处于相对较高的水平，大多处于 2.75～4.15 区间；自中心城区向东南方向出现浮游植物多样性指数骤降的现象，包括朝阳区东部的坝河下游（B19 沙窝）、朝阳区中部的通惠河上游（B20 高碑店湖与 B21 乐家花园）及大兴区与通州区交界处的凉水河下游（B13 马驹桥）。北京市北运河水系的浮游植物香农-维纳多样性指数分布相对零散，空间异质性较大。

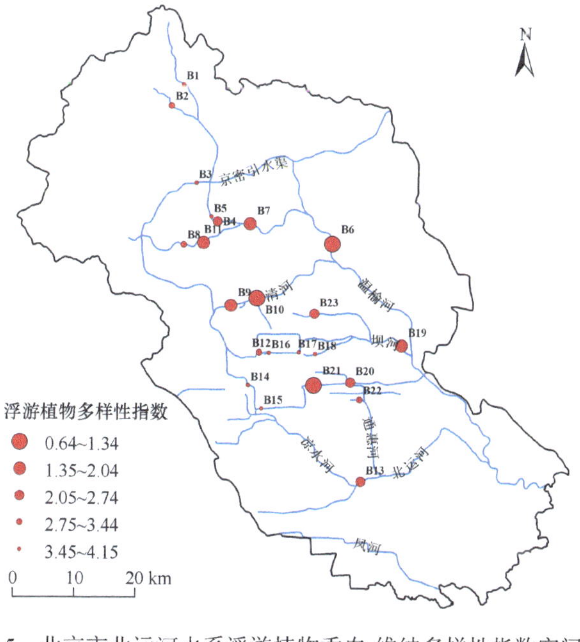

图 10-5　北京市北运河水系浮游植物香农-维纳多样性指数空间分布

10.1.6　浮游动物香农-维纳多样性指数（Z-H）

对北京市北运河水系的浮游动物香农-维纳多样性指数空间分布特征进行分析，如图 10-6 所示。在 23 个采样点位中，浮游动物多样性指数最低为 1.49，出现在 B23 白桥闸，该点位位于朝阳区的坝河支流北小河；浮游动物多样性最高为 3.99，出现在 B1 锥石口，该点位位于昌平区北部的锥石口沟。流域内浮游动物多样性指数较低的点位主要分布在昌平区南部的温榆河上游、海淀区东部的清河上游、朝阳区的坝河干支流及观音堂明沟，且大多处于 1.49～2.49 区间；中心城区周边的浮游动物多样性指数空间分布相对均匀，且大多处于 2.50～3.99 区间；昌平区北部山区的浮游动物多样性指数整体状况近似于中心城区周边。北京市北运河水系的浮游动物香农-维纳多样性指数分布相对零散，空间异质性较大，与浮游植物多样性指数的分布特征类似。

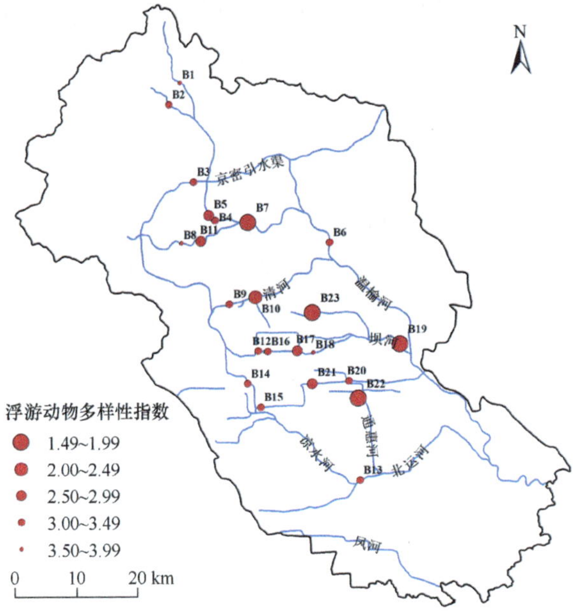

图 10-6　北京市北运河水系浮游动物香农-维纳多样性指数空间分布

10.1.7　底栖动物香农-维纳多样性指数（B-H）

对北京市北运河水系的底栖动物香农-维纳多样性指数空间分布特征进行分析，如图 10-7 所示。在 23 个采样点位中，底栖动物多样性指数最低为 0.00，出现在多个点位，包括 B1 锥石口、B5 路庄桥、B8 上庄水库、B10 清河闸、B14 二热闸、B16 松林闸、B17 东直门、B21 乐家花园以及 B22 南花园，这些点位几乎遍布整个流域范围；底栖动物多样性指数最高为 1.55，出现在 B2 德胜口，该点位位于昌平区北部的德胜口沟。流域内的底栖动物多样性指数空间分布高低交错，空间异质性较大；中心城区南部的南护城河（B15 右安门）及凉水河下游（B13 马驹桥）呈现出底栖动物多样性指数较高的现象，且均处于 1.25～1.55 区间；昌平区北部山区的两个点位（B1 锥石口与 B2 德胜口）表现出截然相反的底栖动物多样性指数状况。北京市北运河水系的底栖动物香农-维纳多样性指数基本处于较低水平，整体状况较差，与浮游生物多样性指数之间差异较大。

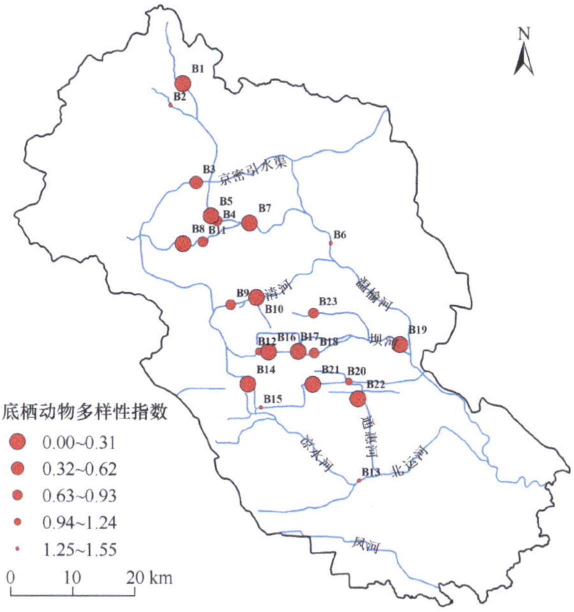

图 10-7　北京市北运河水系底栖动物香农-维纳多样性指数空间分布

10.1.8　栖息地环境质量评价指标（QHEI）

对北京市北运河水系的栖息地环境质量评价指标空间分布特征进行分析，如图 10-8

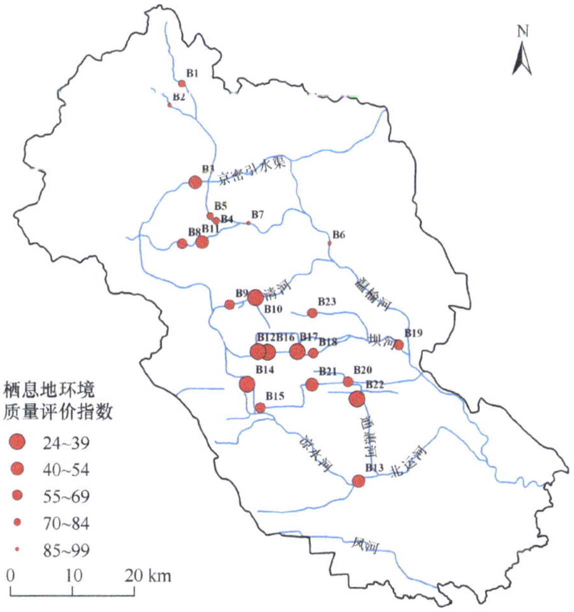

图 10-8　北京市北运河水系栖息地环境质量评价指标空间分布

所示。在 23 个采样点位中，栖息地环境质量评价指标最低为 24，出现在 B22 南花园，该点位位于朝阳区中部的观音堂明沟；栖息地环境质量评价指标最高为 99，出现在 B2 德胜口，该点位位于昌平区北部的德胜口沟。栖息地环境质量评价指标较低的点位主要集中在流域中游地区，其中以海淀区东部的清河上游、中心城区及其周边地区以及朝阳区的通惠河上游尤为显著，且大多处于 24～39 区间，栖息地环境质量评价指标较高的点位集中在流域上游地区，主要分布在昌平区的温榆河上游，包括支流南沙河、北沙河以及东沙河；昌平区北部山区的栖息地环境质量评价指标相对较高，且大多处于 70～99 区间。北京市北运河水系的栖息地环境质量评价指标大致呈现出从流域中游向上游和下游逐渐递增的变化趋势。

10.1.9 岸坡侵蚀指标（ISE）

对北京市北运河水系的岸坡侵蚀指标空间分布特征进行分析，如图 10-9 所示。在 23 个采样点位中，岸坡侵蚀指标最低为 5，出现在 B2 德胜口、B5 路庄桥以及 B19 沙窝，这些点位分别位于昌平区北部的德胜口沟、昌平区的东沙河以及朝阳区东部的坝河下游；岸坡侵蚀指标最高为 10，出现在 B3 昌平桥、B7 沙河闸、B9 树村闸、B10 清河闸、B12 东小村桥、B14 二热闸、B15 右安门、B17 东直门、B21 乐家花园、B22 南花园以及 B23 白桥闸，这些点位主要位于流域中上游地区。流域内岸坡侵蚀指标较低的点位主要集中在昌平区的温榆河上游及朝阳区的坝河，岸坡侵蚀指标较高的点位主要分布在中心城区及其周边地区；昌平区北部山区的岸坡侵蚀指标相对较低，且大多处于 5～8 区间。北京市北运河水系的岸坡侵蚀指标空间分布高低交错，空间异质性较大。

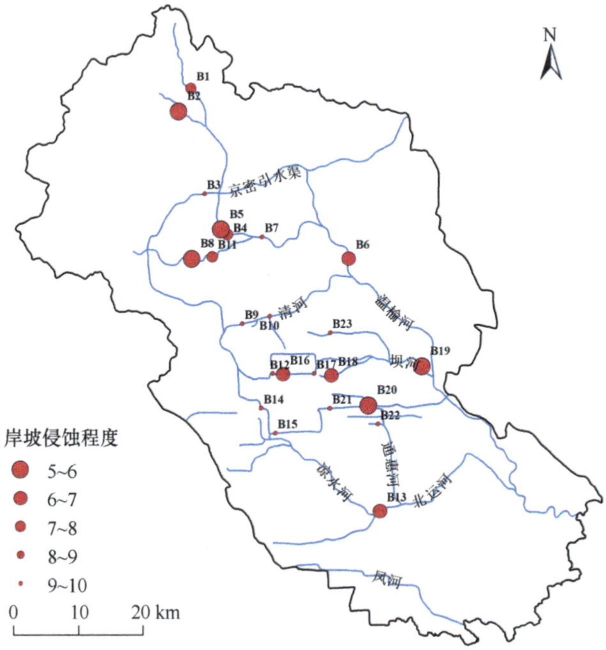

图 10-9 北京市北运河水系岸坡侵蚀指标空间分布

10.1.10　亲水景观舒适度（DWLC）

对北京市北运河水系的亲水景观舒适度空间分布特征进行分析，如图 10-10 所示。在 23 个采样点位中，亲水景观舒适度最低为 2，出现在 B20 高碑店湖，该点位位于朝阳区中部的通惠河上游；亲水景观舒适度最高为 10，出现在 B1 锥石口、B12 东小村桥、B15 右安门以及 B17 东直门，这些点位分别位于昌平区北部的锥石口沟、中心城区与海淀区交界处的坝河支流转河、中心城区西南部的南护城河以及东北部的北护城河。流域内亲水景观舒适度较低的点位主要集中在昌平区南部的温榆河上游及朝阳区的通惠河上游，亲水景观舒适度较高的点位主要集中在昌平区北部山区以及中心城区及其周边地区；中心城区、海淀区及朝阳区交界地带的亲水景观舒适度空间分布相对均匀，且大多处于 6～10 区间；昌平区与海淀区的交界地带出现亲水景观舒适度骤降的现象，包括东沙河的 B5 路庄桥和南沙河的 B8 上庄水库。北京市北运河水系的亲水景观舒适度分布相对零散，空间异质性较大。

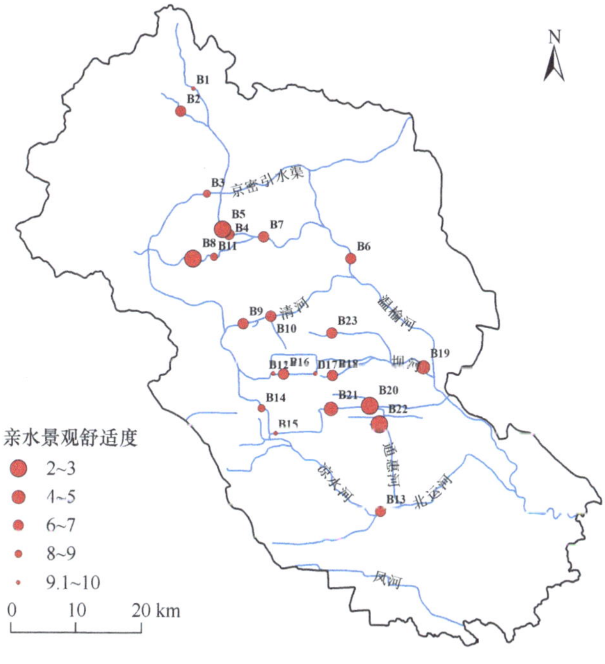

图 10-10　北京市北运河水系亲水景观舒适度空间分布

10.2　综合健康指数计算

根据构建的北京市北运河水系河流生态系统健康评价指标体系以及各指标的对应权重，计算综合健康指数（EHCI），即各健康评价指标与对应权重的乘积加和，并对其进行标准化处理，使得指数值在 0～1 之间尽可能分布均匀，计算结果如图 10-11 所示。

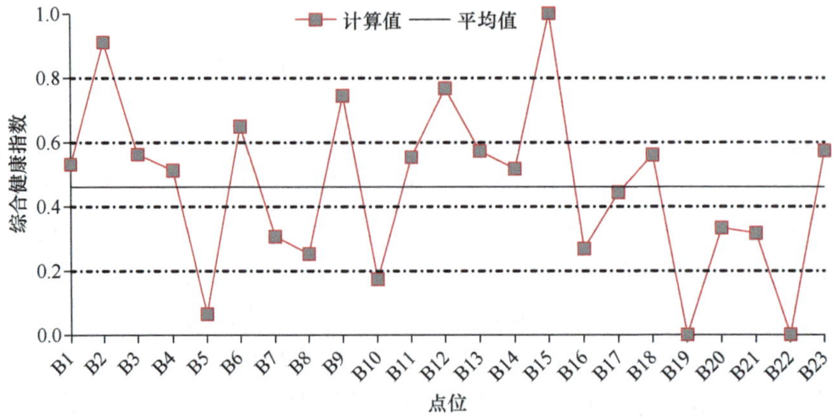

图 10-11 北京市北运河水系综合健康指数

在 23 个采样点位中，EHCI 的最大值为 1.0000，最小值为 0.0000，平均值为 0.4611。健康指数大于平均值的采样点位有 13 个，占点位总数的 57%，健康指数小于平均值的采样点位有 10 个，占 43%。健康指数为 0.8～1.0 的采样点位有 2 个，占点位总数的 9%；为 0.6～0.8 的采样点位有 3 个，占 13%；为 0.4～0.6 的采样点位有 9 个，占 39%；为 0.2～0.4 的采样点位有 5 个，占 22%；为 0.0～0.2 的采样点位有 4 个，占 17%。因此，北京市北运河水系河流生态系统的 EHCI 呈“双金字塔式”分布，即健康指数的取值多集中在平均值附近，而两个极端的取值相对较少。

10.3 健康评价标准确定

参考国内外的相关研究成果，对比分析多个不同地区的河流健康评价标准，基于本章综合健康指数（EHCI）的取值范围和分布情况，采用“五分法”确定健康评价标准（Hellawell，1986；郝丽霞等，2014）。将健康指数划分为 0.8～1.0、0.6～0.8、0.4～0.6、0.2～0.4 和 0.0～0.2 五个区间，依次作为Ⅰ级、Ⅱ级、Ⅲ级、Ⅳ级和Ⅴ级五个类别，分别代表河流生态系统健康状况为健康、亚健康、一般、较差和极差，如表 10-1 所示。

表 10-1 北京市北运河水系河流生态系统健康评价标准

综合健康指数（EHCI）	健康评价类别	健康状况
0.8～1.0	Ⅰ级	健康
0.6～0.8	Ⅱ级	亚健康
0.4～0.6	Ⅲ级	一般
0.2～0.4	Ⅳ级	较差
0.0～0.2	Ⅴ级	极差

10.4 河流健康评价

对北京市北运河水系的健康评价类别空间分布特征进行分析，如图 10-12 所示。在

23 个采样点位中，EHCI 最低为 0.0000，出现在 B19 沙窝，该点位位于朝阳区东部的坝河下游；EHCI 最高为 1.0000，出现在 B15 右安门，该点位位于中心城区西南部的南护城河。

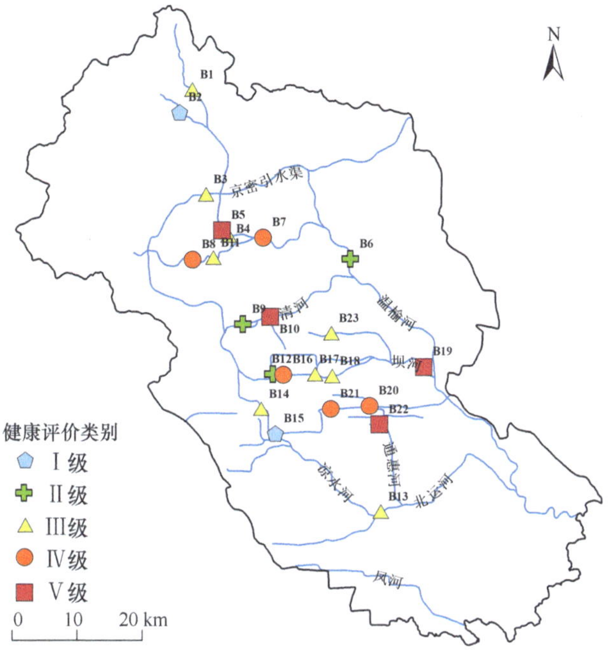

图 10-12　北京市北运河水系健康评价类别分布

健康评价类别为Ⅰ级的采样点位有 2 个，占点位总数的 9%，包括 B2 德胜口和 B15 右安门，这 2 个点位分别位于昌平区北部的德胜口沟和中心城区西南部的南护城河；健康评价类别为Ⅱ级的采样点位有 3 个，占总数的 13%，包括 B6 鲁疃闸、B9 树村闸以及 B12 东小村桥，这 3 个点位分别位于顺义区西部的温榆河上游、海淀区的清河上游及中心城区与海淀区交界处的坝河支流转河；健康评价类别为Ⅲ级的采样点位有 9 个，占总数的 39%，包括 B1 锥石口、B3 昌平桥、B4 朝宗桥、B11 东玉河、B13 马驹桥、B14 二热闸、B17 东直门、B18 亮马桥以及 B23 白桥闸，这些点位主要分布在昌平区的锥石口沟和京密引水渠、海淀区北部的温榆河上游、中心城区西部的永定河引水渠下段和北部的北护城河、朝阳区西部的坝河上游以及通州区西部的凉水河下游；健康评价类别为Ⅳ级的采样点位有 5 个，占总数的 22%，包括 B7 沙河闸、B8 上庄水库、B16 松林闸、B20 高碑店湖以及 B21 乐家花园，这些点位主要分布在昌平区与海淀区交界处的温榆河上游、中心城区北部的北护城河以及朝阳区的通惠河上游；健康评价类别为Ⅴ级的采样点位有 4 个，占总数的 17%，包括 B5 路庄桥、B10 清河闸、B19 沙窝以及 B22 南花园，这 4 个点位分别位于昌平区与海淀区交界处的东沙河、海淀区东部的清河上游、朝阳区东部的坝河下游及中部的观音堂明沟。

从全流域来看，北京市北运河水系的健康评价类别总体较低，其中上游地区和下游地区的健康评价类别相对较高，而健康评价较低的类别主要分布在中游地区，且中游地区的健康评价类别空间分布高低交错，空间异质性较大。流域内健康评价类别较低的点位主要集中在昌平区与海淀区交界处的温榆河上游、海淀区东部的清河上游以及朝阳区东部的坝河下游和中部的通惠河上游，这些地区的健康评价类别多为Ⅳ级和Ⅴ级；流域内健康评价类别较高的点位主要集中在昌平区北部山区、昌平区与顺义区交界处的温榆河上游、中心城区西部及其周边地区以及中心城区与朝阳区交界处的坝河上游，这些地区的健康评价类别多为Ⅰ级、Ⅱ级和Ⅲ级。

流域内昌平区北部山区与中心城区西南部的健康评价类别及其空间分布基本相近，均有 1 个Ⅰ级点位和 1 个Ⅲ级点位，且其 EHCI 也相差不大。中心城区及其周边地区并未出现健康评价类别为Ⅴ级的点位，这些点位大多分布在中心城区外围的昌平区、海淀区和朝阳区内。流域范围覆盖区（县）中健康评价类别最低的是朝阳区，区内共有 6 个采样点位，其中有 2 个点位的健康评价类别为Ⅴ级，2 个点位的健康评价类别为Ⅳ级，2 个点位的健康评价类别为Ⅲ级，Ⅳ级及以下类别的点位数占点位总数的 67%。

为了将北京市北运河水系离散点位的健康评价类别分布转化为整个流域范围内连续的健康评价结果，在 ArcGIS10.2 的地统计分析模块中，采用反距离加权法（inverse distance weighted，IDW）对 EHCI 进行插值运算，这种运算方法的原理是通过一组健康指数的线性权重组合来确定每个栅格点的像元值，其中权重是一种反距离函数，从而得到该指数在整个流域范围内的分布状况，如图 10-13 所示。

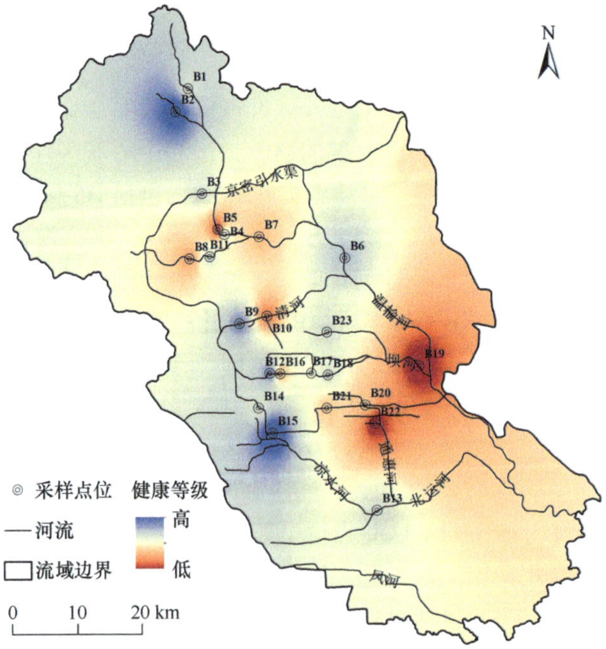

图 10-13　北京市北运河水系健康评价结果

从全流域来看，北京市北运河水系的健康评价结果总体较差，其中上游地区的健康状况相对较好，下游地区的健康状况略逊于上游，而中游地区的健康状况相对较差，且西南部地区的健康状况与其他地区差异明显，空间异质性较大，这与健康评价类别分布特征的分析结果基本一致。整个流域范围中健康状况最好的地区主要位于昌平区北部山区及中心城区西南部与丰台区的交界地带；健康状况最差的地区主要位于朝阳区东部的坝河下游以及朝阳区中部的通惠河上游。

昌平区位于北京市的西北部地区，距离中心城区较远，受城市化进程和人类活动影响较小，是北运河水系的发源地，也是北运河水系中流域范围覆盖面积最大的区（县）。昌平区有 40%的面积是平原，余下的 60%均被山区覆盖，区内建有 2 个国家级森林公园以及十三陵水库，以旅游业为主的第三产业相对发达，因此其河流生态系统大多都处于相对原始的未开发或半开发状态。自 2013 年起，昌平区实施了平原重点区域绿化建设和京津风沙源治理二期等生态工程，截至 2016 年底，全区的绿化覆盖率达 46.4%，其中森林的覆盖率和林木的绿化率分别达 46.6%和 66.9%①，这些工程措施大大改善了昌平区的生态环境状况，使其河流生态系统健康状况得到进一步提升，成为整个流域范围中健康状况最好的地区之一。

北京市中心城区西南部与丰台区的交界地带主要分布着凉水河与外城的南护城河。凉水河发源于石景山区首钢退水渠，于榆林庄闸上游汇入北运河，是北运河的一条主要支流，也是南城地区重要的防洪排水通道。河道上建有大红门、马驹桥、新河、张家湾 4 座拦河闸，常年的纳污和蓄水使得凉水河水质恶化、生境破坏、河道淤积。自 1990 年起，北京市开展污水治理工作，由凉水河管理处主持的凉水河水环境综合治理工程，通过建设应急性处理设施、实行截流、封堵违法排污口等手段，开展河道改造、治污清淤以及生态修复等工程，严格控制污水进入凉水河，打造凉水河河滨公园，使得凉水河水质和生态环境得到了明显改善（刘杰，2015；薛拓，2011）。南护城河起自西便门，绕流北京市中心城区外城，经广渠门向北入通惠河，沿途与西护城河、莲花河等相通，是城区雨水、生产废水以及生活污水的重要排泄渠道。随着城市化进程的加快，北京市在城市建设过程中将南护城河改造成为了暗沟，并且缩短了河道长度，这在一定程度上使得南护城河水量减少，河流生态系统逐步退化。近年来，北京市对中心城区及其周边地区的生态环境进行了重点治理：封堵违法排污口，减少生产废水和生活污水的排放量，改善南护城河的水质污染状况；通过分洪闸引入永定河引水渠水源，使得南护城河水量增加，水体自净能力提升；2006 年，北京市河湖管理处在环城护城河永定门段开展了河道内冰冻及淤泥的大规模清理工程，改善水环境质量，使河道内生境得到恢复（谢祥财，2007）。

坝河位于北京东郊，发源于东城区的北护城河，自西向东在朝阳区东部边界处汇入温榆河。坝河是元代开凿的人工运粮河道，河道建有蓄水闸 7 座，目前失去通航功能，成为北京市重要的防洪排水河道。坝河两岸人口相对集中，生产废水和生活污水排放量大，水体受人类活动干扰剧烈，生境破坏，再加上附近的酒仙桥污水处理厂出水汇入坝河，河道不断受到冲刷，导致坝河水质受到严重影响，河底出现大量淤积（张盼伟等，2017）。坝河下游位于坝河干线的东南角，受流域内高程西北高、东南低特点的影响，

① 北京市昌平区统计局. 2017. 2017 年北京市昌平区统计年鉴. http://www.bjchp.gov.cn/cpqzf/xxgk2671/tjxx/1022293/2797359/index.html

河道内的污水沿坝河自西北向东南方向流动，最终汇集于下游河段，导致坝河下游水质较差。此外，坝河下游有堤岸坍塌，局部河段为险工河段，河道行洪能力不足（王慧和王赟，2009），河道两岸大多采用硬质护岸，人工渠道化严重，水体自净能力基本丧失，河流生态系统逐步退化。2016年起，北京市已着手治理坝河，兴建坝河湿地公园，重建城市景观河道，改善水质状况，恢复沿河生态环境。

通惠河位于北京市的东部地区，是元代挖建的人工漕运河道，直通京杭大运河的终点。为了节制水流，方便通航，通惠河干线上修建了24座水闸。目前，通惠河被改造成为了暗沟，是北京市重要的排水河道，已失去通航功能。通惠河作为北京市的雨污排泄枢纽，承接了南护城河、北护城河以及前三门暗沟的来水，生产废水和生活污水中的大量污染物质进入河道，造成水质严重恶化（张亭，2016）。此外，通惠河河底与边坡的混凝土板护砌结构破坏了水体生境，加剧了河流生态系统的退化（白文荣，2010）。观音堂明沟位于通惠河上游，是通惠河干线上河流生态系统健康状况最差的地区。观音堂明沟位于朝阳区中部，流经观音堂村，是典型的人口聚居地，村内的主要生产废水和生活污水大多排入观音堂明沟。由于明沟属于人工渠道，断面面积较小，水体流动缓慢，更新周期长，水体自净能力较差，因此明沟内水质污染严重，生境破坏，生态系统急剧退化。自2017年起，北京市河湖管理处将正式启动通惠河全线清淤，开展河底修复工程，引入高碑店污水处理厂的再生水，恢复通惠河的生态环境。

10.5　评价结果合理性分析

10.5.1　水生生物群落结构特征分析

1. 基于Berger-Parker优势度指数的浮游生物群落结构特征分析

通过Berger-Parker优势度指数对北京市北运河水系河流生态系统浮游植物和浮游动物群落结构特征进行分析。由于浮游植物和浮游动物在河流生态系统食物链中所处的等级相近，因此将浮游植物和浮游动物综合考虑为浮游生物，且采用等权重方法计算浮游生物Berger-Parker优势度指数：

$$\text{PZ-D} = (\text{P-D}+\text{Z-D})/2 \tag{10-1}$$

式中，PZ-D为浮游生物Berger-Parker优势度指数；P-D为浮游植物Berger-Parker优势度指数；Z-D为浮游动物Berger-Parker优势度指数。

23个点位中，北京市北运河水系共鉴定出浮游植物7门105种，其中绿藻门最多，有47种，占物种总数的45%；硅藻门29种，占27%；蓝藻门13种，占12%；裸藻门8种，占8%；甲藻门4种，占4%；隐藻门3种，占3%；金藻门最少，有1种，占1%。绿藻门优势物种为二角盘星藻（*Pediastrum dupler*），硅藻门优势物种为具星小环藻（*Cyclotella stelligera*），蓝藻门优势物种为钝顶螺旋藻（*Spirulina platensis*），裸藻门优势物种为绿色裸藻（*Euglena viridis*），甲藻门优势物种为角甲藻（*Ceratium hirundinella*），隐藻门优势物种为尖尾蓝隐藻（*Cryptomonas acuta*），金藻门优势物种为分歧锥囊藻（*Dinobryon divergens*）。

23 个点位中，北京市北运河水系共鉴定出浮游动物 4 类 89 种，其中轮虫最多，有 45 种，占物种总数的 50%；原生动物 24 种，占 27%；枝角类 13 种，占 15%；桡足类最少，有 7 种，占 8%。轮虫优势物种为螺形龟甲轮虫（*Keratella cochlearis*），原生动物优势物种为砂表壳虫（*Arcella arenaria*），枝角类优势物种为远东裸腹溞（*Moina weismanni*），桡足类优势物种为无节幼体（*Nauplius larva*）。

浮游生物 Berger-Parker 优势度指数的空间分布如图 10-14（a）所示。在 23 个采样点位中，浮游生物 Berger-Parker 优势度指数最高为 0.73，出现在 B19 沙窝，该点位位于朝阳区东部的坝河下游，该点位的浮游植物优势物种为钝顶螺旋藻，浮游动物优势物种为砂表壳虫；浮游生物 Berger-Parker 优势度指数最低为 0.20，出现在 B1 锥石口和 B16 松林闸，这两个点位分别位于昌平区北部的锥石口沟和中心城区北部的北护城河，这两个点位的浮游植物优势物种分别为钝顶螺旋藻和单列栅藻（*Scenedesmus linearis*），浮游动物优势物种分别为针棘刺胞虫（*Acanthocystis aculeata*）和螺形龟甲轮虫。浮游生物 Berger-Parker 优势度指数较高的地区主要集中在海淀区东部的清河上游、昌平区与顺义区交界处的温榆河上游及朝阳区东部的坝河下游，这些地区的浮游生物群落结构较为单一，物种分布相对不均匀。

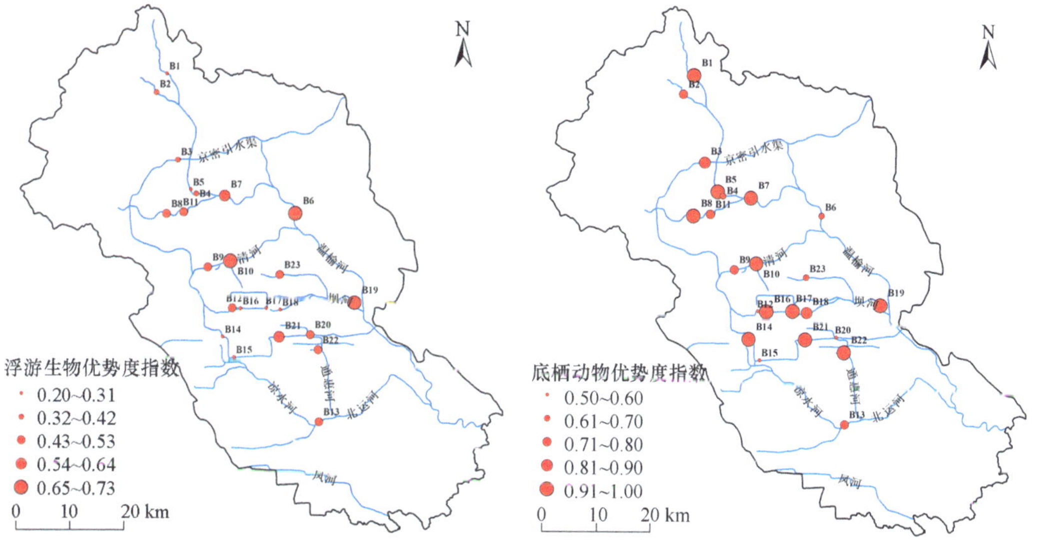

(a) 浮游生物Berger-Parker优势度指数　　(b) 底栖动物Berger-Parker优势度指数

图 10-14　北京市北运河水系水生生物群落结构特征空间分布

2. 基于 Berger-Parker 优势度指数的底栖动物群落结构特征分析

通过 Berger-Parker 优势度指数对北京市北运河水系河流生态系统底栖动物群落结构特征进行分析。23 个点位中，北京市北运河水系共鉴定出底栖动物 3 门 20 种，其中软体动物最多，有 11 种，占物种总数的 55%；水生昆虫 7 种，占 35%；环节动物最少，有 2 种，占 10%。软体动物优势物种为大耳萝卜螺（*Radix auricularia*），水生昆虫优势物种为溪流摇蚊（*Chironomus riparius*），环节动物优势物种为霍甫水丝蚓（*Limnodrilus hoffmeisteri*）。

底栖动物Berger-Parker优势度指数的空间分布如图10-14（b）所示。在23个采样点位中，底栖动物Berger-Parker优势度指数最高为1.00，出现在B1锥石口、B5路庄桥、B8上庄水库、B10清河闸、B14二热闸、B16松林闸、B17东直门、B21乐家花园以及B22南花园，这些点位几乎遍布整个流域中上游地区，这些点位的底栖动物优势物种包括拟沼螺（Assiminea sp.）、溪流摇蚊、大耳萝卜螺、卵萝卜螺（*Radix ovata*）、黑翅蜉（*Ephemera nigroptera*）、中华圆田螺（*Cipangopaludina cahayenssis*）、铜锈环棱螺（*Bellamya aeruginosa*）、狭耳萝卜螺（*Radix tagotis*）以及克拉伯水丝蚓（*Limnodrilus* claparedianus）；底栖动物Berger-Parker优势度指数最低为0.50，出现在B12东小村桥和B15右安门，这两个点位分别位于中心城区与海淀区交界处的坝河支流转河以及中心城区西南部的南护城河，这两个点位的底栖动物优势物种分别为梨形环棱螺（*Bellamya purificata*）和拟沼螺。流域中上游地区的底栖动物Berger-Parker优势度指数普遍较高，其底栖动物群落结构较为单一，物种分布相对不均匀。

10.5.2 水环境质量空间特征分析

1. 基于底栖动物BI指数的水环境质量评价

通过底栖动物BI指数对北京市北运河水系河流生态系统水环境质量空间特征进行分析。本章计算得到底栖动物BI指数最小值为2.50，最大值为9.60，5%分位数为2.99，由此确定底栖动物BI指数的水质评价标准，如表10-2所示。

表10-2 底栖动物BI指数的水质评价标准

评价依据	评价类别
<2.99	Ⅰ类（最清洁）
2.99～4.64	Ⅱ类（清洁）
4.65～6.30	Ⅲ类（轻污染）
6.31～7.96	Ⅳ类（中污染）
>7.96	Ⅴ类（重污染）

基于底栖动物BI指数的水质评价类别分布如图10-15（a）所示。水质评价类别为Ⅰ类的采样点位有1个，占点位总数的4%；水质评价类别为Ⅲ类的采样点位有6个，占26%；水质评价类别为Ⅳ类的采样点位有4个，占18%；水质评价类别为Ⅴ类的采样点位有12个，占52%；无Ⅱ类水质的点位。整个流域的水质状况相对较差，温榆河上游的东沙河、北沙河与南沙河、清河上游、坝河、通惠河以及凉水河下游的水质状况集中较差，水质类别多为Ⅴ类（重污染）和Ⅳ类（中污染）。水质类别为Ⅰ类的唯一一个点位是B14二热闸，该点位位于中心城区西部的永定河引水渠下段。

2. 基于综合水质标识指数的水环境质量评价

通过综合水质标识指数对北京市北运河水系河流生态系统水环境质量空间特征进

行分析。基于综合水质标识指数的水质评价类别分布如图 10-15（b）所示。水质评价类别为Ⅱ类的采样点位有 6 个，占 26%；水质评价类别为Ⅲ类的采样点位有 5 个，占 23%；水质评价类别为Ⅳ类的采样点位有 4 个，占 17%；水质评价类别为劣Ⅴ类但不黑臭的采样点位有 1 个，占 4%；水质评价类别为劣Ⅴ类并黑臭的采样点位有 7 个，占 30%；无Ⅰ类和Ⅴ类水质的点位。整个流域的水质状况一般，温榆河上游的东沙河、北沙河与南沙河、坝河下游、通惠河上游及凉水河下游的水质状况集中较差，水质类别多为劣Ⅴ类并黑臭和劣Ⅴ类但不黑臭。水质状况相对较好的地区主要分布在昌平区北部山区、清河以及中心城区及其周边地区。

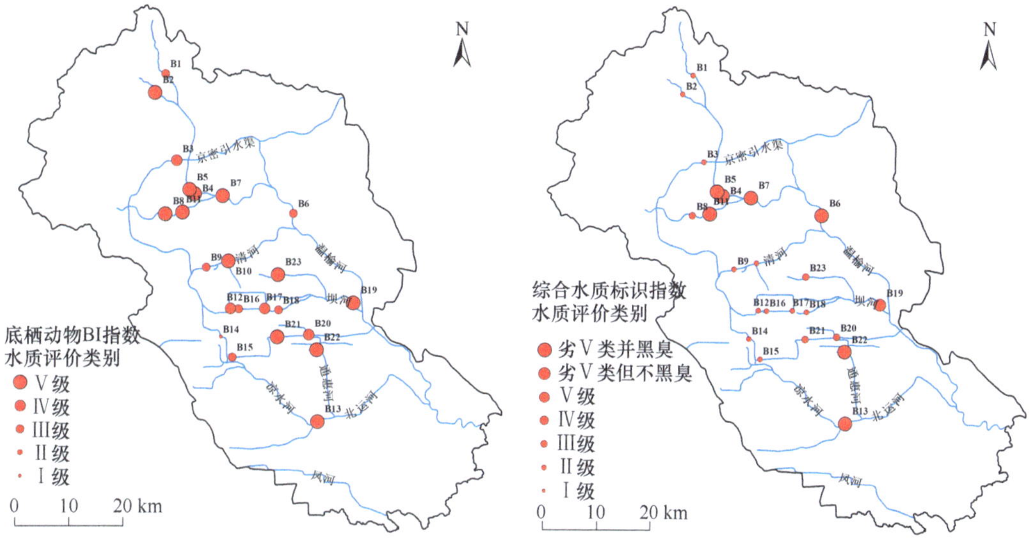

(a) 底栖动物BI指数　　(b) 综合水质标识指数

图 10-15　北京市北运河水系水环境质量特征空间分布

10.5.3　健康评价结果可信度分析

1. 与水生生物群落结构特征对比

对综合健康指数、浮游生物和底栖动物优势度指数进行标准化处理，使得取值在 0～1 之间尽可能分布均匀。将标准化后的综合健康指数与浮游生物优势度指数进行对比，结果如图 10-16 所示。

在 23 个采样点位中，有 11 个点位的综合健康指数高于浮游生物优势度指数，占点位总数的 48%；其余 12 个点位中，除了 B19 沙窝，有 11 个点位的综合健康指数低于浮游生物优势度指数。综合健康指数与浮游生物优势度指数最大相差 0.8588，出现在 B5 路庄桥，该点位位于昌平区的东沙河；综合健康指数与浮游生物优势度指数最小相差 0.0000，出现在 B19 沙窝，该点位位于朝阳区东部的坝河下游。综合健康指数与浮游生物优势度指数的总体变化趋势基本一致。

将标准化后的综合健康指数与底栖动物优势度指数进行对比，结果如图 10-17 所示。在 23 个采样点位中，有 16 个点位的综合健康指数高于底栖动物优势度指数，占点位总数

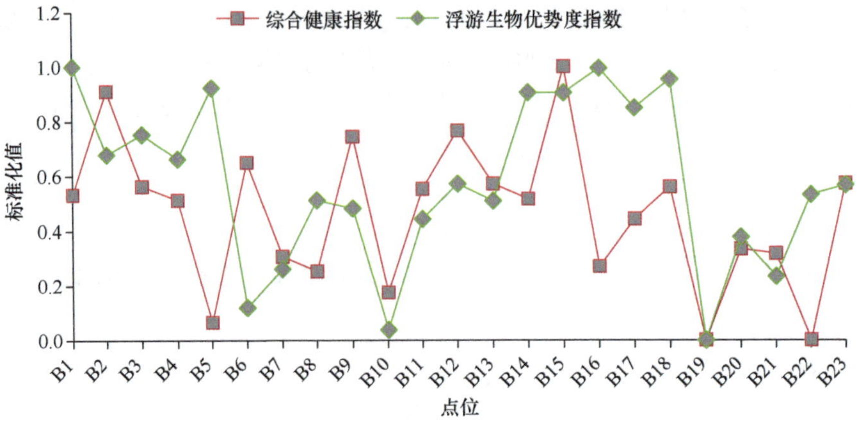

图 10-16　北京市北运河水系综合健康指数与浮游生物优势度指数对比

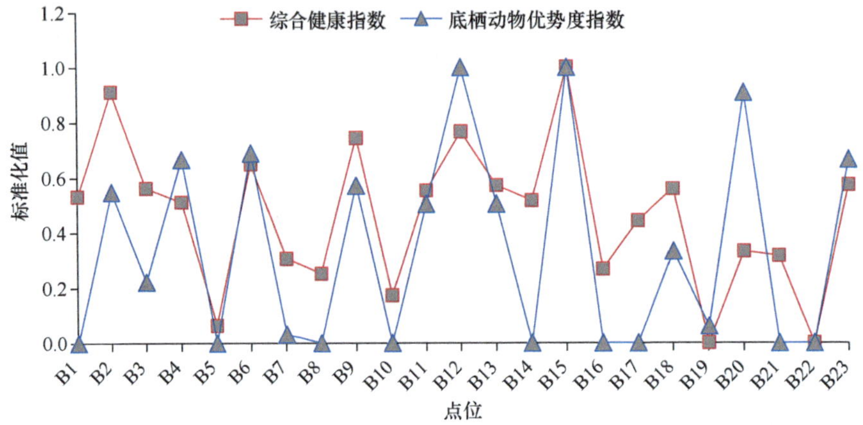

图 10-17　北京市北运河水系综合健康指数与底栖动物优势度指数对比

的 70%；其余 7 个点位中，除了 B15 右安门，有 6 个点位的综合健康指数低于底栖动物优势度指数。综合健康指数与底栖动物优势度指数最大相差 0.5764，出现在 B20 高碑店湖，该点位位于朝阳区中部的通惠河上游；综合健康指数与底栖动物优势度指数最小相差 0.0000，出现在 B15 右安门，该点位位于中心城区西南部的南护城河。综合健康指数与底栖动物优势度指数的总体变化趋势基本一致，综合健康指数的评价结果略优于底栖动物优势度指数。

2. 与水环境质量评价结果对比

对综合健康指数、底栖动物 BI 指数以及综合水质标识指数进行标准化处理，使得取值在 0～1 之间尽可能分布均匀。将标准化后的综合健康指数与底栖动物 BI 指数进行对比，结果如图 10-18 所示。在 23 个采样点位中，有 15 个点位的综合健康指数高于底栖动物 BI 指数，占点位总数的 65%；其余 8 个点位的综合健康指数均低于底栖动物 BI 指数。综合健康指数与底栖动物 BI 指数最大相差 0.7488，出现在 B2 德胜口，该点位位于昌平区北部的德胜口沟；综合健康指数与底栖动物 BI 指数最小相差

0.0001，出现在 B22 南花园，该点位位于朝阳区中部的观音堂明沟。综合健康指数与底栖动物 BI 指数的总体变化趋势基本一致，综合健康指数的评价结果略优于底栖动物 BI 指数。

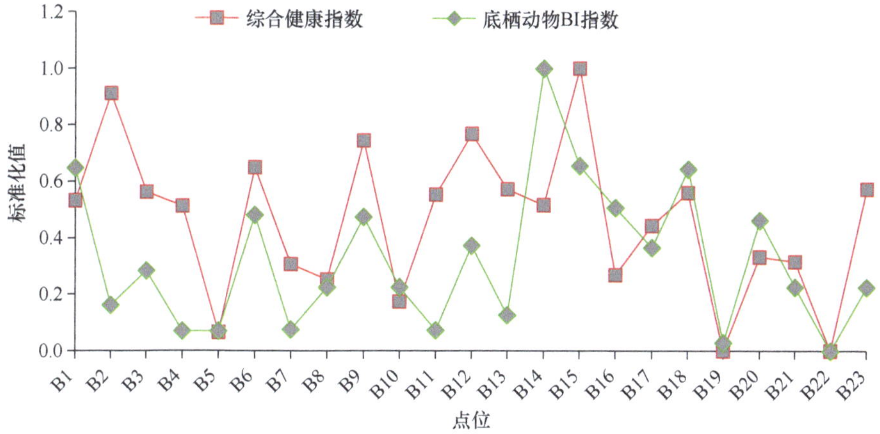

图 10-18　北京市北运河水系综合健康指数与底栖动物 BI 指数对比

将标准化后的综合健康指数与综合水质标识指数进行对比，结果如图 10-19 所示。在 23 个采样点位中，有 8 个点位的综合健康指数高于综合水质标识指数，占点位总数的 35%；其余 15 个点位的综合健康指数均低于综合水质标识指数。综合健康指数与综合水质标识指数最大相差 0.6379，出现在 B10 清河闸，该点位位于海淀区东部的清河上游；综合健康指数与综合水质标识指数最小相差 0.0375，出现在 B23 白桥闸，该点位位于朝阳区的坝河支流北小河。综合健康指数与综合水质标识指数的总体变化趋势基本一致，综合健康指数的评价结果略劣于综合水质标识指数。

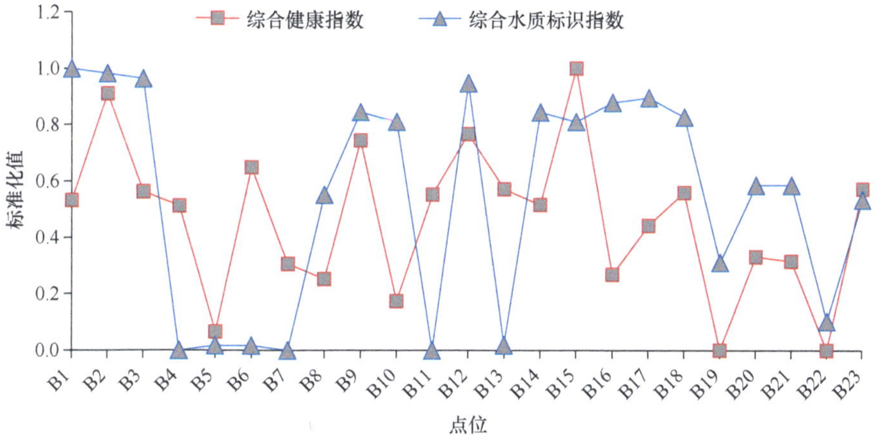

图 10-19　北京市北运河水系综合健康指数与综合水质标识指数对比

3. 可信度结果分析

通过将综合健康指数与水生生物群落结构特征分析以及水环境质量评价结果进行

对比，发现综合健康指数的评价结果与水生生物群落结构特征以及水环境质量评价结果存在一定的差异，但总体的变化趋势基本一致。无论是水生生物群落结构特征分析，还是水环境质量评价，都是针对河流生态系统某一部分健康状况的评价方法，而本章构建的综合健康指数综合考虑了河流的水文特征、水质特征、生物特征、栖息地特征及河岸带特征，在表征河流生态系统健康状况方面具有较高的综合性和完整性。因此，认为本节基于综合健康指数的北京市北运河水系河流生态系统健康评价结果具有一定的可信度。

为了进一步探究河流生态系统健康评价方法之间优劣产生的原因，将两种水生生物群落结构特征分析和水环境质量评价方法分别进行对比。将标准化后的浮游生物优势度指数与底栖动物优势度指数进行对比，结果如图 10-20 所示。在 23 个采样点位中，有 14 个点位的浮游生物优势度指数高于底栖动物优势度指数，占点位总数的 61%；其余 9 个点位的浮游生物优势度指数均低于底栖动物优势度指数。浮游生物优势度指数与底栖动物优势度指数最大相差 1.0000，出现在 B1 锥石口，该点位位于昌平区北部的锥石口沟；浮游生物优势度指数与底栖动物优势度指数最小相差 0.0039，出现在 B4 朝宗桥，该点位位于昌平区南部的北沙河。

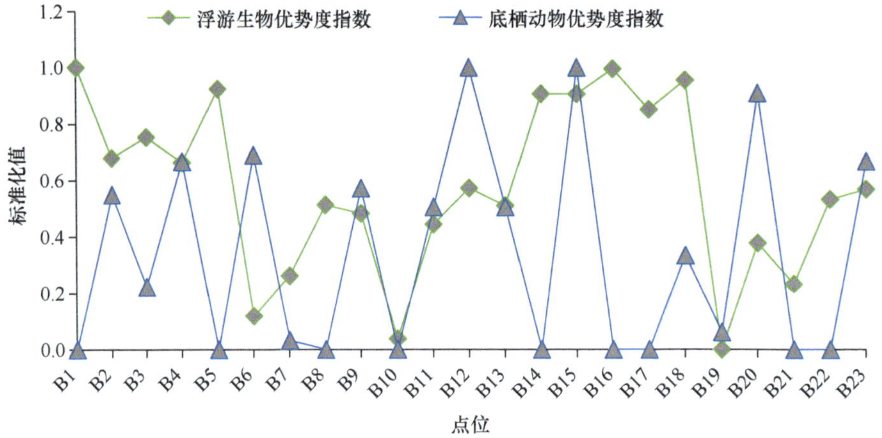

图 10-20 北京市北运河水系浮游生物优势度指数与底栖动物优势度指数对比

将标准化后的底栖动物 BI 指数与综合水质标识指数进行对比，结果如图 10-21 所示。在 23 个采样点位中，有 7 个点位的底栖动物 BI 指数高于综合水质标识指数，占点位总数的 30%；其余 16 个点位的底栖动物 BI 指数均低于综合水质标识指数。底栖动物 BI 指数与综合水质标识指数最大相差 0.8208，出现在 B2 德胜口，该点位位于昌平区北部的德胜口沟；底栖动物 BI 指数与综合水质标识指数最小相差 0.0533，出现在 B5 路庄桥，该点位位于昌平区的东沙河。

通过分析发现，两种水生生物群落结构特征分析和水环境质量评价结果的总体变化趋势基本一致，浮游生物优势度指数的评价结果略优于底栖动物优势度指数，底栖动物 BI 指数的评价结果略劣于综合水质标识指数。

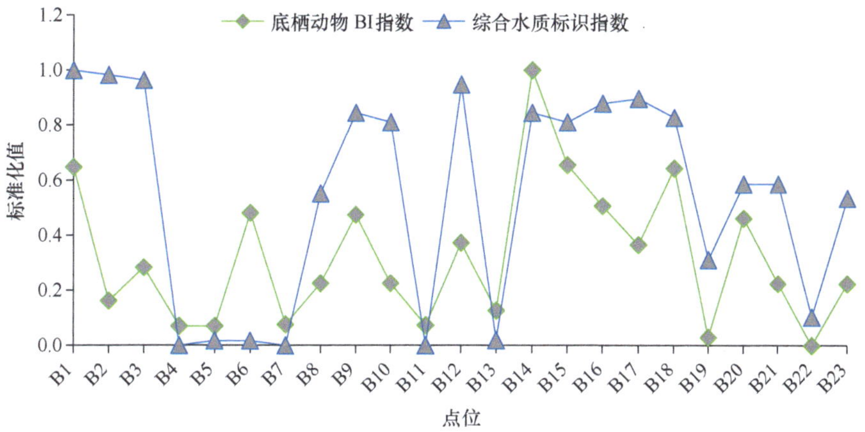

图 10-21　北京市北运河水系底栖动物 BI 指数与综合水质标识指数对比

在本节构建的健康评价指标体系中，生物特征准则层的权重最大，为健康评价结果提供了最多有效信息。在河流生态系统的食物链中，浮游植物是初级生产者，处于食物链的最底层，多悬浮于水体上层，通过光合作用将无机物质转变为有机物质，是物质循环与能量流动的基础；浮游动物多悬浮于水中生活，以浮游植物、细菌和碎屑为食，是浮游生物的重要组成部分；底栖动物长期生活在水体底部且迁移能力较差，以摄食藻类、有机物颗粒和凋落物为主，对水体中物质分解和循环有重要的作用（Yu et al.，2012；徐宗学等，2016）。

由于生活场所、行动能力以及摄食方式的差异，浮游生物和底栖动物在感知河流生态系统变化时存在一定的时间差：与底栖动物相比，浮游生物多生活在水体中上层，对于人类活动干扰导致的外源性变化能更快地接收；浮游生物多悬浮于水中，体积较小，在流动的水体中，浮游生物更易随水运动，在相对静止的水体中，浮游生物可以根据周边的环境状况主动选择移动到更适合自身生长繁殖的场所，而底栖动物长期蛰伏在水底，不易随水运动，再加上自身移动能力较差，因此只能被动地耐受水体环境的变化；在河流生态系统的食物链中，浮游生物处于较低等级，可以通过摄食微生物和碎屑首先感知到环境变化，而底栖动物所处等级较高，需要摄食已对变化环境产生反应的浮游生物才能感知到中上层水体的变化（Altarriba et al.，2016；Liu et al.，2018）。

结合浮游生物和底栖动物的生物特性差异，可以分析得到：当河流生态系统开始出现退化时，浮游生物会通过随水运动或主动移动的方式转移到退化程度不明显的水域，而底栖动物生活在水体底部，退化信息仍未传递到，此时浮游生物和底栖动物能接收到环境变化的信息均十分有限；当河流生态系统退化逐步严重时，环境变化已广泛存在，浮游生物感知到退化信息，而底栖动物由于生活场所和摄食方式只能感知到部分退化信息；当人们意识到河流生态系统退化，开始治理和恢复时，生活在恢复河段的浮游生物及时感知到信息，而底栖动物此时才能感知到恢复前的多数退化信息。在北京市北运河水系中，浮游生物优势度指数的评价结果略优于底栖动物优势度指数，说明北京市北运河水系多数河段正处于治理和恢复阶段，仍有少数河段处于严重退化阶段，亟待治理。

在本节构建的健康评价指标体系中，水质特征准则层的权重相对较大，为健康评价结果提供了较多有效信息。水质不仅能反映水生生物和理化因子在流域中的分布及水平，也能体现流域内社会经济和人类活动对水环境质量的影响，在一定程度上可以直接表征河流生态系统的健康状况。

底栖动物BI指数是基于水生生物的水质评价方法，综合水质标识指数是基于理化因子的水质评价方法，两种方法在评价时间和评价空间上存在一定差异：从评价时间上来看，水生生物具有整合不同时间尺度环境变化的能力，可以反映生态胁迫对水体影响的累积效应，即较长时间维度下的综合水质状况，而理化因子的监测值不是一成不变的，它会随着水体周围环境因素的影响而不断波动，其表征的是较短时间维度下的瞬时水质状况（Bertrand and Philippe，1992）；从评价空间上来看，水生生物长期生活在水体中，受多种环境因素的综合影响，与水生态系统有较复杂的交互活动，其评价结果不仅可以表征水体的水质状况，也涵盖了水生态系统的生境状况，而理化因子重点关注的是环境中营养盐类和污染物质的浓度是否低于对应阈值，以及水体是否存在黑臭等影响人们感官感受的现象，其评价结果基本只针对水体本身的水质状况（周笑白等，2014）。

结合水生生物和水体理化因子的时空差异，可以分析得到：当河流生态系统开始出现退化时，环境变化首先反映在水质方面，部分理化因子捕捉到退化信息，而水生生物由于反映的是综合水质状况，因此并未呈现较强反应；当河流生态系统退化逐步严重时，环境变化已广泛存在，多种理化因子超过环境阈值，反应剧烈，此时水生生物只能感知到部分退化信息；当人们意识到河流生态系统退化，开始治理和恢复时，环境变化也首先反映在水质方面，理化因子及时恢复到正常水平，而由于整个生态系统并未完全恢复，水生生物即便在感知到水质转好的情况下仍然呈现生态系统严重退化时的状态。在北京市北运河水系中，底栖动物BI指数的评价结果略劣于综合水质标识指数，说明北京市北运河水系多数河段正处于治理和恢复阶段，并且仍处于恢复初期，恢复成果主要体现在水质方面，河流生态系统的整体质量有待于进一步提高。

10.6 小　　结

分析了北京北运河健康评价指标的空间分布特征，通过计算综合健康指数，对北京市北运河水系河流生态系统健康状况进行评价和分析。通过将综合健康指数评价结果与基于Berger-Parker优势度指数的水生生物群落结构特征分析和基于底栖动物BI指数和综合水质标识指数的水环境质量评价结果进行对比，对北京市北运河水系河流生态系统健康评价结果进行可信度分析。主要得出以下几点结论：

（1）除昌平区北部山区，北京市北运河水系的水温大致呈现出距离中心城区越远，水温越高的变化趋势；栖息地环境质量评价指标（QHEI）大致呈现出从中游向上游和下游逐渐递增的变化趋势；生化需氧量和总氮基本处于较低水平，整体状况较好；底栖动物香农-维纳多样性指数（B-H）基本处于较低水平，整体状况较差；溶解氧、浮游生物香农-维纳多样性指数（P-H和Z-H）、岸坡侵蚀指标（ISE）以及亲水景观舒适度（DWLC）

空间分布相对零散，高低交错，空间异质性较大。

（2）通过计算综合健康指数（EHCI），发现北京市北运河水系河流生态系统的 EHCI 呈“双金字塔式”分布，即健康指数的取值多集中在平均值附近，而两个极端的取值相对较少；基于 EHCI 的取值范围和分布情况，采用“五分法”确定健康评价标准。

（3）北京市北运河水系健康评价结果显示，全流域的健康评价结果总体较差，其中上游的健康状况相对较好，下游的健康状况略逊于上游，而中游的健康状况相对较差，且西南部地区的健康状况与其他地区差异明显，空间异质性较大；健康状况最好的地区主要位于昌平区北部山区以及中心城区西南部与丰台区的交界地带，健康状况最差的地区主要位于朝阳区东部的坝河下游以及朝阳区中部的通惠河上游。

（4）浮游生物 Berger-Parker 优势度指数较高的地区主要集中在海淀区东部的清河上游、昌平区与顺义区交界处的温榆河上游以及朝阳区东部的坝河下游，流域中上游地区的底栖动物 Berger-Parker 优势度指数普遍较高，这些地区的水生生物群落结构较为单一，物种分布相对不均匀。

（5）北京市北运河水系的水质状况相对较差，温榆河上游的东沙河、北沙河与南沙河、清河上游、坝河、通惠河以及凉水河下游的水质状况集中较差，水质状况相对较好的地区主要分布在昌平区北部山区、清河以及中心城区及其周边地区。

（6）通过将综合健康指数评价结果与水生生物群落结构特征分析和水环境质量评价结果进行对比，发现综合健康指数的评价结果与水生生物群落结构特征以及水环境质量评价结果存在一定的差异，但总体的变化趋势基本一致，认为本章基于综合健康指数的北京市北运河水系河流生态系统健康评价结果具有一定的可信度。

（7）通过将两种水生生物群落结构特征分析和水环境质量评价方法分别进行对比，发现两种水生生物群落结构特征分析和水环境质量评价结果的总体变化趋势基本一致，浮游生物优势度指数的评价结果略优于底栖动物优势度指数，说明北京市北运河水系多数河段正处于治理和恢复阶段，仍有少数河段处于严重退化阶段，亟待治理；底栖动物 BI 指数的评价结果略劣于综合水质标识指数，说明北京市北运河水系多数河段正处于治理和恢复阶段，并且仍处于恢复初期，恢复成果主要体现在水质方面，河流生态系统的整体质量有待于进一步提高。

第四篇

滑河流域河流生态系统健康评价

第 11 章　渭河流域鱼类群落结构与环境因子响应分析

渭河是黄河的最大支流，是陕西关中地区的生命河，渭河生态系统健康直接决定着关中地区社会经济的发展。近年来，伴随着人口的逐渐增多，水资源需求急剧增加，渭河流域年平均径流量急剧减少，水环境质量变差。加上过度开采地下水，地下水位急剧下降，易发生地面塌陷、地裂缝等地质问题。渭河流域的生态环境问题十分突出，河道内鱼虾数量大量减少，河流生态功能急剧退化，渭河流域经济社会的可持续发展受到了严重制约，解决渭河流域生态系统退化问题已经成为当务之急，恢复和维持河流生态系统健康成为流域管理的首要目标。本篇内容从鱼类群落结构出发建立鱼类完整性指数，评价当前流域生态系统健康状况，同时找出并量化影响河流鱼类群落结构和功能的主要环境因子（包括自然环境条件、水环境质量、土地利用、土壤类型等），为渭河流域生态系统可持续发展提供依据。

11.1　研究区概况

11.1.1　自然地理特征

渭河发源于甘肃省渭源县鸟鼠山北侧，是黄河的最大支流，东至陕西省渭南市，于潼关县汇入黄河，干流全长 818km，流域面积 13.43 万 km^2。流域地貌复杂，南有东西走向的秦岭横亘，北有六盘山屏障，西部为黄土丘陵沟壑区，东部为关中平原区。关中平原位于陕西省中部，介于秦岭和渭北北山之间，西起宝鸡，东到潼关，南界秦岭，长约 300km，面积约 3.4 万 km^2。泾河西南部和西部为六盘山和关中山区，植被覆盖率较高，东部为泾河和北洛河的分水岭-子午岭，有茂密的次生天然林，中部为黄土高原沟壑区，北部为黄土丘陵沟壑区。北洛河上游为黄土丘陵沟壑区，水土流失严重，中游东侧有子午岭林区，西侧为黄龙山林区，下游为关中地区。

渭河为不对称水系，呈扇状分布，北岸支流源远流长，主要流经黄土高原，年内流量变化悬殊，水流含沙量大，是渭河的主要来沙支流，主要有泾河、石川河、北洛河、千河、漆水河等支流。南岸支流较短，均发源于秦岭北坡，主要流经山区，比降较大，水流湍急，水力资源较为丰富，主要有石头河、黑河、沣河、灞河等，是渭河径流的主要来源。渭河流域集水面积在 1000km^2 以上的支流共有 14 条，渭河流域水系分布如图 11-1 所示。

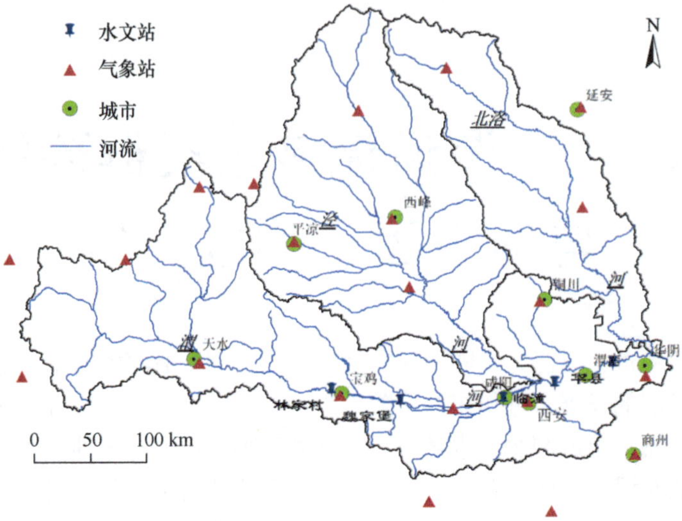

图 11-1　渭河流域水系及气象站和水文站分布图

泾河是渭河的最大支流，发源于宁夏回族自治区南部六盘山东麓，有南北两源：南源自泾源县老龙潭，北源自固原大湾镇，两源流至甘肃省平凉市八里桥汇合，东南流经泾川，于杨家坪进入陕西长武县，出高陵后注入渭河，主河道平均比降 2.09‰，全长 455.1km，流域面积 4.54 万 km^2。泾河支流众多，马连河是泾河最大的支流，流域面积 1.91 万 km^2，占泾河流域面积的 42%。除此之外，集水面积大于 1000km^2 的支流还有洪河、蒲河、三水河、黑河、泔河等。

北洛河是渭河的第二大支流，发源于陕西省吴旗县白于山，于大荔县注入渭河，全长 680.3km，流域总面积 2.69 万 km^2。葫芦河为北洛河的最大支流，流域面积 0.54 万 km^2。除此之外，集水面积大于 1000km^2 的支流还有沮河和周河。泾河和北洛河是黄河支流中含沙量最大的河流，是渭河主要的泥沙来源（宋进喜和李怀恩，2004）。

11.1.2　水文气象特征

渭河流域河流纵向特征变化较大，河源至宝鸡峡出口为上游，长 430km，河道狭窄，水流湍急，平均比降 3.85‰。宝鸡峡至咸阳铁桥为中游，长 177km，河床宽而浅，水流变缓，比降由 2‰逐渐减小为 0.67‰。下游为咸阳至潼关段，长 211km，自华县以下，河道蜿蜒曲折，河道纵坡由 0.2‰渐变为 0.17‰，受泥沙淤积和黄河三门峡水库回水影响，下游河床淤积抬高，河道过水能力较差，常有洪水发生。

渭河流域地处干旱与湿润地区的过渡地带，年平均气温为 6～14℃，年平均蒸发量为 1000～2000mm，无霜期 120～220 天。年平均降水量 572mm（1956～2000 年系列，下同），降水量变化趋势是南多北少，山区多而盆地河谷少。西部太白山、东部华山山区最多，达到 900mm 以上，其次是秦岭山区，年降水量为 800mm 以上，而渭北地区降水量较少，平均为 541mm，局部地区甚至不足 400mm。年际间降水量变化较大，汛期（7～10 月）降水量占年降水总量的 60%左右，其中最大月降水量多发生在 7 月和 8 月，最小降水量多发生在 1 月和 12 月。年平均天然径流量 100.40 亿 m^3，占黄河流域天然径流量的 17.3%。径流年际变化大，年内变化与降水相似，7～10 月为汛期，多暴雨，降水强度大，汛期径流量占全年径流量的 60%，其中以 8 月份径流量最多，一般占全年的 14%～25%，1 月径流量最少，一般仅占全年的 1.6%～3.1%。渭河南岸径流量占渭河流域的 48%以上，是渭河径流的主要来源。

11.1.3　水利工程概况

20 世纪 50 年代以来，渭河流域兴建了许多水利工程，根据 2001 年水利部发布的中国水库名称代码，渭河流域共有大型水库 4 座，分别是冯家山水库、羊毛湾水库、石头河水库和巴家咀水库，中型水库 28 座。关中地区主要有 8 大灌区，即宝鸡峡引渭灌区、交口抽渭灌区、泾惠渠灌区、洛惠渠灌区、冯家山水库灌区、石头河灌区、羊毛湾水库灌区和桃曲坡水库灌区。宝鸡峡引渭灌区西与甘肃省毗邻，位于陕西省关中平原西部，是陕西省最大的灌区，是关中地区最重要的粮食生产基地。宝鸡峡引渭灌区自 1972 年开始从渭河引水，由宝鸡峡引渭工程、渭惠渠工程和渭惠渠高原抽水灌溉工程（简称渭高抽）三大部分组成，从宝鸡县林家村和眉县魏家堡两处筑坝引渭，设计引水流量为 $95m^3/s$。

11.1.4　生态环境概况

受人类活动的强烈干扰，渭河流域生态环境急剧退化，主要表现在水环境质量恶化、径流量急剧减少、河流含沙量大、湿地萎缩和生物资源量锐减等（Song et al.，2007）。根据关中地区水文站不同年代径流与多年平均值的比值，其中魏家堡水文站不同年代径流变幅最大，为 47.61%～172.05%；临潼水文站变幅最小为 61.01%～148.24%（邢大韦等，2007）。根据 2001～2010 年陕西省地表水断面及渭河干流断面水质类别比例的年际变化情况（杨玉珍等，2012），渭河劣Ⅴ类断面比例由 2001 年的 84.6%下降至 2010 年的 69.2%，而 2003 年以后，劣Ⅴ类断面比例一直保持不变，Ⅰ～Ⅲ类水质断面比例由 2001 年的 0%上升至 2010 年的 23.1%。参考《地表水环境质量评价办法（试行）》，虽然水环境质量有所改善，但仍为重度污染。

渭河流域河流含沙量大，多年平均天然来沙量 6.09 亿 t，其中泾河含沙量最大，为 3.06 亿 t，其次是渭河干流，其中咸阳站为 1.97 亿 t，北洛河含沙量最少，为 1.06 亿 t。渭河泥沙的主要来源是泾河、北洛河和渭河上游，这些地区多为渭北黄土高原和黄土丘陵沟壑区，区域内水土流失情况严重，其中马连河是泾河泥沙的主要来源，其来沙量占泾河泥沙的 55%，而集水面积仅占泾河总面积的 41%；刘家河以上的集水面积仅占北洛河流域面积的 29%，却是北洛河泥沙的主要来源，其来沙量占北洛河泥沙的 88%。由于土地资源日益减少，大量湿地逐渐被开垦为城市用地等，流域湿地面积日益减少，加上不合理的排水工程建设，湿地环境受到严重的破坏，越来越多的湿地逐渐退化为干地、裸地和盐碱地（李景宜，2007）。另外水利工程的修建一定程度上也破坏了河流上下游之间的纵向连通性，割断了水体与河漫滩之间的横向联系，对生物栖息地造成了严重的影响，特别是对湿地影响较大，水利工程阻断了湿地与河流之间的水力联系，已使渭河流域湿地面积消失约1/3以上。

根据20世纪80年代的调查结果，渭河共有鱼类58种（许涛清和李仲辉，1984）。80年代以后，鱼类开始大范围死亡，主要是由于渭河沿岸造纸厂、化工厂等工业废水及城镇生活污水大多未经处理直接排入渭河造成的。90年代末水污染最为严重，再加上干旱、河道硬化、产卵场丧失等，使得鱼类很难生存，渭河水生生物种类大幅度减少，冬季基本上看不到野鸭等候鸟在渭河流域湿地生活。

11.1.5 社会经济概况

渭河流域位于我国西部地区的前沿地带，在我国实施的西部大开发战略中具有举足轻重的作用。渭河流域分布有西安、宝鸡、咸阳、渭南、铜川、延安等多个大中型城市。到2000年底，整个流域的总人口达到了3251万人，人口密度为241人/km^2。关中地区是流域人口最为密集的地区，人口密度达到444人/km^2，秦岭山区和黄土高原区位于流域的南北边缘，人口分布较为稀疏。

流域工业发达，2000年工业总产值达到1693亿元，占工业和农业总产值的81%。近年来，随着高科技、高新技术工业的快速发展，在关中地区逐渐形成了一条西起宝鸡、东至渭南的高新技术产业开发带。以铜川为中心的渭河北岸区域是著名的“黑腰带”地区，该区域煤田资源较为丰富。泾河流域的甘肃庆阳地区石油资源丰富，形成了一条以能源为主的产业开发带。地处我国西北地区的渭河流域是该地区门类较为齐全的工业基地，主要集中分布在西安、宝鸡、铜川、咸阳、天水等城市，包括电子、电力、机械、航空、化工、煤炭、建材和有色金属等工业。

关中地区是渭河流域经济最为发达的地区，是我国重要的粮食主产区和工业生产基地之一。2000年粮食总产量达到680万t，占全流域的66.7%；工业产值为1433亿元，占全流域总产值的84.6%；GDP为1214亿元，占全流域的81.6%。关中地区对渭河流域国民经济，甚至对我国西北地区的经济发展都具有决定性的作用。

11.2 数 据 来 源

11.2.1 鱼 类 采 集

考虑到采集鱼类样品的代表性和技术上的可行性，于2011年10月、2012年4月、2012年10月和2013年4月二个水文年汛前和汛后共四次分别对渭河流域进行鱼类的采集，采样点位共有77个，点位分布如图11-2所示，其中2011年10月共采集45个点位，2012年4月共采集49个点位，而2012年10月和2013年4月分别采集60个点位，且重复性采样一次（编号W1～W40为渭河点位，编号J1～J20为泾河点位，编号L0～L15为北洛河点位）。鱼类采样方法为电鱼器和刺网：对于可涉水水域，采用电鱼器采集，采样范围为采样点上下游各 100m 水域，而对于不可涉水水域，采用刺网和电鱼器相结合的方式，采样范围扩大为采样点上下游各 300m 水域，每次采样持续时间为 30 分钟。同时记录各采样点的渔获物体长、体重、个体数及健康状况。对能现场鉴定的常见鱼类，记录体长、体重和个体数之后放生；对未能现场鉴别物种的鱼类，采用 5%甲醛固定后带回实验室鉴别物种。鱼类鉴定主要依据为：《秦岭鱼类志》（陕西省动物研究所，1987）和《中国鲤科鱼类志》（伍献文等，1982）。

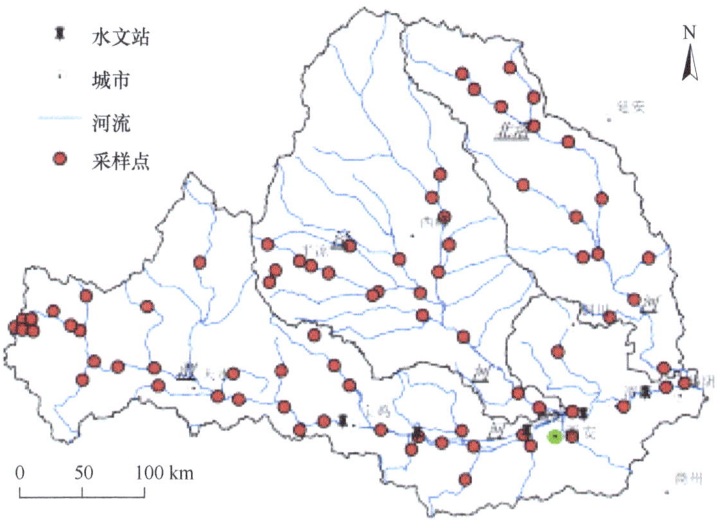

图 11-2　渭河流域水生态调查采样点分布图

11.2.2　水环境质量数据获取

鱼类采集之前首先进行水体理化指标的测量，同时采用 GPS（MAGEL-LANexplorist-200）现场测定采样点的经纬度和海拔高度。水环境理化因子包括气温（Airtemp）、水温（Wtemp）、电导率（Ec）、盐度（Salinity）、pH、饱和度（Satu）、溶解氧含量（DO）和总溶解固体（TDS），采用 YSI85 水质分析仪现场测定。其他水环境理化因子包括硬度（Hardness）、高锰酸盐指数（COD_{Mn}）、硝酸盐（NO_3^-）、亚硝酸盐（NO_2^-）、氨氮（NH_4^+）、磷酸盐（PO_4^{3-}）、硫酸盐（SO_4^{2-}）、总氮（TN）、总磷（TP）和悬浮物固体含量（SS），根据我国《地表水环境质量标准》（GB3838—2002）于实验室进行测定。流速（Velocity）、水深（Depth）和流量（Discharge）采用流速仪（FP111）现场测量，对于可涉水河段，河宽（Width）采用皮尺测量，对于不可涉水河段采用测距仪（leupoldRX-IV）测定。

11.2.3　栖息地环境质量评分

栖息地质量评价采用栖息地环境质量评价指标（qualitative habitat evaluation index，QHEI）于各采样点进行现场打分，该指标借鉴美国 EPA 快速生物评价手册中的评价方法（Barbour et al.，1999），并进行适当修改最终确定 10 个评价指标（表 5-6），分别是底质、栖境复杂性、速度和深度结合特征、堤岸稳定性、河道变化、河水水量状况、植被多样性、水质状况、人类活动强度、河岸土地利用类型，每项20分，总分为200分，分为4个等级（健康、较好、一般和较差），其中分数越高代表栖息地环境质量越好。所有点位的栖息地评分均由同一位调查者完成，以消除由于人为误差导致的评价结果不一致。评价指标的判定标准详见文献（郑丙辉等，2007）。

11.2.4　其他数据来源

DEM与土地利用数据来源于中国科学院资源环境科学与数据中心的1∶25万数据集，采用2007年的土地利用数据，选取10km长，1km宽的缓冲区面积计算农业用地、城镇用地、草地、森林用地、未利用土地所占的比例。土壤数据来源于中国科学院资源环境科学与数据中心1∶100万数据集，根据土壤质地进行分类，分类标准参照美国标准进行，计算与土地利用类型相同缓冲区面积中黏粒（Silt）、粉粒（Clay）和砂粒（Sand）所占的比例。河流水系方面，包括点位至河源的距离（DRS）、点位至河口的距离（DRM）、河流等级（S-order）根据河流水系及DEM数据通过GIS计算获取。水文数据，包括上游水库库容（Capacity）、点位上游堰坝数量（Ubarr）、点位下游堰坝数量（Dbarr）和最大游动距离（MDswim，指鱼类在河流中可游动的最大距离）主要通过GIS计算，水库参考中国水库名称代码，文中仅考虑30座大中型水库和主要灌区。气象数据选取1961～2008年流域内21个雨量站日降水资料计算年平均降水量并插值到采样点位，同样方法得到采样点的气温数据；关中地区水文站（林家村、魏家堡、咸阳、临潼、华县）的日流量资料（1958～2008年）主要来自水文年鉴。

11.3　鱼类群落结构特征

通过调查，渭河流域共鉴定出鱼类51种（表11-1），隶属于5目10科33属，其中鲤科鱼类最多，共20属22种，占鱼类总数的43.1%，鳅科4属15种，占29.4%，二者是渭河流域鱼类群落结构的主要组成。其余有鲈形目虾虎鱼科1属5种，鲇形目鲿科2属3种，鲑形目银鱼科、鲑科、鲇形目鲇科、鳉形目青鳉科、鲈形目沙塘鳢科和鳢科各1属1种。渭河流域上游鱼类32种，中游鱼类39种，下游鱼类42种，从上游到下游鱼类物种数量越来越丰富，群落结构越来越复杂。渭河流域鱼类分布与中国淡水鱼类分布特征相似，均以鲤科鱼类为优势类群。渭河流域鲤科鱼类中分布有除鲴亚科、野鲮亚科和鳅鮀亚科之外的9个亚科，特别是鮈亚科种类最多，达7种，鳅科鱼类种类数为15种，其中高原鳅属有10种。银鱼科大银鱼（*Protosalanx hyalocranius*）和青鳉科青鳉（*Oryzias latipes*）为此次鱼类调查的新物种。分布于黑河的细鳞鲑（*Brachymystax lenok*）属濒危物种，已被《中国濒危动物红皮书》列为中国国家Ⅱ级保护野生动物。从不同季节看，枯水期（4月）有鱼类37种，隶属于5目8科25属；丰水期（10月）有鱼类41种，隶属于4目8科25属，丰水期鱼类种类数略多于枯水期。枯水期和丰水期流域鱼类物种差异不大，鱼类群落结构较为稳定，均以鲤科和鳅科为优势类群。

表 11-1　渭河流域鱼类名录及分布

鱼名	拉丁名	上游	中游	下游	渭河	泾河	北洛河
大银鱼	*Protosalanx hyalocranius*		*	*	*		
细鳞鲑	*Brachymystax lenok*		*		*		
红尾副鳅	*Paracobitis variegatus*	*	*		*		
达里湖高原鳅	*Triplophysa dalaica*	*	*	*	*	*	*
赛丽高原鳅	*Triplophysa sellaefer*	*	*	*	*	*	*
陕西高原鳅	*Triplophysa shaanxiensis*	*	*	*	*	*	*
岷县高原鳅	*Triplophysa minxianensis*	*	*	*	*	*	*
贝氏高原鳅	*Triplophysa bleekeri*	*	*	*	*	*	*
粗壮高原鳅	*Triplophysa robusta*	*	*	*	*	*	*
背斑高原鳅	*Triplophysa stoliczkae dorsonotata*	*		*	*	*	*
东方高原鳅	*Triplophysa orientalis*	*	*	*	*	*	*
黄河高原鳅	*Triplophysa pappenheimi*	*	*	*	*	*	
中华花鳅	*Cobitis sinensis*	*	*		*		
北方花鳅	*Cobitis granoei*	*	*		*		
泥鳅	*Misgurnus anguillicaudatus*	*	*	*	*	*	*
大鳞副泥鳅	*Paramisgurnus dabryanus*			*		*	*
马口鱼	*Opsariichthys bidens*	*	*	*	*	*	*
草鱼	*Ctenopharyngodon idellus*		*	*	*		
拉氏大吻鱥	*Rhynchocypris lagowskii*	*	*	*	*	*	*
鳙	*Aristichthys nobilis*			*	*		
白鲢	*Hypophthalmichthys molitrix*			*	*		
中华鳑鲏	*Rhodeus sinensis*		*	*	*		*
䱗	*Hemiculter leucisculus*		*	*	*	*	*
贝氏䱗	*Hemiculter bleekeri*		*	*	*		*
红鳍原鲌	*Culter erythropterus*			*	*		
麦穗鱼	*Pseudorasbora parva*	*	*	*	*	*	*
黑鳍鳈	*Sarcocheilichthys nigripinnis*		*	*	*		
短须颌须鮈	*Gnathopogon imberbis*	*	*	*	*		*
似铜鮈	*Gobio coriparoides*	*		*	*		*
棒花鮈	*Gobio rivuloides*	*	*	*	*		
棒花鱼	*Abbottina rivularis*	*	*	*	*	*	*
清徐胡鮈	*Huigobio chinssuensis*	*	*	*	*	*	*
多鳞铲颌鱼	*Scaphesthes macrolepis*	*	*		*		
渭河裸重唇鱼	*Gymnodiptychus pachucheilus weiheensis*	*			*		
嘉陵裸裂尻鱼	*Schizopygopsis kialingensis*	*			*		

续表

鱼名	拉丁名	上游	中游	下游	渭河	泾河	北洛河
鲤	*Cyprinus carpio*		*	*	*	*	*
鲫	*Carassius auratus*	*	*	*	*	*	*
鲇	*Silurus asotus*	*	*	*	*	*	*
黄颡鱼	*Pelteobagrus fulvidraco*		*		*		
光泽黄颡鱼	*Pelteobagrus nitidus*			*	*		
凹尾拟鲿	*Pseudobagrus emarginatus*			*	*		
青鳉	*Oryzias latipes*			*	*		*
小黄黝鱼	*Micropercops swinhonis*		*	*	*		*
波氏吻虾虎鱼	*Rhinogobius cliffordpopei*	*	*	*	*	*	*
褐吻虾虎鱼	*Rhinogobius brunneus*	*	*	*	*		*
神农吻虾虎鱼	*Rhinogobius shennongensis*	*	*	*	*	*	*
子陵吻虾虎鱼	*Rhinogobius giurinus*	*	*	*	*		*
乌鳢	*Channa argus*		*	*	*		

渭河自西向东流，上游和西北高原区接壤，中下游为江河平原区，反映在鱼类区系成分，上游以高原鳅属为主的中亚高原区系鱼类，中下游主要分布有马口鱼、餐、中华鳑鲏、麦穗鱼等江河平原鱼类。关中地区分布有以棒花鱼、波氏吻虾虎鱼、餐、鲤、鲫为主的鱼类，高原鳅属鱼类在支流分布较少，干流无该属鱼类分布。

根据20世纪80年代渭河流域鱼类调查研究（表11-2），渭河鱼类共有5目9科42属

表11-2 渭河鱼类目、科、属、种的统计结果

目	科	20世纪80年代调查			本次调查种数		
		属	种	占种总数/%	属	种	占种总数/%
鲑形目	银鱼科	0	0	0	1	1	1.96
	鲑科	1	1	1.72	1	1	1.96
鲤形目	鳅科	4	8	13.79	4	15	29.41
	鲤科	30	39	67.26	20	22	43.14
鲇形目	鲇科	1	1	1.72	1	1	1.96
	鲿科	2	4	6.80	2	3	5.88
鳉形目	青鳉科	0	0	0	1	1	1.96
合鳃鱼目	合鳃鱼科	1	1	1.72	0	0	0.00
鲈形目	沙塘鳢科	1	1	1.72	1	1	1.96
	虾虎鱼科	1	2	3.44	1	5	9.80
	鳢科	1	1	1.72	1	1	1.96

58 种和亚种，其中上游鱼类 23 种，中游鱼类 27 种，下游鱼类 54 种（许涛清和李仲辉，1984）。与 80 年代鱼类调查相比，鱼类物种数量明显减小，个体数量和渔获量减少，相似的特征，均以鲤科和鳅科为主要优势类群（茹辉军等，2010）。而与秦岭南麓的汉水淡鱼类群落结构基本相似。渭河作为黄河的第一大支流，在鱼类群落结构上表现出与其和嘉陵江鱼类相比，具有种类少、鱼类区系成分较简单的特点。

根据文献记载，汉水中游共有鱼类 78 种，隶属 8 目 18 科 85 属（李修峰等，2005），嘉陵江鱼类 156 种，隶属 7 目 18 科 86 属（曾燏和周小云，2012），分别为渭河鱼类 51 种的 1.53 倍和 3.06 倍，主要是由于秦岭山脉的阻隔，导致秦岭南北气候差异较大，形成了秦岭南北鱼类区系成分极为明显的差异。从上中下游分布来看，上游和中游的鱼类物种数量比 80 年代增多，而下游鱼类物种数量较 80 年代减少。鲤科鱼类物种数量由 30 属 39 种减少至 20 属 22 种，鳅科鱼类数量由 4 属 8 种增加至 4 属 15 种，虾虎鱼科鱼类数量增多至 5 种，鲑科、鲇科、鲿科、沙塘鳢科、鳢科物种数量无明显变化，合鳃鱼科未采集到样本，银鱼科大银鱼和青鳉科青鳉为此次鱼类调查的新物种。80 年代调查结果发现上游鱼类以裂腹鱼亚科和高原鳅属鱼类为主，而本次调查高原鳅属明显增多，物种数量由 4 种增加至 10 种，而裂腹鱼亚科仅发现嘉陵裸裂尻鱼 1 种，且仅分布在渭河源头点位。

根据群落结构的相似性，对 2012 年 10 月的鱼类数据进行聚类分析，结果如图 11-3 所示。渭河流域鱼类群落主要分为Ⅲ组，第Ⅰ组的样点，主要分布于渭河上游、中游支流，泾河中下游、支流和北洛河支流，代表性鱼类为达里湖高原鳅、岷县高原鳅、贝氏高原鳅、背斑高原鳅、拉氏大吻鲅和似铜鮈；第Ⅱ组的采样点主要分布于渭河干流中下游、支流和北洛河干流点位，代表性鱼类多为平原性鱼类，如中华鳑鲏、䱗、麦穗鱼、棒花鱼、清徐胡鮈、鲤、鲫、鲇、子陵吻虾虎鱼等；第Ⅲ组的采样点主要分布于泾河中下游、支流，北洛河干流、中下游支流点位及渭河个别点位，高原鳅属鱼类也较多（图 11-4）。

渭河、泾河和北洛河三个水系的鱼类群落组成相似，但泾洛河鱼类物种数量和个体数量较低。渭河水系鱼类共 50 种，其中鲤科 22 种，鳅科 14 种，鲇形目鲿科 3 种，鲈形目虾虎鱼科 5 种，鲑形目银鱼科、鲑科、鲇形目鲇科、鳉形目青鳉科、鲈形目沙塘鳢科和鳢科各 1 种。泾河鱼类仅 23 种，其中鳅科 11 种，鲤科 9 种，鲇科 1 种，鲈形目虾虎鱼科 2 种。北洛河鱼类共 31 种，鲤科 13 种，鳅科鱼类 10 种，鲇形目鲇科 1 种，鳉形目青鳉科 1 种，鲈形目沙塘鳢科 1 种，虾虎鱼科 5 种。其中渭河和泾河共有物种 22 种，渭河和北洛河共有物种 31 种，泾河和北洛河的共有物种 22 种，三个水系鱼类群落均以鲤科和鳅科为优势类群，鳅科物种数量差距不大，鲤科物种数量相差较大，鲤科的鮈亚科广泛分布在渭河水系上中下游，泾洛河水系分布较少，主要有棒花鱼、麦穗鱼等小型鱼类。在渭河水系发现的北方花鳅、红尾副鳅、多鳞铲颌鱼、嘉陵裸裂尻鱼和草鱼在泾河和北洛河均未采集到鱼类样本。北洛河中的中华鳑鲏、短须颌须鮈、清徐胡鮈等鱼类，在泾河中未采集到样本。

采用相似性系数（张镱锂，1998）评价三个水系鱼类区系的相似性程度，发现渭河和泾河的相似性系数为 0.60，渭河和北洛河的相似性系数为 0.76，泾河和北洛河的相似

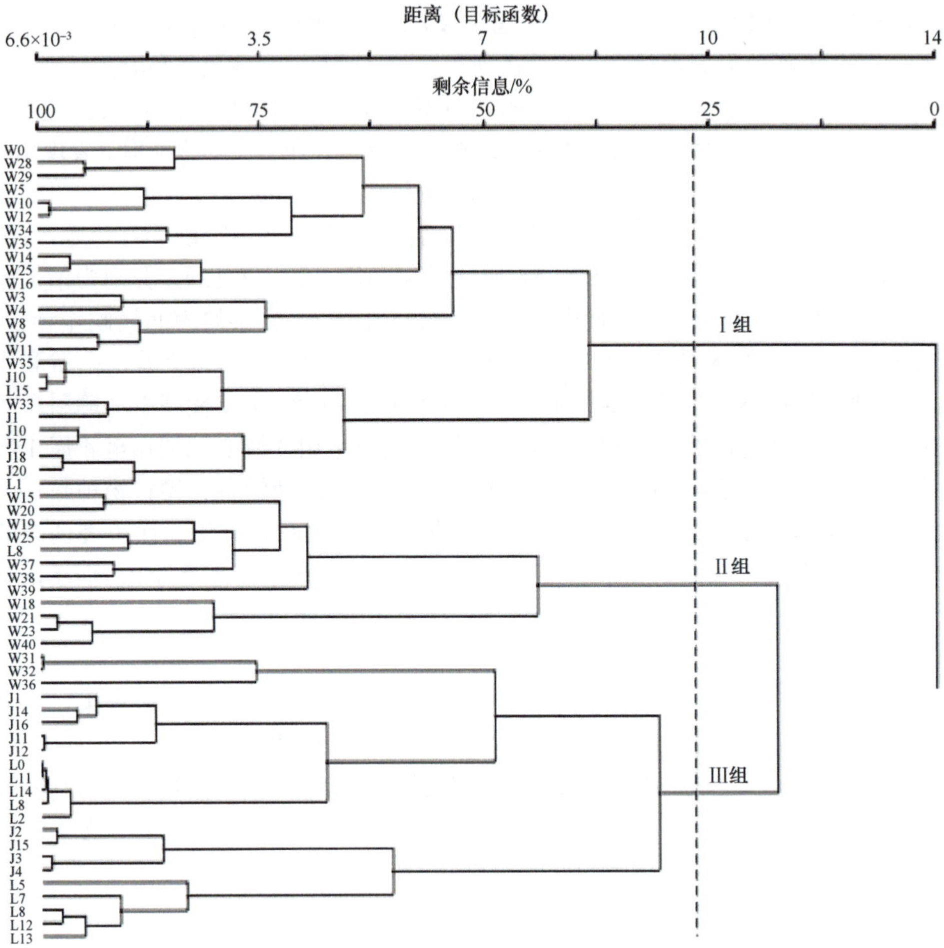

图 11-3　渭河流域鱼类群落结构聚类图

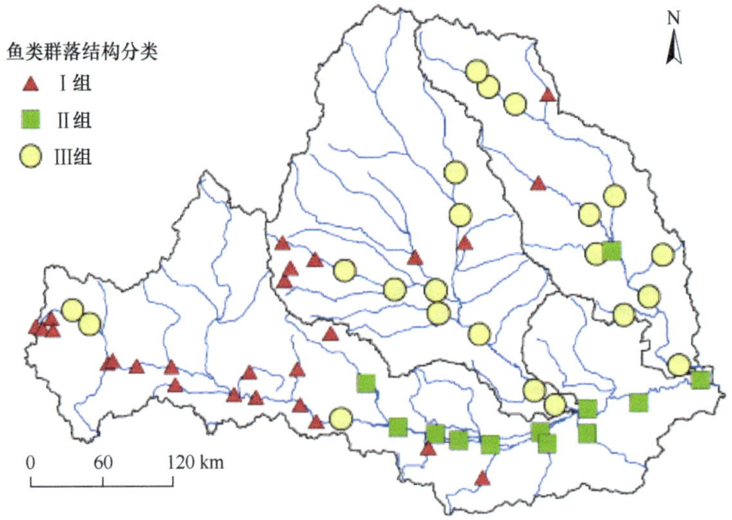

图 11-4　渭河流域鱼类群落结构空间分布图

性系数为 0.81，说明泾河和北洛河的鱼类区系组成更加接近。渭河与泾洛河的鱼类区系存在一定差别，根据 20 世纪 80 年代研究（许涛清和张春光，1996），将陕西省渭河、泾洛河水系的鱼类区系分为延安黄土高原亚区和渭河谷地亚区两个区系，本节的研究与该区系划分类似。

11.3.1　鱼类多样性特征

通过比较香农-维纳多样性指数和均匀性指数（表 11-3），发现渭河鱼类群落多样性指数高于泾河和北洛河，北洛河多样性指数高于泾河。渭河流域中上游多样性高于下游，关中地区支流鱼类群落多样性高于干流，从咸阳至入黄口的下游河段鱼类多样性明显减小。从季节上看，渭河、泾河和洛河水系丰水期鱼类多样性高于枯水期。在个别点位枯水期鱼类多样性有增多现象。两个时期三个水系鱼类的均匀性指数不同，枯水期，三个水系的均匀性系数相差不大，渭河和泾河较北洛河鱼类分布更均匀。丰水期，北洛河鱼类分布更均匀，其次为渭河，泾河鱼类物种分布最不均匀。

表 11-3　渭河、泾河、北洛河水系鱼类多样性特征统计

多样性指数	枯水期			丰水期		
	渭河	泾河	北洛河	渭河	泾河	北洛河
香农-维纳多样性指数	1.14±0.54	0.83±0.56	0.99±0.66	1.34±0.63	1.06±0.65	1.27±0.71
均匀性指数	0.67±0.25	0.67±0.34	0.61±0.37	0.65±0.25	0.58±0.33	0.74±0.27

11.3.2　渭河流域鱼类优势物种及指示物种分析

以 2012 年 10 月鱼类为例，采用相对重要性指数（IRI）（Lu et al.，2008；Gao et al.，2007）评价渭河流域的鱼类优势度，既可以消除渔获物中个体大小差异的影响，又能反映鱼类在群落中的重要性。该指数将 IRI≥500 定为优势种，100≤IRI<500 为常见种，10≤IRI<100 为一般种，IRI<10 定为少见种。分析发现优势种有 3 种，分别是达里湖高原鳅、背斑高原鳅和鲫，常见种有 10 种，分别有岷县高原鳅、贝氏高原鳅、粗壮高原鳅、马口鱼、拉氏大吻鲅、鳘、麦穗鱼、短须颌须鮈、棒花鱼和鲤，一般种有 10 种，分别有赛丽高原鳅、陕西高原鳅、东方高原鳅、泥鳅、中华鳑鲏、似铜鮈、棒花鮈、清徐胡鮈、鲇和波氏吻虾虎鱼，而少见种较多，共有包括大银鱼、红尾副鳅、北方花鳅等 18 种鱼类。综上所述，渭河流域鱼类以少见种较多，其次为常见种和一般种，优势种较少。通过 Pcord5.0 软件对渭河、泾河和北洛河三个水系 2012 年 10 月的鱼类个体数量采用指示物种分析（indicator species analysis，ISA）确定渭河流域不同水系的指示物种。发现渭河水系的指示物种有岷县高原鳅（*Triplophysa minxianensis*）、北方花鳅和似铜鮈，而泾河的指示物种为东方高原鳅，北洛河的指示物种为短须颌须鮈。

11.4　环境要素影响因子识别

影响鱼类群落结构的环境因子有很多，包括海拔高度、降水、气温等自然环境因子，也包括水环境质量、栖息地、水利工程修建等人类干扰因子，识别人类干扰和自然环境因子对鱼类群落结构的影响，为恢复渭河流域鱼类群落结构完整性提供了较好的理论基础和参考依据。根据以上分析，渭河流域少见种鱼类较多，在鱼类群落结构分析和 IBI 指数构建时是否需要考虑稀有物种，稀有物种的剔除与保留对此有无影响，以下将分为剔除稀有物种和保留稀有物种两种情况分别进行分析。

11.4.1　关键环境因子的确定

将所有环境因子分为三类要素，分别是空间位置因子（S）、自然环境因子（N）和人类干扰因子（D），具体分类如表 11-4 所示。对剔除稀有物种和保留稀有物种的鱼类个体数量进行去趋势对应分析，发现其最长梯度分别为 5.396 和 5.625，最长梯度超过 4，因此选择单峰模型进行 CCA 排序分析。

表 11-4　空间位置、自然环境和人类干扰备选因子

分类	主要要素	变量
空间位置因子（S）	经度（x），纬度（y）	x，y，x_2，xy，y_2，x_3，x_2y，xy_2，y_3
自然环境因子（N）	气候	年平均气温（Airtemp），年平均降水（PCP），季节（Season）
	地形	海拔（Alt），坡度（Slope）
	河流水系	至河源距离（DRS），至河口距离（DRM），河流等级（Sorder），河宽（Width），水深（Depth），流速（Velocity）
人类干扰因子（D）	栖息地	栖息地质量评价（QHEI），流量（Discharge）
	水文	上游水库库容（Capacity），上游堰坝数量（Ubarr），下游堰坝数量（Dbarr），最大游动距离（MDswim）
	水环境质量	水温（Wtemp），pH，电导率（Ec），盐度（Salinity），DO，SS，TDS，NO_2^-，NO_3^-，NH_4^+，PO_4^{3-}，SO_4^{2-}，TN，TP，硬度（Hardness），COD_{Mn}
	土地利用	农业用地比例（Agriculture），森林用地比例（Forest），草地比例（Grassla），城镇用地比例（Urban），未利用土地比例（Barela）
	土壤类型	粉粒比例（Clay），黏粒比例（Silt），砂粒比例（Sand）

由于环境因子较多，首先采用向前趋势分析筛选对鱼类个体数量影响较为显著的环境因子，并利用斯皮尔曼（Spearman）相关性分析剔除相关性较大的环境因子。结果显示对于剔除稀有种的鱼类个体数量而言（表 11-5），影响鱼类个体数量变化的主要空间位置因子为经度和纬度，主要的自然环境因子有海拔高度、点位距河源的距离、点位距河口的距离、河流等级、季节和坡度，主要的人类干扰因子为下游堰坝数量、上游堰坝

数量、草地所占比例、TDS、DO、未利用地所占比例、NH_4^+、最大游动距离、砂粒所占比例、水温、TN、流量和栖息地得分。对保留稀有种的鱼类个体数量与环境因子进行CCA 分析，主要空间位置因子和自然环境因子均相同，主要体现在影响鱼类个体数量的主要人类干扰因子有所不同，其共同的干扰因子有 Dbarr、Ubarr、Grassla、TDS、DO、Barela、Discharge 和 QHEI，另外黏粒比例和 NO_2^-对保留稀有物种的鱼类个体数量影响显著。稀有种对显著影响鱼类个体数量的空间位置和自然环境因子无明显影响，主要体现在对人类干扰因子的影响。

表 11-5　用于 CCA 和 pCCA 分析的空间位置、自然环境和人类干扰因子

分类	鱼类个体数量/剔除稀有物种	鱼类个体数量/保留稀有物种
空间位置因子（S）	经度，纬度	经度，纬度
自然环境因子（N）	海拔、至河源距离、季节、河流等级、至河口距离、坡度	海拔、至河源距离、季节、河流等级、至河口距离、坡度
人类干扰因子（D）	下游堰坝数量、上游堰坝数量、草地比例、TDS、DO、未利用土地比例、NH_4^+、最大游动距离、砂粒比例、水温、TN、流量、栖息地质量得分	下游堰坝数量、上游堰坝数量、TDS、草地比例、流量、黏粒比例、砂粒比例、未利用土地比例、栖息地质量得分、DO、NO_2^-

11.4.2　稀有物种对鱼类个体数量空间变化解释率的影响

三类环境因素对物种个体数量空间变异解释率的识别步骤如表 11-6 所示，最终得出的八个成分如表 11-7 所示，可以看出剔除稀有物种后，三类环境因素对鱼类个体数量的整体解释率由 33.7%升高至 40.1%，说明稀有物种增加了随机性，剔除稀有物种能够更加全面地反映流域鱼类群落结构特征。从由三类环境因素的单独解释成分来看，稀有物种对空间位置因子和自然环境因子的解释率无影响，剔除稀有物种和保留稀有物种两种情况下空间位置因子的解释率分别为 2.0%和 2.1%，自然环境因子的解释率均为 7.3%。稀有物种对人类干扰因子的解释率影响较大，剔除稀有物种和保留稀有物种的解释率分别为 15.2%和 13.0%。从三类环境因素的共同解释成分来看，对于剔除稀有物种和保留稀有物种两种情况下，由空间位置因子和自然环境因子的共同解释率分别为 1.9%和 1.8%，由空间位置因子和人类干扰因子的共同解释率分别为 0.8%和 1.2%，稀有物种对此影响不大。而由自然环境因子和人类干扰因子的共同解释率则由剔除稀有物种的 5.6%降低到 4.5%，稀有物种对由空间位置、自然环境和人类干扰因子的共同解释率影响较大，解释率由剔除稀有物种的 7.3%降低到 3.8%。

表 11-6　空间位置、自然环境和人类干扰因子对鱼类个体数量的解释率计算步骤　单位：%

步骤	说明	鱼类个体数量/剔除稀有物种	鱼类个体数量/保留稀有物种
1	空间位置因子与鱼类个体数量进行 CCA 分析	12.0	8.9
2	自然环境因子与鱼类个体数量进行 CCA 分析	22.1	17.4
3	人类干扰因子与鱼类个体数量进行 CCA 分析	28.9	22.5

续表

步骤	说明	鱼类个体数量/剔除稀有物种	鱼类个体数量/保留稀有物种
4	以空间位置因子为协变量，人类干扰因子与鱼类个体数量进行 CCA 分析	20.8	17.5
5	以自然环境因子为协变量，人类干扰因子与鱼类个体数量进行 CCA 分析	16.0	14.2
6	以空间位置因子和自然环境因子为协变量，人类干扰因子与鱼类个体数量进行 CCA 分析	15.2	13.0
7	以空间位置因子为协变量，自然环境因子与鱼类个体数量进行 CCA 分析	12.9	11.8
8	以人类干扰因子为协变量，自然环境因子与鱼类个体数量进行 CCA 分析	9.2	9.1
9	以空间位置因子和人类干扰因子为协变量，自然环境因子与鱼类个体数量进行 CCA 分析	7.3	7.3
10	以自然环境因子为协变量，空间位置因子与鱼类个体数量进行 CCA 分析	2.8	3.3
11	以人类干扰因子为协变量，空间位置因子与鱼类个体数量进行 CCA 分析	3.9	3.9
12	以自然环境因子和人类干扰因子为协变量，空间位置因子与鱼类个体数量进行 CCA 分析	2.0	2.1

表 11-7　空间位置、自然环境和人类干扰因子的解释率　　单位：%

序号	成分	鱼类个体数量/剔除稀有物种	鱼类个体数量/保留稀有物种
1	S	2.0	2.1
2	N	7.3	7.3
3	D	15.2	13.0
4	SN	1.9	1.8
5	SD	0.8	1.2
6	ND	5.6	4.5
7	SND	7.3	3.8
8	整体解释率	40.1	33.7
9	未解释率（U）	59.9	66.3

无论剔除还是保留稀有物种，单独由空间位置因子和自然环境因子的解释率没有差别，由空间位置因子和自然环境因子的共同解释率和空间位置因子和人类干扰因子的共同解释率也无显著差别，但是对三类环境因子的共同解释率影响较大。可以看出，稀有种的剔除对空间位置和自然环境因子的解释率无影响，但是对人类干扰因子的解释率影响较大。在进行鱼类群落结构特征分析时，建议剔除稀有物种。但是若要分析人类干扰因子对鱼类群落结构的影响，则需要保留稀有物种，因为稀有物种通常对某一人类干扰因子的响应明显。对于稀有物种较多的渭河流域，剔除稀有物种会增加不能检测干扰或者低估模型预测生态系统健康的概率（Cao et al.，2001）。

11.5　环境要素对鱼类群落结构的影响

根据空间位置、自然环境和人类干扰因子对剔除稀有物种鱼类个体数量的影响，三类因素能解释其空间变异的 40.1%，未能解释率所占比例较高，达到 59.9%。从不同成分来看，人类干扰因子的单独解释率最高，为 15.2%，其次是自然环境因子的单独解释率为 7.3%，三类因素的共同解释率亦为 7.3%，自然环境因子和人类干扰因子的共同解释率为 5.6%，而空间位置因子的影响较小，其单独解释率为 2.0%，与自然环境因子的共同解释率为 1.9%，与人类干扰因子的解释率为 0.8%。综上所述，在人类干扰剧烈的渭河流域，三类环境要素中，空间位置因子对鱼类个体数量的影响最小，其次是自然环境因子，人类干扰因子的影响最大。

与其他流域类似研究相比，三类环境要素对鱼类个体数量的整体解释率较低，仅为 40%左右，而澳大利亚 Stewartkoster 等（2007）的研究显示，其环境、空间位置因子和时间变化因子对鱼类个体数量空间变异的整体解释率达到 65.3%。从不同成分的解释率来看，其空间位置、时间变化和环境因子对鱼类个体数量的共同解释率最高，为 29.6%，而在渭河流域则是人类干扰因子的单纯解释率最高，为 15.2%。造成这种不同的原因主要有以下几点：①备选环境因子中共有 50 个，但是在最终进行 CCA 和 pCCA 分析的三类环境因子仅有 21 个，其他不显著的环境因子可能不会改善拟合率，但是能够增加其对鱼类丰富度空间变异的解释率。②由于缺乏日流量数据，采样时期测量的流量并不能反映河流流量的变化和水流情势，而这些与鱼类生活史的变化具有一定的相关性（Olden and Kennard，2010）。③本研究仅考虑了环境因子对鱼类丰富度空间变异的影响，但是生物因素包括捕食-被捕食关系、物种间的竞争关系和食物来源等也会对鱼类丰富度产生影响（Jackson et al.，2001）。④在人类活动的影响下，很难区分某一因子为自然环境因子还是人类干扰因子，部分自然环境因子在人类活动的影响下发生一定程度的改变，例如，河宽、水深和流速在自然条件下是不同水文条件的反映，如溪流和干流，但是在人类活动的影响下，如水利工程的修建、挖砂等，这些因子也会发生一定程度的变化，因此，这些因子是自然环境和人类干扰的共同反映，但是在本研究中，我们将其归为自然环境因子，如果将其归为人类干扰因子，可能会提高三类环境因子的解释率。另外，渭河流域水土流失严重，底质类型受土壤类型影响比较大，因此本章将土壤类型归为人类干扰因子。

11.5.1　不同季节三类环境因子对鱼类群落结构影响的差异

为分析季节变化对解释率的影响，以剔除稀有种后鱼类个体数量为响应变量，分析 10 月和 4 月两个季节三类环境要素对鱼类个体数量空间变异的解释率。从表 11-8 中可以看出，10 月三类环境要素对鱼类个体数量的解释率更高，为 46.4%，而 4 月仅为 38%。由三类环境要素单独解释的成分中，两个季节均以人类干扰因子的解释率最高（18.4% 和 13.1%），以空间位置的解释率最低（3.8%和 3.4%）。4 个三类要素共同解释的成分中，10 月是以空间位置、自然环境因子和人类干扰因子的共同解释率最高（9.7%），以空间位置与人类干扰因子的共同解释率最低（0.7%）。对于 4 月，4 个重叠成分之间的差距不是很大，以自然环境与人类干扰因子的共同解释率最高（4.5%），以空间位置和人类干扰因子的共同解释率最低（2.3%）。造成这一现象的主要原因有：①采样发现剔除稀有种之后，4 月鱼类物种仅有 23 种，而 10 月份物种数量为 30 种，4 月的个体数量也明显小于 10 月，因此造成鱼类群落结构的空间差异性较大。②4 月为枯水期，河流流速、河宽、水深等明显小于 10 月，对于这些因子，此时自然条件的影响更大，因此自然环境因子的解释率要高于 10 月。

表 11-8 不同季节空间位置、自然环境和人类干扰因子对剔除稀有种后鱼类个体数量的解释率（单位：%）

序号	成分	鱼类个体数量/剔除稀有物种	10 月鱼类个体数量/剔除稀有物种	4 月鱼类个体数量/剔除稀有物种
1	S	2.0	3.8	3.4
2	N	7.3	7.9	8.3
3	D	15.2	18.4	13.1
4	SN	1.9	2.4	2.6
5	SD	0.8	0.7	2.3
6	ND	5.6	3.5	4.5
7	SND	7.3	9.7	3.8
8	整体解释率	40.1	46.4	38.0
9	未解释率（U）	59.9	53.6	62.0

11.5.2 自然环境因子对鱼类群落结构的影响

根据以上分析，稀有物种主要与人类干扰因子关系比较密切，而对自然环境因子影响不大，因此针对自然环境因子对物种分布的影响，仅分析自然环境因子与剔除稀有物种的鱼类个体数量的关系。从排序图可以看出（图 11-5），F15（北方花鳅）、F8（贝氏高原鳅）、F18（马口鱼）、F28（麦穗鱼）多生活在河流等级较低、海拔高度较低的支流水系中；F37（嘉陵裸裂尻鱼）和 F34（清徐胡鮈）多生活在河流坡度较大、距离河源较近的水体中；F28（麦穗鱼）、F18（马口鱼）、F16（泥鳅）、F39（鲫）、F6（陕西高原鳅）、F33（棒花鱼）和 F46（波氏吻虾虎鱼）多生活在距离河源较远的水体中。相对其他物种，季节与 F30（短须颌须鮈）、F8（贝氏高原鳅）的关系比较密切。

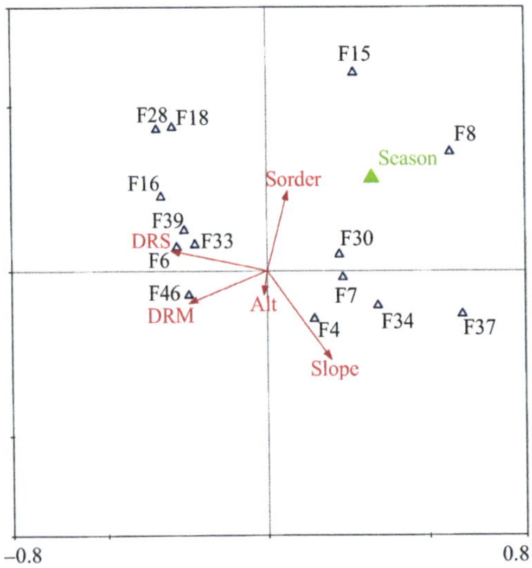

图 11-5 以空间位置和人类干扰因子为协变量，主要自然环境因子与剔除稀有物种的鱼类个体数量排序图

11.5.3　人类干扰因子对鱼类群落结构的影响

从图 11-6（a）中可以发现，鱼类物种可以分为三组，其中Ⅰ组鱼类能在上游堰坝数量（Ubarr）较多的情况下达到最适条件，而对砂粒比例（Sand）、栖息地质量（QHEI）和草地比例（Grassla）等因子的要求不高，代表物种为鳌（F25）和褐吻虾虎鱼（F47），这类鱼对环境要求较低。Ⅱ组主要与下游堰坝数量（Dbarr）、DO、砂粒比例（Sand）、栖息地质量（QHEI）和草地比例（Grassla）相关性较大，代表鱼类物种为赛丽高原鳅（F5）、岷县高原鳅（F7）、贝氏高原鳅（F8）、粗壮高原鳅（F9）、短须颌须鮈（F30）和似铜鮈（F31），这些鱼类对环境因子要求不高。Ⅲ组能对高 NH_4^+、TN 和未利用地（Barela）表现出较强的适应性，代表鱼类有黄河高原鳅（F12）、麦穗鱼（28）、鲫（F38）和子陵吻虾虎鱼（F50），这些鱼类对环境要求较低，属于耐受性较强的鱼类。

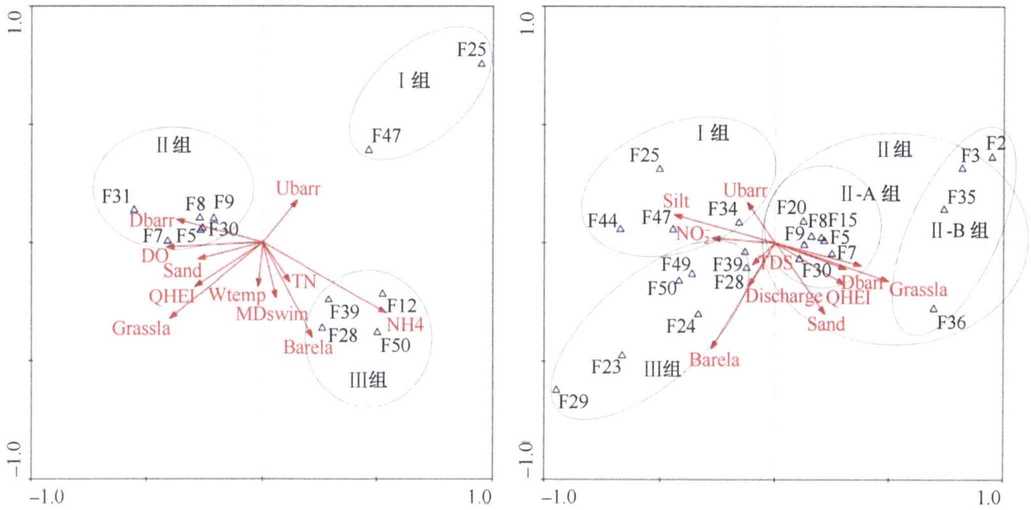

(a) 剔除稀有种　　(b) 保留稀有种

图 11-6　以自然环境因子和空间位置因子为协变量，主要人类干扰因子与鱼类个体数量的排序图

从考虑稀有物种后的排序图中（图 11-6（b））可以看出，鱼类物种依旧分为三组，Ⅰ组鱼类物种变化不大，代表性鱼类增加两种，分别为清徐胡鮈（F34）和青鳉（F44），与上游堰坝数量（Ubarr）、黏粒（Silt）和 NO_2^-呈正相关性。Ⅱ组变化最大，保留稀有物种后，鱼类对人类干扰的响应更加明显，Ⅱ-A 组对环境的要求相对Ⅱ-B 组低，Ⅱ-B 组表现出对人类干扰较强的敏感性，其中细鳞鲑（F2）、红尾副鳅（F3）、多鳞铲颌鱼（F35）和渭河裸重唇鱼（F36）均为稀有物种，而其对下游堰坝数量（Dbarr）、DO、砂粒比例（Sand）、栖息地质量（QHEI）和草地面积（Grassla）均表现出了较严格的要求，通常在这些因子达到最适值时才能保证这些鱼类物种的生存。这与之前的资料较为一致，秦岭细鳞鲑被中国红皮书定为濒危物种，属于重点保护鱼类，而多鳞铲颌鱼和渭河裸重唇鱼均为陕西省的重点保护鱼类。Ⅱ-A 组的鱼类物种则对这些环境因子表现出了一定的适应性。Ⅲ组鱼类与未利用土地（Barela）、流量（Discharge）和 TDS 表现出了一定的

相关性，与未考虑稀有种变化不大，增加了一些稀有物种，包括中华鳑鲏（F23）和黑鳍鳈（F29），这几种鱼类对未利用土地面积和流量要求较高，但是在 TDS 较大时依旧可以生存。

由此可以看出，研究鱼类对人类干扰的响应时，稀有物种的剔除需要慎重考虑，因为稀有物种通常对某一干扰的反应明显。Cao 等（2001）指出剔除稀有物种会增加不能检测干扰或者低估模型预测生态系统健康的概率。但是也有类似研究（Hermoso and Linke，2012）指出，为了减少稀有物种的噪声，建议在计算鱼类指数时剔除稀有物种。由于渭河流域人类干扰剧烈，大多数敏感物种的个体数量极少，此时剔除稀有种会减少物种对干扰的代表性，因此，建议在研究中鱼类物种与人类干扰因子的关系中保留稀有种。

11.6 小　　结

根据 2011～2013 年的四次鱼类采样数据，分析了渭河流域的鱼类群落结构特征，同时对人类活动和自然环境对其的影响进行了甄别。主要得出以下几点结论：

（1）渭河流域共鉴定出鱼类 51 种，隶属于 5 目 10 科 33 属，其中鲤科鱼类最多，共 22 种，鳅科 15 种，鲤科和鳅科是渭河流域鱼类群落结构的主要组成。其余为鲈形目虾虎鱼科 5 种，鲇形目鲿科 3 种，鲑形目银鱼科、鲑科、鲇形目鲇科、鳉形目青鳉科、鲈形目沙塘鳢科和鳢科各 1 种。从上下游鱼类物种分布来看，上游鱼类 32 种，中游鱼类 39 种，下游鱼类 42 种。

（2）在人类干扰剧烈的渭河流域，三类环境因子中，空间位置因子对鱼类个体数量的影响最小，其次是自然环境因子，人类干扰因子的解释率最高。而稀有种的剔除对空间位置和自然环境因子的解释率无影响，但是对人类干扰因子的解释率变化较大。由于稀有物种通常对人类干扰较为敏感，建议在分析鱼类物种对人类干扰的响应关系时保留稀有物种。

（3）根据自然环境因子与鱼类群落结构的关系发现，北方花鳅、贝氏高原鳅、马口鱼、麦穗鱼多生活在河流等级较低、海拔高度较低的支流水系中；嘉陵裸裂尻鱼和清徐胡鮈多生活在河流坡度较大、河源距离较近的水体中；麦穗鱼、马口鱼、泥鳅、鲫、陕西高原鳅、棒花鱼和波氏吻虾虎鱼多生活在距离河源较远的水体中。相对其他物种，季节与短须颌须鮈和贝氏高原鳅的关系比较密切。

（4）根据人类干扰因子与鱼类物种分布的关系，鱼类群落结构分为三组，Ⅰ组鱼类对环境要求不高，主要影响因子有上游堰坝数量、砂粒所占比例、栖息地质量和草地面积，代表物种为䱗和褐吻虾虎鱼。Ⅱ组中鱼类细鳞鲑、红尾副鳅、多鳞铲颌鱼和渭河裸重唇鱼等稀有物种对下游堰坝数量、DO、砂粒、栖息地质量和草地面积均表现出了较严格的要求，通常在这些因子达到最适值时才能保证这些鱼类物种的生存。Ⅲ组鱼类与未利用土地、流量和 TDS 表现出了一定的相关性，包括中华鳑鲏和黑鳍鳈。

第 12 章　鱼类完整性指数核心指标体系构建

建立鱼类完整性指数的第一个关键问题是核心指标体系构建，首先通过人类干扰因子与鱼类指标之间的关系，筛选对人类干扰响应明显的鱼类指标，然后采用广义线性模型（GLM）建立鱼类指标与自然环境因子和人类干扰因子的定量关系，选取仅对人类干扰因子敏感的鱼类指标作为 IBI 的核心指标体系。

12.1　鱼类备选指标选择

根据以往研究（Jia and Chen，2013；Karr，1981），物种多样性、栖息环境、耐受性、营养类型等属性对人类干扰有不同的响应，因此，本章将鱼类备选指标分为 39 个指标，分别属于物种多样性、洄游习性、繁殖类型、栖息地环境、营养水平、耐受性和鱼类丰富度 7 类属性（表 12-1）。将本次鱼类调查与 80 年代鱼类记录相比，有记录的物种即为本地物种，而 80 年代未记录的物种即为外来物种。由于关于渭河流域鱼类物种繁殖类型的记录和文献较少，因此本章未考虑黏性卵、沉性卵、浮性卵等产卵类型，仅考虑了筑巢护卵鱼类作为繁殖类型指标。鱼类功能属性的统计主要来源于鱼类志（包括秦岭鱼类志、青藏高原鱼类志、中国鲤科鱼类志等）、政府工作报告、毕业论文和电子数据库（如 FishBase 等），而对于无信息的个别鱼类物种则采用同一属其他物种的属性（Olden et al.，2006）。其中鱼类个体数量小于 5 尾的物种定为稀有种，由于稀有物种数量较多，鱼类备选指标分为剔除稀有种和保留稀有种两种情况分别计算。

表 12-1　鱼类备选指标

指标	代码	指标	代码
物种多样性		洄游物种个体数量所占比例	M10
鱼类物种数量	M1	**繁殖类型**	
总生物量	M2	筑巢护卵鱼类物种数量	M11
香农-维纳多样性指数	M3	筑巢护卵鱼类物种个体数量所占比例	M12
鲤形目物种数量	M4	**栖息地环境**	
鲤科物种数量	M5	上层鱼类物种数量	M13
鳅科物种数量	M6	中下层鱼类物种数量	M14
本地物种数量	M7	底层物种数量	M15
本地物种个体数量所占比例	M8	上层鱼类个体数量所占比例	M16
洄游		中下层鱼类个体数量所占比例	M17
洄游物种数量	M9	底层鱼类个体数量所占比例	M18

续表

指标	代码	指标	代码
喜急流鱼类物种数量	M19	肉食性鱼类个体所占比例	M30
喜急流鱼类个体数量所占比例	M20	杂食性鱼类个体所占比例	M31
喜砂质鱼类物种数量	M21	草食性鱼类个体所占比例	M32
喜砂质鱼类个体数量所占比例	M22	**耐受性**	
喜急流、砂质鱼类物种数量	M23	高耐受性鱼类物种数量	M33
喜急流、砂质鱼类个体数量所占比例	M24	中耐受性鱼类物种数量	M34
非急流、非砂质鱼类物种数量	M25	敏感性鱼类物种数量	M35
非急流、非砂质鱼类个体数量所占比例	M26	高耐受性鱼类个体所占比例	M36
营养水平		中耐受性鱼类个体所占比例	M37
肉食性鱼类物种数量	M27	敏感性鱼类个体所占比例	M38
杂食性鱼类物种数量	M28	**鱼类丰富度**	
草食性鱼类物种数量	M29	鱼类个体数量	M39

12.2 不同环境要素对鱼类功能指标影响的识别

12.2.1 关键环境因子的确定

首先对剔除稀有物种和保留稀有物种的鱼类指标进行去趋势对应分析，发现其最长梯度分别为 1.596 和 1.574，最长梯度小于 2，选择线性模型比较合适，因此，在以下分析中选择冗余分析（RDA）进行。由于环境因子较多，RDA 分析之前首先进行环境因子的预选，筛选对鱼类指标影响较为显著的环境因子，并采用 Spearman 相关分析剔除相关性较大的环境因子。最终进行影响率识别的关键环境因子如表 12-2 所示。

表 12-2 用于 RDA 和 pRDA 分析的关键空间位置、自然环境和人类干扰因子

分类	鱼类指标/剔除稀有物种	鱼类指标/保留稀有物种
空间位置因子（S）	经度，纬度	经度，纬度
自然环境因子（N）	海拔高度（Alt）、距河源的距离（DRS）、季节（Season）、坡度（Slope）、河宽（Width）和流速（Velocity）	海拔高度（Alt）、距河源的距离（DRS）、距河口的距离（DRM）、坡度（Slope）、河宽（Width）和流速（Velocity）
人类干扰因子（D）	TDS、未利用土地比例（Barela）、下游堰坝数量（Dbarr）、流量（Discharge）、NO_3^-、上游堰坝数量（Ubarr）	下游堰坝数量（Dbarr）、TDS、上游堰坝数量（Ubarr）、未利用土地比例（Barela）、NO_3^-、粉粒比例（Clay）、流量（Discharge）、农业用地比例（Agriculture）

对于剔除稀有种和保留稀有种的鱼类指标而言，影响其空间变异的主要空间位置因子均为经度和纬度，而主要的自然环境因子基本相同，共同的因子是海拔高度，点位距河源的距离、坡度、河宽和流速，对于剔除稀有物种的鱼类指标，影响显著的自然环境因子也包括季节，而对于保留稀有种的鱼类指标，影响显著的自然环境因子有点位距河口的距离。影响剔除稀有物种和保留稀有物种鱼类指标的主要人类干扰因子有所不同，其共同的干扰因子有下游堰坝数量、上游堰坝数量、TDS、未利用土地比

例、流量和 NO_3^-，而干扰因子粉粒和农业用地比例对保留稀有物种的鱼类指标影响也较为显著。

12.2.2 稀有物种对鱼类功能指标解释率的影响

三类环境要素对鱼类指标空间变异解释率的识别步骤如表 12-3 所示。从中可以看出，对于剔除稀有种和保留稀有种的鱼类指标，空间位置因子的解释率最低（14.7%和16.6%），人类干扰因子的解释率最高，分别为 25.9%和 28.3%，稀有种的存在与否对三类环境要素对鱼类指标的整体解释率影响不大（表 12-4）。三类要素对剔除稀有物种的

表 12-3　空间位置、自然环境和人类干扰因子对鱼类指标的解释率计算步骤　单位：%

步骤	说明	鱼类指标/剔除稀有物种	鱼类指标/保留稀有物种
1	空间位置因子与鱼类指标进行 RDA 分析	14.7	16.6
2	自然环境因子与鱼类指标进行 RDA 分析	21.4	20.3
3	人类干扰因子与鱼类指标进行 RDA 分析	25.9	28.3
4	以空间位置因子为协变量，人类干扰因子与鱼类指标进行 RDA 分析	16.2	16.1
5	以自然环境因子为协变量，人类干扰因子与鱼类指标进行 RDA 分析	13.4	15.4
6	以空间位置因子和自然环境因子为协变量，人类干扰因子与鱼类指标进行 RDA 分析	9.0	10.0
7	以空间位置因子为协变量，自然环境因子与鱼类指标进行 RDA 分析	13.6	11.7
8	以人类干扰因子为协变量，自然环境因子与鱼类指标进行 RDA 分析	8.9	7.4
9	以空间位置因子和人类干扰因子为协变量，自然环境因子与鱼类指标进行 RDA 分析	6.4	5.6
10	以自然环境因子为协变量，空间位置因子与鱼类指标进行 RDA 分析	6.9	8.0
11	以人类干扰因子为协变量，空间位置因子与鱼类指标进行 RDA 分析	5.0	4.4
12	以自然环境因子和人类干扰因子为协变量，空间位置因子与鱼类指标进行 RDA 分析	2.5	2.6

表 12-4　空间位置、自然环境和人类干扰因子的解释率　单位：%

序号	成分	鱼类指标/剔除稀有物种	鱼类指标/保留稀有物种
1	S	2.5	2.6
2	N	6.4	5.6
3	D	9.0	10.0
4	SN	2.5	1.4
5	SD	4.4	5.4
6	ND	7.2	6.1
7	SND	5.3	6.8
8	整体解释率	37.0	37.9
9	未解释率（U）	63.0	62.1

鱼类指标空间变异的整体解释率（37.0%）低于对保留稀有物种的鱼类指标的整体解释率（37.9%），未能解释率所占比例较高，达到62%左右。从三类要素的单独解释率来看，剔除稀有物种和保留稀有物种的解释率相差不大，空间位置的单独解释率变化不大，自然环境因子对剔除稀有物种的单独解释率（6.4%）略高于保留稀有物种的单独解释率（5.6%），而人类干扰因子对剔除稀有物种的解释率（9.0%）略低于保留稀有物种的单独解释率（10.0%）。

从重叠成分来看，由空间位置和自然环境因子对剔除稀有物种的共同解释率（2.5%）高于对保留稀有物种的共同解释率（1.4%），由空间位置因子和人类干扰因子对剔除稀有物种的共同解释率（4.4%）低于对保留稀有物种的共同解释率（5.4%），由自然环境因子和人类干扰因子对剔除稀有物种的共同解释率（7.2%）高于对保留稀有物种的共同解释率（6.1%），由三类环境要素对剔除稀有物种的共同解释率（5.3%）低于对保留稀有物种的共同解释率（6.8%）。以上分析说明保留稀有物种能够增加人类干扰因子对鱼类指标的解释率，但是降低了自然环境因子的解释率，主要原因是稀有物种通常对某一人类干扰因子响应敏感，但是其随机性难以反映自然环境对鱼类群落的影响。从整体解释率来看，三类环境要素对保留稀有物种的解释率较高，说明保留稀有物种的鱼类指标更能反映人类干扰因子的影响，这与Cao等（2001）的研究结论较为一致。

12.3　自然环境和人类干扰因子对鱼类功能指标的影响

根据三类环境要素对保留稀有物种的鱼类指标的解释率，分析自然环境因子和人类干扰因子对渭河流域鱼类指标的影响。从不同成分看，人类干扰因子的单独解释率最高，为10.0%，其次为三类环境要素的共同解释率，为6.8%，自然环境因子和人类干扰因子的共同解释率（6.1%），自然环境因子的单独解释率（5.6%）与空间位置和人类干扰因子的共同解释率（5.4%）相差不大，而空间位置因子的单独解释率仅为2.6%，以空间位置因子和自然环境因子的共同解释率最低，仅为1.4%。综上所述，在人类干扰剧烈的渭河流域，三类环境要素中，空间位置因子对鱼类指标的解释率最小，其次是自然环境因子，人类干扰因子的解释率最高。与其他流域类似研究相比，三类环境要素对鱼类指标的整体解释率较低，仅为37.9%左右，未解释率达到62.1%，与澳大利亚的类似研究（Sternberg and Kennard，2013）相比，其环境因子、空间位置因子和时间因子对鱼类个体数量空间变异的解释率达到86.8%，从不同成分的解释率来看，其空间位置、时间因子和环境因子对鱼类个体数量的共同解释率最高，为59.4%。造成这种不同的原因除了与4.2.3节相同的四条原因外，还与鱼类指标的选取有关。受鱼类资料的限制，本章未考虑体长、成熟平均年龄、产卵数量和大小等鱼类生活史对策，因此，也可能造成了整体解释率较低。另外，环境要素分组的不同也会影响解释率的大小，本章分为空间位置、自然环境和人类干扰因子三类，可能不同的分类方法也影响环境要素对鱼类指标的整体解释率。

12.3.1　自然环境因子对鱼类功能指标的影响

以空间位置和人类干扰因子为协变量，以保留稀有种和剔除稀有种的鱼类功能指标作为响应变量，以自然环境因子作为预测变量，分析自然环境因子与鱼类功能指标的关系（图 12-1）。从剔除稀有种的鱼类指标与自然环境因子的关系图（图 12-1（a））可以看出，M7（本地物种数量）、M38（敏感性鱼类个体所占比例）、M23（喜急流砂质底质鱼类物种数量）、M12（筑巢护卵鱼类物种个体数量所占比例）、M30（肉食性鱼类个体所占比例）、M22（喜砂质鱼类个体数量所占比例）、M24（喜急流、砂质鱼类个体数量所占比例）、M11（筑巢护卵鱼类物种数量）和 M21（喜砂质鱼类物种数量）与流速（Velocity）呈正相关，与坡度（Slope）呈负相关。M31（杂食性鱼类个体所占比例）、M8（本地物种个体数量所占比例）、M18（底层鱼类个体数量所占比例）河宽（Width）呈负相关。M20（喜急流鱼类个体数量所占比例）、M15（底层物种数量）、M1（鱼类物种数量）与流速（Velocity）呈正相关，与坡度（Slope）和河宽（Width）呈负相关。

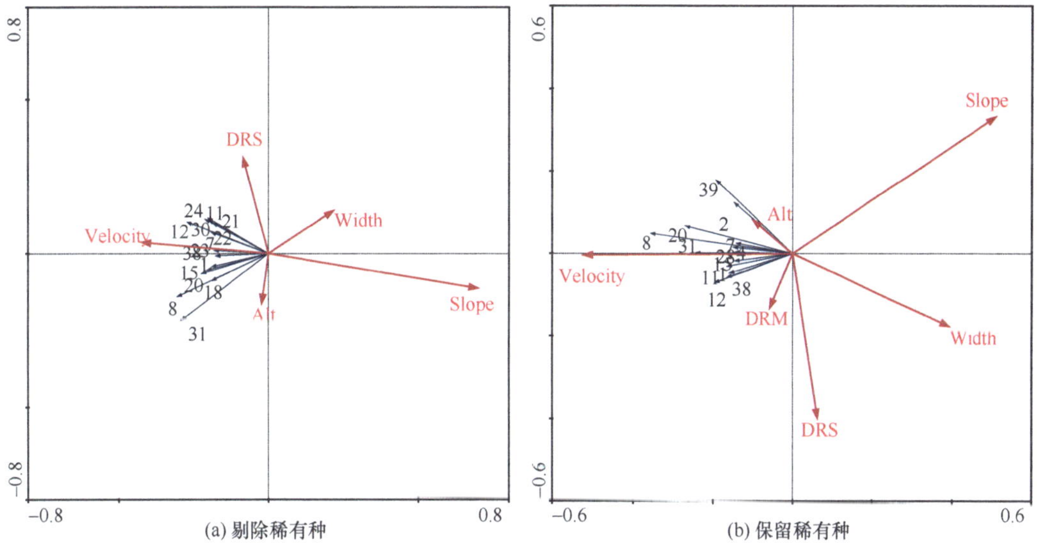

图 12-1　以空间位置和人类干扰因子作为协变量，主要自然环境因子与鱼类指标的排序图

蓝色箭头表示鱼类指标，数字同表 12-1，红色箭头表示环境因子，代码同表 12-2

从保留稀有种的鱼类指标与自然环境因子的关系图（图 12-1（b））可以看出，M39（鱼类个体数量）和 M2（总生物量）与海拔（Alt）呈正相关，与河宽（Width）呈负相关。M4（鲤形目物种数量）、M28（杂食性鱼类物种数量）、M7（本地物种数量）、M20（喜急流鱼类个体数量所占比例）、M8（本地物种个体数量所占比例）和 M31（杂食性鱼类个体所占比例）与流速（Velocity）呈正相关，与河宽（Width）呈负相关。M15（底层物种数量）、M1（鱼类物种数量）、M11（筑巢护卵鱼类物种数量）、M12（筑巢护卵鱼类物种个体数量所占比例）、M38（敏感性鱼类个体所占比例）与流速（Velocity）呈

正相关，与坡度（Slope）呈负相关。综上所述，发现稀有种对鱼类指标与自然环境因子的关系影响不大，这一点与其 12.3.2 节的结果基本一致。

12.3.2　人类干扰因子对鱼类功能指标的影响

从图 12-2（a）可以看出，耐受性指标（M35、M36 和 M38）与 NO_3^-、未利用土地面积呈正相关，与 TDS 呈负相关。栖息地环境指标（M14、M15、M19、M20、M21、M22 和 M24）与 NO_3^-和未利用土地面积呈正相关。营养类型指标（M27 和 M30）与 NO_3^-正相关性更强，而另一指标 M28 则与未利用土地面积相关性更大。繁殖类型指标（M11 和 M12）与 NO_3^-和未利用土地面积呈正相关。物种多样性指标（M1、M3、M4 和 M5）和本地物种指标（M7）同样与未利用土地面积和 NO_3^-呈正相关。这些指标都与未利用土地和 NO_3^-呈正相关关系，与 TDS 呈负相关关系。

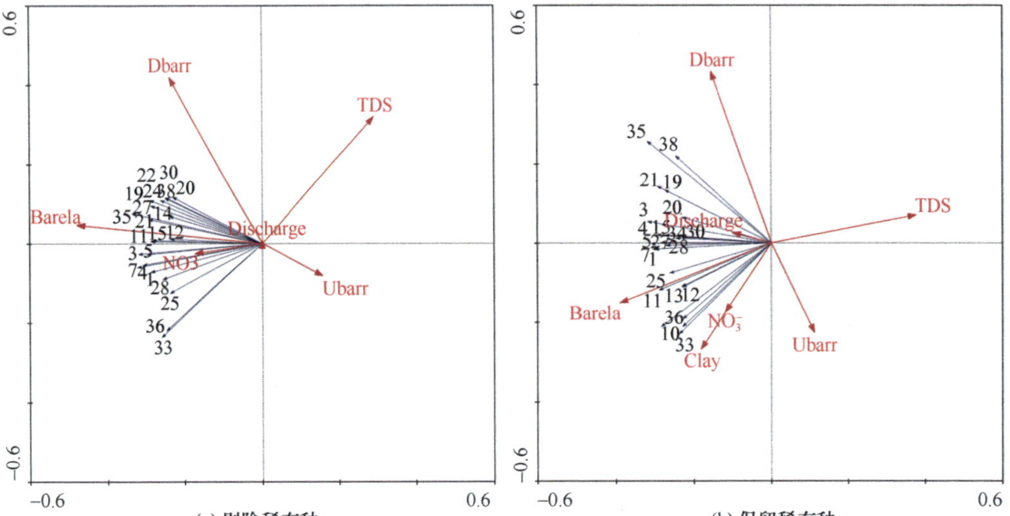

(a) 剔除稀有种　　(b) 保留稀有种

图 12-2　以自然环境和空间位置因子作为协变量，显著人类干扰因子与鱼类指标的排序图

蓝色箭头表示鱼类指标，数字同表 12-1，红色箭头表示环境因子，代码同表 12-2

从图 12-2（b）可以看出，洄游指标（M9 和 M10）与 TDS 负相关，与 NO_3^-、粉粒比例（Clay）和未利用土地面积呈正相关，与上游堰坝数量（Ubarr）和下游堰坝数量（Dbarr）相关性很小。耐受性指标（M33 和 M36）与 NO_3^-和未利用土地面积呈正相关关系，而 M35 与 M38 与下游堰坝数量（Dbarr）和流量呈正相关，与上游堰坝数量（Ubarr）呈负相关关系。栖息地质量指标（M19、M20 和 M21）与流量（Discharge）、NO_3^-、下游堰坝数量（Dbarr）、未利用土地面积呈正相关，与 TDS 呈负相关。营养类型指标（M27、M28 和 M30）与流量（Discharge）、未利用土地和下游堰坝数量（Dbarr）呈正相关，与 TDS 呈负相关。物种多样性指标（M1 和 M3）与 TDS 呈负相关，与流量和未利用土地面积呈正相关。筑巢护卵类型指标（M11 和 M12）、本地物种指标（M7 和 M8）和鱼类群落结构特征指标（M15、M4 和 M5）与未利用土地面积和 NO_3^-呈正

相关，与 TDS 呈负相关。从图 12-2 可以看出，稀有种对鱼类指标与人类干扰因子的关系有一定的影响，从剔除稀有种的鱼类指标排序图中可以看出，敏感性鱼类物种数量（M35）和个体所占比例（M38）与 NO_3^-正相关性较强，说明这两个指标随着 NO_3^-浓度的升高呈增加趋势，这与实际不符，而保留稀有种的鱼类指标排序图发现，M35 与 NO_3^-的正相关性较差，显然，如果剔除稀有种，M35 不能很好地指示 NO_3^-这一干扰因子。同样，在剔除稀有种的结果中，M19（喜急流鱼类物种数量）、M20（喜急流鱼类个体数量所占比例）和 M21（喜砂质鱼类物种数量）与流量关系不显著，但是在保留稀有种后，这些指标均与流量表现出正相关关系。因此，保留稀有种能够更加合理有效地表征鱼类指标对人类干扰因子的指示作用。这一点与 Cao 等（2001）的研究相一致，他指出剔除稀有物种会增加难以检测某种干扰或者当建立预测模型来检测生态系统健康时低估某一种干扰。

因此在渭河流域，建议采用保留稀有物种的鱼类指标进行 IBI 指数的构建，因为在人类干扰强烈的渭河流域，稀有物种较多，剔除稀有种，将大大降低鱼类指标对人类干扰的反应能力。根据保留稀有物种的鱼类指标与人类干扰的关系，确定与干扰因子相关性较大的鱼类指标有：M1、M3、M4、M5、M7、M9、M10、M11、M12、M13、M15、M19、M20、M21、M25、M27、M28、M30、M33、M34、M35、M36 和 M38。

12.4　核心指标体系构建

12.4.1　鱼类指标初步筛选

根据上节确定的与干扰因子相关性较大的指标，分别是 M1、M3、M4、M5、M7、M9、M10、M11、M12、M13、M15、M19、M20、M21、M25、M27、M28、M30、M33、M34、M35、M36 和 M38。由于渭河流域洄游性鱼类和筑巢护卵鱼类物种很少，这两个指标随机性较大，难以反映渭河流域的实际情况，因此剔除与此相关的四个指标（即 M9、M10、M11 和 M12）。首先对这些指标进行 Spearman 相关分析，若相关系数大于 0.8，则为显著相关，仅保留一个进行 GLM 模拟。相关分析结果如表 12-5 所示。M1 与 M4、M5、M7、M15、M25、M28 和 M34 显著相关，因此仅选取 M1；M19 与 M5、M7 和 M21 显著相关，选取 M19；M27 与 M30 显著相关，选取 M30；M35 与 M38 显著相关，选取 M35；M33 与 M36 显著相关，选取 M33；最终选取 M1，M3，M13，M19，M20，M30，M33，M35。将这些指标首先进行分布范围筛选，如果超过 50%的点位的指标为 0，则该指标难以反映环境因子与其之间的关系，此时这些指标的代表性不高。分布范围筛选所有指标均通过检验，因此采用 M1（鱼类物种数量）、M3（香农-维纳多样性指数）、M13（上层鱼类物种数量）、M19（喜急流鱼类物种数量）、M20（喜急流鱼类个体数量所占比例）、M30（肉食性鱼类个体所占比例）、M33（高耐受性鱼类物种数量）和 M35（敏感性鱼类物种数量）共 8 个指标进行 GLM 模拟。

表 12-5　鱼类指标 Spearson 相关分析结果

	M1	M3	M4	M5	M7	M13	M15	M19	M20	M21	M25	M27	M28	M30	M33	M34	M35	M36
M3	0.77	1.00																
M4	0.96	0.76	1.00															
M5	0.81	0.67	0.86	1.00														
M7	0.96	0.76	0.98	0.88	1.00													
M13	0.67	0.57	0.72	0.74	0.71	1.00												
M15	0.90	0.67	0.82	0.55	0.81	0.45	1.00											
M19	0.79	0.69	0.78	0.83	0.82	0.61	0.61	1.00										
M20	0.47	0.55	0.48	0.62	0.51	0.43	0.32	0.77	1.00									
M21	0.70	0.55	0.67	0.68	0.73	0.53	0.55	0.83	0.56	1.00								
M25	0.90	0.64	0.85	0.62	0.83	0.57	0.91	0.49	0.19	0.45	1.00							
M27	0.64	0.49	0.59	0.71	0.71	0.54	0.45	0.69	0.47	0.84	0.46	1.00						
M28	0.96	0.74	0.92	0.70	0.88	0.59	0.92	0.69	0.39	0.54	0.92	0.42	1.00					
M30	0.51	0.42	0.46	0.62	0.57	0.44	0.34	0.59	0.53	0.76	0.35	0.92	0.31	1.00				
M33	0.51	0.42	0.55	0.63	0.60	0.59	0.31	0.39	0.22	0.41	0.50	0.61	0.39	0.49	1.00			
M34	0.89	0.65	0.82	0.63	0.81	0.43	0.90	0.66	0.34	0.57	0.85	0.47	0.91	0.35	0.21	1.00		
M35	0.60	0.55	0.61	0.47	0.57	0.54	0.57	0.63	0.58	0.49	0.45	0.31	0.60	0.28	0.09	0.44	1.00	
M36	0.38	0.37	0.41	0.53	0.46	0.45	0.19	0.29	0.19	0.29	0.36	0.47	0.27	0.41	0.92	0.11	–0.01	1.00
M38	0.37	0.45	0.39	0.34	0.35	0.45	0.33	0.47	0.63	0.32	0.24	0.20	0.37	0.24	–0.00	0.21	0.89	–0.06

12.4.2　GLM 模拟

结合 12.3.1 节内容发现，M1（鱼类物种数量）、M20（喜急流鱼类个体数量所占比例）和 M30（肉食性鱼类个体所占比例）等指标不仅与人类干扰因子关系密切，且与自然环境因子关系密切。下面采用 GLM 建立鱼类指标与自然环境和人类干扰因子的数学关系，确认鱼类指标的主要影响因子。结合上述分析，在 GLM 模拟中，仅选取对保留稀有物种的鱼类指标影响比较显著的因子作为预测变量（表 12-2），依次对以上 8 个指标进行 GLM 模拟，模拟结果如表 12-6 所示。M1、M13、M19、M33、M35 为种类数，采用 Poisson 函数模拟，以自然对数函数作为连接函数；M3 采用正态分布模拟；M20 和 M30 首先进行对数转换[log(x+1)]，然后采用正态分布模拟。

表 12-6　GLM 模拟鱼类指标与环境因子的关系

指标	R^2	B	自然环境因子			人类干扰因子						备注
			Alt	DRS	Velocity	Dbarr	TDS	Ubarr	Barelan	Clay	Discharge	
M1	0.34	4.23				0.51	-1.09^*		0.32^*		0.30^*	人类干扰
M3	0.35	3.86					-1.02^*		0.40^*			人类干扰
M13	0.23	4.07					-1.54^*		0.57^*			人类干扰
M19	0.44	9.95	-2.54^*		3.00^*	2.92^*	-1.53^*		0.83^*			人类干扰为主
M20	0.29	5.59	-2.01^*		2.35^*	2.02^*						自然影响为主
M30	0.24	0.68		0.61^*			–0.48					自然影响为主
M33	0.34	–0.13		1.33^*		-2.08^*	-2.37^*	-0.79^*		3.57^*		人类干扰为主
M35	0.34	4.57				1.68^*	-2.11^*		0.66^*			人类干扰为主

注：*为影响较为显著

鱼类物种数量（M1）指标受下游堰坝数量（Dbarr）、TDS、未利用土地（Barelan）和流量（Discharge）影响比较显著，相关系数达到了 0.34，通过这四个因子可以较好地预测 M1 指标。下游堰坝数量越多，TDS 越小，未利用土地比例越大，流量越高，则鱼类物种数量越多。该指标受自然环境因子影响较小，主要受人类干扰的影响。香农-维纳多样性指数（M3）指标主要受 TDS 和未利用土地比例的影响比较显著，相关系数为 0.35，通过这两个人类干扰因子可以较好地预测该指标。TDS 越小，未利用土地比例越大则多样性指数越高。自然环境因子对该指标的影响较小，受人类干扰影响较大。中上层鱼类种类数（M13）也是主要受人类干扰的影响，受 TDS 和未利用土地影响显著，相关系数为 0.23，同样 TDS 越小，未利用土地比例越大，则中上层鱼类种类数越多。影响急流鱼类种类数（M19）指标的因子较多，显著因子有海拔（Alt）、流速（Velocity）、下游堰坝数量（Dbarr）、TDS 和未利用土地，海拔高度与急流鱼类种类数成负相关，而流速越大、下游堰坝数量越多（Dbarr）、TDS 越低、未利用土地比例越多，则急流鱼类物种越多。急流鱼类个体数量（M20）则受自然环境因子影响较为显著，与海拔高度（Alt）呈负相关，流速越大，下游堰坝数量越多，则急流鱼类个体数量越多。肉食性鱼类个体数量（M30）则受点位至河源的距离（DRS）影响较为显著，TDS 可以预测肉食性鱼类个体数量，但是对模型影响不显著，因此，该指标受自然环境因子较为显著，对人类干扰的响应不是很明显。高耐受性鱼类种类（M33）受自然环境因子和人类干扰的共同影响，与点位至河源的距离呈正相关，即距离河源越远，则高耐受性鱼类物种越多。下游堰坝数量越少（Dbarr），高耐受性鱼类物种越多，即越往下游，高耐受鱼类物种越多；而 TDS 和上游堰坝数量（Ubarr）与该指标呈负相关，粉粒比例越高，高耐受性鱼类物种越多。敏感性鱼类物种数量（M35）受人类干扰影响最显著，与自然环境因子关系不大，与下游堰坝数量（Dbarr）、未利用土地比例正相关，与 TDS 呈负相关。由此可见，M20 和 M30 对人类干扰响应较小，该两个指标不适合用于反映人类干扰对鱼类指标的影响，因此剔除这两个指标。

12.4.3　主要指标与人类干扰因子的响应关系

分析 M1 指标在不同人类干扰因子上的响应（图 12-3），发现 M1 与 TDS 呈显著负相关关系，TDS 越高的点位鱼类物种丰富度越低，而 TDS 越低的点位鱼类物种丰富度越高。M1 与流量的关系没有其与 TDS 的关系显著，但是流量越高的地方鱼类物种丰富度越高。M1 与未利用土地的关系不显著。M1 与下游堰坝数量（Dbarr）呈正相关，下游堰坝数量越多，则点位越靠近上游，鱼类物种丰富度越高，而下游堰坝数量越少，鱼类物种丰富度越低。发现 4 个主要干扰因子中，TDS 和下游堰坝数量（Dbarr）对 M1 的影响最大，与 M1 关系显著。

M3（香农-维纳多样性指数）指标与主要人类干扰因子的关系如图 12-4 所示。M3 与 TDS 负相关性较大，TDS 越高，香农-维纳多样性指数越低，而 TDS 越低，香农-维纳多样性指数越高。M3 与未利用土地比例的相关性没那么明显，GLM 模型显示 M3 与未利用土地比例呈正相关，但是从下图发现未利用土地比例对 M3 的影响不显著。

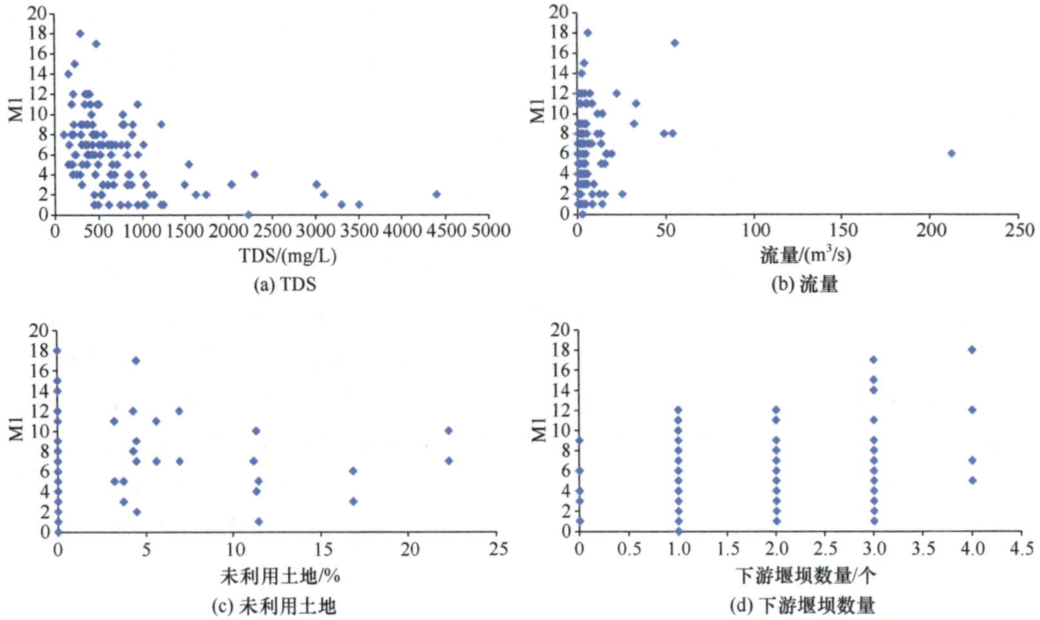

图 12-3　M1 指标与主要人类干扰因子的关系

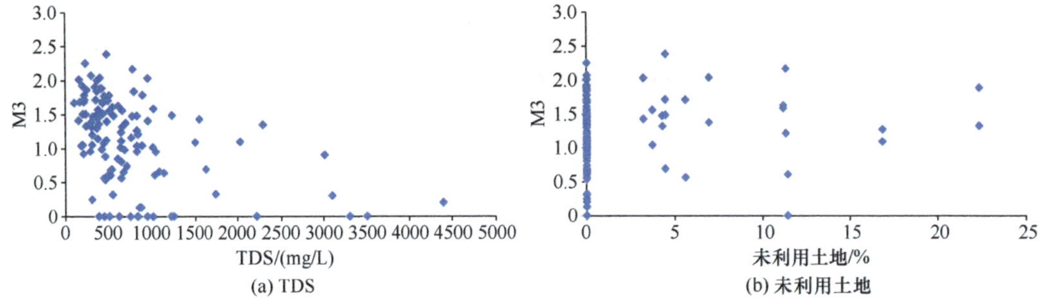

图 12-4　M3 指标与主要人类干扰因子的关系

图 12-5 为 M13（上层鱼类物种数量）指标与主要人类干扰因子的关系图。上层鱼类物种数量(M13)与 TDS 负相关，TDS 越高上层鱼类物种数量越低，TDS 超过 2500mg/L 的点位 M13 为 0，TD 在 1000mg/L 与 2500mg/L 之间的点位上层鱼类物种数量为 0 和 1，在 TDS 小于 1000mg/L 的点位，上层鱼类物种数量变化较大，可能是因为部分点位除了

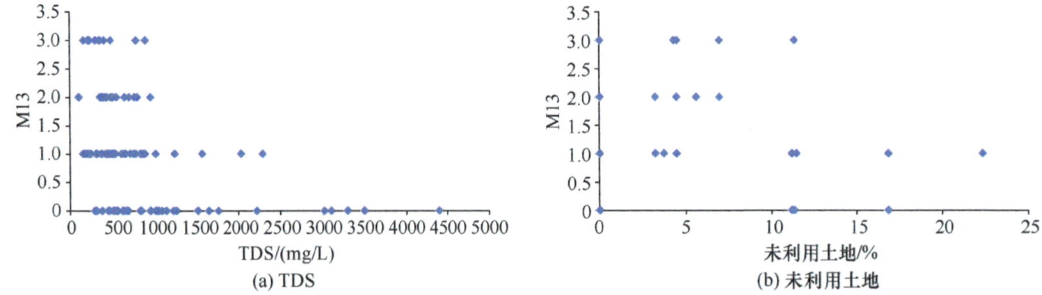

图 12-5　M13 指标与主要人类干扰因子的关系

TDS 的干扰外，也包括其他干扰因素的影响，例如，下游堰坝数量、上游堰坝数量等。GLM 模型发现 M13 与未利用土地比例呈正相关，但是关系图显示 M13 与未利用土地比例呈负相关，未利用土地比例越高的点位，M13 越少，而未利用土地比例越低的点位，M13 变化较大。

喜急流物种数量（M19）指标与主要人类干扰因子的关系如图 12-6 所示。M19 与海拔呈负相关，海拔越高的点位喜急流物种数量越低，M19 与 TDS 呈负相关关系，TDS 越高的点位，喜急流物种数量越低，TDS 大于 1500mg/L 的点位，喜急流物种数量为 0 或 1，TDS 小于 1500mg/L 的点位，喜急流鱼类物种数量变化较大。M19 与流速（Velocity）呈正相关，流速大的点位普遍喜急流鱼类物种数量较多，流速小的点位，喜急流鱼类物种数量普遍较少。M19 与下游堰坝数量（Dbarr）正相关，下游堰坝数量越多，则喜急流鱼类物种数量越多。M19 与未利用土地比例的关系不显著，但是根据 GLM 模型显示，M19 与未利用土地比例呈正相关。

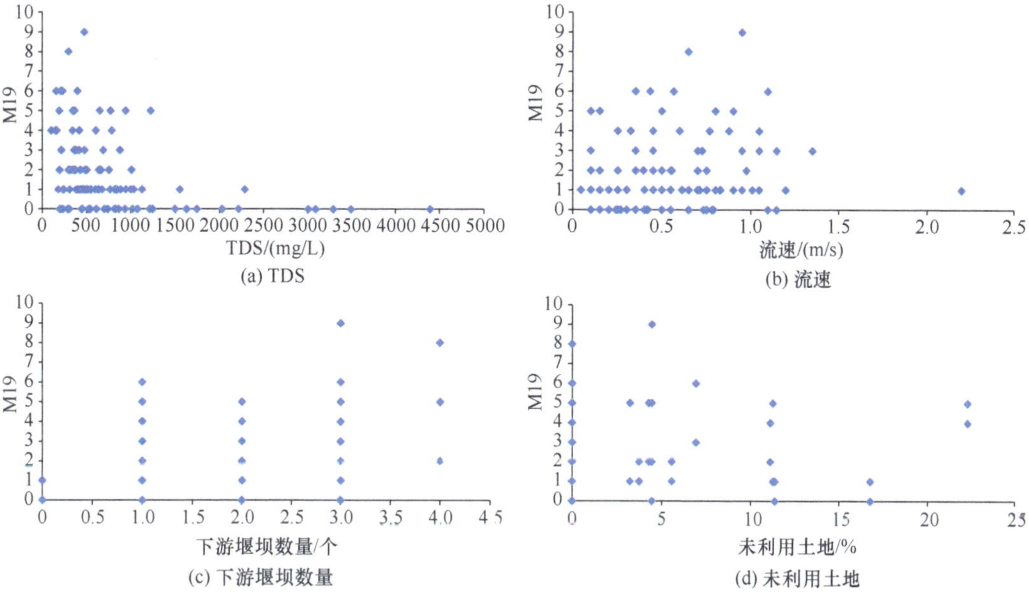

图 12-6　M19 指标与主要人类干扰因子的关系

高耐受性鱼类物种数量（M33）与主要人类干扰因子的关系如图 12-7 所示。GLM 模型显示 M33 与 TDS 呈负相关，发现 TDS 越大的点位，M33 越小，在 TDS 大于 1000mg/L 的点位，M33 很小，为 0 或 1，TDS 为 0～500mg/L，M33 随着 TDS 的增大而增多，TDS 为 500～1000mg/L，M33 变少。M33 与上游堰坝数量（Ubarr）呈负相关关系，上游堰坝数量越多，干扰越大，则 M33 越少。而下游堰坝数量与 M33 关系不显著。M33 与粉粒（Clay）的关系显示，粉粒比例越大，则 M33 越多。

敏感性鱼类物种数量（M35）与主要人类干扰因子的关系如图 12-8 所示。M35 与 TDS 呈显著负相关，TDS 大于 1000mg/L 的点位，敏感性物种数量为 0 或 1。敏感性鱼类物种数量随着 TDS 的增加而减少。M35 与下游堰坝数量（Dbarr）呈正相关，下游堰坝数量越多，说明点位越靠上游，M35 越多。M35 与未利用土地的相关关系不显著。

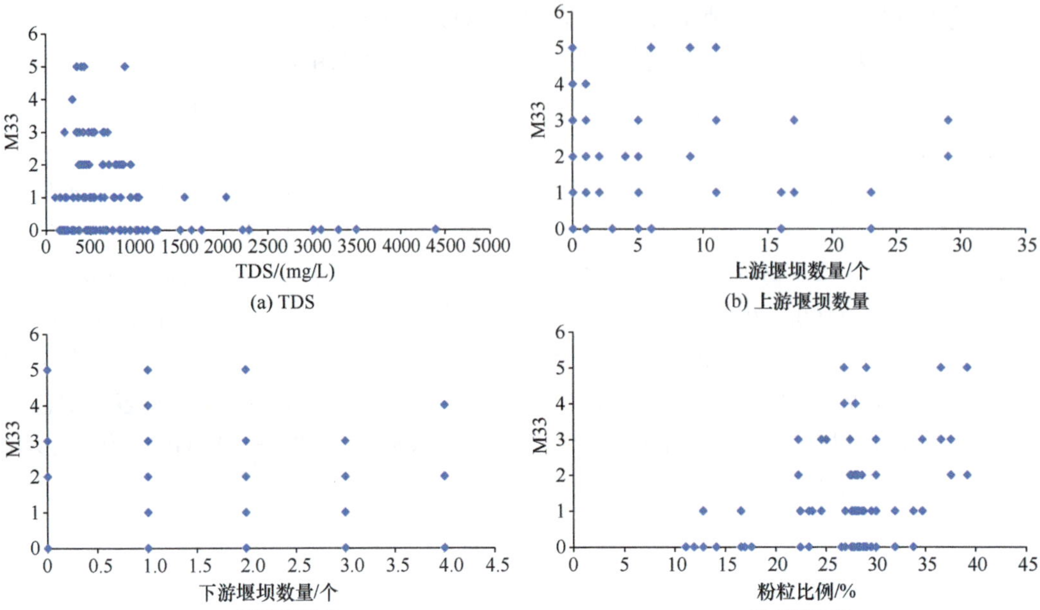

(a) TDS　(b) 上游堰坝数量
(c) 下游堰坝数量　(d) 粉粒比例

图 12-7　M33 指标与主要人类干扰因子的关系

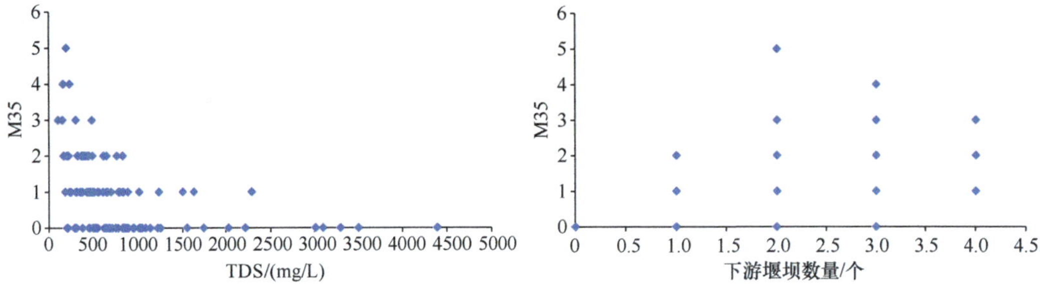

(a) TDS　(b) 下游堰坝数量

图 12-8　M35 指标与主要人类干扰因子的关系

根据以上分析，M1（鱼类物种数量）、M3（香农-维纳多样性指数）、M13（上层鱼类物种数量）、M30（肉食性鱼类个体所占比例）、M33（高耐受性鱼类物种数量）和 M35（敏感性鱼类物种数量）对主要人类干扰因子均有较明显的响应关系，能够较显著地指示人类干扰的变化，将该六个指标作为鱼类完整性指数的核心指标体系。

目前用于筛选指标较常用的方法是利用参考条件与受损点位的箱体图选择差距明显的指标作为核心指标，但是通常该方法难以区别造成鱼类指标产生差距的是自然环境因子还是人类干扰因子，或者二者皆有。如果最终确定的指标是由于自然环境因子造成的影响，此时该指标不能很好地指示人类干扰的影响。本章首先通过人类干扰因子与鱼类指标的双向图，选取与人类干扰因子关系密切的指标，然后通过广义线性模型建立鱼类指标与自然环境因子和人类干扰因子的定量关系，进而选择仅与人类干扰因子关系密切的鱼类指标，从而避免了箱体图进行指标筛选的问题。

12.5 小　　结

构建了渭河流域鱼类完整性指数的核心指标体系，主要结论有以下几点：

（1）鱼类备选指标分为 39 个指标，分别属于物种多样性、洄游习性、繁殖类型、栖息地环境、营养水平、耐受性和鱼类丰富度 7 类属性。通过对自然环境和人类干扰因子的甄别，发现在人类干扰剧烈的渭河流域，空间位置因子对鱼类指标的影响最小，其次是自然环境因子，人类干扰因子的解释率最高。

（2）稀有种能够更加合理有效地表征鱼类指标对人类干扰因子的指示作用，因此，在进行 IBI 构建时采用了保留稀有物种的鱼类指标。

（3）根据鱼类指标与人类干扰因子的双向图，发现与干扰因子相关性较大的鱼类指标有：M1、M3、M4、M5、M7、M9、M10、M11、M12、M13、M15、M19、M20、M21、M25、M27、M28、M30、M33、M34、M35、M36 和 M38。

（4）通过 GLM 模拟，发现 M20 和 M30 对人类干扰响应较小，该两个指标不适合用于反映人类干扰对鱼类指标的影响，剔除这两个指标，最终选择 M1（鱼类物种数量）、M3（香农-维纳多样性指数）、M13（上层鱼类物种数量）、M30（肉食性鱼类个体所占比例）、M33（高耐受性鱼类物种数量）和 M35（敏感性鱼类物种数量）作为鱼类完整性指数的核心指标体系。

第 13 章　渭河流域河流生态系统健康评价合理性分析

13.1　鱼类完整性指数健康评价

鱼类完整性指数建立的第二个关键问题是参考条件的选择或模拟。由于渭河流域人类活动剧烈，参考条件难以选择，将根据 IBI 指数与人类干扰梯度的关系模拟参考条件下的 IBI 指数，构建适合渭河流域生态系统特征的鱼类完整性指数。为使鱼类完整性指数更加有效稳定地表征渭河流域的河流生态系统健康状况，首先对该指数进行验证分析，同时采用改良健康指数评价渭河流域河流生态系统健康，与 IBI 评价结果进行对比，分析该指数的合理性，并基于鱼类完整性指数对渭河流域进行河流生态系统健康评价。

13.1.1　参考条件模拟及评价标准划分

1. 人类干扰程度计算

分析发现影响渭河流域鱼类个体数量和指标功能的主要因素是人类干扰因子，为明确流域的主要人类干扰因子，对所有干扰因子进行因子分析，并采用综合因子得分来表征人类干扰程度，计算结果如表 13-1 所示。

表 13-1　因子分析的因子载荷矩阵

干扰因子	因子										
	1	2	3	4	5	6	7	8	9	10	11
流量	0.01	–0.01	0.49	–0.36	–0.11	–0.11	0.27	–0.11	0.10	–0.11	0.18
QHEI	–0.28	–0.35	–0.47	0.02	–0.11	–0.23	–0.28	–0.07	–0.17	–0.23	–0.32
Capacity	–0.07	0.28	0.83	–0.19	0.14	–0.01	0.03	0.13	–0.01	0.13	–0.03
Ubarr	–0.07	0.23	0.87	–0.19	0.17	0.00	0.04	0.12	–0.02	0.08	–0.02
Dbarr	–0.15	–0.43	–0.53	–0.08	–0.02	0.13	0.06	0.00	–0.19	–0.13	0.17
MDswim	0.27	–0.03	–0.42	–0.01	–0.11	0.08	0.12	–0.20	0.22	0.34	0.13
Wtemp	–0.01	0.15	0.44	0.00	0.15	0.04	0.10	–0.06	0.73	0.04	–0.05
pH	0.05	0.01	–0.14	–0.06	–0.15	–0.05	0.01	0.03	0.91	0.01	–0.01
Ec	0.93	0.12	0.04	0.13	0.05	0.03	0.00	0.02	0.04	–0.05	0.01
Salinity	0.94	0.11	0.01	0.17	0.03	0.02	–0.05	0.02	–0.01	–0.04	0.03
Satu	0.23	–0.15	–0.16	0.87	–0.00	–0.14	0.04	–0.03	0.07	–0.02	–0.06
DO	0.19	–0.12	–0.18	0.87	–0.01	–0.14	–0.04	–0.03	–0.11	–0.04	–0.02
SS	0.02	–0.04	–0.02	0.01	–0.08	0.87	0.09	–0.08	–0.06	0.07	–0.16

续表

干扰因子	因子										
	1	2	3	4	5	6	7	8	9	10	11
TDS	0.94	0.12	0.02	0.18	0.03	0.03	−0.04	0.02	0.00	−0.03	0.03
NO_2^-	−0.04	0.17	0.15	0.03	0.79	−0.05	−0.04	0.05	0.05	−0.03	−0.03
NO_3^-	0.23	−0.06	0.02	−0.09	0.55	0.09	0.40	−0.04	−0.11	0.43	−0.03
NH_4^+	−0.07	−0.03	0.04	0.08	−0.05	−0.01	0.08	0.90	−0.05	−0.00	−0.09
PO_4^{3-}	0.31	−0.01	0.20	−0.19	0.18	0.02	0.08	0.73	0.05	0.01	0.10
SO_4^{2-}	0.59	−0.02	−0.08	−0.24	0.05	0.05	0.19	0.18	0.11	0.43	−0.24
TN	0.33	0.17	0.12	−0.01	0.82	0.09	0.11	0.06	−0.11	0.02	0.11
TP	0.14	−0.05	−0.06	−0.25	0.11	0.86	0.07	0.06	0.01	−0.05	0.18
Hardness	0.76	−0.02	−0.15	−0.01	0.26	0.13	0.20	0.05	0.00	0.14	−0.02
COD_{Mn}	0.06	0.07	−0.05	−0.32	0.18	0.44	−0.23	0.18	0.16	−0.32	0.39
Agriculture	−0.21	−0.16	−0.08	−0.06	−0.02	−0.11	−0.78	−0.06	−0.05	0.16	−0.03
Forest	−0.26	0.28	0.05	−0.11	0.18	0.02	0.71	0.19	0.08	0.13	0.28
Grassla	0.45	−0.26	−0.05	0.14	−0.20	0.05	−0.27	−0.17	−0.05	−0.35	−0.40
Urban	−0.01	−0.09	−0.05	−0.05	−0.01	−0.00	0.13	−0.06	−0.06	0.09	0.79
Barela	−0.05	0.25	0.24	0.02	0.04	−0.03	−0.22	0.01	0.02	0.75	0.17
Clay	0.21	0.77	0.26	0.02	0.10	0.10	0.17	−0.12	0.11	0.06	0.06
Silt	−0.02	0.84	0.12	−0.22	0.12	−0.13	0.07	0.08	−0.04	0.05	−0.08
Sand	−0.11	−0.91	−0.22	0.11	−0.13	0.01	−0.13	0.03	−0.04	−0.06	0.01
方差解释率	14.48	9.62	9.48	7.06	6.52	6.11	5.87	5.25	5.12	4.76	4.47
累计方差解释率	14.48	24.10	33.58	40.64	47.16	53.27	59.13	64.38	69.50	74.26	78.73

通过因子载荷矩阵确定因子中的主要变量，载荷绝对值大于 0.6 则为该成分的主要变量，第 1 因子主要是无机污染梯度，代表因子为电导率、盐度、TDS 和硬度；第 2 因子主要是土壤类型梯度，代表因子有黏粒、粉粒和砂粒；第 3 因子主要是水文因子，代表因子为上游堰坝数量和上游水库库容；第 4 因子主要是有机污染，代表因子为 DO 和饱和度；第 5 因子主要是氮污染，代表因子为 NO^{2-}、NO^{3-}和 TN；第 6 因子主要是磷污染，代表因子为 SS 和 TP；第 7 因子主要是土地利用类型，分别是森林用地和农业用地比例；第 8 因子主要是营养盐离子污染，代表因子为 NH_4^+和 PO_4^{3-}；第 9 因子主要是水温和 pH；第 10 和 11 因子主要是未利用土地和城镇用地。前十一个因子可以解释所有变量的 78.73%，能够代表所有人类干扰因子。据此可以确定渭河流域的主要人类干扰梯度（表 13-2）。

表 13-2　渭河流域主要人类干扰梯度描述

因子	主要人类干扰类型
1	无机污染（高电导率、盐度、总悬浮物固体含量、硬度）
2	土壤类型（高黏粒、粉粒、低砂粒）
3	水文改变程度（上游堰坝数量较多，上游水库库容较大）
4	有机污染（溶解氧含量较高）

续表

因子	主要人类干扰类型
5	氮污染（高 NO_2^-，NO_3^-和 TN）
6	磷污染（高 SS，高 TP）
7	土地利用类型（低森林用地，高农业用地）
8	营养盐污染（高 NH_4^+和 PO_4^{3-}）
9	高水温，高 pH
10	高未利用土地
11	高城镇用地

综合因子得分越小说明人类干扰越小，因子得分越高，说明人类干扰越大。根据综合因子得分，渭河流域丰水期和枯水期的人类干扰程度如图 13-1 所示。从中看出渭河流域枯水期人类干扰程度较大，但从人类干扰程度的分布来看，与丰水期基本一致。从区域来看，流域中下游人类干扰梯度较大，渭河源头，石头河 W10 点位附近和黑河 W16 点位附近人类干扰程度较小，渭河中下游关中地区人类干扰程度大，越往下游，干扰程度逐渐增大。泾河和北洛河人类干扰程度较大，其中泾河东部区域人类干扰程度大于西部支流，从源头到下游人类干扰程度越来越大，源头位于六盘山山脉，人类活动较少，其干扰程度也较小。北洛河的上游人类干扰程度反而更大，中游人类干扰程度最小。其中沙家河 L7 点位人类干扰程度较小，主要是由于附近为黄龙山，森林覆盖率较高，人类活动较少。马连河 J11 和 J12、北洛河上游 L0 和 L2 点位附近区域的人类干扰程度很大，主要原因是该区域为石油开发产业区，由此带动的人类干扰程度较大。因此，基于因子分析法确定流域人类干扰程度是较为有效合理的方法，能够较为全面地指示人类干扰的程度。

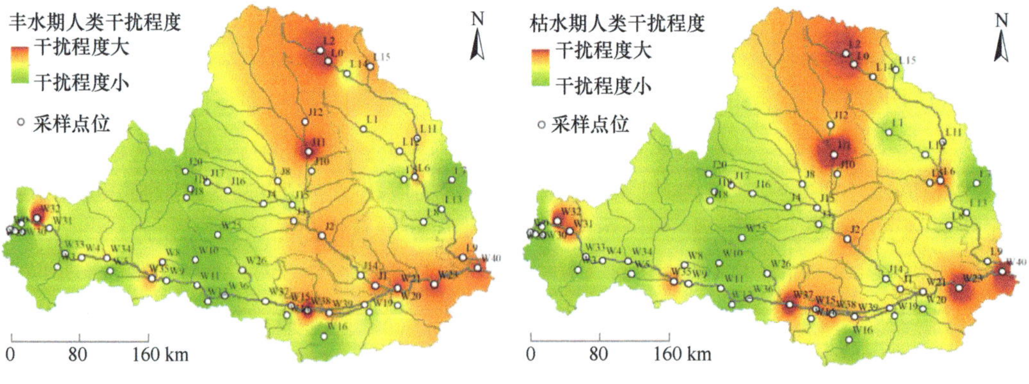

(a) 丰水期　　(b) 枯水期

图 13-1　渭河流域丰水期和枯水期人类干扰程度

2. 参考条件下 IBI 指数模拟

首先根据六个指标对干扰的响应趋势，根据指标的 5%和 95%分位数（表 13-3）进行标准化处理，并计算各点位最终的 IBI 得分。根据以上基于因子分析计算的综合因子得分表征采样点位人类干扰的程度。通过回归分析建立 IBI 与人类干扰综合因子之间的线性关系，预测在不存在人类干扰情况下，即参考条件下的 IBI 值，结果如图 13-2 所示。在显著性水平为 0.05 的情况下，得出二者的线性关系为 $y=-27.11x+44.27$，常数项和系数均通过了显著性水平检验，PCA = –1 时的 IBI 值即为不存在人类干扰的鱼类完整性指数，即参考条件下的 IBI = 71.38。根据鱼类完整性指数进行河流生态系统健康划分的标准如表 13-4 所示。

表 13-3　六指标对干扰的响应关系

指标	M1	M3	M13	M19	M33	M35
对干扰的响应	下降	下降	下降	下降	上升	下降
5%分位数	1	0	0	0	0	0
95%分位数	12	2.02	3	5.05	3.05	3

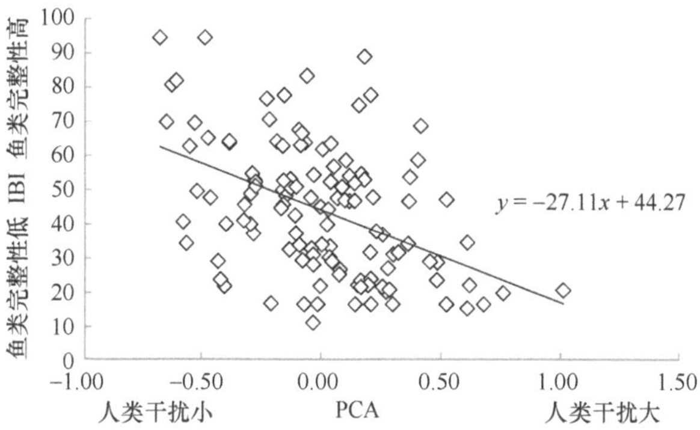

图 13-2　IBI 指数与人类干扰梯度的线性关系

表 13-4　基于鱼类完整性指数的健康划分标准

标准	IBI≥71.38	53.54～71.38	35.69～53.54	17.85～35.69	0～17.85
健康状况	健康	良好	一般	较差	极差

3. IBI 指数验证

以 2011 年 10 月和 2012 年 4 月的两次鱼类数据作为验证数据检验该指数的稳定性和有效性。分别计算以 M1、M3、M13、M19、M33 和 M35 为核心指标的 IBI 指数和由人类干扰因子计算的人类干扰梯度 PCA，并建立两者的回归关系，常数项和系数均通过了显著性水平检验，如图 13-3 所示。结果发现 IBI 与人类干扰梯度趋势较为一致，说明以上建立的 IBI 指标体系较为稳定，能够较为有效地表征人类干扰。

通过计算数据与验证数据的关系图（图 13-4），发现两个数据系列计算出的 IBI 指数与人类干扰梯度的趋势基本一致，二者具有较强的相关性，说明以上建立的指数较为稳定。但是从中也可以看出当 PCA>0.5 时，IBI 指数之间的离散程度较小，说明此时 IBI 与人类干扰程度的结果差距不大，但是 PCA 在–0.5～0.5 之间波动时，IBI 指数的离散程度较大，基本上包括了从健康到极差五个等级，与人类干扰程度的结果差距较大。造成

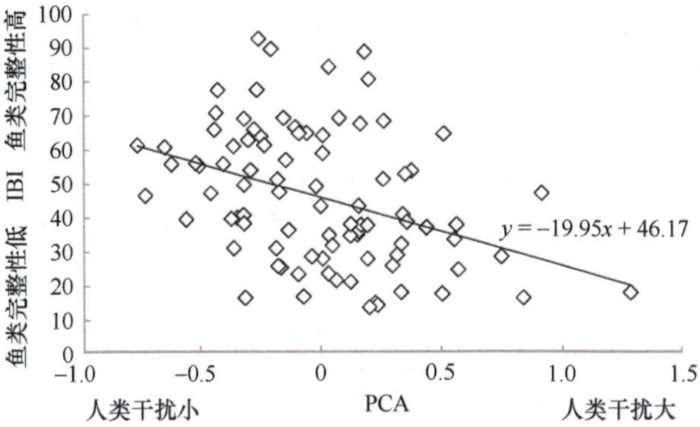

图 13-3 由验证数据计算的 IBI 与 PCA 关系

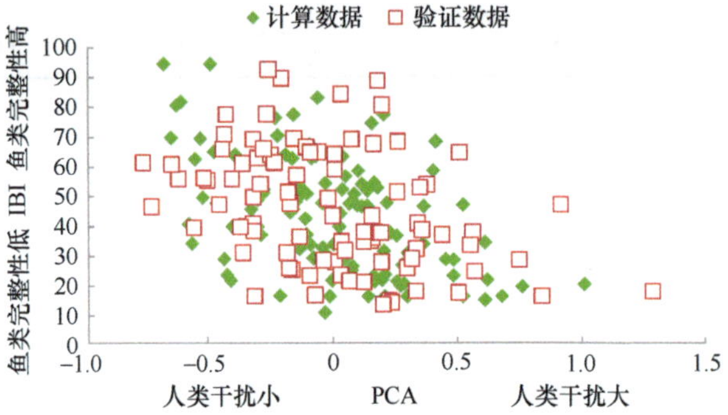

图 13-4 计算数据和验证数据关系图

这一结果的原因主要是由于综合因子得分是人类干扰程度的综合体现，该值难以体现不同人类干扰因子之间的差异，通常会将数值极大的人类干扰因子弱化，从而减弱其对鱼类完整性的影响。但如果这一因子是影响鱼类完整性的关键因子，与之对应的 IBI 指数会减小，而人类干扰梯度则变化不明显，因此，PCA 在−0.5～0.5 范围内，由于不同因子之间的差异性导致鱼类完整性指数也存在差异。总体而言，以上建立的 IBI 指数能够稳定地表征人类干扰程度的变化，可以用来评价河流生态系统健康状态。

13.1.2 IBI 指数合理性分析

1. 改良健康指数评价结果

采用改良健康指数（MIWB）评价渭河流域鱼类完整性，结果如图 13-5 所示。从全流域来看，渭河流域鱼类完整性较低。从丰水期来看，全流域 60 个点位中，10 个点位的鱼类完整性为健康水平，10 个点位为良好水平，21 个点位为一般水平，7 个点位为较差水平，12 个点位为极差水平，有 33.33%的点位为健康或良好水平。从枯水期来看，全流域 60 个点位中，3 个点位为健康水平，6 个点位为良好水平，24 个点位为一般水平，11 个点位为较差水平，16 个点位为极差水平，共有 15%的点位为健康或良好水平。丰水期鱼类完整性水平高于枯水期。从渭河、泾河和北洛河三个水系来看，渭河水系鱼类完整性高于泾河和北洛河水系，对于枯水期，渭河水系的鱼类完整性明显高于泾河和北洛河水系；而丰水期，渭河水系鱼类完整性略高于泾河和北洛河水系。以丰水期为例，渭河水系 32 个点位中，8 个点位鱼类完整性为健康水平，3 个点位为良好水平，13 个点位为一般水平，5 个点位为较差水平，3 个点位为极差水平。泾河水系的 15 个点位中有 1 个点位为健康水平，4 个点位为良好水平，4 个点位为一般水平，2 个点位为较差水平，4 个点位为极差水平。北洛河水系调查的 13 个点位中，1 个点位为健康水平，3 个点位为良好水平，4 个点位为一般水平，5 个点位为极差水平。以枯水期为例，渭河水系 32 个点位中有 3 个点位为健康水平，4 个点位为良好水平，15 个点位为一般水平，6 个点位为较差水平，4 个点位为极差水平。泾河水系的 15 个点位中，无健康水平点位，2 个点位为良好水平，5 个点位为一般水平，2 个点位为较差水平，6 个点位为极差水平。北洛河水系的 13 个点位中，无健康和良好水平的点位，4 个点位为一般水平，3 个点位为较差水平，6 个点位为极差水平。全流域关中地区干流的鱼类完整性均处于极差或较差水平。

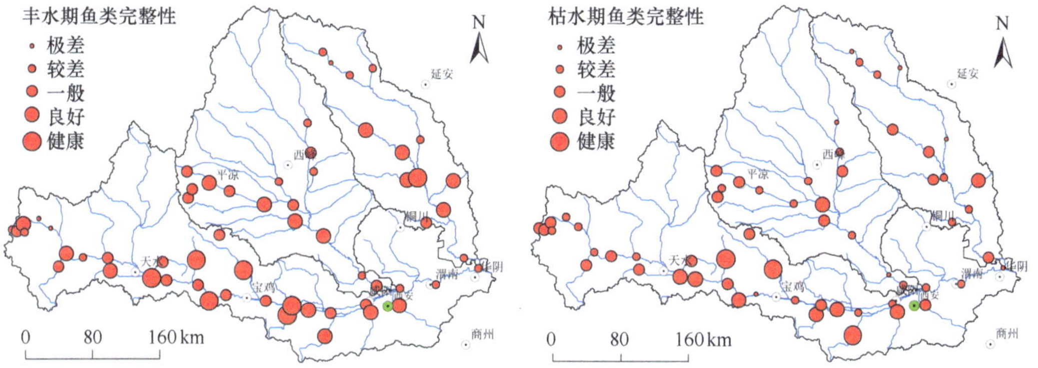

(a) 丰水期　　(b) 枯水期

图 13-5　渭河流域基于 MIWB 的鱼类完整性评价结果

2. MIWB 与 IBI 评价结果对比

对比 IBI 与 MIWB 的评价结果（表 13-5 和表 13-6），发现丰水期，两种方法的评价结果中有 23 个点位评价结果完全一致，11 个点位 IBI 的评价结果低于 MIWB 的评价结果一个等级，3 个点位 IBI 的评价结果低于 MIWB 两个等级，19 个点位 IBI 的评价结果高于 MIWB 一个等级，4 个点位 IBI 评价结果高于 MIWB 两个等级。而枯水期有 46.7%的点位评价结果完全一致，12 个点位 IBI 评价结果低于 MIWB 一个等级，19 个点位 IBI 评价结果高于 MIWB 一个等级，1 个点位 IBI 评价结果高于 MIWB 两个等级。从图 13-6 中可以看出，两种方法的评价结果较为一致，整体来说，全流域上 IBI 得出的鱼类完整性水平多集中在良好、一般和较差三个等级之间，而 MIWB 的评价结果多一般、较差和极差三个等级。丰水期，MIWB 评价等级为健康和良好等级的点位，IBI 的评价结果多数要降低一个等级，而 MIWB 评价为极差水平的点位，IBI 的评价结果多数要提高一个等级。综上所述，IBI 评价等级在点位之间的分布相对 MIWB 更为集中，而 MIWB 的评价结果则分布更为离散。

表 13-5　渭河流域 IBI 与 MIWB 评价结果对比

点位	丰水期				枯水期			
	MIWB	评价结果	IBI	评价结果	MIWB	评价结果	IBI	评价结果
W0	5.62	较差	34.37	较差	7.62	一般	40.74	一般
W3	6.32	一般	50.09	一般	6.94	一般	49.00	一般
W4	6.02	一般	33.54	较差	7.64	一般	44.40	一般
W5	9.11	健康	63.78	良好	7.84	一般	45.75	一般
W8	7.66	一般	52.44	一般	8.15	良好	47.70	一般
W9	7.85	一般	48.39	一般	7.40	一般	56.92	良好
W10	9.99	健康	94.54	健康	9.39	健康	80.68	健康
W11	9.06	健康	53.25	一般	5.87	较差	45.88	一般
W12	9.55	健康	94.53	健康	8.28	良好	69.54	良好
W14	8.43	良好	76.61	健康	9.77	健康	63.12	良好
W15	7.44	一般	77.78	健康	5.52	较差	47.31	一般
W16	7.73	一般	69.83	良好	7.89	一般	81.91	健康
W18	5.62	较差	46.83	一般	1.45	极差	24.00	较差
W19	9.53	健康	64.20	良好	7.71	一般	66.61	良好
W20	7.63	一般	67.59	良好	7.01	一般	44.79	一般
W21	5.32	较差	31.15	较差	2.06	极差	22.22	较差
W23	5.71	较差	20.23	较差	1.89	极差	22.23	较差
W25	8.62	良好	52.94	一般	8.73	良好	51.19	一般
W26	9.32	健康	83.33	健康	8.91	健康	77.68	健康
W28	9.84	健康	47.81	一般	7.77	一般	49.67	一般
W29	8.16	良好	64.21	良好	8.39	良好	40.02	一般
W30	5.54	较差	29.11	较差	5.91	一般	21.84	较差
W31	4.18	极差	16.67	极差	6.01	一般	23.61	较差
W32	2.65	极差	16.67	极差	4.53	较差	19.88	较差
W33	6.54	一般	54.83	良好	6.21	一般	32.61	较差
W34	7.68	一般	50.98	一般	6.59	一般	32.90	较差
W35	10.31	健康	89.07	健康	7.90	一般	68.69	良好
W36	2.95	极差	37.24	一般	4.86	极差	16.88	极差
W37	7.08	一般	47.85	一般	5.67	较差	34.67	较差
W38	6.84	一般	53.81	良好	6.49	一般	58.82	良好
W39	6.66	一般	47.98	一般	5.02	较差	31.67	较差
W40	6.73	一般	21.69	较差	5.70	较差	15.43	极差
J1	2.33	极差	36.95	一般	0.69	极差	31.78	较差
J2	7.32	一般	54.70	良好	5.88	较差	34.26	较差
J3	7.15	一般	54.21	良好	7.16	一般	42.64	一般
J4	8.64	良好	63.88	良好	6.32	一般	33.98	较差
J8	5.91	一般	30.38	较差	3.28	极差	25.39	较差
J10	7.96	良好	29.15	较差	8.19	良好	53.07	一般
J11	5.31	较差	46.78	一般	3.62	极差	20.70	较差

续表

点位	丰水期				枯水期			
	MIWB	评价结果	IBI	评价结果	MIWB	评价结果	IBI	评价结果
J12	1.73	极差	21.68	较差	2.18	极差	16.67	极差
J14	4.26	极差	34.11	较差	0.00	极差	11.20	极差
J15	8.41	良好	50.70	一般	7.32	一般	58.74	良好
J16	0.55	极差	45.20	一般	0.90	极差	31.08	较差
J17	9.66	健康	54.53	良好	8.61	良好	52.12	一般
J18	5.76	较差	51.03	一般	7.49	一般	47.10	一般
J19	6.83	一般	40.07	一般	5.58	较差	23.82	较差
J20	8.31	良好	52.38	一般	7.02	一般	41.12	一般
L0	0.00	极差	16.67	极差	3.81	极差	28.87	较差
L1	8.48	良好	61.98	良好	7.27	一般	52.78	一般
L2	3.96	极差	27.14	较差	3.42	极差	16.67	极差
L5	8.25	良好	70.63	良好	6.66	一般	37.94	一般
L6	8.15	良好	74.76	健康	5.30	较差	29.06	较差
L7	9.28	健康	65.16	良好	7.89	一般	62.77	良好
L8	6.14	一般	37.34	一般	5.82	较差	21.99	较差
L9	2.76	极差	22.22	较差	5.99	较差	46.87	一般
L11	2.70	极差	26.75	较差	2.07	极差	16.67	极差
L12	6.79	一般	63.63	良好	7.34	一般	39.99	一般
L13	8.01	一般	62.95	良好	4.62	极差	28.25	较差
L14	3.29	极差	29.47	较差	3.77	极差	20.87	较差
L15	6.72	一般	23.48	较差	3.10	极差	16.67	极差

表 13-6　IBI 与 MIWB 评价结果对比

IBI 与 MIWB 相差等级	丰水期	枯水期
−2	3	0
−1	11	12
0	23	28
1	19	19
2	4	1

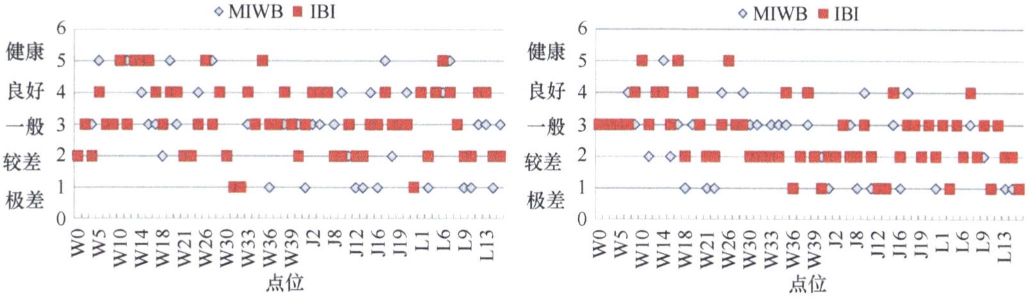

(a) 丰水期　　(b) 枯水期

图 13-6　渭河流域 IBI 和 MIWB 评价结果对比

为评价 MIWB 和 IBI 对人类干扰的表征作用，绘制二者与人类干扰的关系图，从图 13-7 可以看出，对于人类干扰小（PCA≤–0.5）的点位，IBI 的评价等级大多高于 MIWB 的评价结果，而对于人类干扰大（PCA≥0.5）的点位，IBI 的评价等级大多低于 MIWB 的评价结果，这与人类干扰的变化较为一致，说明 IBI 的评价方法相对来说更为合理。对于中间区域（–0.5＜PCA＜0.5），MIWB 的评价等级要高于 IBI 的评价等级，对于该区域，由于人类干扰因子的多样性及因子间的相互抵消作用，难以区分两种方法究竟谁更有效表征人类干扰。

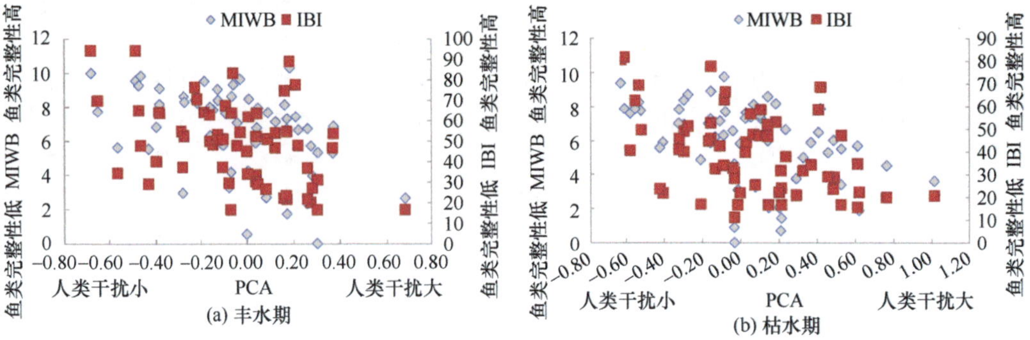

图 13-7　IBI 和 MIWB 与人类干扰的关系图

3. 优缺点分析

MIWB 计算简单，并在美国得到较广泛应用，用该指数能够较为准确地评价渭河流域鱼类完整性。改良健康指数是在健康指数（Index of Well-Being，IWB）的基础上改进，将高度耐受种、杂交种以及外来种排除在外，提高了指数对于更广泛的环境干扰的敏感性。该指数主要用于美国河流，根据美国不同生态区河流的鱼类群落结构和功能属性确定 MIWB 的健康评价标准。在大型（即不可涉水的）溪流中，鱼类的个体大小会有数量级的差异，因此，针对小型（即可涉水）溪流和大型（即不可涉水的）溪流建立不同的标准，更能反映水体的健康状况。鱼类完整性指数（IBI）是评价鱼类完整性程度的有效方法，并在全世界不同河流得到了广泛的应用（Ruaro and Gubiani，2013）。但该方法应用于其他流域时，通常存在以下两点主要问题：①参考条件难以选取。参考条件是指人类干扰相对较小的点位，主要用物理、化学和生物特征衡量（Reynoldson et al.，1997）。然而自 20 世纪 80 年代以来，剧烈的人类活动对渭河流域生态环境造成了严重的影响，表现在水资源量锐减，水环境质量恶化和高含沙量等（Song et al.，2007），选取人类干扰较小的参考点位非常困难。针对这一问题，本研究未选取参考条件，而是通过因子分析计算流域的人类干扰梯度，建立 IBI 指数与人类干扰梯度之间的线性关系，从而预测参考条件下 IBI 的参考值，从而解决了参考条件选取的问题。②许多研究通过参考条件与受损条件的箱体图，选择具有显著差异的指标作为人类干扰的响应指标，但此时不能确定这种差异是否完全由人类干扰因子产生的。为解决这一问题，首先采用 CCA 等排序方法甄别空间位置因子、自然环境因子和人类干扰因子对鱼类指标的影响，发现人类干扰因子贡献率最高。同时采用 GLM 模型模拟鱼类指标与自然环境因子与人类干扰因子之间的定量关系，从中仅选取对人类干扰因子关系显著的鱼类指标，提高了 IBI 指数进行健康评价的准确率和稳定性。这些从一定程度上有助于 IBI 指数在渭河流域的构建，同时也提高了 IBI 指数在渭河流域的适用性。两种方法在评价生物完整性时，各有利弊，建议以后在应用时，考虑研究区域的实际情况，结合两种方法同时进行生物完整性评价。

13.1.3　河流生态系统健康评价

根据计算数据系列的鱼类完整性评价结果评价渭河流域河流生态系统健康状况，结果如图 13-8 所示。从全流域来看，流域生态系统健康状态较差，超过 60%的点位生态系统健康为一般、较差和极差水平，丰水期健康状态优于枯水期，这一点与水环境质量评价结果较为一致。丰水期有 61.67%的点位生态系统健康为一般及以下水平，而枯水期有 81.67%的点位为一般及以下水平。全流域 60 个点位中，丰水期共有 7 个点位为健康水平，16 个点位为良好水平，19 个点位为一般水平，15 个点位为较差水平，3 个点位为极差水平。而在枯水期，60 个点位中，仅有 3 个点位为健康水平，8 个点位为良好水平，20 个点位为一般水平，22 个点位为较差水平，7 个点位为极差水平。从渭河、泾河和北洛河三个水系来看，渭河生态系统健康状况优于泾河和北洛河，泾河和北洛河点位均处于一般以下水平。

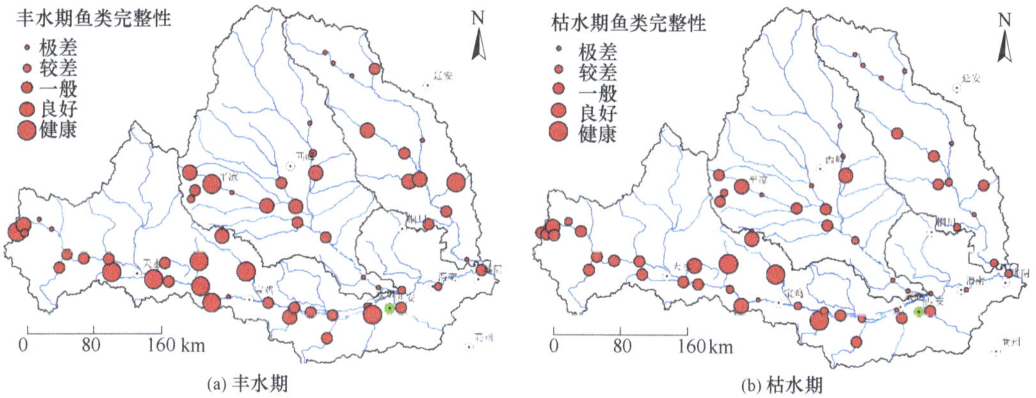

(a) 丰水期　　(b) 枯水期

图 13-8　渭河流域丰水期和枯水期河流生态系统健康

以丰水期为例，渭河的 32 个点位中，有 6 个点位为健康水平，7 个点位为良好水平，11 个点位为一般水平，6 个点位为较差水平，2 个点位为极差水平。泾河的 15 个点位中，无健康水平的点位，4 个点位为良好水平，7 个点位为一般水平，4 个点位为较差水平。北洛河的 13 个点位中，1 个点位为健康水平，5 个点位为良好水平，1 个点位为一般水平，5 个点位为较差水平，1 个点位为极差水平。渭河有近 40.63%的点位为健康和良好水平，而泾河仅有 26.67%的点位处于健康和良好水平，北洛河有 46.15%的点位为健康及良好水平，46.15%的点位为较差和极差水平。渭河干流的生态系统健康状态优于支流，上游健康状态较好，从上游到下游表现出了健康状态越来越差的趋势。泾河干流的生态系统健康状态优于支流马连河，马连河上游生态系统健康状态较差，主要是由于该区域为石油开发区，泾河下游的健康状态极差，主要是由于下游人类干扰剧烈，水环境质量较差。北洛河上游健康状态极差，主要是由于区域为石油开发区，人类活动强烈，河流生态系统健康状态较差，支流健康状态优于干流。丰水期的渭河、泾河和北洛河的生态系统健康状态差距不明显。

枯水期，渭河仅有3个点位为健康水平，6个点位为良好水平，11个点位为一般水平，10个点位为较差水平，2个点位为极差水平。泾河点位中无健康水平点位，1个点位为良好水平，5个点位为一般水平，7个点位为较差水平，2个点位为极差水平。北洛河中，无健康水平点位，1个点位为良好水平，4个点位为一般水平，5个点位为较差水平，3个点位为极差水平。泾河中仅有6.67%的点位为健康和良好水平，北洛河仅有7.69%的点位为健康和良好水平，枯水期泾河和北洛河的生态系统健康状况明显低于丰水期。枯水期在全流域的健康状态表现出了与丰水期类似的趋势。渭河的生态系统健康状态优于泾河和北洛河。

13.2 水环境质量评价

13.2.1 水环境现状特征

渭河流域各水环境因子之间的差异性较大，同一指标表现出了较大的空间差异性（表13-7）。pH差异性最小，最小值为5.23，位于渭河支流千河下游W26，最大值为8.96，位于北洛河支流周河L15。渭河流域的电导率（Ec）较大，而且空间差异性很大，最小值为125.70us/cm，位于渭河南岸支流石头河W14，最大值达到4867us/cm，位于渭河北岸支流 W32。盐度（Salinity）在全流域的空间差异较大，最小值为 0.07，位于渭河南

表13-7 渭河流域水环境理化特征

水环境指标	均值±方差	5%分位数	95%分位数	最小值	最大值
pH	7.51±0.63	6.44	8.42	5.23	8.96
Ec/（us/cm）	904.79±846.51	191.46	3075.95	125.70	4867.00
Salinity/‰	0.58±0.59	0.14	1.86	0.07	3.72
DO/（mg/L）	10.04±2.31	6.83	15.19	4.00	18.60
SS/（mg/L）	344.83±1766.37	0.00	1018.30	0.00	19326.00
TDS/（mg/L）	745.72±703.52	189.93	2284.40	98.15	4394.00
NO_2^-/（mg/L）	1.65±5.3	0.00	4.83	0.00	56.07
NO_3^-/（mg/L）	10.03±8.12	2.43	29.63	1.59	42.29
NH_4^+/（mg/L）	1.24±4.11	0.01	5.55	0.01	40.19
PO_4^{3-}/（mg/L）	0.7±0.91	0.00	2.17	0.00	4.64
SO_4^{2-}/（mg/L）	479.4±307.92	123.95	1194.23	5.21	1855.04
TN/（mg/L）	12.93±11.41	2.66	39.92	1.61	75.39
TP/（mg/L）	0.52±0.72	0.01	1.70	0.00	4.73
Hardness/（mg/L）	4328.99±341.02	144.78	1173.82	6.13	1970.31
COD_{Mn}/（mg/L）	4.48±3.65	1.53	10.32	1.06	27.88

岸支流藉河 W5，最大值为 3.72，位于渭河北岸支流 W32。渭河干流的 DO 浓度较低，全流域的最小值为 4.0mg/L，位于渭河干流 W21，最大值为 18.6mg/L，位于北洛河支流 L0。渭河流域河流悬浮物固体含量（SS）较大，所有点位的平均值为 344.83mg/L，最小值为 0，位于部分渭河南岸支流 W0，W10，W12 等，最大值达到 19326mg/L，位于渭河干流 W31。

13.2.2　水环境质量评价

1. 因子分析法

对 2012 年 10 月和 2013 年 4 月的水环境理化因子进行因子分析，结果如表 13-8 所示。前七个因子可以解释所有水环境理化因子的 83.64%。其中第一因子能解释所有因子的 22.61%，电导率（Ec）、盐度（Salinity）、TDS 和硬度（Hardness）对第一因子贡献最大，主要反映无机污染的程度；第二因子能解释所有因子的 12.21%，饱和度（Satu）和 DO 贡献最大，主要反映有机污染程度；第三因子能解释所有因子的 11.17%，SS 和 TP 贡献最大；对第四、第五和第六因子贡献最大的水环境理化因子有 NO^{2-}、TN、NH_4^+、PO_4^{3-}、Wtemp、pH、NO_3^-和 SO_4^{2-}，主要反映营养盐的污染程度及季节的影响。

表 13-8　水环境理化因子分析结果

水环境理化因子	PC1	PC2	PC3	PC4	PC5	PC6	PC7
Wtemp	0.01	−0.12	−0.04	0.22	−0.05	0.84	0.06
pH	0.05	0.03	0.02	−0.21	0.05	0.86	−0.05
Ec	0.96	0.09	0.02	0.08	0.02	0.06	0.05
Salinity	0.97	0.14	0.02	0.05	0.02	0.00	0.03
Satu	0.21	0.95	−0.10	−0.02	−0.02	0.06	0.01
DO	0.17	0.93	−0.10	−0.01	−0.02	−0.15	−0.05
SS	−0.01	0.05	0.83	−0.10	−0.10	0.00	0.15
TDS	0.97	0.14	0.02	0.05	0.02	0.01	0.04
NO_2^-	−0.03	−0.01	−0.07	0.85	0.06	0.06	0.00
NO_3^-	0.10	−0.02	0.13	0.44	0.00	−0.05	0.77
NH_4^+	−0.11	0.08	−0.02	−0.03	0.91	−0.06	0.01
PO_4^{3-}	0.25	−0.18	0.04	0.21	0.79	0.08	0.10
SO_4^{2-}	0.47	−0.11	0.05	−0.10	0.23	0.11	0.66
TN	0.31	−0.04	0.12	0.85	0.07	−0.08	0.20
TP	0.11	−0.21	0.91	0.08	0.07	−0.03	0.03
Hardness	0.72	0.08	0.19	0.16	0.07	−0.02	0.39
COD_{Mn}	0.11	−0.35	0.52	0.20	0.16	0.04	−0.42
特征值	3.84	2.07	1.90	1.87	1.56	1.52	1.45
解释方差百分比	22.61	12.21	11.17	10.99	9.19	8.93	8.52
累积方差百分比	22.61	34.82	45.99	56.99	66.19	75.12	83.64

因子得分越低说明水环境质量越好，得分越高说明水环境质量越差。根据基于因子得分的水环境质量评价标准（表 13-9），将水环境质量分为优秀、较好、一般、较差和极差五个等级。

表 13-9　基于因子得分的水环境质量评价标准

评价等级	优秀	较好	一般	较差	极差
因子得分	≤-0.5	>-0.5～0	>0～0.5	>0.5～1.0	>1.0

从综合因子得分来看，丰水期整个流域水环境质量处于一般以上水平，而枯水期整个流域水环境质量变差。渭河支流水环境质量较丰水期差，泾河支流水环境质量较丰水期差，而北洛河水环境质量变化最大，多数点位处于较差和极差的水平。第一因子主要反映无机污染的程度，从图 13-9 可以看出，丰水期和枯水期的无机污染差异不明显，说明点源污染是无机污染的主要来源。以丰水期为例，丰水期渭河的无机污染较轻，除 W23 点位处于一般水平，W32 点位处于极差水平外，其余点位均处于较好以上水平。泾河无机污染次之，仅 J18 点位为优秀水平，7 个点位为较好水平，5 个点位为一般水平，1 个点位较差，1 个点位为极差水平。北洛河的无机污染最为严重，源头 3 个点位均处于极差水平，电导率极高，越往下游无机污染有所改善，但支流质量状况优于干流。第二因子主要反映以溶解氧含量为代表的有机污染程度，明显看出丰水期的有机污染较

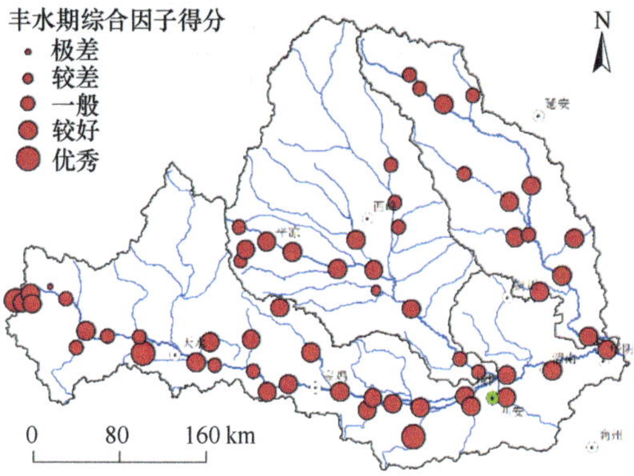

(a)丰水期综合因子

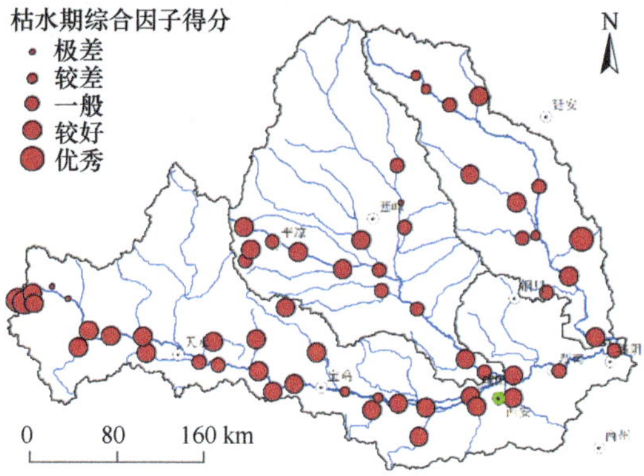

(b)枯水期综合因子

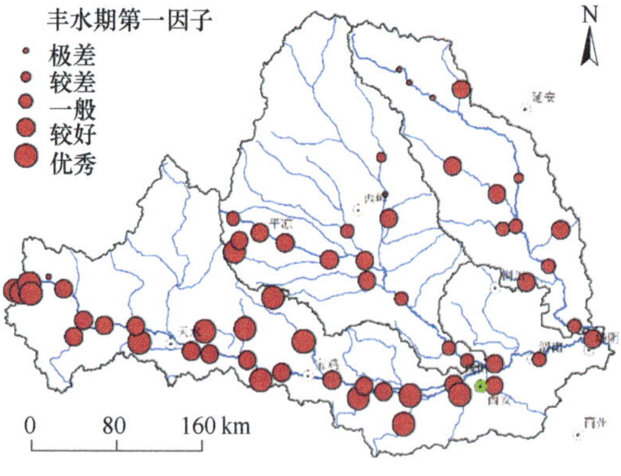

(c)丰水期第一因子

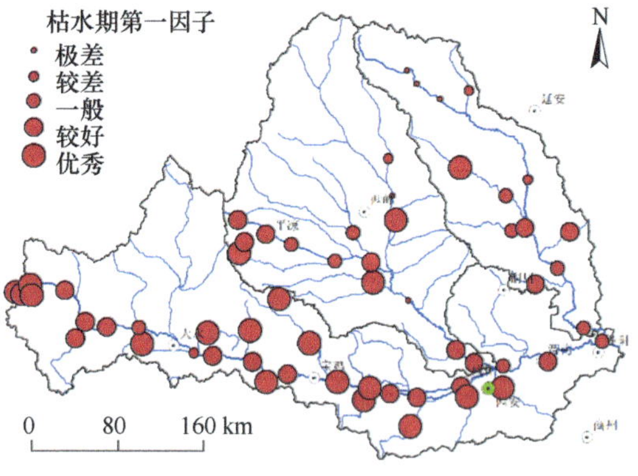

(d)枯水期第一因子

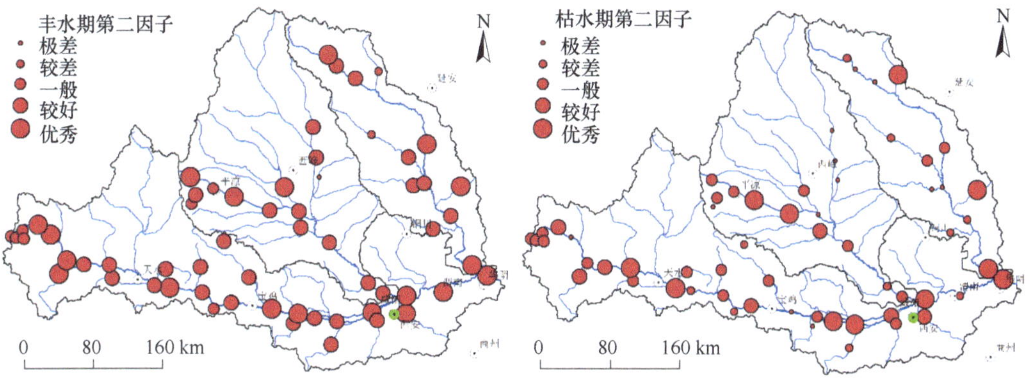

(e)丰水期第二因子　　(f)枯水期第二因子

图 13-9　丰水期、枯水期基于因子分析的水环境质量评价

枯水期有机污染程度轻，主要是由于丰水期流量较大，增加了河流水体中溶解氧的含量。枯水期，渭河支流的点位均处于一般以下水平，而干流反而溶解氧含量较高。泾河的支流有机污染程度要比干流严重，与渭河呈现相似的现象，北洛河干流西侧有机污染为较差或极差水平，东侧支流则处于较好水平。丰水期则有机污染程度较轻，整个流域多数点位均处于一般以上水平。

2. 综合水质标识指数法

对水环境因子进行 Spearman 相关分析（表 13-10），发现电导率（Ec）与盐度（Salinity）、TDS 和硬度（Hardness）显著相关，Satu 与 DO 显著相关，TP 与 SS 和 COD_{Mn} 显著相关，最终筛选 TN、Ec、pH、TP、DO、NH_4^+为主要水环境理化因子。鉴于 pH 在地表水环境

表 13-10　水环境理化因子的 Spearman 相关分析结果

	Wtemp	pH	Ec	Salini	Satu	DO	SS	TDS	NO_2^-	NO_3^-	NH_4^+	PO_4^{3-}	TN	TP	Hardness
pH	0.44	1.00													
Ec	0.22	0.08	1.00												
Salinity	0.17	0.06	0.96	1.00											
Satu	0.14	0.00	0.02	0.08	1.00										
DO	0.36	–0.16	0.01	0.09	0.88	1.00									
SS	0.06	0.09	0.17	0.17	–0.31	–0.32	1.00								
TDS	0.17	0.06	0.96	0.99	0.08	0.09	0.18	1.00							
NO_2^-	0.26	–0.11	0.32	0.27	–0.20	–0.17	0.14	0.27	1.00						
NO_3^-	0.26	–0.16	0.25	0.19	–0.19	–0.23	0.36	0.20	0.65	1.00					
NH_4^+	0.24	0.18	0.11	0.05	–0.17	–0.13	0.07	0.05	0.43	0.18	1.00				
PO_4^{3-}	0.11	–0.07	0.16	0.14	–0.19	–0.14	0.42	0.14	0.46	0.33	0.34	1.00			
TN	0.21	–0.21	0.44	0.39	–0.21	–0.17	0.31	0.40	0.48	0.62	0.16	0.43	1.00		
TP	0.06	0.06	0.18	0.18	–0.38	–0.36	0.85	0.18	0.24	0.36	0.16	0.50	0.48	1.00	
Hardness	0.00	0.12	0.66	0.70	–0.01	–0.01	0.47	0.70	0.26	0.31	0.18	0.19	0.50	0.44	1.00
CODMn	0.08	0.05	0.07	0.06	–0.38	–0.34	0.65	0.06	0.21	0.23	0.26	0.45	0.49	0.83	0.24

质量标准中无明显界限，因此剔除 pH，仅选取 TN、Ec、TP、DO 和 NH_4^+作为综合水质标识指数法的主要评价因子对渭河流域水环境质量进行评价。

采用综合水质标识指数法评价渭河流域水环境质量，结果如图 13-10 所示。渭河流域丰水期水环境质量状况比枯水期水环境质量好。根据综合水质标识指数法的评价结果，丰水期水环境质量Ⅲ类以上的点位有 18 个，其中劣Ⅴ类但不黑臭点位和劣Ⅴ类并黑臭点位有 9 个，而枯水期水环境质量Ⅲ类以上的点位有 17 个，劣Ⅴ类但不黑臭点位和劣Ⅴ类并黑臭点位共有 19 个。枯水期劣Ⅴ类并黑臭的点位明显多于丰水期。一般来说，枯水期的水环境质量主要反映了点源污染对河流污染程度的贡献，丰水期的水环境质量情况主要反映了非点源污染的强度。渭河流域丰水期水环境质量状况比枯水期好，说明点源污染对渭河流域水环境质量的影响最大，是河流水环境污染的重要来源。但是根据 2012 年 4 月与 2012 年 10 月的评价结果，2012 年 4 月（枯水期）的水环境质量优于 10 月（丰水期），而 2012 年 10 月的水环境质量优于 2013 年 4 月。因此，渭河流域水环境污染的主要来源是来自点源污染还是非点源污染要视具体情况而定，不能一并而论，而且水环境质量的好坏受流量变化影响较大，说明渭河流域水环境质量的动态变化较为剧烈。

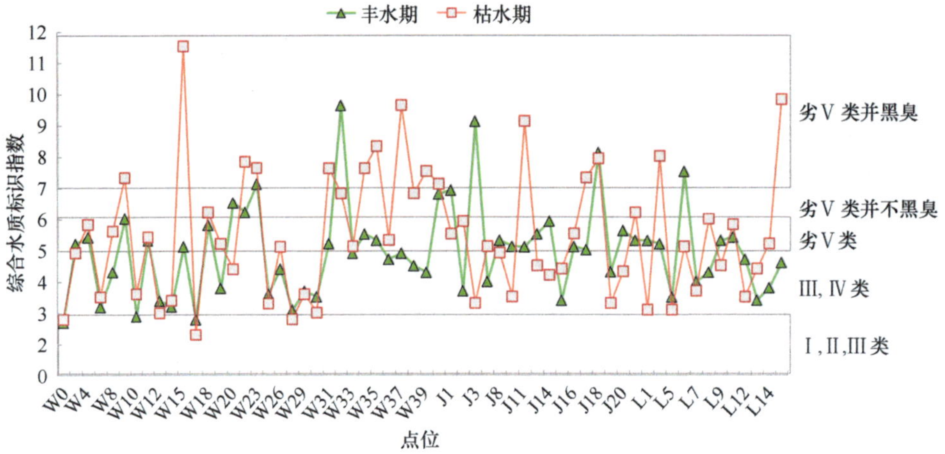

图 13-10　丰水期和枯水期综合水质标识指数图

通过单项水质标识指数可以说明不同评价因子的污染程度，确定造成河流水环境污染的主要因子。从图 13-11 中可以看出，以电导率计算的单项水质标识指数在丰水期和枯水期的评价结果具有一定的差别，渭河枯水期水环境质量比丰水期水环境质量差，而泾河和北洛河两个时期的电导率变化不大。说明对于渭河，点源污染是电导率的主要污染来源。丰水期 21 个点位为Ⅱ类和Ⅲ类水，无Ⅰ类水，29 个点位为Ⅳ类和Ⅴ类水，10 个点位为劣Ⅴ类并黑臭和劣Ⅴ类并不黑臭点位。以 DO 计算的单项水质标识指数，丰水期和枯水期的质量均较好，以Ⅰ类水为主，枯水期有 58 个点位为Ⅰ类水，1 个点位为Ⅲ类水，1 个点位为Ⅳ类水，丰水期有 54 个点位为Ⅰ类水，3 个点位为Ⅱ类水，3 个点位为Ⅲ类水。渭河关中地区丰水期 DO 浓度较低，评价类别为Ⅲ类，枯水期浓度更低，评价类别达到Ⅳ类水。以氨氮计算单项水质标识指数，丰水期的水环境质量略优于枯水期，丰水期有 40 个点位为Ⅰ类和Ⅱ类水，4 个点位为劣Ⅴ类并不黑臭点位，1 个点位为劣Ⅴ类并黑臭点位。枯水期有 41 个点位为Ⅰ类和Ⅱ类水，4 个点位为劣Ⅴ类并不黑臭点位，5 个点位为劣Ⅴ类并黑臭点位。关中地区氨氮浓度较高，水环境质量为劣Ⅴ类并黑臭级别，枯水期关中地区点位的氨氮浓度更高。枯水期由于水温较低，氨氮转化速率慢，因此地表水中氨氮浓度较高，随着气候转暖，水温逐渐上升，水体中微生物逐渐活跃，从而促进了氨氮向硝氮转化，使水体氨氮浓度逐步降低，相应的硝氮含量逐步升高。

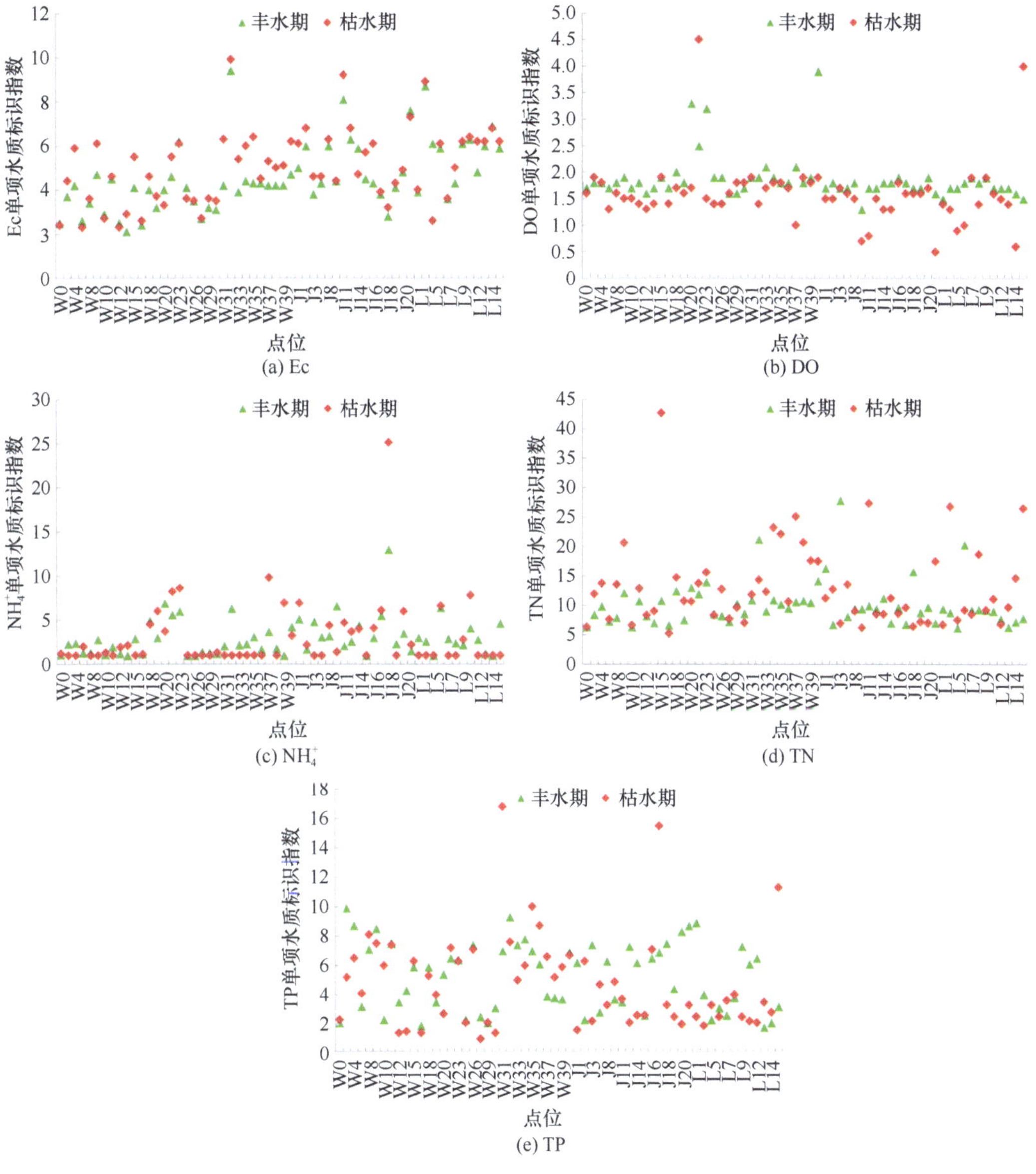

图 13-11　丰水期和枯水期各评价因子的单项标识指数分布图

根据总氮计算的单项水质标识指数显示该流域总氮超标严重，枯水期有 9 个点位为劣Ⅴ类并不黑臭点位，有 50 个点位为劣Ⅴ类并黑臭点位。丰水期有 10 个点位为劣Ⅴ类并不黑臭点位，有 50 个点位为劣Ⅴ类并黑臭点位，枯水期和丰水期差别不大，两个时期以总氮评价的水环境质量类别多为劣Ⅴ类并黑臭，但枯水期水环境质量更差。丰水期总磷的单项水质标识指数略高于枯水期，丰水期采集的60个点位中，劣Ⅴ类的点位共有29个，其中劣Ⅴ类并黑臭类别点位有16个，劣Ⅴ类并不黑臭类别点位有13个，26个点位水环境质量为Ⅰ类、Ⅱ类和Ⅲ类水；枯水期劣Ⅴ类水环境质量点位有 18 个，其中劣Ⅴ类并黑臭类别有12个点位，有32个点位的水环境质量为Ⅰ类、Ⅱ类和Ⅲ类水。多数点位在丰水期的总磷浓度高于枯水期，例如，渭河干流 W34 丰水期浓度为 1.10mg/L，枯水期浓度为 0.41mg/L，主要是由于该点位两岸农业用地较多，农药、化肥等的过量施用导致未利用的磷随农田径流汇入河道，使河流丰水期总磷浓度较高。但个别点位枯水期总磷浓度高于丰水期，例如，泾河干流 J17 点位丰水期总磷为 0.76mg/L，而枯水期该指标为 4.19mg/L，可能是由于该点位位于平凉市下游，来自城市的生活污水直接排入河道中，导致河流中总磷浓度升高。由此可以发现在以农业用地为主的地区，丰水期总磷浓度较高，因为总磷的主要来源是非点源污染，而在城镇较为发达的地区，枯水期的总磷浓度较高，点源污染则成为其主要来源。综上所述，渭河流域水环境的主要超标因子是 TN 和 TP，主要原因是农业生产中过度施用农药、化肥等，导致未利用的氮磷等随着农田径流汇入水体，另外畜禽养殖等产生的养殖污水也是造成该因子严重超标的原因之一。对于关中地区，NH_4^+也是水环境质量的主要污染因子，而造成流域氨氮污染的主要原因是非点源污染。

3. 水环境质量变化分析

从渭河、泾河和北洛河三个水系的水环境质量状况来看（图 13-12），丰水期泾河水环境质量最差，渭河和北洛河水环境质量相差不大，渭河水环境质量略好于北洛河。枯水期三条河流的水环境质量状况差别不显著，渭河所有点位之间的水环境质量类别差异较大，而泾河和北洛河各点位差异较小。渭河 31.25%的点位水环境质量类别为Ⅲ类及以上水平，28.12%的点位为Ⅳ和Ⅴ类水，40.62%的点位为劣Ⅴ类并不黑臭和劣Ⅴ类并黑臭类别，泾河 20%的点位为Ⅲ类水，59.99%的点位为Ⅳ类和Ⅴ类水，20%的点位为劣Ⅴ类并黑臭类别，北洛河 30.77%的点位为Ⅲ类水，46.15%的点位为Ⅳ类和Ⅴ类水，23.07%

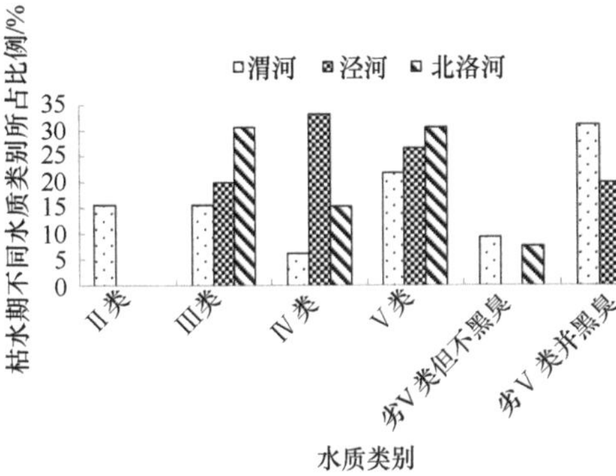

(a) 枯水期

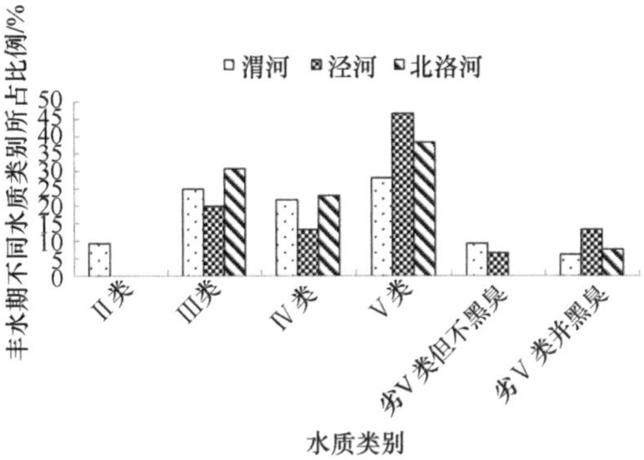

(b) 丰水期

图 13-12 渭河、泾河和北洛河采样点位不同水环境质量类别分布

点位为劣Ⅴ类并不黑臭和劣Ⅴ类并黑臭点位。丰水期三个水系水环境质量优于枯水期，泾河水环境质量较渭河、北洛河水环境质量差。渭河有 34.38%的点位为Ⅱ、Ⅲ类水，21.88%的点位为Ⅳ类水，28.13%的点位为Ⅴ类水，另有 9.38%的点位为劣Ⅴ类但不黑臭类别，6.25%的点位为劣Ⅴ类并黑臭类别。泾河Ⅲ类水的点位比例为 20%，59.99%的点位为Ⅳ、Ⅴ类水，6.67%的点位为劣Ⅴ类但不黑臭类别，13.33%的点位为劣Ⅴ类并黑臭类别。北洛河 30.77%的点位优于Ⅲ水，61.54%的点位为Ⅳ、Ⅴ类水，7.69%的点位为劣Ⅴ类但不黑臭类别。

总之，从全年水环境质量来看，渭河水环境质量的空间差异性较大，泾河和北洛河水环境质量普遍较差。渭河枯水期的水环境质量明显差于丰水期，说明对于渭河而言，点源污染依旧是主要污染来源，而对于泾河和北洛河丰枯水期的差异不是很显著。泾河分布有甘肃省平凉市和西峰市两个中小型城市，北洛河则从上游到下游依次分布有吴起、志丹、甘泉、富县、洛川、黄陵等县城，人口较为稀疏，人类活动压力较小，而渭河接连分布着天水、宝鸡、咸阳、西安和渭南五个大中型城市，渭河的工业规模较大，人口分布更为密集，其对水环境质量产生的压力远大于泾河和北洛河。

对于不同水系的主要污染因子，从图 13-11 中可以看出，泾河和北洛河 Ec 浓度要高于渭河，DO 在三条河流间差异不显著，其他因子均不显著。对渭河水环境质量进行分析（图 13-13），发现渭河南岸支流的水环境质量最好，其次是北岸支流，干流最差。从上游到下游，水环境质量越来越差，其中以中下游关中地区水污染最严重。该现象在枯水期更加明显。北岸支流多以Ⅲ、Ⅳ类为主，仅渭河上游干流 W32 点位为劣Ⅴ类并黑臭点位，现场调查发现点位附近有大型工程施工，两岸均为农田，且水土流失较严重，可能是导致该点位水环境质量较差的原因。南岸支流水环境质量多优于Ⅲ类水，只有榜沙河 W3 点位为Ⅴ类水，另外灞河 W20 点位水环境质量为劣Ⅴ类但不黑臭。另外，南岸支流多发源于秦岭山脉间，河道坡降较大，水流湍急，流量较大，水环境质量相对较好。渭河干流Ⅴ类和劣Ⅴ类水的比例占所有点位的 53%，仅在源头 W0 点位为Ⅱ类水，中游 W39 点位为Ⅲ类水，有 6 个点位水环境质量为Ⅳ类水。从不同省份来看，甘肃省仅在源头水环境质量较好，从渭源县到宝鸡市上游基本以Ⅴ类水为主，水环境质量越来

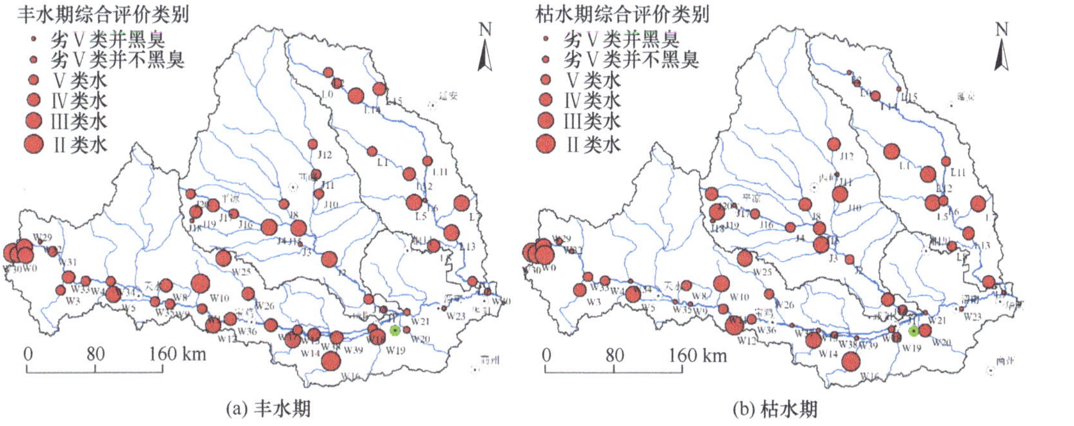

(a) 丰水期　　(b) 枯水期

图 13-13　丰水期和枯水期水环境质量综合评价类别分布图

越差。渭河干流仅在刚进入陕西省境内的宝鸡市上游为Ⅳ类水，越往下游水环境质量越差，到华阴市（W40）水环境质量甚至达到了劣Ⅴ类但不黑臭类别。由于关中地区工农业较为发达，河流环境压力较大，水体污染较为严重。虽然近些年，行政部门加大了工业污染的治理力度，但由于环境污染压力较大，河流水环境质量依旧较差，另外农业生产中农药化肥的施用、水土流失等也是造成渭河水环境质量较差的原因之一。

泾河和北洛河在丰水期和枯水期的水环境质量变化不大。以丰水期为例进行分析。整体来看，泾河干流水环境质量比支流好，河源水环境质量为Ⅴ类水，至J16水环境质量均为Ⅳ类水和Ⅴ类水，中游水环境质量较好，为Ⅲ类水，下游水环境质量较差，J14为Ⅴ类，J1为泾河汇入渭河之前的点位，水环境质量为劣Ⅴ类但不黑臭类别。氮污染和有机污染是该点位的主要污染源，主要是由于除了接纳来自上游的工业废水之外，还要接纳上游县城的生活污水和农业非点源污染。泾河干流东侧支流水环境质量较好，西侧J18和黑河J3水环境质量均达到了劣Ⅴ类并黑臭类别，东侧支流马连河（J10，J11，J12）和蒲河（J8）水环境质量为Ⅴ类水，主要污染来源可能是庆阳石油化工厂排放的工业废水。北洛河干流水环境质量为Ⅲ-Ⅴ类水，干流L11点位为Ⅴ类水，干流L6点位为劣Ⅴ类并黑臭类别，可能是由于这两个点位主要流经甘泉和富县两个县城，来自城镇的生活污水和农业非点源污染造成河流水环境质量较差。同时，北洛河上游志丹县、吴起县等的石油开发都对水环境质量产生了一定的影响。北洛河干流东侧支流水环境质量较好，东侧支流周河（L15）和沙家河（L7）为Ⅳ类水和Ⅲ类水，水环境质量较好，西侧支流葫芦河（L1，L12）分别为Ⅴ和Ⅳ类水，水环境质量较差，沮河（L5）和白水河（L8）分别为Ⅲ类和Ⅳ类水，水环境质量较好。从空间分布特征来看，渭河、泾河和北洛河各点位之间水环境质量的差异性较大。

13.3 栖息地环境质量分析

借鉴河流快速生物监测使用的栖息地评价指标（Barbour et al.，1999），结合渭河流域河流系统的实际特征，选取十个指标对渭河流域的栖息地环境特征进行评价。整体看来，渭河流域的健康状况一般（图13-14），渭河源头（W0，W30，W28）、支流（W10，W12，W16），泾河源头（J20）和北洛河支流（L7）栖息地环境质量最高，得分在180分左右，中下游栖息地环境质量很低，大体体现出了从上游到下游栖息地环境质量越来越差的现象。对于渭河而言，南岸支流栖息地环境质量高于北岸支流，干流中下游从宝鸡至入黄口栖息地环境质量最差。泾河干流中下游栖息地环境最差，西侧支流比东侧支流差，主要是由于该区属于石油开采区，人类活动干扰强烈。北洛河整个流域的栖息地质量均处于较差的水平，空间差异性不大，仅支流沙家河L7点位，栖息地质量最高，主要是由于该区域森林覆盖率较高，人为干扰相对较小，相对清洁的水环境及较低的城镇化程度使得栖息地环境质量总体较高。而渭河北岸支流及泾河和洛河全流域，由于水土流失严重，加上沿岸大规模地进行石油开采，使得栖息地质量较差，其中散渡河、葫芦河、马连河及北洛河上游的栖息地环境质量为最差。

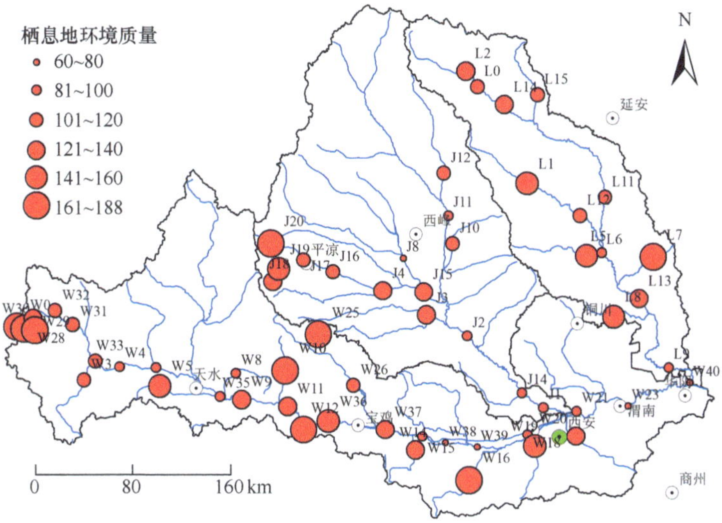

图 13-14　渭河流域栖息地环境质量评价图

13.4　评价结果合理性分析

13.4.1　与水环境质量评价结果对比

对水环境质量评价中综合水质标识指数进行标准化处理，渭河流域水环境质量与鱼类完整性标准化后得分结果如图 13-15 所示。可以看出，对于大部分点位，基于鱼类完整性的健康评价得分要高于基于水环境质量的河流健康评价得分，丰水期这种情况更加明显，丰水期的 60 个点位中有 41 个点位的鱼类完整性得分高于水环境质量，而枯水期，有 31 个点位的鱼类完整性得分高于水环境质量。从空间分布来看，渭河水系鱼类完整性得分多高于水环境质量，但是对于泾洛河水系来说，其水环境质量得分较高。

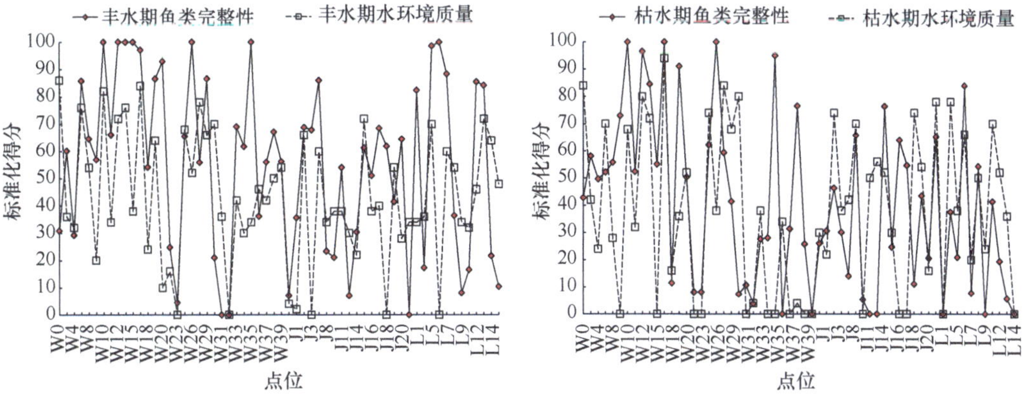

(a) 丰水期　　(b) 枯水期

图 13-15　渭河流域水环境质量和鱼类完整性标准化得分

13.4.2　与栖息地环境质量评价结果对比

对栖息地环境质量得分进行标准化处理，渭河流域栖息地环境质量与鱼类完整性标准化得分结果如图 13-16 所示。可以看出，对于大部分点位，基于鱼类完整性的健康评价得分要低于栖息地环境质量得分，丰水期时期这种情况更加明显，丰水期的 60 个点位中有 22 个点位的鱼类完整性得分高于栖息地环境质量，而枯水期，有 15 个点位的鱼类完整性得分高于栖息地环境质量。渭河水系，鱼类完整性与栖息地环境质量评价结果相差不大，而泾洛河水系，鱼类完整性评价得分低于栖息地质量得分。

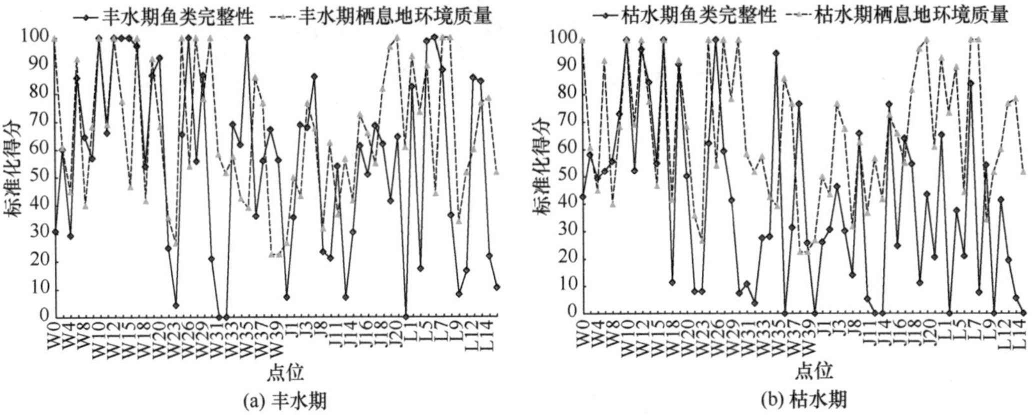

图 13-16　渭河流域栖息地环境质量和鱼类完整性标准化得分

基于鱼类、水环境质量和栖息地环境质量的评价结果相差较大，原因主要有以下几点：①不同要素在时间尺度和空间尺度上的响应时间也不同。例如栖息地环境质量在空间小尺度和月年时间尺度上发生变化，水环境质量则在空间小尺度和日尺度上变化明显，鱼类完整性较为复杂，在整个空间尺度上和月时间尺度产生变化。②不同要素对于人类干扰的响应各有不同，如水环境质量则受农业用地、工业和生活污水的影响较为显著，栖息地环境质量受人类活动包括挖砂、堤岸渠道化等影响较大，而影响鱼类完整性的因素更多更复杂，以上几个要素均可能对鱼类的生存繁殖产生影响，但是目前关于这种影响关系还难以确定。下面通过相关分析确定渭河流域鱼类完整性与环境因子的关系。

13.5　小　　结

参考条件的模拟及 IBI 指数有效性验证和合理性分析，通过与渭河流域水环境质量和栖息地环境质量的评价结果对比分析，发现基于鱼类完整性指数进行河流生态系统健康评价更加合理，主要结论有以下几点：

（1）对人类干扰因子进行因子分析，发现无机污染是渭河流域主要的人类干扰梯度，其次是土壤类型、高水文改变、有机污染、氮污染和磷污染等。

（2）通过回归分析建立鱼类完整性指数与人类干扰梯度之间的线性关系，为 $y=-27.11x+44.27$，得出参考条件下的鱼类完整性指数为 71.38，从而确定了基于鱼类完整性指数将河流生态系统健康的划分标准分别是 71.38、53.54、35.69 和 17.85，分为健康、良好、一般、较差和极差五个等级。

（3）根据 2012 年 10 月和 2012 年 4 月的鱼类数据对鱼类完整性指数有效性进行验证，发现该指数能够有效表征人类干扰程度的变化，是评价河流生态系统健康的有效指数。

（4）将鱼类完整性指数与改良健康指数的评价结果进行对比，对于人类干扰小的点位，鱼类完整性指数的评价等级大多高于改良健康指数，而对于人类干扰大的点位鱼类完整性指数的评价等级大多低于改良健康指数，说明在这两个区域鱼类完整性指数相对改良健康指数能够更加合理地表征人类干扰程度，说明该指数相对来说更为合理。

（5）采用鱼类完整性指数评价渭河流域河流生态系统健康状况，发现整个流域河流生态系统健康状态较低，超过 60%的点位为一般、较差和极差水平，丰水期河流生态系统健康状态优于枯水期。渭河的河流生态系统健康状态优于泾河和北洛河。

（6）采用因子分析评价渭河流域水环境质量，从综合因子得分来看，丰水期整个流域水环境质量处于一般以上水平，而枯水期整个流域水环境质量变差。渭河支流水环境质量变差，泾河支流水环境质量较丰水期差，而北洛河水环境质量变化最大，多数点位处于较差和极差的水平。以 TN、Ec、TP、DO 和 NH_4^+作为主要因子采用综合水环境质量标识指数法进行水环境质量评价，结果发现渭河流域 TN 和 TP 是主要污染因子，对于泾洛河，电导率也是主要污染因子。

（7）根据栖息地环境质量评价结果发现，渭河流域的健康状况一般，仅渭河源头（W0、W30 和 W28）、支流（W10、W12 和 W16），泾河源头（J20）和北洛河支流（L7）栖息地环境质量最高，中下游栖息地质量很低，大体体现出了从上游到下游栖息地质量越来越差的现象。

（8）对比基于鱼类完整性水平的生态系统健康评价结果与水环境质量和栖息地环境质量，发现水环境质量的评价结果偏差，栖息地环境质量评价水平偏高，而基于鱼类完整性的评价结果则能够综合反应水环境质量和栖息地环境质量的共同影响，是评价河流生态系统健康状况适宜的指数，本章的河流生态系统健康评价结果较为合理。

第 14 章　结论与展望

14.1　主 要 结 论

作者及其团队对济南市、北京市和渭河流域进行了数年多次野外采样调查，采集的水生生物包括鱼类、底栖动物、浮游植物、浮游动物和水环境理化因子。本专著分析了济南市、北京市和渭河流域水生生物群落结构特征和水环境因子分布特征。通过指示生物法和指标体系法分别构建了健康评价体系，对济南市水生态系统和北京市、渭河流域河流生态系统进行了健康评价，可为我国水生态系统和河流生态系统的保护和修复提供理论依据和技术支撑。

基于 2014～2015 年 5 月、8 月和 10 月 6 次采样数据，济南市共采集到鱼类 49 种，分属于 6 目，即鲤形目、鲈形目、鲶形目、鳉形目、鲑形目、合鳃鱼目。其中鲤形目种类最多，为 33 种，鲫鱼出现的频次和数量最多。底栖动物共鉴定出 68 种，分属于 6 纲，分别为昆虫纲、腹足纲、软甲纲、寡毛纲、蛭纲、瓣鳃纲。其中，昆虫纲物种数最多为 39 种，豆螺出现的频次和数量最多。浮游植物共鉴定出 171 种，分属于 8 门，分别为硅藻门、绿藻门、蓝藻门、裸藻门、隐藻门、甲藻门、金藻门、黄藻门。其中，硅藻门物种数最多为 80 种，而蓝藻门浮游植物密度远远大于其他门类，小席藻出现的频次和密度最多。济南水体略呈碱性，溶解氧含量平均水平满足国家规定的Ⅰ类水标准。营养盐元素平均水平值较高，属于Ⅳ、Ⅴ类水标准。有机污染平均状况属于Ⅲ、Ⅳ类水标准。

基于济南市环境要素的空间异质性及各要素的空间自相关距离，明确了济南市水生态功能区划的分区指标，即一级水生态功能分区指标为三大水系和高程，二级分区指标为林地和人口密度，三级分区指标为水体理化因子、栖息地环境、底栖动物完整性指数及流量。采用“自上而下”和“自下而上”相结合的方法，初步划分出济南市水生态功能一级分区 3 个，二级分区 8 个，三级分区 17 个。

基于济南市水生态功能一级分区结果，进一步考虑到城市中心区域的特殊性，将济南市划分四个功能区，分别为济南市南部水生态保护区（Ⅰ)、城市中心社会服务区（Ⅱ)、东部经济发展承载区（Ⅲ)、北部农业灌溉区（Ⅳ)。采用相关性分析剔除冗余的水环境因子。应用去趋势对应分析判别各功能区水生生物与水环境因子响应模型。将筛选出的水环境因子进行加权分析，判别各环境因子适宜浓度范围。南部水生态保护区河流型水体，高锰酸盐指数、电导率、总氮分别对鱼类、底栖动物、浮游植物群落的影响较大。适宜值范围分别为 2.27～5.66mg/L、492～1077.48 mS/m 和 2.95～5.93mg/L。南部水库水体，电导率、亚硝酸盐分别对鱼类和底栖动物群落影响较大，而总磷和电导率对浮游植物群落影响较大。适宜值浓度变化范围分别为 418.99～478.79mS/m、0.03～0.05mg/L，0.07～0.12mg/L、449.28～518.49 mS/m。城市中心社会服务区水体，总氮对鱼类、底栖动物群落的影响较大，而重碳酸盐对浮游植物群落的影响较大，适宜值范围分别为3.14～6.53mg/L、3.14～6.37mg/L 和 220.04～245mg/L。东部经济发展承载区水体，亚硝酸盐、水深、溶解氧分别对鱼类、底栖动物、浮游植物群落的影响较大，适宜值范围分别为 0.056～0.079mg/L、0.34～1.29m、5.78～7.1mg/L。北部农业灌溉区水体，溶解氧对鱼类群落的影响较大，而电导率对底栖动物和浮游植物影响较大，适宜值范围分别为6.79～8.48mg/L、1800.42～2080.74mS/m 和 1760.85～2034.54mS/m。

采用鱼类、底栖动物、浮游植物生物指数和综合水质标识指数对济南市各功能区不同水体类型进行了健康评价。以南部水生态保护区河流型水体为实验数据，分析比较参照点对比法和累积系数法评价结果的异同。根据契合度指数，筛选出不同功能区适宜的评价方法。结果显示，参照点对比法计算的 F-ibi 与累积系数法计算的 F-IBI 评价结果完全相同的点位数占 50%，两个指数评价结果的趋势线基本一致，F-IBI 评价结果略低于F-ibi。底栖动物和浮游植物参照点对比法评价结果（B-ibi、P-ibi）与累积系数法评价的结果（B-IBI、P-IBI）完全一致的点位数分别占 83%和 66%，趋势线基本一致，累积系数法的评价结果略低于参照点对比法评价结果。累积系数法可以作为一种可靠的核心参数筛选的方法。生物评价法与水质评价法评价结果的契合度分析表明，鱼类完整性指数适宜评价济南南部水生态保护区水生态系统健康状况。底栖动物完整性指数和浮游植物完整性指数适宜评价城市中心社会服务区水生态系统健康状况。浮游植物完整性指数适宜评价济南市东部经济发展承载区水生态系统健康状况。底栖动物完整性指数和耐污性指数适宜评价济南市北部农业灌溉区水生态系统健康状况。浮游植物香农-维纳多样性指数和底栖动物耐污性指数适宜评价济南水库水体水生态健康状况。健康评价结果显示，属于较好的河流水系包括南部水生态保护区的玉符河上游、城市中心社会服务区的小清河干流源头、北部农业灌溉区徒骇河干流中游，应重点保护。水生态健康状况为一般的水系包括南部水生态保护区玉符河中游和南大沙河、城市中心社会服务区的东泺河上游、东部经济发展承载区的小清河干流下游和北部农业灌溉区商中河和商东河下游，应给予重视。水生态健康状况较差的河流水系包括南部水生态保护区的汇河和北大沙河下游、城市中心社会服务区的西泺河下游和历山北路东侧支流、东部经济发展承载区的绣江河中下游、北部农业灌溉区大寺河支流，应重点治理。水库点位中仅垛庄水库水生态健康状况较差，其余各水库水生态健康状况均在一般水平以上。

基于 2015 年 6 月、8 月和 11 月三次采样数据，北京北运河水体共采集到底栖动物28 种、浮游植物 115 种、浮游动物 93 种。其中底栖动物节肢动物门、绿藻门、袋形动物门物种数最多，分别为 13 种、50 种和 47 种。出现频次较高的物种为河蚬、梅尼小环藻、湖沼砂壳虫。密度较大的物种为霍甫水丝蚓、小席藻、圆形臂尾轮虫。北运河北部水生生物物种数要高于南部，东部水生生物密度高于西部。根据 2015 年 7 月对北京市北运河水系的野外调查采样结果，针对 23 个采样点位选取了 32 个候选评价指标，涵盖了水文、水质、生物、栖息地和河岸带特征 5 大类。通过判别能力、特征贡献率和独立性分析，共筛选出水温（Wtemp）、溶解氧（DO）、生化需氧量（BOD_5）、总氮（TN）、浮游植物香农-维纳多样性指数（P-H）、浮游动物香农-维纳多样性指数（Z-H）、底栖动物香农-维纳多样性指数（B-H）、栖息地环境质量评价指标（QHEI）、岸坡侵蚀指标（ISE）

和亲水景观舒适度（DWLC）10 个指标用于构建北京市北运河水系河流生态系统健康评价指标体系。其中，水温（Wtemp）中心城区较低，城市边缘较高；栖息地环境质量评价指标（QHEI）大致呈现出从中游向上游和下游逐渐递增的变化趋势；生化需氧量（BOD_5）和总氮（TN）基本处于较低水平，整体状况较好；底栖动物香农-维纳多样性指数（B-H）基本处于较低水平，整体状况较差；溶解氧（DO）、浮游生物香农-维纳多样性指数（P-H 和 Z-H）、岸坡侵蚀指标（ISE）以及亲水景观舒适度（DWLC）空间分布相对零散，高低交错，空间异质性较大。通过熵权法计算出 10 个健康评价指标对应的权重值。构建了综合健康指数（EHCI），对北京市北运河水系河流生态系统健康状况进行评价和分析。

综合健康指数（EHCI）结果显示，北京市北运河水系河流生态系统的 EHCI 呈“双金字塔式”分布，即健康指数的取值多集中在平均值附近，而两个极端的取值相对较少；基于 EHCI 的取值范围和分布情况，采用“五分法”确定健康评价标准。评价结果显示，全流域的健康评价结果总体较差，其中上游的健康状况相对较好，下游的健康状况略逊于上游，而中游的健康状况相对较差，且西南部地区的健康状况与其他地区差异明显，空间异质性较大；健康状况最好的地区主要位于昌平区北部山区以及中心城区西南部与丰台区的交界地带，健康状况最差的地区主要位于朝阳区东部的坝河下游以及朝阳区中部的通惠河上游。

通过将综合健康指数评价结果与基于 Berger-Parker 优势度指数的水生生物群落结构特征分析和基于底栖动物 BI 指数和综合水质标识指数的水环境质量评价结果进行对比，对北京市北运河水系河流生态系统健康评价结果进行可信度分析。结果显示，浮游生物 Berger-Parker 优势度指数较高的地区主要集中在海淀区东部的清河上游、昌平区与顺义区交界处的温榆河上游以及朝阳区东部的坝河下游，流域中上游地区的底栖动物 Berger-Parker 优势度指数普遍较高，这些地区的水生生物群落结构较为单一，物种分布相对不均匀。北京市北运河水系的水质状况相对较差，温榆河上游的东沙河、北沙河与南沙河、清河上游、坝河、通惠河以及凉水河下游的水质状况较差，水质状况相对较好的地区主要分布在昌平区北部山区、清河以及中心城区及其周边地区。通过将综合健康指数评价结果与水生生物群落结构特征分析和水环境质量评价结果进行对比，发现综合健康指数的评价结果与水生生物群落结构特征以及水环境质量评价结果存在一定的差异，但总体变化趋势基本一致，认为基于综合健康指数的北京市北运河水系河流生态系统健康评价结果具有一定的可信度。通过将两种水生生物群落结构特征分析和水环境质量评价方法分别进行对比，发现两种水生生物群落结构特征分析和水环境质量评价结果的总体变化趋势基本一致，浮游生物优势度指数的评价结果略优于底栖动物优势度指数；底栖动物 BI 指数的评价结果略劣于综合水质标识指数。

基于 2011～2013 年的 4 次鱼类采样数据，渭河流域共鉴定出鱼类 51 种，隶属于 5 目 10 科 33 属，其中鲤科鱼类最多，共 22 种，鳅科 15 种，鲤科和鳅科是渭河流域鱼类群落结构的主要组成。其余为鲈形目虾虎鱼科 5 种，鲇形目鲿科 3 种，鲑形目银鱼科、鲑科、鲇形目鲇科、鳉形目青鳉科、鲈形目沙塘鳢科和鳢科各 1 种。从上下游鱼类物种分布来看，上游鱼类 32 种，中游鱼类 39 种，下游鱼类 42 种。识别了空间位置、自然环境和人类干扰因子三类要素对鱼类个体数量的影响。结果显示，空间位置因子对鱼类个体数量的影响最小，其次是自然环境因子，人类干扰因子的解释率最高。而稀有种的剔除对空间位置和自然环境因子的解释率无影响，但是对人类干扰因子的解释率变化较大。由于稀有物种通常对人类干扰较为敏感，建议在分析鱼类物种对人类干扰的响应关系时保留稀有物种。

基于鱼类 39 个生物候选指标，通过识别空间位置、自然环境和人类干扰因子对鱼类指标的影响，结果显示，空间位置因子对鱼类指标的影响最小，其次是自然环境因子，人类干扰因子的解释率最高。在进行 IBI 构建时采用了保留稀有物种的鱼类指标。通过 GLM 模拟，最终选择 M1（鱼类物种数量）、M3（香农-维纳多样性指数）、M13（上层鱼类物种数量）、M30（肉食性鱼类个体所占比例）、M33（高耐受性鱼类物种数量）和 M35（敏感性鱼类物种数量）作为鱼类完整性指数的核心指标体系。对人类干扰因子进行因子分析，通过回归分析建立鱼类完整性指数与人类干扰梯度之间的线性关系，结果显示，参考条件下的鱼类完整性指数为 71.38。根据 2012 年 10 月和 2013 年 4 月的鱼类数据对鱼类完整性指数有效性进行验证，结果表明鱼类完整性指数能够有效表征人类干扰程度的变化，是评价河流生态系统健康的有效指数。将鱼类完整性指数与改良健康指数的评价结果进行对比，结果表明，鱼类完整性指数相对改良健康指数评价结果更为合理。基于鱼类完整性指数对渭河流域河流生态系统进行健康评价，结果显示，整个流域河流生态系统健康状态较低，超过 60%的点位为一般、较差和极差水平，丰水期河流生态系统健康状态优于枯水期。渭河干流的河流生态系统健康状态优于泾河和北洛河。

采用因子分析法评价渭河流域水环境质量，从综合因子得分来看，丰水期整个流域水环境质量处于一般以上水平，而枯水期整个流域水环境质量变差。渭河支流水环境质量变差，泾河支流水环境质量较丰水期差，而北洛河水环境质量变化最大，多数点位处于较差和极差的水平。以 TN、Ec、TP、DO 和 NH_4^+作为主要因子采用综合水环境质量标识指数法进行水环境质量评价，结果发现渭河流域 TN 和 TP 是主要污染因子，对于泾洛河，电导率也是主要污染因子。根据栖息地环境质量评价结果发现，渭河流域的健康状况一般，仅渭河源头（W0、W30 和 W28）、支流（W10、W12 和 W16），泾河源头（J20）和北洛河支流（L7）栖息地环境质量最高，中下游栖息地质量很低，大体体现出了从上游到下游栖息地质量越来越差的现象。对比基于鱼类完整性水平的生态系统健康评价结果与水环境质量和栖息地环境质量，发现水环境质量的评价结果偏差，栖息地环境质量评价水平偏高，而基于鱼类完整性的评价结果则能够综合反映水环境质量和栖息地环境质量的共同影响，是评价河流生态系统健康状况适宜的指数，评价结果较为合理。

14.2　展　　望

生态文明建设不仅关乎当代人民的福祉，更关乎中华民族的未来。水生态系统是河流生态系统中重要的组成部分，习近平总书记提出“绿水青山就是金山银山”，更是强调了水生态系统和河流生态系统在生态文明建设中的重要地位。因此，开展河流水生态调查，对生态系统进行健康评价具有重要意义。本专著依托国家自然科学基金、济南市和北京市科技计划项目，对渭河流域、济南市和北京市北运河水系展开调查。基于采样数据，对渭河流域、济南市和北京市北运河水系河流生态系统结构特征、健康现状进行了分析和评价，为河流生态系统修复和保护提供了基本依据。但由于采样时间和经费的限制，采样数据较少，使评价结果具有一定的局限性。例如，北京市北运河健康评价体系的构建，仅基于 2015 年 7 月一次采样数据，调查结果可能存在一定的随机性。渭河流域幅员辽阔，流域面积是济南市的 10 倍，但布设的采样点数量和济南市采样点数量相近，因此可能会造成水生态信息的不完整。济南市水库型水体较多，水库面积较大，但每个水库仅采集一个点位的样本，会使采集的生物样本不够全面。本书选取了 9 个水库样点进行水生态调查，由于时间有限，没有对水库点位展开详细的调查，使得一些水库面积较大的点位，如卧虎山水库采集的生物样本可能并不全面。此外，济南市水库部分承包给个人，作为鱼类养殖、景观娱乐的休闲胜地，在进行鱼类采样时，受到了一些限制和阻力，也会造成采样信息的误差。在今后的研究中，可增加每个水库样点的点位布设，使采样的信息更为全面。因此在今后的河流水生态调查工作中，应逐步建立相对固定的监测网络和站点，对河流水生态系统进行长期的监测和评价，减少系统误差，使实验数据和评价结果更为准确可靠。

本书在构建济南市水生态系统健康评价体系时所选择的评价指标主要基于水生生物和水环境因子。对于城市水生态系统健康评价，有学者认为应从河流为人类提供的功能角度出发，从水文要素、水环境要素、社会经济要素、人类满意程度等方面进行综合评价。而在北京市北运河健康评价体系中，评价指标虽然基于水文、水质、生物、栖息地和河岸带五大类，随着人类活动干扰强度的增大和来源的多样化，仅从这几个方面开展评价工作可能无法全面反映城市河流生态系统的现状，如何考虑多方面因素和整合多个时空尺度信息将会是未来城市河流生态系统健康评价的努力方向。此外，本书所考虑的环境要素主要以非生物要素为主，如水文、水环境质量、土地利用、土壤类型等环境因子，但对于复杂的生态系统而言，生物之间的相互竞争如栖息地的掠夺、饵料的争抢等均对生物群落结构和完整性指数等产生影响，在今后的生态系统健康评价中，可增加生物间相互影响的环境要素作为评价指标。

参 考 文 献

白文荣. 2010. 通惠河下段水环境问题分析. 北京水务, (1): 41-42.

蔡佳亮, 殷贺, 黄艺. 2010. 生态功能区划理论研究进展. 生态学报, 30(11): 3018-3027.

蔡琨, 秦春燕, 李继影, 等. 2016. 基于浮游植物生物完整性指数的湖泊生态系统评价——以 2012 年冬季太湖为例. 生态学报, 36(5): 1431-1441.

蔡琨, 张杰, 徐兆安, 等. 2014. 应用底栖动物完整性指数评价太湖生态健康. 湖泊科学, (1): 74-82.

蔡庆华. 2007. 水域生态系统观测规范. 北京: 中国环境科学出版社.

曹光兰. 2012. 图们江流域河流生态系统健康评价研究. 延边: 延边大学学位论文.

曹敏, 吴阿娜, 车越, 等. 2012. RBPs 在苏州河水系生境评价中的应用. 华东师范大学学报(自然科学版), (3): 130-137.

陈璞. 2014. 水生态文明城市建设的评价指标体系研究——以安徽省六安市为例. 济南: 济南大学学位论文.

池仕运, 俞建军, 陈晖, 等. 2012a. 供水型水库底栖动物完整性指数的构建. 水生态学杂志, (2): 6-15.

池仕运, 竺维佳, 施练东, 等. 2012b. 应用底栖动物完整性指数评价水源地水库溪流健康状态. 水生态学杂志, (2): 16-25.

崔芳, 袁博. 2012. 改进的灰色关联分析法在渭河宝鸡段水质综合评价中的应用. 中国农学通报, 28(5): 306-311.

戴纪翠, 倪晋仁. 2008. 底栖动物在水生生态系统健康评价中的作用分析. 生态环境, 17(5): 2107-2111.

戴全厚, 刘国彬, 田均良, 等. 2006. 侵蚀环境小流域生态经济系统健康定量评价. 生态学报, 26(7): 2219-2228.

董哲仁. 2005a. 河流健康的内涵. 中国水利, (4): 15-18.

董哲仁. 2005b. 国外河流健康评估技术. 水利水电技术, 36(11): 15-19.

冯文娟, 李海英, 徐力刚, 等. 2015. 河流健康评价: 内涵、指标、方法与尺度问题探讨. 灌溉排水学报, 34(3): 34-39.

冯彦, 何大明, 杨丽萍. 2012. 河流健康评价的主评指标筛选. 地理研究, 31(3): 389-398.

高晓琴, 姜姜, 张金池. 2008. 生态河道研究进展及发展趋势. 南京林业大学学报(自然科学版), 32(1): 103-106.

耿雷华, 卞锦宇. 2008. 水资源合理配置评价指标体系研究. 北京: 中国环境科学出版社.

耿世伟, 渠晓东, 张远, 等. 2012. 大型底栖动物生物评价指数比较与应用. 环境科学, 33(7): 2281-2287.

谷建强, 张文, 朱凡, 等. 2016. 综合水质标识指数法在青山湖水质评价中的应用. 浙江农林大学学报, (5): 890-898.

顾晓昀, 徐宗学, 王汨, 等. 2017. 北运河水系底栖动物群落结构与水环境质量评价. 湖泊科学, 29(6): 1444-1454.

郭明明. 2006. 标识指数法在河流水质评价中的应用. 环境科学与管理, (7): 175-178.

国家环境保护总局. 2002. 水和废水监测分析方法. 北京: 中国环境科学出版社.

韩茂森, 束蕴芳. 1995. 中国淡水生物图谱. 北京: 海洋出版社.

郝丽霞, 孙然好, 陈利顶. 2014. 海河流域河流生态系统健康评价. 环境科学, 35(10): 3692-3701.

何敏, 张建强. 2013. 基于物元分析法的河流水环境质量评价. 环境科学与管理, 38(3): 172-175.

胡成, 苏丹. 2011. 综合水质标识指数法在浑河水质评价中的应用. 生态环境学报, (1): 186-192.

胡鸿钧, 魏印心. 2006. 中国淡水藻类: 系统、分类及生态. 北京: 科学出版社.
胡明成. 2012. 硫酸盐的环境危害及含硫酸盐废水处理技术. 成都大学学报(自然科学版), (2): 181-184.
黄旭蕾, 李天宏, 蒋晓辉. 2015. 基于大型底栖无脊椎动物指数的黄河水质评价研究. 北京大学学报(自然科学版), 51(3): 553-561.
霍堂斌. 2013. 嫩江下游水生生物多样性及生态系统健康评价. 哈尔滨: 东北林业大学学位论文.
荆红卫, 张志刚, 郭婧. 2013. 北京北运河水系水质污染特征及污染来源分析. 中国环境科学, 66(2): 319-327.
孔红梅, 赵景柱, 姬兰柱, 等. 2002. 生态系统健康评价方法初探. 应用生态学报, 13(4): 486-490.
赖建平, 周文斌, 王毛兰. 2013. 综合水质标识指数法在鄱阳湖水质评价中的应用. 人民长江, (9): 84-87.
冷龙龙, 渠晓东, 张海萍, 等. 2016. 不同大型底栖动物快速生物评价指数对河流水质指示比较. 环境科学研究, 29(6): 819-828.
李柏山. 2013. 水资源开发利用对汉江流域水生态环境影响及生态系统健康评价研究. 武汉: 武汉大学学位论文.
李冰, 杨桂山, 万荣荣. 2014. 湖泊生态系统健康评价方法研究进展. 水利水电科技进展, 34(6): 98-106.
李大伟, 高莹, 冯静, 等. 2011. 综合水质标识指数法在崂山水库水质评价中的应用. 环境科学与管理, (11): 183-186.
李国英. 2005. 维持黄河健康生命. 郑州: 黄河水利出版社.
李瑾, 安树青, 程小莉, 等. 2001. 生态系统健康评价的研究进展. 植物生态学报, 25(6): 641-647.
李景宜. 2007. 陕西渭河下游湿地环境风险因素分析. 地理科学, (3): 371-375.
李奇, 张生. 2015. 水质标识指数法在河流水质评价中的应用. 宿州学院学报, 30(5): 105-109.
李强, 杨莲芳, 吴璟, 等. 2007. 底栖动物完整性指数评价西苕溪溪流健康. 环境科学, (9): 2141-2147.
李修峰, 黄道明, 谢文星, 等. 2005. 汉江中游鱼类资源现状. 湖泊科学, (4): 366-372.
李学军, 鲍战猛, 高彩凤, 等. 2014. 北运河浮游动物调查及水质评价. 生态学杂志, 33(6): 1559-1564.
郦建强, 王建生, 颜勇. 2011. 我国水资源安全现状与主要存在问题分析. 中国水利, (23): 42-51.
梁静静. 2011. 水生态区划与评价理论方法及应用研究. 郑州: 郑州大学学位论文.
廖静秋, 曹晓峰, 汪杰, 等. 2014. 基于化学与生物复合指标的流域水生态系统健康评价——以滇池为例. 环境科学学报, 34(7): 1845-1852.
廖静秋, 黄艺. 2013. 应用生物完整性指数评价水生态系统健康的研究进展. 应用生态学报, 24(1): 295-302.
林木隆, 李向阳, 杨明海. 2006. 珠江流域河流健康评价指标体系初探. 人民珠江, (4): 1-3, 14.
刘彩虹, 徐力刚, 高海鹰. 2010. 河流水质评价方法及其研究进展. 宁波: 首届中国原水论坛.
刘杰. 2015. 凉水河河道治理工程的科学管理研究. 长春: 吉林大学学位论文.
刘进琪. 2012. 关于构建我国水生态监测体系的思考. 甘肃水利水电技术, 48(11): 13-17.
刘明典, 陈大庆, 段辛斌, 等. 2010. 应用鱼类生物完整性指数评价长江中上游健康状况. 长江科学院院报, (2): 1-6, 10.
刘文杰. 2017. 小清河流域水环境保护政策回顾性评价: 济南: 山东大学学位论文.
刘焱序, 彭建, 汪安, 等. 2015. 生态系统健康研究进展. 生态学报, 35(18): 5920-5930.
刘燕华, 李秀彬. 2007. 脆弱生态环境与可持续发展. 北京: 商务印书馆.
刘瑛, 高甲荣, 崔强, 等. 2009. 4 种国外河溪健康评价方法述评. 水土保持通报, 29(3): 40-44.
刘玉, Vermaat Je, Ruyter Edd, 等. 2003. 珠江、流溪河大型底栖动物分布和氮磷因子的相关分析. 中山大学学报(自然科学版), (1): 95-99.
刘玉, Vermaat Je, Ruyter Edd, 等. 2004. ISO_BMWP 底栖动物监测法在中国河流有机污染评价中的修正及应用. 中山大学学报(自然科学版), 43(4): 102-105.
刘哲民. 2005. 宝鸡土壤重金属污染及其防治. 干旱区资源与环境, 19(2): 101-104.
陆建红. 2011. 基于生态友好的北运河闸坝调度与清污轮灌模式研究. 北京: 中国农业科学院学位论文.
马克明, 孔红梅, 关文彬, 等. 2001. 生态系统健康评价: 方法与方向. 生态学报, 21(12): 2106-2116.

马亮. 2012. 潭江浮游植物完整性指数及水质评价. 保定: 河北大学学位论文.
马涛, 丁立国, 周彬. 2016. 基于 ACI 标准的河流生命健康评价理论研究. 人民黄河, 38(1): 71-74.
马秀娟. 2015. 生态环境质量评价指标体系在湖泊水体中的应用研究. 深圳: 2015 年中国环境科学学会学术年会.
孟姣. 2017. 南四湖和东平湖浮游生物和底栖动物群落不同时间尺度的变化. 济南: 山东大学学位论文.
孟伟, 张远, 张楠, 等. 2013. 流域水生态功能区概念、特点与实施策略. 环境科学研究, 26(5): 465-471.
潘文. 2011. 综合水质标识指数法在山仔水库水质富营养化评价中的应用. 海峡科学, (6): 124-126.
庞治国, 王世岩, 胡明罡. 2006. 河流生态系统健康评价及展望. 中国水利水电科学研究院学报, 4(2): 151-155.
彭小云. 2015. 亚硝酸盐在水产养殖中的危害. 渔业致富指南, (12): 63-64.
祁帆, 李晴新, 朱琳. 2007. 海洋生态系统健康评价研究进展. 海洋通报, 26(3): 97-104.
祁玥, 王维, 周双喜, 等. 2015. 应用综合水质标识指数法评价分析青海湖水质. 湖北农业科学, (6): 1331-1334.
曲直, 房春生, 王德龙, 等. 2012. 改进综合水质标识指数法在长春河流水质评价中的应用. 安徽农业科学, (17): 9436-9438.
渠晓东, 刘志刚, 张远. 2012. 标准化方法筛选参照点构建大型底栖动物生物完整性指数. 生态学报, (15): 4661-4672.
茹辉军, 王海军, 赵伟华, 等. 2010. 黄河干流鱼类群落特征及其历史变化. 生物多样性, 18(2): 169-176.
陕西省动物研究所. 1987. 秦岭鱼类志: 北京: 科学出版社.
单保庆, 菅宇翔, 唐文忠, 等. 2012. 北运河下游典型河网区水体中氮磷分布与富营养化评价. 环境科学, 33(2): 352-358.
沈嘉瑞. 1979. 中国动物志-节肢动物门-甲壳纲-淡水桡足类. 北京: 科学出版社.
石平超, 赵霞, 崔玉香. 2014. 基于综合水质标识指数法的湟水水质评价. 人民黄河, (11): 69-73.
水利部. 2012. 中国水资源公报. 北京: 中国水利水电出版社.
宋进喜, 李怀恩. 2004. 渭河生态环境需水量研究: 北京: 中国水利水电出版社.
宋兰兰, 陆桂华, 刘凌. 2004. 浅析生态系统健康评价研究现状. 河海大学学报(自然科学版), 32(5): 539-541.
隋文斌. 2012. 模糊数学法在水环境质量综合评价中的应用. 长春工业大学学报(自然科学版), 33(4): 367-370.
孙然好, 汲玉河, 尚林源, 等. 2013. 海河流域水生态功能一级二级分区. 环境科学, 34(2): 509-516.
孙燕, 周杨明, 张秋文, 等. 2011. 生态系统健康: 理论/概念与评价方法. 地球科学进展, 26(8): 887-896.
孙玉琳. 1990. 小清河(济南段)污染评价及防治途径. 中国人口・资源与环境, (4): 57-62.
孙玉琳, 陆懋荪, 王光和. 1984. 小清河济南段污染防治途径的研究. 环境科学, (6): 37-40.
谭巧, 马芊芊, 李斌斌, 等. 2017. 应用浮游植物生物完整性指数评价长江上游河流健康. 淡水渔业, (3): 97-104.
谭永明. 2009. 济南市小清河水质评价及环境需水量研究. 济南: 山东大学学位论文.
唐克旺. 2013. 水生态文明的内涵及评价体系探讨. 水资源保护, 29(4): 1-4.
唐涛, 蔡庆华, 刘建康. 2002. 河流生态系统健康及其评价. 应用生态学报, 13(9): 1191-1194.
童保铭. 2009. 北运河水系河流水质时空变化及驱动力研究. 北京: 首都师范大学学位论文.
汪红军, 彭建华, 梁开封. 2007. 综合水质标识指数法在水库水质评价中的应用. 人民长江, (1): 92-94.
汪兴中, 蔡庆华, 李凤清, 等. 2010. 南水北调中线水源区溪流生态系统健康评价. 生态学杂志, 29(10): 2086-2090.
汪星, 郑丙辉, 李黎, 等. 2012. 基于底栖动物完整性指数的洞庭湖典型断面的水质评价. 农业环境科学学报, (9): 1799-1807.
王备新. 2003. 大型底栖无脊椎动物水质生物评价研究. 南京: 南京农业大学学位论文.

王备新, 杨莲芳. 2003. 我国底栖动物BI指数水质生物评价标准的初步建立. 中国农业科技导报, 5: 42-43.
王备新, 杨莲芳, 胡本进, 等. 2005. 应用底栖动物完整性指数 B-IBI 评价溪流健康. 生态学报, (6): 1481-1490.
王备新, 杨莲芳, 刘正文. 2006. 生物完整性指数与水生态系统健康评价. 生态学杂志, (6): 707-710.
王国新. 2003. 水资源学基础知识. 北京: 中国水利水电出版社: 15-35.
王慧, 王赟. 2009. 坝河的水环境治理. 北京水务, (1): 46-48.
王家楫. 1961. 中国淡水轮虫志. 北京: 科学出版社.
王晶, 焦燕, 任一平, 等. 2015. Shannon-Wiener 多样性指数两种计算方法的比较研究. 水产学报, 39(8): 1257-1263.
王腊春, 史运良. 2007. 中国水问题. 南京: 东南大学出版社.
王鹏. 2007. 河流健康评价及修复研究. 合肥: 合肥工业大学学位论文.
王平, 史培军. 1999. 自下而上进行区域自然灾害综合区划的方法研究——以湖南省为案例. 自然灾害学报, (3): 54-60.
王勤花, 尉永平, 张志强, 等. 2015. 干旱半干旱地区河流健康评价指标研究分析. 生态科学, 34(6): 56-63.
王为木, 蔡旺炜. 2016. 生物完整性指数及其在水生态健康评价中的应用进展. 生态与农村环境学报, (4): 517-524.
王业耀, 阴琨, 杨琦, 等. 2014. 河流水生态环境质量评价方法研究与应用进展. 中国环境监测, 30(4): 1-9.
文方芳, 贾伟, 李桐, 等. 2015. 北运河流域(北京段)养分资源估算与现状分析. 中国农技推广, (10): 37-40.
吴阿娜. 2005. 河流健康状况评价及其在河流管理中的应用. 上海: 华东师范大学学位论文.
吴阿娜. 2008. 河流健康评价: 理论、方法与实践. 上海: 华东师范大学学位论文.
吴阿娜, 杨凯, 车越, 等. 2005. 河流健康状况的表征及其评价. 水科学进展, 16(4): 602-608.
吴阿娜, 杨凯, 车越, 等. 2006. 河流健康评价在城市河流管理中的应用. 中国环境科学, 26(3): 359-363.
吴忱, 张秀清, 马永红. 1999. 太行山、燕山主要隆起于第四纪. 华北地震科学, (3): 1-7.
吴涛, 李强, 张凯, 等. 2016. 底栖动物完整性指数(BIBI)在于桥水库水质评价中的应用. 湖北农业科学, (8): 1979-1984.
伍献文, 等. 1982. 中国鲤科鱼类志(上卷). 上海: 上海科学技术出版社.
肖琳. 2012. 浑河流域河流生境的分类及其评价体系构建. 重庆: 西南大学学位论文.
肖欣, 申湘忠. 2014. 不同水中氯离子含量的对比分析研究. 湖南人文科技学院学报, (5): 133-137.
谢祥财. 2007. 北京城市河道景观改造研究. 北京: 北京林业大学学位论文.
邢大韦, 王耀荣, 张玉芳. 2007. 渭河径流变化的影响原因分析. 水资源与水工程学报, (2): 1-4.
熊春晖, 张瑞雷, 徐玉萍, 等. 2015. 应用底栖动物完整性指数评价上海市河流健康. 湖泊科学, (6): 1067-1078.
徐宗学, 顾晓昀, 刘麟菲. 2018. 渭河流域河流健康调查与评价. 水资源保护, 34(1): 1-7.
徐宗学, 武玮, 殷旭旺. 2016. 渭河流域水生态系统群落结构特征及其健康评价. 水利水电科技进展, 36(1): 23-30.
徐祖信. 2005. 我国河流综合水质标识指数评价方法研究. 同济大学学报(自然科学版), (4): 482-488.
徐祖信, 姜雅萍. 2009. 湖泊营养状态的综合水质标识指数评价及检验. 同济大学学报(自然科学版), 37(8): 1044-1048.
许涛清, 李仲辉. 1984. 渭河鱼类区系的初步研究. 新乡师范学院学报(自然科学版), (4): 73-78.
许涛清, 张春光. 1996. 陕西省淡水鱼类分布区划. 地理研究, (3): 97-102.
许文杰. 2009. 城市湖泊综合需水分析及生态系统健康评价研究. 大连: 大连理工大学学位论文.
薛拓. 2011. 关于凉水河生态水环境建设的思考. 北京水务, (6): 10-12.

杨斌, 隋鹏, 陈源泉, 等. 2010. 生态系统健康评价研究进展. 中国农学通报, 26(21): 291-296.
杨大杰. 2014. 综合水质标识指数法及单因子水质标识指数法在 2013 年官厅水库水质评价中的应用. 水利水电技术, (10): 28-30, 41.
杨进怀, 吴敬东, 叶芝菡, 等. 2014. 生态清洁小流域在北京生态治理中的地位与作用——以北运河流域为例. 中国水利, (10): 9-12.
杨潼. 1996. 中国动物志—环节动物门—蛭纲. 北京: 科学出版社.
杨文慧, 严忠民, 吴建华. 2005. 河流健康评价的研究进展. 河海大学学报(自然科学版), 33(6): 5-9.
杨玉珍, 关建玲, 王蕾, 等. 2012. 近 10 年渭河干流陕西段水质变化趋势与成因分析. 安徽农业科学, 40(25): 12609-12612.
殷旭旺, 李庆南, 朱美桦, 等. 2015. 渭河丰、枯水期底栖动物群落特征及综合健康评价. 生态学报, 35(14): 4784-4796.
尹连庆, 谢莉. 2007. 生态系统健康评价的研究进展. 环境科学与管理, 32(11): 163-167.
尤宾. 2011. 综合水质标识指数法在南湾水库水质评价中的应用. 治淮, (12): 72-73.
于天晓, 吕勤. 2011. 综合水质标识指数法在布尔哈通河水质评价中的应用. 吉林水利, (5): 32-33, 36.
于洋. 2012. 北运河水体中氨氮的氧化过程及微生物响应特征. 北京: 首都师范大学学位论文.
于志慧. 2015. 太湖流域平原河网地区城市化背景下的河流健康评价研究. 南京: 南京大学学位论文.
余定坤, 黄民生, 顾敦罡, 等. 2013. 综合水质标识指数法在温州山下河的应用. 安徽农学通报(上半月刊), (3): 17-20.
曾熵, 周小云. 2012. 嘉陵江流域鱼类区系分析. 华中农业大学学报, 31(4): 506-511.
张春光, 赵亚辉, 邢迎春, 等. 2011. 北京及其邻近地区野生鱼类物种多样性及其资源保育. 生物多样性, 19(5): 597-604.
张光生, 谢锋, 梁小虎. 2010. 水生生态系统健康的评价指标和评价方法. 中国农学通报, 26(24): 334-337.
张浩, 丁森, 张远, 等. 2015. 西辽河流域鱼类生物完整性指数评价及与环境因子的关系. 湖泊科学, (5): 829-839.
张欢, 纪桂霞. 2012. 综合水质标识指数法在公园湖泊水质评价中的应用. 水资源与水工程学报, (2): 146-150.
张杰, 蔡德所, 曹艳霞, 等. 2011. 评价漓江健康的 RIVPACS 预测模型研究. 湖泊科学, 23(1): 73-79.
张娟, 鞠伟. 2016. 基于层次分析法的城市河流健康评价研究. 浙江海宁: 2016 第四届中国水生态大会.
张利平, 夏军, 胡志芳. 2009. 中国水资源状况与水资源安全问题分析. 长江流域资源与环境, 18(2): 116-120.
张龙玲, 徐慧, 管桂玲, 等. 2014. 改进的综合水质标识指数法在上海市长宁区水质评价中的应用. 水资源保护, (3): 81-84+94.
张楠, 孟伟, 张远, 等. 2009. 辽河流域河流生态系统健康的多指标评价方法. 环境科学研究, 22(2): 162-170.
张盼伟, 周怀东, 赵高峰, 等. 2017. 北京城区水体中 PPCPs 的分布特征及潜在风险. 环境科学, 38(5): 1852-1862.
张萍, 高丽娜, 孙翀, 等. 2016. 中国主要河湖水生态综合评价. 水利学报, 47(1): 94-100.
张亭. 2016. 通惠河水环境综合治理工程技术探讨. 中国水利, (22): 33-34, 36.
张镱锂. 1998. 植物区系地理研究中的重要参数——相似性系数. 地理研究, (4): 94-99.
张泽聪. 2013. 大凌河河流健康物理结构完整性调查技术及计算方法研究. 保定: 河北农业大学学位论文.
赵文. 2005. 水生生物学. 北京: 中国农业出版社.
赵彦伟, 杨志峰. 2005. 城市河流生态系统健康评价初探. 水科学进展, 16(3): 349-355.
郑丙辉, 张远, 李英博. 2007. 辽河流域河流栖息地评价指标与评价方法研究. 环境科学学报, 27(6): 928-936.
周梦, 肖琳. 2014. 白洋淀水环境质量评价的物元分析法. 农业与技术, 34(10): 38-40.

周笑白, 张宁红, 张咏, 等. 2014. 太湖水质与水生生物健康的关联性初探. 环境科学, 35(1): 271-278.
周真明, 沈春花, 涂帆, 等. 2010. 山美水库综合水质标识指数评价. 华侨大学学报(自然科学版), (2): 215-217.
邹鹏, 田凤翰, 柯秀加, 等. 1959. 济南近郊淡水鱼类初步调查. 山东师范学院学报(生物版), (2): 7-22.
左云霞, 李铁松, 李成明, 等. 2012. 基于综合水质标识指数法的四川升钟水库富营养化研究. 农业环境与发展, (5): 83-85.
左云霞, 李铁松, 李成明, 等. 2014. 基于综合水质标识指数法的四川西充河水质评价. 环保科技, (4): 22-26.
Aazami J, Esmaili-Sari A, Abdoli A, et al. 2015a. Assessment of ecological quality of the Tajan River in iran using a multimetric macroinvertebrate index and species traits. Environmental Management, 56(1): 260-269.
Aazami J, Esmaili-Sari A, Abdoli A, et al. 2015b. Monitoring and assessment of water health quality in the Tajan River, Iran using physicochemical, fish and macroinvertebrates indices. Journal of Environmental Health Science and Engineering, 13(1).
Alba-Tercedor J, Sanchez-Ortega A. 1988. Un metodo rapido y simple para evaluar la calidad biologica de las aguas corrientes basado en el de Hellawell. Limnetica, 4: 51-56.
Altarriba E L, Heyer-Rodriguez L, Rabago-Castro J L, et al. 2016. Toxicity of river water polluted by urban wastewater to aquatic organisms. Toxicology Letters, 259(10): S127-S128.
Ashton M J, Morgan R P, Stranko S. 2014. Relations between macroinvertebrates, nutrients, and water quality criteria in wadeable streams of Maryland, USA. Environmental Monitoring and Assessment, 186(2): 1167-1182.
Baek S H, Son M, Kim D, et al. 2014. Assessing the ecosystem health status of Korea Gwangyang and Jinhae bays based on a planktonic index of biotic integrity (P-IBI). Ocean Science Journal, 49(3): 291-311.
Barbour M T, Gerritsen J, Griffith G E, et al. 1996. A framework for biological criteria for florida streams using benthic macroinvertebrates. Journal of the North American Benthological Society, 15(2): 185-211.
Barbour M T, Gerritsen J, Snyder B D, et al. 1999. Rapid bioassessment protocols for use in streams and wadeable rivers: periphyton, benthic macroinvertebrates and fish: US Environmental Protection Agency, Office of Water Washington, DC.
Barbour M T, Plafkin J L, Bradley B P, et al. 1992. Evaluation of EPA’s rapid bioassessment benthic metrics: Metric redundancy and variability among reference stream sites. Environmental Toxicology and Chemistry, 11(4): 437-449.
Belmar O, Vila-Martínez N, Ibáñez C, et al. 2018. Linking fish-based biological indicators with hydrological dynamics in a Mediterranean river: Relevance for environmental flow regimes. Ecological Indicators, 95: 492-501.
Bertrand M, Philippe C. 1992. Wind-induced hydrodynamic control of the phytoplankton biomass in a lagoon ecosystem. Limnology and Oceanography, 37(1): 140-146.
Bird M S, Mlambo M C, Day J A. 2013. Macroinvertebrates as unreliable indicators of human disturbance in temporary depression wetlands of the south-western Cape, South Africa. Hydrobiologia, 720(1): 19-37.
Birks H J B, Line J M, Juggins S, et al. 1990. Diatoms and pH Reconstruction. Philosophical Transactions of the Royal Society B: Biological Sciences, 327(1240): 263-278.
Bosserman R W. 1983. Allen, T. F. H. and T. B. Starr: Hierarchy: Perspectives for ecological complexity. Chicago: University of Chicago Press, 1982, 310 pp. Systems Research and Behavioral Science, 28(4): 305-306.
Bozzetti M, Schulz U H. 2004. An index of biotic integrity based on fish assemblages for subtropical streams in southern Brazil. Hydrobiologia, 529: 133-144.
Camargo J A. 2017. Multimetric assessment of macroinvertebrate responses to mitigation measures in a dammed and polluted river of Central Spain. Ecological Indicators, 83: 356-367.
Cao Y, Larsen D P, Thorne R S. 2001. Rare species in multivariate analysis for bioassessment: some con-

siderations. Journal of the North American Benthological Society, 20(1): 144-153.
Chutter F M. 1972. An Empirical Biotic Index of the Quality of Water in South African Streams and Rivers. Water Research, 6(1): 19-30.
Commins K W, Klug M J. 1979. Feeding ecology of stream invertebrates. Annual Review of Ecology and Systematics, 10: 147-172.
Cook N A, Sarver E A, Krometis L H, et al. 2015. Habitat and water quality as drivers of ecological system health in Central Appalachia. Ecological Engineering, 84: 180-189.
Cooper M J, Lamberti G A, Moerke A H, et al. 2018. An expanded fish-based index of biotic integrity for Great Lakes coastal wetlands. Environmental Monitoring and Assessment, 190(10).
Costanza R, Norton B G, Haskell B D. 1992. Ecosystem Health: New Goals for Environmental Management. Washington DC: Island Press.
Cota L, Goulart M, Moreno P, et al. 2003. Rapid assessment of river water quality using an adapted BMWP index: a practical tool to evaluate ecosystem health. Internationale Vereinigung Fuer Theoretische Und Angewandte Limnologie Verhandlungen, 28(4): 1713-1716.
Couceiro S R M, Hamada N, Forsberg B R, et al. 2012. A macroinvertebrate multimetric index to evaluate the biological condition of streams in the Central Amazon region of Brazil. Ecological Indicators, 18: 118-125.
de Carvalho D R, Leal C G, Junqueira N T, et al. 2017. A fish-based multimetric index for Brazilian savanna streams. Ecological Indicators, 77: 386-396.
de Juan S, Demestre M. 2012. A Trawl Disturbance Indicator to quantify large scale fishing impact on benthic ecosystems. Ecological Indicators, 18: 183-190.
Deziel BA, Krider L, Hansen B, et al. 2019. Habitat Improvements and Fish Community Response Associated with an Agricultural Two-Stage Ditch in Mower County, Minnesota. Journal of the American Water Resources Association, 55(1): 154-188.
dos Santos F B, Esteves K E. 2015. A Fish-Based Index of Biotic Integrity for the Assessment of Streams Located in a Sugarcane-Dominated Landscape in Southeastern Brazil. Environmental Management, 56(2): 532-548.
Faustini J M, Kaufmann P R, Herlihy A T, et al. 2009. Assessing stream ecosystem condition in the united states. Eos Transactions American Geophysical Union, 90(36): 309-310.
Fierro P, Arismendi I, Hughes R M, et al. 2018. A benthic macroinvertebrate multimetric index for Chilean Mediterranean streams. Ecological Indicators, 91: 13-23.
Flotemersch J E, Stribling J B, Paul M J. 2006. Concepts and Approaches for the Bioassessment of Non-wadeable Streams and Rivers. Washington DC: Office of Research and Development.
Fox P J, Naura M, Scarlett P, et al. 1998. An account of the derivation and testing of a standard field method, River Habitat Survey. Aquatic Conservation Marine & Freshwater Ecosystems, 8: 455-475.
Gao H, Liu X, Pan B, et al. 2007. Stream response to Quaternary tectonic and climatic change: Evidence from the upper Weihe River, central China. Quaternary International, 186(1).
Gara B D, Stapanian M A. 2015. A candidate vegetation index of biological integrity based on species dominance and habitat fidelity. Ecological Indicators, 50: 225-232.
Han J, Kumar H K, Lee J H, et al. 2011. Integrative trophic network assessments of a lentic ecosystem by key ecological approaches of water chemistry, trophic guilds, and ecosystem health assessments along with an ECOPATH model. Ecological Modelling, 222(19): 3457-3472.
Hartzell D, Bidwell J R, Davis C A. 2007. A comparison of natural and created depressional wetlands in central Oklahoma using metrics from indices of biological integrity. Wetlands, 27(4): 794-805.
Hellawell J M. 1978. Biological surveillance of rivers: a biological monitoring handbook. Stevenage, UK: WRC.
Hellawell J M. 1986. Biological indicators of freshwater pollution and environmental management. London: Elservier Applied Science Publishers.
Helson J E, Williams D D. 2013. Development of a macroinvertebrate multimetric index for the assessment of low-land streams in the neotropics. Ecological Indicators, 29: 167-178.

Hering D, Meier C, Rawer-Jost C, et al. 2004. Assessing streams in Germany with benthic invertebrates: Selection of candidate metrics. Limnologica-Ecology and Management of Inland Waters, 34(4): 398-415.

Hermoso V, Linke S. 2012. Discrete vs. continuum approaches to the assessment of the ecological status in Iberian rivers, does the method matter? Ecological Indicators, 18: 477-484.

Hilsenhoff W L. 1982. Using a biotic index to evaluate water quality in streams.: Madison, WI : Dept. of Natural Resources.

Hu Y, Qiao H, Kan Q. 2016. Pharmacokinetics of lansoprazole in Chinese healthy subjects in relation to CYP2C19 genotypes. Acta Pharmacologica Sinica, 25(8): 986-990.

Huang Q, Gao J, Cai Y, et al. 2015. Development and application of benthic macroinvertebrate-based multimetric indices for the assessment of streams and rivers in the Taihu Basin, China. Ecological Indicators, 48: 649-659.

Jackson D A, Peresneto P R, Olden J D. 2001. What controls who is where in freshwater fish communities the roles of biotic, abiotic, and spatial factors. Canadian Journal of Fisheries and Aquatic Sciences, 58(1): 157-170.

Jia Y T, Chen Y F. 2013. River health assessment in a large river: Bioindicators of fish population. Ecological Indicators, 26: 24-32.

Joanna Z W, Paulina N K. 2015. The cascade construction of artificial ponds as a tool for urban stream restoration—The use of benthic diatoms to assess the effects of restoration practices. Science of the Total Environment, 538: 591-599.

Johnson J M, Buchanan C. 2014. Revisiting the Chesapeake Bay Phytoplankton Index of Biotic Integrity. Environmental Monitoring and Assessment, 186(3): 1431-1451.

Kaboré I, Moog O, Alp M, et al. 2016. Using macroinvertebrates for ecosystem health assessment in semi-arid streams of Burkina Faso. Hydrobiologia, 766(1): 57-74.

Kallis G, Butler D. 2001. The EU water framework directive measures and directives. Water Policy, 3(2): 125-142.

Kane D D, Gordon S I, Munawar M, et al. 2009. The planktonic index of biotic integrity (P-IBI): An approach for assessing lake ecosystem health. Ecological Indicators, 9(6): 1234-1247.

Kane D D, Ludsin S A, Briland R D, et al. 2015. Ten+years gone: Continued degradation of offshore planktonic communities in U.S. waters of Lake Erie's western and central basins (2003–2013). Journal of Great Lakes Research, 41(3): 930-933.

Karr J R. 1981. Assessment of biotic integrity using fish communities. Fisheries, 6(6): 21-27.

Karr J R. 1991. Biological integrity: a long-neglected aspect of water resource management. Ecological Applications, 1(1): 66-84.

Katsiapi M, Moustaka-Gouni M, Sommer U. 2016. Assessing ecological water quality of freshwaters: PhyCol—a new phytoplankton community Index. Ecological Informatics, 31: 22-29.

Keylock C J. 2005. Simpson diversity and the Shannon–Wiener index as special cases of a generalized entropy. Oikos, 109(1): 203-207.

Kleynhans C J. 1996. A qualitative procedure for the assessment of the habitat integrity status of the Luvuvhu River (Limpopo system, South Africa). Journal of Aquatic Ecosystem Health, 5(1): 41-54.

Kolb T E, Wagner M R, Covington W W. 1994. Concepts of forest health: utilitarian and ecosystem perspectives. Journal of Forestry, 92: 10-15.

Krause J R, Bertrand K N, Kafle A, et al. 2013. A fish index of biotic integrity for South Dakota's Northern Glaciated Plains Ecoregion. Ecological Indicators, 34: 313-322.

Lacouture R V, Johnson J M, Buchanan C, et al. 2006. Phytoplankton index of biotic integrity for Chesapeake Bay and its tidal tributaries. Estuaries and Coasts, 29(4): 598-616.

Ladson A R, White L J, Doolan J A, et al. 1999. Development and testing of an Index of Stream Condition for waterway management in Australia. Freshwater Biology, 41: 453-468.

Lee J H, An K. 2014. Integrative restoration assessment of an urban stream using multiple modeling approaches with physical, chemical, and biological integrity indicators. Ecological Engineering, 62: 153-167.

Lehman H. 2000. Ecosystem health as a moral requirement. Journal of Agricultural & Environmental Ethics,

12(3): 305-317.
Li J, Dong S, Liu S, et al. 2013. Effects of cascading hydropower dams on the composition, biomass and biological integrity of phytoplankton assemblages in the middle Lancang-Mekong River. Ecological Engineering, 60: 316-324.
Li T, Huang X, Jiang X, et al. 2018. Assessment of ecosystem health of the Yellow River with fish index of biotic integrity. Hydrobiologia, 814(1): 31-43.
Liu B, Stevenson R J. 2017. Improving assessment accuracy for lake biological condition by classifying lakes with diatom typology, varying metrics and modeling multimetric indices. Science of the Total Environment, 609: 263-271.
Liu L L, Wu W, Zhang J Y, et al. 2018. Progress of research on the toxicology of antibiotic pollution in aquatic organisms. Acta Ecologica Sinica, 38: 26-41.
Lu K, Wu H, Xue Z, et al. 2019. Development of a multi-metric index based on aquatic invertebrates to assess floodplain wetland condition. Hydrobiologia, 827(1): 141-153.
Lu X, Zhang X, Wang F. 2008. Natural radioactivity in sediment of Wei River, China. Environmental Geology, 53(7).
Maitland P S, Morgan N C. 1997. Conservation management of freshwater habitats. New York: Kluwer Academic Publishers.
Malherbe W, Wepener V, van Vuren J H J. 2016. The effect of a large-scale irrigation scheme on the fish community structure and integrity of a subtropical river system in South Africa. Ecological Indicators, 69: 533-539.
Mamun M, An K. 2019. The application of chemical and biological multi-metric models to a small urban stream for ecological health assessments. Ecological Informatics, 50: 1-12.
Mandaville S M. 2002. Benthic macroinvertebrates in freshwaters-taxa tolerance values, metrics, and protocols.
Mehari A K, Wondie A, Mingist M, et al. 2014. Spatial and seasonal variation in the macro-invertebrates and physico-chemical parameters of the Enfranz River, Lake Tana sub-basin (Ethiopia). Ecohydrology & Hydrobiology, 14(4): 304-312.
Mereta S T, Boets P, De Meester L, et al. 2013. Development of a multimetric index based on benthic macroinvertebrates for the assessment of natural wetlands in Southwest Ethiopia. Ecological Indicators, 29: 510-521.
Merritt R W, Cummins K W, Berg M B, et al. 2002. Development and application of a macroinvertebrate functional-group approach in the bioassessment of remnant river oxbows in southwest Florida. Journal of the North American Benthological Society, 21(2): 290-310.
Meyer J L. 1997. Stream health: incorporating the human dimension to advance stream ecology. Journal of the North American Benthological Society, 16(2): 439-447.
Munyika S, Kongo V, Kimwaga R. 2014. River health assessment using macroinvertebrates and water quality parameters: A case of the Orange River in Namibia. Physics and Chemistry of the Earth, Parts A/B/C, 76-78: 140-148.
Mustow S E. 2002. Biological monitoring of rivers in Thailand: use and adaptation of the BMWP score. Hydrobiologia, 479(1): 191-229.
Neal C, Robinson M, Reynolds B, et al. 2010. Hydrology and water quality of the headwaters of the River Severn: stream acidity recovery and interactions with plantation forestry under an improving pollution climate. Science of the Total Environment, 408(21): 5035-5051.
Norris R H, Hawkins C P. 2000. Monitoring river health. Hydrobiologia, 435: 5-17.
Norris R H, Thoms M C. 1999. What is river health? Freshwater Biology, 41(2): 197-209.
Ntislidou C, Lazaridou M, Tsiaoussi V, et al. 2018. A new multimetric macroinvertebrate index for the ecological assessment of Mediterranean lakes. Ecological Indicators, 93: 1020-1033.
Olden J D, Kennard M J. 2010. Intercontinental comparison of fish life history strategies along a gradient of hydrologic variability. In: Gido K B, Jackson D A. American Fisheries Society Symposium, 83-107.
Olden J D, Poff N L, Bestgen K R. 2006. Life-History strategies predict fish invasions and extirpations in the

Colorado River basin. Ecological Monographs, 76(1): 25-40.
Palmer M A, Filoso S, Fanelli R M. 2014. From ecosystems to ecosystem services: stream restoration as ecological engineering. Ecological Engineering, 65(4): 62-70.
Petersen R C. 1992. The RCE : a riparian, channel and environmental inventory for small streams in the agricultural landscape. Freshwater Biology, 27: 295-306.
Petesse M L, Siqueira-Souza F K, de Carvalho Freitas C E, et al. 2016. Selection of reference lakes and adaptation of a fish multimetric index of biotic integrity to six amazon floodplain lakes. Ecological Engineering, 97: 535-544.
Prudente B D S, Pompeu P S, Montag L. 2018. Using multimetric indices to assess the effect of reduced impact logging on ecological integrity of Amazonian streams. Ecological Indicators, 91: 315-323.
Qadir A, Malik R N. 2009. Assessment of an index of biological integrity (IBI) to quantify the quality of two tributaries of river Chenab, Sialkot, Pakistan. Hydrobiologia, 621(1): 127-153.
Qin C, Zhou J, Cao Y, et al. 2014. Quantitative tolerance values for common stream benthic macroinvertebrates in the Yangtze River Delta, Eastern China. Environmental Monitoring and Assessment, 186(9): 5883-5895.
Qu X D, Bae M, Chon T, et al. 2013. Evaluation of subsampling efforts in estimating community indices and community structures. Ecological Informatics, 17(3): 3-13.
Ramos-Merchante A, Prenda J. 2018. The ecological and conservation status of the Guadalquivir River Basin (s Spain) Through the Application of a Fish-based Multimetric Index. Ecological Indicators, 84: 45-59.
Rapport D J, Costanza R, McMichael A J. 1998. Assessing ecosystem health. Trends in Ecology & Evolution, 13(10): 397-402.
Ravena P J, Holmesb N, Dawsonc F H, et al. 1998. Quality assessment using River Habitat Survey data. Aquatic Conservation-Marine and Freshwater Ecosystems, 8(4): 477-499.
Ren L, Belton T J, Schuster R, et al. 2017. Phytoplankton Index of Biotic Integrity and Reference Communities for Barnegat Bay-Little Egg Harbor, New Jersey: A Pilot Study. Journal of Coastal Research, 78(78): 89-105.
Reynoldson T B, Norris R H, Resh V H, et al. 1997. The reference condition: a comparison of multimetric and multivariate approaches to assess water-quality impairment using benthic macroinvertebrates. Journal of the North American Benthological Society, 16(4): 833-852.
Riato L, Leira M, Della Bella V, et al. 2018. Development of a diatom-based multimetric index for acid mine drainage impacted depressional wetlands. Science of the Total Environment, 612: 214-222.
Ruaro R, Gubiani E A. 2013. A scientometric assessment of 30 years of the Index of Biotic Integrity in aquatic ecosystems: Applications and main flaws. Ecological Indicators, 29: 105-110.
Santos D A D, Molineri C, Reynaga M C, et al. 2011. Which index is best to assess stream health? Ecological Indicators, 11(2): 582-589.
Sawyer D E, Flemings P B, Buttles J, et al. 2012. Mudflow transport behavior and deposit morphology: Role of shear stress to yield strength ratio in subaqueous experiments. Marine Geology, 307-310(none): 28-39.
Schaumburg J, Schranz C, Foerster J, et al. 2004. Ecological classification of macrophytes and phytobenthos for rivers in Germany according to the water framework directive. Limnologica, 34: 283-301.
Schmitter-Soto J J, Ruiz-Cauich L E, Herrera R L, et al. 2011. An Index of Biotic Integrity for shallow streams of the Hondo River basin, Yucatan Peninsula. Science of the Total Environment, 409(4): 844-852.
Serrano Balderas E C, Grac C, Berti-Equille L, et al. 2016. Potential application of macroinvertebrates indices in bioassessment of Mexican streams. Ecological Indicators, 61: 558-567.
Shull D R, Smith Z M, Selckmann G M. 2019. Development of a benthic macroinvertebrate multimetric index for large semiwadeable rivers in the Mid-Atlantic region of the USA. Environmental Monitoring and Assessment, 191(1).
Silow E A, In-Hye O. 2004. Aquatic ecosystem assessment using exergy. Ecological Indicators, 4(3): 189-198.
Silva D R O, Herlihy A T, Hughes R M, et al. 2017. An improved macroinvertebrate multimetric index for the assessment of wadeable streams in the neotropical savanna. Ecological Indicators, 81: 514-525.

Simpson J, Norris R, Barmuta L, et al. 1999. AusRivAS—National River Health Program: User Manual Website Version, 5-20.
Smith A J, Duffy B T, Onion A, et al. 2018. Long-term trends in biological indicators and water quality in rivers and streams of New York State (1972—2012). River Research and Applications, 34(5): 442-450.
Song J, Xu Z X, Liu C, et al. 2007. Ecological and environmental instream flow requirements for the Wei River—the largest tributary of the Yellow River. Hydrological Processes, 21(8): 1066-1073.
Sternberg D, Kennard M J. 2013. Environmental, spatial and phylogenetic determinants of fish life—history traits and functional composition of A ustralian rivers. Freshwater Biology, 58(9): 1767-1778.
Stewartkoster B, Kennard M J, Harch B D, et al. 2007. Partitioning the variation in stream fish assemblages within a spatio-temporal hierarchy. Marine and Freshwater Research, 58(7): 675-686.
Tang T, Stevenson R J, Infante D M. 2016. Accounting for regional variation in both natural environment and human disturbance to improve performance of multimetric indices of lotic benthic diatoms. Science of the Total Environment, 568: 1124-1134.
Teng L, Zhang B, Liu X, et al. 2014. Development and use of a phytoplankton-index of biotic integrity to assess Yongjiang River ecosystem health. Polish Journal of Environmental Studies, 23(4): 901-908.
Thorp J H, Covich A P. 2001. Ecology and Classification of North American Freshwater Invertebrates. New York: Academic Press.
Turak E, Koop K. 2003. Use of rare macroinvertebrate taxa and multiple-year data to detect low-level impacts in rivers. Aquatic Ecosystem Health and Management, 6(2): 167-175.
van Dolah R F, Hyland J L, Holland A F, et al. 1999. A benthic index of biological integrity for assessing habitat quality in estuaries of the southeastern USA. Marine Environmental Research, 48(4-5): 269-283.
van Oosterhout M P, van der Velde G. 2015. An advanced Index of Biotic Integrity for use in tropical shallow lowland streams in Costa Rica: Fish assemblages as indicators of stream ecosystem health. Ecological Indicators, 48: 687-698.
Woznicki S A, Nejadhashemi A P, Tang Y, et al. 2016. Large-scale climate change vulnerability assessment of stream health. Ecological Indicators, 69: 578-594.
Wu N, Schmalz B, Fohrer N. 2012. Development and testing of a phytoplankton index of biotic integrity (P-IBI) for a German lowland river. Ecological Indicators, 13(1): 158-167.
Wu W, Xu Z, Kennard M J, et al. 2016. Do human disturbance variables influence more on fish community structure and function than natural variables in the Wei River basin, China? Ecological Indicators, 61: 438-446.
Wu W, Xu Z, Yin X, et al. 2014. Assessment of ecosystem health based on fish assemblages in the Wei River basin, China. Environmental Monitoring and Assessment, 186(6): 3701-3716.
Wu W, Xu Z, Zhan C, et al. 2015. A new framework to evaluate ecosystem health: a case study in the Wei River basin, China. Environmental Monitoring and Assessment, 187(7).
Wu Z, Kong M, Cai Y, et al. 2019. Index of biotic integrity based on phytoplankton and water quality index: Do they have a similar pattern on water quality assessment? A study of rivers in Lake Taihu Basin, China. Science of the Total Environment, 658: 395-404.
Wyzga B, Oglecki P, Hajdukiewicz H, et al. 2013. Interpretation of the invertebrate-based BMWP-PL index in a gravel-bed river: insight from the Polish Carpathians. Hydrobiologia, 712(1): 71-88.
Xu F, Tao S, Dawson R W, et al. 2001. Lake ecosystem health assessment: indicators and methods. Water Research, 35(13): 3157-3167.
Xu H, Zhao F, Wang L, et al. 2016. Assessment index of biological integrity to quantify the quality of rivers in shanghai. Oxidation Communications, 39(2): 1392-1404.
Yu T, Zhang Y, Hu X N, et al. 2012. Distribution and bioaccumulation of heavy metals in aquatic organisms of different trophic levels and potential health risk assessment from Taihu lake, China. Ecotoxicology and Environmental Safety, 81: 55-64.
Zenker A, Cicero M R, Prestinaci F, et al. 2014. Bioaccumulation and biomagnification potential of pharmaceuticals with a focus to the aquatic environment. Journal of Environmental Management, 133: 378-387.

Zeybek M, Kalyoncu H, Karakas B, et al. 2014. The use of BMWP and ASPT indices for evaluation of water quality according to macroinvertebrates in Degirmendere Stream(Isparta, Turkey). Turkish Journal of Zoology, 38(5): 603-613.

Zhang H, Shan B, Ao L. 2014. Application of fish index of biological integrity (FIBI) in the Sanmenxia Wetland with water quality implications. Journal of Environmental Sciences, 26(8): 1597-1603.

附　表

附表Ⅰ　济南市水体鱼类名目及分布

编号	物种	拉丁名	Ⅰ	Ⅱ	Ⅲ	Ⅳ
F1	青鱼	*Mylopharyngodon Piceus*	+			
F2	草鱼	*Ctenopharyngodon idellus*	+		+	+
F3	马口鱼	*Opsariichthys bidens Gunther*	+		+	
F4	赤眼鳟	*Spualiobarbus curriculus*	+			
F5	鳌	*Hemiculter leucisculus*	+	+	+	+
F6	油鳌	*Hemiculter bleekeri Warpachowsky*	+			+
F7	半鳌	*Hemiculter sauvagi Warpachowsky*	+		+	+
F8	红鳍鲌	*Culter erythropterus Basilewsl*	+	+		+
F9	翘嘴鲌	*Culter alburnus Basilewesky*			+	
F10	伍氏华鳊	*Sinibrama Wui Rendahl*				+
F11	中华鳑鲏	*Rhodeus sinensis Gunther*	+	+	+	+
F12	彩鳑鲏	*Rhodeus ocellatus*	+	+	+	+
F13	高体鳑鲏	*Rhodeus ocellatus Kner*			+	
F14	兴凯鱊	*Acheilognathus chankaensis Dybowski*	+	+	+	+
F15	麦穗鱼	*Pseudorasbora parva*	+	+	+	+
F16	稀有麦穗鱼	*Pseudorasbora fowleri Nichols*	+	+	+	+
F17	黑鳍鳈	*Sarcocheilichthys nigripinnis*	+		+	
F18	短须颌须鮈	*Gnathopogon imberbis*	+		+	+
F19	棒花鮈	*Gobio rivuloides Nichols*	+			
F20	点纹银鮈	*Squalidus wollersturffi Regan*	+			
F21	蛇鮈	*Saurogobio dumerili Bleeker*	+		+	
F22	长蛇鮈	*Saurogobio dumerili Bleeker*	+			
F23	光唇蛇鮈	*saurogobio gymnocheilus Lo, Yao et Chen*	+			
F24	棒花鱼	*Abbottina rivularis*	+	+	+	+
F25	清徐胡鮈	*Huigolio chinssuensis*	+		+	+
F26	鲤	*Cyprinus carpio Linnaeus*	+	+		+
F27	鲫	*Carassius auratus*	+	+	+	+
F28	鲢	*Hypophthalmichehys molitrix*	+		+	

续表

编号	物种	拉丁名	I	II	III	IV
F29	寡鳞飘	*Pseudolaubuca engraulis Nichols*	+			
F30	纵纹北鳅	*Lefua costata* (*Kessler*)	+			
F31	中华花鳅	*Botia superciliaris Günther*	+		+	
F32	泥鳅	*Misgurnus anguillicaudatus*	+	+	+	+
F33	大鳞副泥鳅	*Paramisgurnus dabryanus Sauvage*	+	+	+	+
F34	黄颡鱼	*Pelteobagrus fulvidraco*	+	+	+	
F35	鲶	*Silurus asotus Linnaeus*	+		+	+
F36	埃及胡子鲶	*Siluridae* sp.	+			
F37	凹尾拟鲿	*Pseudobagrus emarginatus Regan*			+	
F38	青鳉	*Oryzias latipes*	+	+	+	+
F39	黄鳝	*Monopterus albus*	+	+	+	+
F40	葛氏鲈塘鳢	*Perccottus glenii*	+		+	+
F41	黄黝	*Hypseleotris swinhonis*	+	+	+	+
F42	子陵吻虾虎鱼	*Rhinogobius giurinus* (*Rutter*)	+	+	+	+
F43	褐吻虾虎鱼	*Rhinogobius brunneus*	+	+	+	+
F44	波氏吻虾虎鱼	*Rhinogobius cliffordpopei*	+	+	+	+
F45	子陵吻虾虎鱼	*Rhinogobius giurinus Rutter*			+	+
F46	圆尾斗鱼	*Macropodus chinensis* (*Bloch*)	+	+	+	+
F47	乌鳢	*Channa argus*	+		+	+
F48	刺鳅	*Mastacembelus aculeatus*	+		+	
F49	大银鱼	*Protosalanx hyalocranius Abbott*	+			

附表Ⅱ　济南市水体底栖动物物种名录及分布

编号	物种	拉丁名	Ⅰ	Ⅱ	Ⅲ	Ⅳ
B1	黑翅四节蜉	*Baetis vaillanti*	+		+	
B2	东方蜉	*Ephemera orientalis Ulmer*	+			
B3	扁蜉	*Heptageniidae* sp.	+			
B4	虎皮纹石蛾	*Hydropsyche* sp.	+			
B5	费塔无突摇蚊	*Ablabesmyia phatta*	+			
B6	双叉巨吻沼蚊	*Antocha bifida Alexander*	+			
B7	猛摇蚊	*Chironomus acerbiphilus Tokunaga*		+		
B8	溪流摇蚊	*Chironomus riparius Meigen*	+	+	+	+
B9	喜盐摇蚊	*Chironomus salinarius Kiffer*	+	+	+	+
B10	若西摇蚊	*Chironomus yoshimatusi Martin*	+		+	
B11	苍白摇蚊	*Chironomus* sp.	+	+	+	+
B12	林间环足摇蚊	*Cricotopus sylvestris*	+		+	+
B13	三带环足摇蚊	*Cricotopus trifasciatus*	+		+	
B14	喙隐摇蚊	*Crytochironomus rostratus kieffer*	+			+
B15	弯铗摇蚊	*Crytotendipes sp*				+
B16	分齿恩非摇蚊	*Einfeldia dissidens*	+		+	+
B17	柔嫩雕翅摇蚊	*Glyptotendipes cauliginellus*	+			
B18	德永雕翅摇蚊	*Glyptotendipes tokunagai Sasa*	+	+	+	+
B19	软铗小摇蚊	*Microchironomus tener*			+	
B20	特式直突摇蚊	*Orthocladius thienemanni Kieffer*	+			+
B21	石栖直突摇蚊	*Orthocladius saxicola kieffer*	+	+		
B22	塔马拟环足摇蚊	*paracricotopus tamabrevis*		+		
B23	等叶裸须摇蚊	*Paradoxus* sp.	+	+	+	+
B24	小云多足摇蚊	*Polypedilum nubeculosum*	+	+	+	+
B25	云集多足摇蚊	*Polypedilum nubifer*	+	+	+	
B26	梯形多足摇蚊	*Polypedilum scalaenum*	+		+	
B27	流长附	*Rheotanytarsus*	+			+
B28	俊才齿斑摇蚊	*Stictochironomus juncaii*	+			
B29	长跗摇蚊	*Tanytarsus* sp.	+			
B30	刺铗长足摇蚊	*Tanypus punctipennis*		+		+
B31	大蚊	*Tipula* sp.	+			
B32	浪突摇蚊	*Zalutschia sp*	+			
B33	日本星齿蛉	*Parachauliodes japonicas*	+			
B34	箭蜓	*Gomphs* sp.	+			
B35	亚洲瘦蟌	*I.asiatica*	+		+	+
B36	蜓	*Aeschna* sp.	+		+	

续表

编号	物种	拉丁名	I	II	III	IV
B37	江鸡稚虫	*Macromiidae clio*	+		+	+
B38	褐顶赤卒	*S.infuscotum*	+			
B39	蜻蜓幼虫	*Odonata* sp.	+		+	
B40	直缘萝卜螺	*Radix clessini*	+	+	+	+
B41	大耳萝卜螺	*Radix.auricularia*	+	+	+	+
B42	狭耳萝卜螺	*Radix.tagotis*	+	+	+	+
B43	卵萝卜螺	*Radix ovata*	+	+	+	+
B44	左旋萝卜螺	*Radix.left*	+		+	+
B45	大脐圆扁螺	*physaacuta cf.*	+	+	+	+
B46	中国圆田螺	*C.chinensis*		+	+	+
B47	中华圆田螺	*C.cathayenssis*		+		+
B48	铜锈环棱螺	*B.aeruginosa*	+	+	+	+
B49	方形环棱螺	*B.quadrata*	+	+	+	+
B50	梨形环棱螺	*B.quadrata*	+	+	+	+
B51	笋锥螺	*Turritella* sp.2				
B52	短沟蜷	*Semisulcospira*	+	+		+
B53	锥螺	*Turritella* sp.	+		+	+
B54	拟沼螺科	*Assimineidae* sp.	+	+	+	+
B55	豆螺	*B.fuchsiana*	+	+	+	+
B56	钳形无齿蚌	*A.arcaeformis*	+	+	+	+
B57	圆顶珠蚌	*Unio.douglasiae*		+		
B58	河蚬	*C.fluminea*	+	+	+	+
B59	霍甫水丝蚓	*Limnodrilus hoffmeisteri*	+	+	+	+
B60	苏式尾鳃蚓	*Branchiura sowerbyi*	+	+	+	+
B61	克拉伯水丝蚓	*L.claparedianus*	+	+	+	+
B62	宽体金线蛭	*Whitmania pigra*	+			+
B63	葦氏白勃石蛭	*Barbronia weberi*	+	+		+
B64	扁蛭	*Glossiphonia complanata*	+	+	+	+
B65	秀丽白虾	*E.modestus*	+	+	+	+
B66	中华小长臂虾	*Palaemonetes sinensis Sollaud*	+		+	+
B67	克氏原鳌虾	*P.clarkii*	+	+	+	+
B68	华溪蟹	*Sinopotamon denticulatum*	+			

附表Ⅲ　济南市水体浮游植物物种名录及分布

编号	物种	拉丁名	Ⅰ	Ⅱ	Ⅲ	Ⅳ
P1	变异直链藻	*Melosira varians*	+	+	+	+
P2	颗粒直链藻	*Melosira granulata*	+	+	+	+
P3	颗粒直链藻极狭变种	*Melosira granulata var.angustissima*	+	+	+	+
P4	螺旋颗粒直链藻	*Melosira granulate*				+
P5	小环藻	*Cyclotella* sp.	+	+	+	+
P6	梅尼小环藻	*Cyclotella meneghiniana*	+	+	+	+
P7	具星小环藻	*Cyclotella stelligera*	+	+	+	+
P8	科曼小环藻	*Cyclotella comensis*	+		+	+
P9	冠盘藻	*Stephanodiscus* sp.				+
P10	四环藻	*Tetracyclus* sp.	+			
P11	肘状针杆藻	*Synedra ulna*	+	+	+	+
P12	尖针杆藻	*Synedra acus*	+	+	+	+
P13	平片针杆藻	*Synedra tabulata*	+	+	+	+
P14	近缘针杆藻	*Synedra* sp.	+	+	+	+
P15	钝脆杆藻	*Fragilaria capucina*	+	+	+	+
P16	普通等片藻	*Diatoma vulgare*	+	+	+	+
P17	美丽星杆藻	*Asterionella formosa*			+	
P18	蓖形短缝藻	*Eunotia pectinalia*	+	+	+	+
P19	扁圆卵形藻	*Cocconeis placentula*	+	+	+	+
P20	曲壳藻	*Achnanthes* sp.	+		+	+
P21	披针曲壳藻	*Achnanthes lanceolata*	+			
P22	弯形弯楔藻	*Rhoicosphenia curvata*	+		+	
P23	舟形藻	*Navicula* sp.	+	+	+	+
P24	小型舟形藻	Navicula minuscula	+	+	+	+
P25	小头舟形藻	*Navicula* sp	+	+		+
P26	放射舟形藻	*Navicula radiosq*	+	+	+	+
P27	简单舟形藻	*Navicula simplex*	+	+	+	+
P28	戟形舟形藻	*Navicula hasta*	+	+	+	+
P29	瞳孔舟形藻	*Navicula pupula*	+	+	+	+
P30	隐头舟形藻	*Navicula cryptocephala*	+	+	+	+
P31	卡里舟形藻	*Navicula cari*		+		+
P32	卵形藻形舟形藻	*Navicula cocconeiformis*		+	+	
P33	双头舟形藻	*Navicula dicephala*				+
P34	头端舟形藻	*Navicula capitata*	+	+	+	+
P35	矮小舟形藻	*Navicula pygmaea*	+	+	+	+
P36	喙头舟形藻	*Navicula rhynchocephala*	+	+	+	+

续表

编号	物种	拉丁名	I	II	III	IV
P37	短小舟形藻	*Navicula exigua*	+	+	+	+
P38	急尖舟形藻	*Navicula cuspidata*	+	+		+
P39	温和舟形藻	*Navicula clementis*			+	+
P40	披针形舟形藻	*Navicula lanceolata*	+	+		+
P41	赫尔斯特美壁藻	*Caloneis holstii*		+		
P42	普通肋缝藻	*Frustulia vulgaris*		+		+
P43	双头辐节藻	*Stauroneis anceps*	+	+	+	+
P44	羽纹藻	*Pinnularia* sp.	+	+	+	+
P45	较大羽纹藻	*Pinnularia major*		+		
P46	极分歧羽纹藻	*Pinnularia divergentissima*		+	+	+
P47	尖布纹藻	*Gyrosigma acuminatum*	+		+	+
P48	锉刀状布纹藻	*Gyrosigma scalproides*	+		+	+
P49	椭园双壁藻	*Diploneis elliptica*	+			+
P50	胀大桥弯藻	*Cymbella turgidula*	+		+	
P51	膨大桥弯藻	*Cymbella turgida*	+	+	+	+
P52	箱型桥弯藻	*Cymbella cistula*	+		+	
P53	高山桥弯藻	*Cymbella alpina*	+			+
P54	半月形桥弯藻	*Cymbella lunata*	+			
P55	很小桥弯藻	*Cymbella perpusilla*	+	+		+
P56	小桥弯藻	*Cymbella pusilla*		+		
P57	偏肿桥弯藻	*Cymbella ventricosa*	+	+	+	+
P58	近缘桥弯藻	*Cymbella aequalis*	+	+		
P59	很小双眉藻	*Amphora perpusilla*	+		+	+
P60	卵园双眉藻	*Amphora ovalis*	+	+	+	+
P61	窄异极藻	*Gomphonema angustatum*	+		+	
P62	橄榄绿色异极藻	*Gomphonema olivaceum*	+		+	
P63	小型异极藻	*Gomphonema parvulum*	+	+	+	+
P64	缠结异极藻	*Gomphonema intricatum*	+	+	+	+
P65	缢缩异极藻头状变种	*Gomphonema constrictum*	+		+	
P66	尖细异极藻	*Gomphonema acuminatum*	+	+	+	+
P67	缢缩异极藻	*Gomphonema constrictum*	+	+	+	+
P68	菱形藻	*Nitzschia* sp.	+	+		+
P69	小头菱形藻	*Nitzschia microcephala*	+	+	+	
P70	小片菱形藻	*Nitzschia frustulum*	+	+	+	+
P71	谷皮菱形藻	*Nitzschia palea*	+	+	+	+
P72	针形菱形藻	*Nitzschia acicularis*	+	+	+	+

续表

编号	物种	拉丁名	I	II	III	IV
P73	多变菱形藻	*Nitzschia commutata*			+	
P74	库津菱形藻	*Nitzschia kuetzingiana*	+	+	+	+
P75	线形菱形藻	*Nitzschia linearis*	+	+	+	+
P76	细端菱形藻	*Nitzschia dissipata*	+			
P77	弯棒杆藻	*Rhopalodia gibba*		+		
P78	双菱藻	*Surirella* sp.	+	+	+	+
P79	粗壮双菱藻	*Surirella robusta*	+	+		+
P80	波缘藻	*Cymatopleura* sp.			+	+
P81	团藻	*Volvocales* sp.			+	
P82	衣藻	*Chlamydomonas* sp.	+	+	+	+
P83	球衣藻	*Chlamydomonas globosa*	+	+	+	+
P84	美丽盘藻	*Gonium formosum*	+		+	+
P85	微小四角藻	*Tetraedron minimum*	+	+	+	+
P86	三角四角藻	*Tetraedron trigonum*	+		+	+
P87	具尾四角藻	*Tetraedron caudatum*	+	+		+
P88	蹄形藻	*Kirchneriella lunaris*	+	+	+	+
P89	纤细月牙藻	*Selenastrum gracile*	+	+	+	+
P90	四刺顶棘藻	*Chodatella quadriseta*		+		+
P91	极生顶棘藻	*Chodatella* sp.				+
P92	被刺藻	*Franceia ovalis*			+	
P93	近直小椿藻	*Characium substrictum*	+		+	+
P94	弓形藻	*Schroederia setigera*	+	+	+	+
P95	硬弓形藻	*Schroederia robusta*	+	+	+	+
P96	螺旋弓形藻	*Schroederia spiralis*	+	+	+	+
P97	卵囊藻	*Oocystis* sp.	+	+	+	+
P98	卷曲纤维藻	*Ankistrodesmus convolutus*	+	+		
P99	针形纤维藻	*Ankistrodesmus acicularis*	+	+	+	+
P100	镰形纤维藻	*Ankistrodesmus falcatus*	+		+	+
P101	螺旋纤维藻	*Ankistrodesmus spiralis*	+	+	+	+
P102	单角盘星藻	*Pediastrum simplex*	+	+	+	
P103	双射盘星藻	*Pediastrum biradiatum*	+	+	+	+
P104	四角盘星藻	*Pediastrum tetras*			+	+
P105	整齐盘星藻	*Pediastrum integrum*	+			+
P106	龙骨栅藻	*Scenedesmus carinatus*	+	+	+	+
P107	四尾栅藻	*Scenedesmus quadricauda*	+	+	+	+
P108	二形栅藻	*Scenedesmus dimorphus*	+	+	+	+

续表

编号	物种	拉丁名	I	II	III	IV
P109	扁盘栅藻	*Scenedesmus platydiscus*	+			
P110	弯曲栅藻	*Scenedesmus arcuatus*	+	+	+	+
P111	尖细栅藻	*Scenedesmus acuminatus*	+		+	+
P112	齿牙栅藻	*Scenedesmus denticulatus*	+			+
P113	双对栅藻	*Scenedesmus bijugayus*	+	+	+	+
P114	爪哇栅藻	*Scenedesmus javaensis*	+	+	+	+
P115	斜生栅藻	*Scenedesmus obliquus*	+			+
P116	异刺四星藻	*Tetrastrum heterocanthum*			+	+
P117	单刺四星藻	*Tetrastrum hastiferum*	+	+		
P118	十字藻	*Crucigenia apiculata*	+	+	+	+
P119	四角十字藻	*Crucigenia quadrata*	+	+	+	+
P120	四足十字藻	*Crucigenia tetrapedia*	+	+	+	+
P121	拟线形韦氏藻	*Westellopsis linearis*	+		+	+
P122	韦氏藻	*Westellopsis* sp.	+	+	+	+
P123	小空星藻	*Coelastrum microporum*	+	+	+	+
P124	集星藻	*Actinastrum hantzschii*	+		+	+
P125	角星鼓藻	*Staurastrum* sp.	+	+		+
P126	美丽鼓藻	*Cosmarium formosulum*	+		+	+
P127	纤细新月藻	*Closterium gracile*	+	+	+	+
P128	厚顶新月藻	*Closterium dianae*			+	+
P129	裸藻	*Euglena* sp.	+	+	+	+
P130	尾裸藻	*Euglena caudata*	+		+	+
P131	绿色裸藻	*Euglena viridis*	+	+	+	+
P132	尖尾裸藻	*Euglena oxyuris*	+	+	+	+
P133	梭形裸藻	*Euglena acus*	+		+	
P134	旋扁裸藻	*Phacus helicoides*	+		+	+
P135	宽扁裸藻	*Phacus pleuronectes*			+	+
P136	颤动扁裸藻	*Phacus osillans*		+	+	+
P137	囊裸藻	*Trachelomonas* sp.	+		+	+
P138	剑尾陀螺藻	*Strombomonas ensifera*	+		+	+
P139	具瘤陀螺藻	*Strombomonas verrucosa*				+
P140	卵形隐藻	*Cryptomonas ovata*	+	+	+	+
P141	啮蚀隐藻	*Cryptomonas erosa*	+	+	+	+
P142	尖尾蓝隐藻	*Cryptomonas acuta*	+	+	+	+
P143	色球藻	*Chroococcus* sp.	+		+	+
P144	小型色球藻	*Chroococcus minor*	+	+	+	+

续表

编号	物种	拉丁名	Ⅰ	Ⅱ	Ⅲ	Ⅳ
P145	湖生束球藻	*Gomphosphaeria lacustris*	+	+	+	+
P146	优美平裂藻	*Merismopedia elegans*	+	+	+	+
P147	银灰平裂藻	*Merismopedia glauca*	+	+	+	+
P148	细小平裂藻	*Merismopedia minima*	+	+	+	+
P149	隐球藻	*Aphanocapsa* sp.	+	+		+
P150	不定腔球藻	*Coelosphaerium dubium*				+
P151	铜绿微囊藻	*Microcystis aeruginosa*	+	+	+	+
P152	粘球藻	*Gloeocapsa* sp.				+
P153	溪生水球藻	*Oncobyrsa rivularis*			+	+
P154	巨颤藻	*Oscillatoria princeps*			+	
P155	灿烂颤藻	*Oscillatoria splendida*	+			+
P156	小颤藻	*Oscillatoria tenuis*	+	+	+	+
P157	钝顶螺旋藻	*Spirulina* sp.	+		+	+
P158	小席藻	*Phormidium tenus*	+	+	+	+
P159	静水柱胞藻	*Cylindrospermum stagnale*	+			+
P160	普通念珠藻	*Nostoc* sp.	+			
P161	念珠藻	*Nostoc* sp.	+	+	+	+
P162	弯头尖头藻	*Raphidiopsis curvata*	+		+	
P163	中华尖头藻	*Raphidiopsis sinensia*	+	+	+	+
P164	卷头尖头藻	*Raphidiopsis* sp.	+	+	+	+
P165	卷曲鱼腥藻	*Anabaena circinalis*	+	+	+	+
P166	薄甲藻	*Glenodinium pulvisculus*	+		+	+
P167	微小多甲藻	*Peridinium pusillum*	+		+	+
P168	二角多甲藻	*Peridinium bipes*	+		+	
P169	锥囊藻	*Dinobryon* sp.	+			
P170	分歧锥囊藻	*Dinobryon divergens*	+		+	+
P171	黄丝藻	*Tribonema* sp.	+			